养生月历

吴凌/编著

科学技术文献出版社
SCIENTIFIC AND TECHNICAL DOCUMENTATION PRESS
·北京·

图书在版编目（CIP）数据

养生月历/吴凌编著.—北京：科学技术文献出版社，2016.1
ISBN 978-7-5189-0747-2

Ⅰ.①养…　Ⅱ.①吴…　Ⅲ.①历书—中国—2016 ②养生（中医）—基本知识　Ⅳ.①P195.2 ②R212

中国版本图书馆 CIP 数据核字（2015）第 237607 号

养生月历

策划编辑：孙江莉　　责任编辑：张丽艳　　责任校对：张燕育　　责任出版：张志平

出 版 者　科学技术文献出版社
地　　址　北京市复兴路 15 号　邮编　100038
编 务 部　（010）58882938，58882087（传真）
发 行 部　（010）58882868，58882874（传真）
邮 购 部　（010）58882873
官方网址　www.stdp.com.cn
发 行 者　科学技术文献出版社发行　全国各地新华书店经销
印 刷 者　北京建泰印刷有限公司
版　　次　2016 年 1 月第 1 版　2016 年 1 月第 1 次印刷
开　　本　710×1000　1/16
字　　数　211 千
印　　张　17
书　　号　ISBN 978-7-5189-0747-2
定　　价　26.80 元

FOREWORD

前言

一年有12个月，每一个月都有其与众不同之处，有着独特的气候特点，包含着不一样的节气，所以每个月的养生重点也是不同的。一年分为四季，每个季节包括3个月，四季的区别是显而易见的，也就是说，每3个月就会发生一次温度、湿度、日照时间等的大变化。每一个季节中所包含的月份之间也是有差别的，就拿春季来说，2月寒冷，3月乍暖还寒，4月转暖，5月高温多雨，应当根据每个月的不同特点进行养生，将养生功效发挥到极致。

年年有轮换，但四季是不变的，一年仍然包含着12个月、24个节气，所以本书之中对一年中所包含的12个月的普遍气候特点、养生原则、推荐运动、推荐膳食食谱进行了详细介绍，对24个节气的特点及其养生特点也进行了详细介绍，方便大家了解不同月份的不同养生重点，而不是笼统地一套养生方案用一整年。

本书用较大的篇幅来讲述不同月份的养生法，后续为大家展示了详细的日历表，方便大家对照查看日期，了解每个月的养生知识，可以以一年为一轮回，看看自己坚持按书中介绍的方法养生一年之后身体状况是否有所改观。

送您一本不一样的月历，记录了健康知识，让它陪伴您，守护您的健康。

编　者

CONTENTS

目录

第一章 春季养生(2~4月)

第二章 夏季养生(5 ~7 月)

第三章 秋季养生(8～10月)

第一章

春季养生（2～4月）

2 月

2 月里的节气养生

立春（2月3～5日）

立春在每年的2月3～5日之间，我国一直将立春作为春季的开始，《月令七十二候集解》上有记载："立春，正月节。立，建始也……立夏秋冬同。"意思就是说，立春代表着冬季即将结束，春季即将来临。

立春后，人们明显感觉到白天的时间长了，太阳变暖了，气温、日照和降雨呈上升趋势。不过此时的天气还是有些凉，多数地区仍然会出现霜冻，有的地方还会下雪。

1. 饮食调养

立春之后，不管是食补还是药补都应当逐渐减少，以适应即将到来的春季舒畅、升发、条达的季节特点，还要注意减少盐的摄入，因为咸入肾，吃得太咸易伤肾，不利于保养阳气。立春时，可以适当吃些有辛甘发散之功的食物，不宜吃酸味食物，因为酸入肝，有收敛之性，不利于阳气之升发和肝气之疏泄，可以吃些辛温发散的葱、花生、韭菜、虾仁等，少吃辛辣食物。

2. 早睡早起

《黄帝内经》中有云："春三月，此谓发陈，天地俱生，万物以荣，夜卧早起，广步于庭，被发缓形，以使志生，生而勿杀，予而勿夺，赏而勿罚，此春气之应，养生之道也。逆之则伤肝……"从立春开始，自然界生机勃勃，万物欣欣向荣，此时人们要顺应自然，早睡早起，清晨起床后出去散步，放松身体，让情志随春天生发，此即为适应春季的养生方法。违背此法，则伤肝脏，因为春季是生养的基础。所以，春季要注意舒畅身体，调达情志。

3. 每日梳头

立春时节每天梳头是非常不错的养生保健方法。因为春季为自然阳气萌生升发的季节，此时人体内的阳气也会顺应自然向上向外升发，主要表现包括：毛孔逐渐舒展，代谢旺盛，生长迅速。所以春季梳头刚好符合春季养生要求，有宣行郁滞，疏利气血，通达阳气之功。

4. 不要过早减衣

立春时节气温尚未转暖，所以不宜过早减掉冬衣。冬季已经穿了几个月的棉衣，身体产热散热的调节和环境温度处在相对平衡的状态。从冬季到初春，乍暖还寒，温度变化大，太早减掉冬衣，一旦气温下降，身体就会很难适应，抵抗力会降低，病菌趁机入侵人体，诱发各种呼吸系统疾病和冬季传染病。

5. 预防疾病

如果春季没有顺应自然养生而违背春天之气，身体中的少阳正气无法生长，就会发生肝气内郁的病变。而且立春之后的气候特征以风气为主令，风邪可单独作为致病因素，还经常和其他邪气兼夹为病，风邪入侵人体，伤人上部，表现出头颈疼痛、鼻塞、流涕、咽喉痒痛等。若肢体行动异常，如抽搐、颤抖、颈项强直等，通常为风袭所致，列为风病。因此立春时节一定要预防感冒、流行性传染病、风湿病、心脏血管等疾病。

6. 调养精神

春季养生应当顺应春季万物始生的特点，从“秋冬养阴”过渡到“春夏养阳”。从中医五行理论上说，春属木，和肝相对应，因此春季养生要注意升阳护肝，护肝要注意以调节心情为主，心情舒畅，不但能防止肝火上越，而且利于阳气生长。

养生小贴士

立春之后天气依然比较干燥，喝花茶有助于驱散冬季聚积在人体中的寒气和邪气。但是每种花、草均有其相应的性、味、功效，使用得当，花草茶会有一定的保健功效，但是要根据自身体质来调整，饮用过量会导致身体不适。性温花草茶材包括梅花、茉莉花、玫瑰花、月季花、藏红花等；性寒花草茶材包括夏枯草、金银花、菊花、槐花等；性平花草茶材包括合欢花、玉米须、芙蓉花、薰衣草等。搭配的时候，性温的花草不宜和性寒的花草配伍。此外，还要注意根据身体状况选择花草茶，如虚寒体质者宜选用性温花草，性平花草。正在服药者选花草茶更应慎重。

雨水（2月18～20日）

雨水是指2月18～20日，《月令七十二候集解》中有记载：“雨水，正月中。天一生水，春始属木，然生木者，必水也，故立春后继之雨水。且东风既解冻，则散而为雨水矣。”雨水前后，油菜和冬麦返青生长，对水分要求比较高，此时降水对农作物生长来说非常重要，刚好符合民间的“春雨贵如油”之说。

1. “春捂”不要过

民间素有“春捂秋冻”之说，为的是预防“倒春寒”，但是“捂”要有个度，过度的“捂”反而不利于身体健康。具体捂的原则是“下厚上薄”，重点捂背、腹、足底。背部保暖能预防寒气损伤“阳脉之海”——督脉，能增强机体抵抗力，预防感冒；做好腹部保暖能预防消化不良、寒性腹泻等。

2. 养护脾胃

雨水时节，湿气会偏盛，对人体的直接伤害就是脾，表现出食欲下降、消化不良、腹泻等症。《黄帝内经》有云“湿气通于脾”。所以此时要注意加强对脾胃的养护，注意健脾祛湿。

雨水时空气湿润，肝旺而脾弱，因此应注意少酸多甜，饮食上选择香椿、百合、红笋、山药等，还可以熬些胡萝卜南瓜粥、薏苡仁党参粥、山药红枣粥等，均有健脾利湿之功。同时注意少吃生冷食物，以顾护脾胃阳气。

3. 预防疾病

从气象学上说，雨水节气通常还未到春季，只有连续 5 天的平均温度在 10℃以上才算入春。此时是冬春交替之时，气温逐渐回升，各种流行病也开始出现，流行性感冒、百日咳、肺结核等呼吸系统疾病的发生率会提高；心脑血管疾病、腰腿痛等疾病也会逐渐加重。所以此时除了要注意“春捂”，防止外邪入侵之外，还应当注意对一些常犯的老毛病进行预防。

4. 不宜剧烈运动

雨水仍然属于早春节气，北方地区还是比较寒冷的，此时不宜做过于激烈的运动，让肝气和缓地上升，防止由于体内能量消耗太过而失去对肝气的控制，导致肝气太多外跑，表现出发热、上火等症。闲暇的时候可以出去散散步、打打太极拳等。

5. 心平气和

静心则气血平稳，不仅不会扰乱心血，而且不会损伤心气。心气充沛，即可滋养脾脏，养脾即可健胃。春季天气多变，要注意保持心境平和，还要清心寡欲，不妄劳作，养护好元气。

养生小贴士

喝粥养脾胃是一种既简单又有效的方法，很多人之所以吃补药、用食疗调养无效，就是因为脾胃的运化功能不好，吃了不能吸收。但是通过喝粥的方法调养脾胃是场“持久战”，并非一朝一夕就能看出效果，所以提醒脾胃不好的朋友们一定要坚持喝粥。

2月养生重点

气候特点

2月是阳历中的第二个月，平均28天，闰年有29天，历史上曾有3次2月出现过30天，北半球的2月是春季的第一个月，这个月有立春和雨水两个节气。2月又叫仲月、丽月、杏月、花月、仲春、酣月、仲阳、竹秋、如月、四之日、中和、花朝、夹仲、大壮、卯月等。

2月份气温有所回升，不过冬季的寒气尚未消散，经常会出现“倒春寒”。此时人体就像是刚刚发芽的幼苗，气血已经由内脏开始向外走，毛孔处在从闭合到逐步开放的过程，此时穿得太少，容易遭受寒邪侵袭，毛孔就会自动闭合。身体的阳气得不到发散，就会产生“阳气郁”，人就会表现出咽喉干痛、嘴唇干裂、大便干燥、食欲下降等症状。

春季多风，风是春天的主气，自然界万物在春风的吹拂下萌发。虽然春风带来了春绿，但它在六淫病邪之中是首要的致病因素。春季阳气生发，皮肤毛孔逐渐张开，肌肤腠理变得疏松，人体正气抵御外部袭击的能力会下降，风邪很容易乘虚而入。风邪很少单独存在，它经常和湿同行，被称作“风湿”，和寒同行被称作“风寒”、和热同行被称作“风热”，常见的疾病包括风寒外感、风湿痹痛等。

春季多雨，雨水绵绵滋润万物，由于降雨量增多，湿气加重，湿邪很容易困扰脾胃，此时要格外注意保养脾胃，健脾利湿。

春季是冬寒向夏热过渡的阶段，处在阴退阳长、寒去热来的转折期，人体经过一整个冬季的收缩开始变得舒展，毛孔由封闭状态到张开。

早春时节，人们很容易忽视脚的保暖和保干，有些人会过早地换上春装，穿上单鞋，造成寒气、湿气乘虚而入，从下向上，从表入里，浸透骨骼、关节，尤其是裸露的脚趾和踝、膝关节。这些部位会在不自觉的情况下出现酸胀不适，走路酸痛，下肢沉重、乏力，关节僵直等现象。因此，春季一定要注意“捂”，根据个人体质的好坏适当地去捂。这里的捂指的是不要突然减衣，应当根据天气的变化来增减衣物。

养生小贴士

2月应当走出家门，到郊外去踏青，和家人一起去春游，形式活泼有趣，还能锻炼身体，调节情志，春游时挖野菜也是非常不错的。

养生原则

2月是春季的开端，立春时节万物复苏，大地一片生机，草木开始萌芽，而雨水季节湿度逐渐上升，冷空气活动比较频繁，因此早晚仍然比较冷。

从中医的角度上说，春属木，和肝对应，所以春季养生主要是护肝。护肝应当从心情着手，让心情舒畅，避免肝火上升。此时养生应当从“秋冬养阴”过渡到“春夏养阳”，注意保护阳气。

2月份白昼渐长，阳光暖和，气温逐渐上升，日照和降水量逐渐增多，有句话说得好“立春雨水到，早起晚睡觉”，说明人在经过秋冬养生之后到春季就开始劳作。

春季阳气初生，此时应适当吃些辛甘发散的食物，不宜吃酸的食物，因为酸入肝，有收敛之性，不利于阳气之生发和肝气之疏泄，饮食上要考虑到脏腑的需求。辛温发散的食物有大枣、豆豉、葱、香菜、花生、韭菜、虾仁等，尽量避免吃辛辣刺激之品。此时滋阴、寒凉的食物，如香蕉、梨、百合等，尤其是生冷之品，如冰激凌、雪糕等尽量不要吃了，否则寒气会聚集在身体之中，导致夏季脾虚，诱发一系列的不适症。

2 月雨水增多，很多女性朋友面对阴雨连天的天气情绪会莫名低落、压抑，此时应当注意心情的调节。在春意萌动的季节保持积极、愉悦、欣喜的情绪，生活才会更光明。

2 月还应注意调养脾胃，因为脾胃是元气之本，人体元气为健康之本，可以适当吃些新鲜果蔬补充人体所需维生素。少酸多甜，以养脾脏之气，可以适当吃些甘蔗、荸荠、山药、藕、芋头等。

药物调养方面，要注意采取适当的生发阳气的食物来调补脾胃，可以选择西洋参、决明子、白菊花、补中益气汤等。

养生小贴士

春雨润物细无声，所以很多人不会将其放在心上，认为偶尔淋雨、趟水是没关系的。但是对于处在经期的女性来说，经期趟水很容易引发急性附件炎，表现出下腹疼痛肿胀、月经失调、淋漓不断，甚至会导致崩漏。所以提醒女性朋友，如果外出遇到大雨还是找个地方避雨，等到雨停了再走。

推荐运动

1. 提肛运动

放松全身，臀部和大腿用力夹紧，舌头抵住上腭，之后用鼻子慢慢吸气，同时将肛门向上提，包括会阴部。稍微停顿5秒后，缓缓呼气，同时放松肛门。重复上述动作10~20次即可。

民间称春季为“春发”，意思就是说这个季节多发多种疾病。痔疮就是常见的春季高发病，经常练习此运动，能有效预防痔疮。

2. 散步

散步简单易行，不受年龄、性别等约束，也没有场地和设备条件的限制，2月散步对身心健康是大有益处的。双脚和双臂有节奏地运动，和心跳非常合拍，能促进体内各种节律正常。我国的传统医学认为，散步和缓行能让全身筋骨得到运动，情绪轻松和畅达，因此能让人的气血流通，经络畅达，能利关节、养筋骨、畅情志、益五脏。

现代运动医学认为，步行运动可以让全身的关节、肌肉、韧带均活动起来，之后让呼吸、消化、泌尿、内分泌、神经系统都处在活跃状态，进而调节内脏功能平衡，让新陈代谢更加旺盛，达到延缓衰老的目的。散步还可以促进大脑皮层活动。

散步有三种类型：缓步、快步、逍遥步，老年人最好采取慢走的方式，每分钟走60~70步，行步稳健，能稳定情绪、消除疲劳，有健胃助消化之功。快步，每分钟行走120步左右，这样的散步方式能让人轻松而愉快，时间久了，能振奋精神、兴奋大脑，让下肢更加矫健有力，适合中老年人和体质较好的人群。散步的时候且走且停，速度时快时慢，走一会儿休息一会儿，之后再快走一段路，而后缓步走一段，走走停停、快慢结合的逍遥步适合病后恢复期的体质虚弱者。

散步最好选择在日出之后或日落以前，地点主要是河边、湖畔、公园等地，这些地方的空气比较清新。

3. 抖空竹

表面上看，抖空竹是非常简单的上肢运动，但实际上它是一种全身运动，靠四肢的配合才可以完成。双手握杆抖空竹的时候，上肢的肩关节、腕关节、肘关节，下肢的胯关节、踝关节、膝关节，再加上颈椎、腰椎都在运动，带动身躯前后、左右移动、转动，双臂舒张、收缩。脚部跟随、反复锻炼，即可加速全身血液循环，以提升四肢协调能力，加速脑部活动，提高灵敏性，还能延缓衰老。

抖空竹时，会高度集中注意力，做出各种花样，眼睛一直盯着空竹位置的变化，即可反映给大脑做出正确判断。双眼、脑神经在抖空竹的过程中可以得到锻炼、提高，能增强视力，提高人体机能。

人体各部位的骨骼、肌肉的周期性收缩、舒张能加强静脉血液循环，肌肉动作确保了静脉血液回流。抖空竹的过程中，呼吸自然，心情舒畅，即可加速血液循环，促进人体器官组织供血，供养充分，物质代谢也能得到改善，进而能缓解高血压、动脉硬化等症。

养生小贴士

运动后15分钟最好喝一杯温水或一杯果汁。因为人体运动后会大量排汗，不但会导致身体中的水分不足，还会流失大量的钠、钾，易诱发严重缺水。运动后15分钟内喝一杯温开水或一杯纯果汁能补充体液，防止脱水。

推荐膳食食谱

金银花甘蔗汁

【膳食选材】金银花10克，甘蔗汁100毫升。

【膳食制作】将金银花放入锅中煎汤，过滤留汁，将甘蔗汁拌入汤中即可。

【膳食功效】金银花性寒味甘，归肺经和胃经，有宣散风热、清热解毒之功，经常用来治疗各种热性病，如身热、发疹等；甘蔗入肺经和胃经，有清热解毒、滋阴润燥、生津止渴之功，不仅营养美味，而且榨汁后人体容易吸收其中的营养物质。

马齿苋荸荠祛湿方

【膳食选材】新鲜马齿苋30克，荸荠粉20克。

【膳食制作】将马齿苋洗净之后捣烂成汁，过滤取汁；荸荠放到汁液中，可以根据个人口味调入适量冰糖，之后倒入开水搅拌均匀即可。

【膳食功效】马齿苋入肝经、脾经和大肠经，有解毒疗疮、散血消肿、利水祛湿之功，中医上经常用马齿苋治疗痢疾、肠炎、黄疸等症；荸荠性寒味甘，入脾经、胃经，有清热泻火、凉血解毒、生津止渴、利尿化湿之功，能辅助治疗阴虚肺热、咽喉肿痛、热病咳嗽等症。

地黄粥

【膳食选材】鲜地黄，花椒，生姜，羊肾，粳米各适量。

【膳食制作】鲜地黄捣汁备用，将粳米淘洗干净后放入锅中，羊肾洗净后切碎，放入锅中，和粳米一同熬粥，后调入鲜地黄汁、花椒和生姜末，熬煮至熟即可。

【膳食功效】地黄粥的主要材料是鲜地黄，性味甘苦，凉，有滋阴养血之功。春季吃地黄，取养水涵木之意，也就是补肾养肝，进而预防阴虚、血虚导致的虚风内动。粥里面调入花椒、生姜有温中健胃之功，能减轻地黄汁的滋腻碍胃弊端。羊肾甘温，补肾气，益精髓，不仅能增强其补肾之功，而且能减轻地黄汁的寒凉碍胃作用，并且羊肾还可引药入肾。

薏苡仁党参粥

【膳食选材】薏苡仁 30 克，党参 15 克，粳米 200 克。

【膳食制作】薏苡仁洗净后过滤掉杂质，放到冷水中浸泡 2 小时；党参洗净之后切成薄片；粳米淘洗干净；三者一同放入锅中，倒入 1000 毫升清水，先开大火煮沸，撇掉上面的浮沫，之后转成小火继续熬煮半小时左右至粥熟，调入冰糖即可。

【膳食功效】党参味甘性平，有健脾补肺、益气生津之功，能治疗脾胃虚弱、食欲不振、大便溏稀等症，用薏苡仁和党参一同熬粥，不仅能健脾胃，还可祛脾湿、补气血。

荔枝粳米粥

【膳食选材】荔枝 10 只，大枣 5 枚，粳米 100 克。

【膳食制作】将荔枝去壳、核，之后将大枣去核，与淘洗好的粳米一同放入锅内熬煮，至米花粥稠即可。每天 2 次，趁温空腹服食，10 天为 1 个疗程。

【膳食功效】荔枝有补脾益血、壮阳益气之功，适合脾虚泄泻、阳虚腹泻者食用；大枣有补中益气、养血安神之功，适合由于脾虚而食欲不振或腹泻者食用。

3 月

3 月里的节气养生

惊蛰（3 月 5 ~7 日）

惊蛰的时间通常是3 月 5 ~7 日，古代称其为“启蛰”，是二十四节气中的第三个节气，也是干支历卯月的起始。惊蛰的“蛰”有蛰伏之意，所谓“惊蛰”，即冬眠的动物在这个节气醒来，不再蛰伏。《月令七十二候集解》之中有云：“二月节……万物出乎震，震为雷，故曰惊蛰，是蛰虫惊而出走矣。”

惊蛰处在乍寒乍暖之际，有句谚语是这样形容它的：“冷惊蛰，暖春分。”惊蛰的风有很多俗语，比如“惊蛰刮北风，从头另过冬”、“惊蛰吹南风，秧苗迟下种”等。现代科学表明，惊蛰前后之所以出现雷声，主要是因为大地的湿度逐渐升高，促进地面热气上升或北上的湿热空气势力较强和活动频繁导致的。

1. 提升人体正气，预防病毒和细菌的入侵

到了惊蛰，阳气回升，蛰伏在泥土之中的虫、蛇类就会慢慢地从冬眠中苏醒过来，蚊虫开始出现在我们的周围，此时为疫病滋生的时候，因此古人非常讲究惊蛰的时候熏虫。

其实，和有形的虫蛇相比，更可怕的是我们看不见、摸不着的无形的病毒和细菌，稍不注意，它们就会找上你，诱发各种疾病。惊蛰之后流行的疾病有流感、腮腺炎、脑膜炎、肺炎等传染性疾病。

想要对抗外界病邪的侵袭，首先要做到赔补正气。从中医的角度上说，人体内的正气充足，外邪自然就不容易入侵体内。

板蓝根、薄荷、菊花、牛蒡子等都是非常不错的清热药物，莼菜和茄子是有清热解毒之功的食材，它们都可以在一定程度上帮助人体抵御外邪，避免疾病的发生和发展。

2. 清淡饮食，养护肝脏

饮食上，惊蛰时应当顺应肝之性，助益脾气，令五脏和平。适当增加富含植物蛋白质和维生素的植物性食物，少吃动物性食物。比如，可以适当吃些菠菜、芦荟、苦瓜、木耳菜、芹菜、油菜、山药、莲子、银耳等。春季和肝相应，养生的同时要注意不能伤肝。现代流行病学调查表明，惊蛰为肝病的高发季节，所以一定要注意养护自己的肝脏。

3. 防范湿邪之侵袭

从惊蛰开始，雨水一天比一天多，人体很容易受湿邪侵袭，尤其是痰湿体质者，所以此时要注意适当吃些有化痰利湿之功的食物，如莲藕、山药等。

4. 适宜的运动，有益健康

从惊蛰开始，气温回升，此时进行适当的运动对健康是大有益处的。不过此时的运动一定要注意适量，不宜过强，因为出汗过多会让毛孔扩张，凉湿之气会趁机入侵体内，易让身体着凉，进而发生感冒，诱发呼吸道疾病。中医认为，汗和血之间有很大的关系，排出一定量的汗有排毒之功，可是如果排汗量过大，就会带走身体中的某些微量元素，会耗伤人体的心血和阳气。所以，惊蛰时期的锻炼要适度。

5. 心态乐观，调养精神

春季肝阳上亢，很容易躁动，而惊蛰为春季最易躁动的节气，常常会让人心神不宁。人体的养生状态从“冬藏”过渡到了“春生”，这种气候的转变会让人觉得不舒服。此时应当注意调养自己的精神，没事听听舒缓动听的音乐，多出去走走，适当进行身体锻炼。

养生小贴士

惊蛰时经常会出现“倒春寒”，一旦遭遇“倒春寒”，不仅刚复苏的植被会被冻伤，人体刚升发的阳气也会受抑制，表现出“阳气郁”。阳气虽然被压住，但是它的升发能力还存在，仍然会在我们的体内蔓延生长，阳气不断在身体内积聚却不和外界进行交换，就会发生阳虚内热，即上火。此时应当注意调节自己的身体，慎食温性和热性食物，根据自身体质适当吃些梨、百合、甲鱼等偏凉食物，注意早睡早起，早起后适当运动，让身体中的阳气得到舒发，以免上火。

春分（3月20～22日）

春分的时间通常在3月20～22日，这个节气养生的重点就是平衡。春分白天和夜晚的时间刚好相等，阴阳各占一半，也就是说白天和黑夜刚好各12小时。

1. 保持体内的阴阳、气血平衡，避免外邪入侵

春分当天，自然界的阴阳是平衡的，在这以前，自然界的阴气强于阳气，而在这之后，自然界的阳气会强于阴气。就是说，这一天与秋分一样，既是阴阳平衡，又是阴阳势力重新分配的临界点和转折点。此时，人体中的阴阳也会发生一定的改变，稍不留神，人体气血就会发生紊乱，诱发疾病。

我们都知道，每年的季节交替之时都是疾病的高发之时，节气转换也是如此。节气转换之时，一些旧病容易复发，而重病容易转危。曾经患过某些疾病的人应该注意在这个时候留心外邪的侵袭，及时应对天气变化，尽量不要去人员密集的地方，防止染上疾病。

小腹是人体的中心，对平衡人体气血有着重要的作用，按摩小腹有助于打通人体经络、调节气血，让身体中的阳气得到更好的升发，因此揉腹非常关键。可以用手掌的劳宫穴按摩小腹至发热，能养元补气，滋阴培阳。春分时按揉小腹，每天早、中、晚分别按揉1次，先沿着逆时针的方向，之后沿着顺时针的方向，最少按摩36圈，按揉的力度适中。

2. 均衡饮食，清淡、易消化

饮食上，应当注意均衡、不偏食某一性味的食物，比如，不偏食寒性或热性的食物，不偏升、偏降、偏收、偏散。比如，苦瓜是寒性食物，羊肉是热性食物，萝卜是收敛的，生姜是发散的，但食物之间最好搭配着吃，吃羊肉的时候吃些新鲜果蔬，吃苦瓜的时候配点生姜都是可以的。

同时要注意饮食的清淡、易消化。闲暇的时候熬些清淡的小粥来吃，如薏米粥、莲子粥等，适当吃些青菜，少吃生冷、高糖、油腻的食物。

3. 做好保暖，及时增添衣物、适当运动

在北方的一些地区，到了春分时暖气已经停放，室内的温度会大大降低，已经被温暖包围了一冬天的人们很难适应室内温度的“骤降”，此时应当注意适当增添衣物。没事多出去走动，晒晒太阳，锻炼锻炼身体，以提升人体的阳气。最好选择在清晨或下午运动，防止出汗太多。

4. 起居有时，工作、娱乐适度

《黄帝内经·素问》有云：“久视伤血，久卧伤气，久坐伤肉，久立伤骨，久行伤筋。”意思就是说，不管是处在哪种状态，时间久了对身体健康都是不利的。动得过度会损伤机体，安逸过度会导致气机闭阻，气血瘀滞会致病。所以，日常起居中我们要注意遵循适度的原则，不能长时间看书、看报、看

电脑，否则会出现血虚无法润目，双眼干涩；也不要长时间躺在床上，否则气血的流通就会不畅；长时间站立会伤骨，长时间行走会伤筋等，所以，一定要养成良好的起居习惯。

5. 平衡心态，保持积极乐观的态度

春分时，为了让肝脏发挥正常功能，我们应当注意保持情绪的平衡，就是说要懂得抒发自己的情志，有节制地抒发自己的喜怒哀乐。心里面有怒火要发泄出来，但要适度，而不是暴跳如雷；心里面有喜悦就要开心地笑出来，但是不能太过癫狂；心里感到悲哀，就要哭出来，但是不能哭到死去活来……七情适度对身体才是有益的，七情过度不仅无益反而有害。

养生小贴士

春分前后出去游玩的时候，要注意花粉过敏、蚊虫叮咬，同时还要注意预防传染病，如在某些鼠类身上传播的出血热。

3 月养生重点

气候特点

3 月是阳历年中的第三个月，有 31 天，北半球 3 月是春季的第二个月，有惊蛰和春分两个节气。

3 月也是雨水比较多的季节，此时春雷响动，气温回升，冬眠的动物开始活跃，随着气温的升高，土随之松软，春种开始。此时过冬的虫卵开始孵化，部分地区已经是桃花红、李花白，燕儿归来，多数地区进入春耕的季节。

这段时间仍然存在“倒春寒”现象，北方寒冷的气候还要持续更长的时间，因此“春捂”还是很重要的，特别是老年人，在3月时要注意不能因为天气变暖而穿得过少，增减衣物应当随着气候的冷暖而定。

3月时节春风拂面，冰雪融化，阳光温和，此时的空气湿润而不燥热，是养生的最佳时机。3月的天气一般会比较晴朗，所以人们通常会觉得非常舒服，但是大自然的阳气升发得过快，人体的阳气很难跟上，因此经常会觉得后背凉、痛，四肢凉、麻、胀，这些均为阳气不足导致的，应当注意补充阳气。由于气候变暖，各种动物开始活动，还要注意防虫、防鼠害。

此时的运动应当注意顺应自然生机，适合到郊外去踏青。3月风和日丽，到处一片生机，春芽初萌，自然之气开始生发，到郊外游赏可陶冶情操。踏青能让人心情愉悦，因为郊外的空气清新，富含对人体有益的“阴离子”，它带有负电荷，能随着呼吸的过程进入到肺中，作用在人的末梢感受器，调节大脑神经。负离子进入到血液循环之后，所带的电荷可以输送到全身各个组织细胞内，促进细胞代谢活动，让人精神振奋、心情舒畅，呼吸、脉搏、血压平稳，大脑清醒，工作和学习效率会加倍。一直处在这样的环境下，人体免疫力可以提升，从而促进机体功能，能治疗各种慢性疾病。

养生小贴士

肝经上的第一个穴位就是太冲穴（位于足背侧，第1、第2跖骨结合部之前凹陷处），太冲穴相当于肝脏为心脏供血的通道，因此按揉太冲穴的时候能够为心脏供血。而且太冲穴为肝经的原穴，将此穴打通，整个肝经的气血都会旺盛。太冲穴的具体按摩方法：按摩之前先用温水浸泡双脚10~15分钟，之后用左手拇指指腹按摩右太冲穴，3分钟之后换右手拇指指腹按摩左太冲穴3分钟，重复此操作2~3次，共10~15分钟，按摩至产生酸胀感为宜。

养生原则

3月养生的首要原则就是培补正气，凡事先找内因，之后再去理会外因，因为外因只有通过内因才能发生作用。也就是说，我们只有提升自身身体素质，才可以增强其抵御能力，防止外邪入侵。

春季的病毒和细菌多喜欢湿热的环境，所以，想预防病毒侵袭，首先要注意服用适当的有清热解毒之功的药物和食物，如板蓝根、牛蒡子、茄子、莼菜等。

3月，随着阳气越来越旺盛，人体内大量气血会由内向外走，很容易发生“拥堵”，进而诱发疾病或痼疾复发。肝主疏泄，因此“疏导”的任务就要教给肝，只有确保肝脏各项功能正常，才能有效遏制痼疾复发。想要让肝脏功能正常，首先要做的就是平稳情绪，就是说要顺应情志抒发，但每种情志的抒发都要有节制。饮食上要注意清补而不宜浊补，肝主青，所以可以适当吃些青色食物。起居上，无论工作还是娱乐都要适度，动静结合，保持良好的生活习惯。

对于上班一族来说，3月很容易由于过度操劳而肝气偏弱，此时可以适当吃些养肝食物，如各种绿叶蔬菜，可以协助肝脏排毒。还可能由于体内阳气的骤然上升而引发内热之气，易生痤疮、怕热出汗、经期延长等。此时应当注意远离烟酒、禁食重口味食物，还要注意滋阴清肝火。

3月眼疾高发，眼疾之所以集中在此时，和气候条件有着密切关系。由于万物复苏，人体中的阳气越来越旺盛，可部分人群仍然喜欢吃羊肉和牛肉，或者偏好火锅和辛辣口味，进而导致上火，使眼睛、肝脏都受连累。而且春天之气为“风”，受风邪侵袭之后很容易口眼㖞斜，也就是“外风”导致的面瘫。还有一类春季多发的过敏性眼病，中医也将其列入“风邪”范畴。

想要预防眼病，应当从调肝补肾着手。肝属木，肾属水，水能生木，意思就是说只有肾的气血充足，才可维持肝功能正常。调补肝肾的方法很多，最常见的就是食疗之法，比如枸杞黑豆排骨汤，或者服用杞菊地黄丸等，都能起到不错的补肾效果。

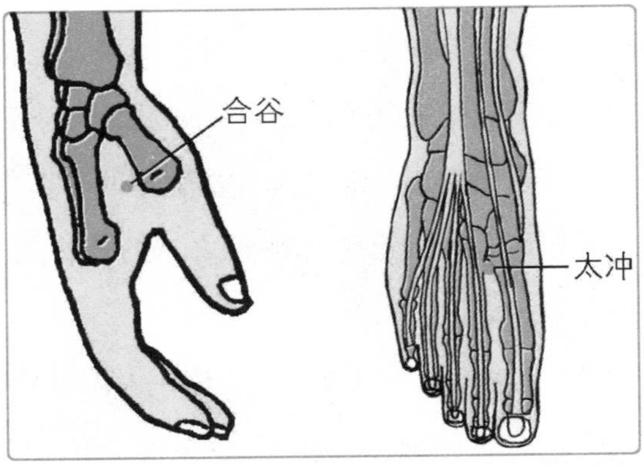

3 月易发精神类疾病，这和肝脏疏泄功能失调有着密切关系。心情不畅时，肝脏的藏血功能就会受影响，一旦肝气不舒，郁热化火，就会影响到心脏功能。按摩合谷穴（手背，第 1、第 2 掌骨间，当第 2 掌骨桡侧中点处）和太冲穴（位于足背侧，第 1、第 2 跖骨结合部之前凹陷处）即可有效防治精神分裂症。精神分裂疾病多和七情有关，所以保持情绪稳定很重要，还要注意避免劳神过度。

中医认为，春风当令，应于肝木，肝气旺于春季。肝气疏泄，有舒畅、开展、调达、宣散、流通等功效，因此春季使人春情萌动，所以春季的房事通常会多于冬季。不过这并不是说可以放纵自己的情欲。历代养生家都提倡，养生必节欲，节欲能保精。健康无病的年轻夫妇，每个星期 2 次性行为，中年夫妇每个星期 1 次为宜，老年夫妇每 3 个星期 1 次为宜。不过这并不是绝对的，应当根据自身体质的强弱、精血的盛衰以及生活习惯增减。

养生小贴士

患病期间和疾病初愈的恢复阶段要注意节欲保精，禁止同房。因夫妻同房而病情加剧甚至危及生命的例子不在少数。所以在春季性欲勃发之际同房要慎重，将养生保健内容牢记于心。

推荐运动

1. 放风筝

春季人体阳气生发，气血会产生向外透发的趋势，到户外放风筝不但能让自己融入春光之中，还可以在空气清新的情况下加速身体血液循环，促进身体新陈代谢的过程，顺应阳气升发，气血外透。

对于眼疲劳者来说，放风筝不但能清肝明目，还能健脑益智。风筝在高空随风飘忽，上下翻飞，左右摇曳，为了让风筝保持稳定，大脑会迅速做出判断，及时调整，所以放风筝也有锻炼脑的作用。

在锻炼的过程中能增强机体免疫力，防治各种慢性疾病，如高血压、冠心病等。放风筝的时候要注意及时收线，前俯后仰，时跑时行，时缓时急，张弛相间，动静结合，手、脑、眼协调并用，身体各部位均可不停运动，全身关节、肌肉得到舒展，有益于健身。

2. 高抬腿走

每天坚持高抬腿走，对全身，特别是对腿部、心脏、头部非常有好处。高抬腿走能加强腰部、腿部、腹部肌肉和韧带力量，防治老年性疝气等疾病。

高抬腿走的时候腿要用力向上抬起，同时迅速收腹，双臂自然前后大幅度挥摆，抬腿时最好大腿和腹部成 90°，可以根据自身状况选择膝盖的弯曲程度。每天坚持走 200 步左右。

3. 钟摆走

身体扭动的过程中，内脏能获得更多的活动空间，局部的扭动能刺激内脏活动，相当于在给心、肝、胃、肠等脏器做按摩，可以预防多种疾病的发生，防治胃肠消化功能失常、便秘等症。

像钟摆那样摆动胯部，让腹部随着摆动、颤动，每一步腰和胯都左右转动。腰部转动比较容易，胯部转动就像模特儿那样走“猫步”或学着田径运动员那样竞走。

4. 倒着走

倒着走能刺激不常运动的肌肉，让腰脊肌、膝关节周围的肌肉和韧带、股四头肌得到锻炼，进而提升身体的平衡性、灵敏性。

最开始走的时候最好选择人比较少的直路，双目平视，走的时候腿要伸直，步伐均匀、缓慢，向后迈腿，脚尖要先着地，稳后再移动身体重心。每次运动20分钟，走100~200步，每天2~3次。

养生小贴士

快步走利于女性身心健康。中老年女性很少进行激烈运动，如果每天快步走30分钟，即可将中风的概率降低30%；每天快步走45~60分钟，中风的患病概率会降低40%。哈佛大学公共卫生学院的专家对女性运动和生理关系进行长期追踪研究的结果显示，中老年女性每天快走30分钟，就能有效预防糖尿病、心脏病、骨质疏松症、中风、某些癌症。无运动习惯的女性，从现在开始每天快走30分钟即可强身健体。

推荐膳食食谱

女贞子粳米粥

【膳食选材】女贞子10粒，粳米110克。

【膳食制作】女贞子洗净之后装到纱布里面；粳米淘洗干净后放到锅中，放入女贞子药袋，倒入适量清水熬粥即可。

【膳食功效】女贞子有补肾滋阴之功，用女贞子和粳米一同熬粥，有乌发之功，适合肝气偏弱者在春季食用。

枸杞黑豆排骨汤

【膳食选材】枸杞子20克，黑豆30克，猪排骨300克，姜片、葱段、精盐、黄酒各适量。

【膳食制作】将枸杞子、黑豆、猪排骨洗净后一同放入锅中，倒入适量清水，先开大火烧沸，之后调入黄酒、精盐、姜片、葱段等调料，之后转成小火炖煮至黑豆熟烂，汤汁变浓即可。

【膳食功效】此药膳之中，黑豆有强肝、解毒、明目、补肾之功，选择黑豆时，最好选择皮黑肉青绿的黑豆，因为青入肝，黑入肾，用这样的黑豆补肝肾的效果是非常好的。枸杞调肝补肾之功非常好，用枸杞子浸酒，可治劳伤、头晕、眼花、男子性功能衰退，长期服用，能润泽肌肤、延年益寿。

山药面

【膳食选材】山药粉60克，面粉140克，羊肉50克，精盐3克，猪油15克。

【膳食制作】将山药切成片后研磨成末；羊肉洗净后切成2厘米左右的块；山药粉放到面粉里，倒入适量清水，调入精盐，搅拌均匀，揉成面团，擀成面片，切成面条或面片；将猪油放入锅中烧热，倒入适量清水，放入羊肉烧开，煮半小时左右，放入面条或面片煮熟，出锅的时候放入自己喜欢的调料就可以了。

【膳食功效】补肺，健脾，固肾，益精。能治疗脾虚泄泻、久痢、虚劳咳嗽、消渴、带下、遗精、尿频等症。

玉竹猪心

【膳食选材】玉竹40克，猪心600克，生姜、葱、精盐、花椒、白糖、味精、香油、卤汁各适量。

【膳食制作】玉竹除去杂质之后切成段，用水稍润，煎熬2次，收取药液约1600毫升，生姜、葱洗净之后分别切成丝和节备用；将猪心洗净后剖开，洗净血水，和药液、生姜、葱、花椒一同放到锅中，在火上煮至六成熟的时候捞出，晾凉；将猪心放到卤汁锅中，开小火煮熟，捞出，撇去浮沫；在锅中放卤汁适量，调入精盐、味精、白糖、香油，加热成浓汁，均匀地涂抹在猪心内外即可。

【膳食功效】此膳食有安神静心，养阴壮阳之功。适合于热病伤阴而致的干咳烦渴、心血不足、心烦不眠等症。

猪髓汤

【膳食选材】猪髓、莲子各100克，红枣150克，木香3克，甘草10克。

【膳食制作】将莲子去心后洗净；红枣洗净；木香、甘草洗净装入纱布袋中，和莲子、红枣、猪髓一同放入锅内，倒入适量清水；将锅置于大火上烧沸，之后转成小火熬至汤浓，莲子捣烂即可。

【膳食功效】补阴益髓，适合糖尿病患者出现的消渴、善饥、尿多、骨蒸劳热、疮疡、带浊、遗精等症。

4 月

4 月里的节气养生

清明（4月4～6日）

清明是众所周知的节气，通常在每年的4月4～6日，这个节气是养生的关键时间段。《历书》曰："斗指丁，为清明，时万物皆洁齐而清明，盖时当气清景明，万物皆显，故名也。"《岁时百问》中说："万物生长此时，皆清洁而明净，故谓之清明。"

从古代开始，清明就是人们祭祖扫墓的日子，中国人非常重视清明节，民间称其为"寒食节"，在清明这天，有不动灶火，忌食热食，否则会受到神的惩罚这一说法。不过在仍然有些寒冷的春天禁火食，担心老弱妇孺会受不了。为了避免寒食餐伤身，可以安排踏青、郊游、踢足球等户外活动，让大家晒晒太阳、活动活动筋骨，以提升机体抗病能力。所以，清明节除了扫墓，还可以进行适当的户外活动。

1. 饮食除湿热、补肝肾

清明时，还应当注意从饮食上消除"湿热"，防止上火，可以适当吃些养阴食物，如胡萝卜、豆腐、百合、银耳、蘑菇等；同时适当吃些有调理肠胃之功的食物，如芹菜、红薯等；适当吃些粥汤类食物，以促进身体健康；吃些有滋养肝肾之功的食物，如甲鱼、鸭、枸杞苗、荠菜、桃子、杏等。

2. 运动锻炼，防止湿气侵袭

清明时节，经历过初春的料峭和天气的反复之后，进入初步的稳定期，此时我国的绝大多数地区草木青青，天气变得清澈明净，人体也会随着自然界的变化而发生变化。清明节是吐故纳新的好时节，而吐故纳新最好的方法就是健身活动，避免湿气侵犯自己。清明时节，气候通常比较潮湿，所以外界的湿邪很容易入侵人体，伤及肌肤、筋骨，进入关节后会气血不畅。

因此，清明前后锻炼身体时应当选择空气流通的地方，环境湿度不能太高；尽量不要在地下室的健身房锻炼；穿比较宽松的、吸汗性能好的衣服；运动出汗之后应当及时用毛巾把汗液擦干净，防止汗水在肌肤上风干。身体出现丘疹、水疱、红斑等湿疹症状的时候，或关节滞涩、疼痛时，应当及时停止锻炼，同时向医生咨询。

3. 调节情绪，转移注意力

清明节时，多数家庭会选择祭祀祖先，或者到墓地去扫墓，悼念已逝的亲人，在这个过程中很容易产生伤心、难过等负面情绪。适当有些负面情绪并无大碍，但是如果这种情绪持续不断或者太过，对身体健康就不利了，应当懂得调节自己的情绪，转移注意力，淡化悲伤。

养生小贴士

清明是采食螺蛳的最佳时令，因这个时节螺蛳还未繁殖，最为丰满、肥美，故有“清明螺，抵只鹅”之说。螺蛳食法颇多，可与葱、姜、酱油、料酒、白糖同炒；也可煮熟挑出螺肉，可拌、可醉、可糟、可炝，无不适宜。若食法得当，真可称得上“一味螺蛳千般趣，美味佳酿均不及”了。

谷雨（4月19~21日）

谷雨通常在每年的4月19~21日，这个节气气温升高较快，雨水显著增多，降雨对五谷的生长有利，有“雨生百谷”之说。谷雨的来临预示着寒潮天气基本结束，气温迅速回升，利于谷类农作物生长。

1. 调整饮食，补血益气

饮食上要减少高蛋白、高热量食物的摄入，因为在谷雨后的15天中，胃功能强盛，所以此时消化功能会处在旺盛状态，消化功能旺盛利于进补。此时可以适当吃些鳝鱼，有祛风湿、舒筋骨、温补气血之功。不过要注意进补要适当，可以吃些有补血益气之功的食物，不但能增强体质，还能为安度盛夏打下基础。谷雨前后适当吃些能缓解精神压力、调节情绪的食物。多吃些富含B族维生素的食物能有效改善抑郁症；小麦胚粉、标准面粉、荞麦粉、小米、大麦、豆类、黑芝麻、瘦肉等富含B族维生素；适当吃些碱性食物利于缓解急躁情绪，如贝、虾、蟹、鱼、海带等。

2. 防神经痛、防过敏

谷雨节气后降雨量增加，空气湿度增大，此时要注意遵循自然节气变化，针对气候特点调养身体。谷雨节气为神经痛的发病期，如肋间神经痛、坐骨神经痛、三叉神经痛等。由于天气转温，人们的室外活动量增加，桃花、杏花争相开放，杨絮、柳絮到处飞扬，过敏体质者在这个时候要注意预防各种过敏，如过敏性鼻炎、过敏性哮喘等。

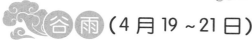

3. 防止脾胃病发作

人体在每个季节交替的前18天内，脾都处在旺盛时期，清明节气的最后

3天加上谷雨的15天一共是18天，人们的脾胃功能处在旺盛时期，此时虽然利于营养物质的吸收，但身体还要经过一段时间才能适应节气的变化，所以这一时期为脾胃疾病的高发期。脾胃好，食欲才好，食欲好了，容易饮食过量，伤及脾胃，所以一定要在这段时间内保持七八分饱的状态，千万不能暴饮暴食。

4. 参加户外活动

谷雨时正是阳春三月，非常适合参加户外活动，荡秋千就是不错的选择。架起秋千，在空中荡来荡去，可以舒展心情，释放压力。荡秋千尤其适合女性。传统医学认为女子多郁症，荡秋千是非药物解郁的好方法。

养生小贴士

吃补脾类食物的时候要注意不能肝火太旺，否则会伤脾，伤脾就会不思饮食。

4月养生重点

气候特点

4月是阳历中的第四个月，也是全年的第一个小月，一共30天。北半球4月是春季的第三个月，4月包括清明和谷雨两个节气。此时我国大部分地区的温度已经上升至12℃以上，是桃花初绽，杨柳泛青的季节。这时候柳絮、杨絮随风飞扬，提醒对花粉和杨柳絮过敏的人，一定要做好防范，一旦过敏及时就医。

4月气候温和，草木萌发，杏桃开花，处处给人清新明朗的感觉。此时可以邀请三五个朋友一起出去踏青，享受大自然的温暖、美好。

此时春季即将过去，夏季即将来临，田中的秧苗初插、作物新种，需要雨水的滋润，因此有“春雨贵如油”的说法。

4 月的降水量还是比较大的，空气湿度逐渐加大。农事变得忙碌起来，除了春播、春灌之外还要养蚕、采茶、制茶。

此时是一番万物生长、蒸蒸日上的景象，雨量充足、及时，谷类作物即可茁壮成长。

这个时候的植物新芽吐绿，将鲜嫩的柳叶和杨叶采摘回家，煮后即可制成调味小菜。其他野味包括野芹菜、荞麦苗、豌豆苗、香椿等，都可以采摘回家食用。

养生小贴士

清明节去扫墓的时候可以戴宽边帽或打遮阳伞，戴深色防护镜，也可以涂抹防晒霜。此外，四环素等药物也会提升皮肤对紫外线的敏感度，要避免长期服用。若患上了皮炎，病情较轻的无需治疗，过不了几天即可自愈。病情较重的可服息斯敏，局部皮炎可涂抹软膏。出现瘙痒症状时，不能用热水烫洗，更不能用碱性大的沐浴液清洗。

养生原则

4 月花开满园，人们在赏花的同时还可能面临着鼻子奇痒难忍、打喷嚏、流鼻涕等苦恼，这就是过敏性鼻炎。鼻炎多为肺气不足、肺内寒气排不出导致的。肺开窍于鼻，气机不畅，鼻窍不通，就会鼻塞头痛。

肺经生肾水，肾脏可以直接感受肺内的寒暖，而且肾阳为人体阳气之根本，能调节人体冷热。因此，出现肺寒时，肾阳虚弱者则不会打很多喷嚏，而是会鼻塞严重流涕；肾阳相对充足，就会喷嚏连天。肺气虚通常和脾虚有关，脾为肺经之母，脾不好，肺就会受影响，进而表现出鼻炎、过敏等症。此时可以通过按摩神阙穴（即肚脐眼）来祛寒，直接搓热双手沿着顺时针的方向按摩 50 次，之后沿着逆时针的方向按摩 50 次即可。

4 月好发高血压，因为春属木，和肝脏相对，肝主疏泄，春季为肝气向外舒展的季节，肝脏的主要功能是调节全身气血运行，若肝气郁结不能向外舒发，人体之气血就会发生紊乱，进而诱发高血压等症。若血压反复上升就会发生中风、心脑血管疾病等。此时可适当吃些荠菜，因为它有养肝降血压之功，而且随处可见。

此时还要注意调节情志，保持心情顺畅，选择舒缓又动静结合的运动，饮食上注意定时定量，多吃新鲜果蔬。做好周围环境的卫生，适当喷洒杀虫剂杀灭病菌，居室内的环境要洁净，还要保持室内空气的流通。

4 月气温升高，雨水增多，不能待在家里的时间太久，应当早睡早起，经常到空气新鲜、风景优美的地方散步，多呼吸新鲜空气。此时虽然气温适宜，但是早晚经常时冷时热，所以早出晚归的人应当注意呵护自己的身体，防止染上疾病。

4 月虽然容易困乏，但是和睡眠时间却没有多大关系，仅仅靠延长睡眠的时间是不能解决问题的。此时出现的困乏，主要为人体之肝气和脾湿共同作用导致的。春季为肝气之主导季节，肝气旺盛，就会脾胃虚弱。春季空气湿气较重，人体由于阳气生发，皮肤腠理疏松，湿气很容易趁机侵袭人体，导致脾由湿而受困。脾为气血生化之源，主升清运化，脾胃受困，清阳则无力上升，就像被堵住源头的湖水丧失其清澈，变得污浊。浊气不下，人就会头昏欲睡，祛除脾胃湿气就能顺利摆脱春困。

养生小贴士

夏枯草是夏枯草果穗，北方4月播种，南方地区夏季采集，3月采的可能为过冬夏枯草。它有扩张血管、降压之功，热酒调服能加强其扩张血管的作用，可以除疼痛、产妇诸血病。夏枯草膏能治疗肺结核、淋巴结核。

推荐运动

1. 柔韧锻炼

压腕：双手手指交叉，手心向外，做压指压腕动作，用力向前、向上伸展或有节奏振压。压肩：上体前俯，同时做下振压动作，可以两人相对站立，相互扶按肩部，做身体前屈的振动压肩动作。压腰：直角坐到垫上，双腿伸直，挺胸，塌腰，同时向前折体，双手尽量伸向前方，让胸部贴近腿部，保持一段时间。压腿：面对高物，左腿向上提，脚跟放到肋木上，双腿伸直，立腰，收髋，上体前屈，向前向下压振，双腿交替进行。压踝：跪在垫上，臀部压在踝关节处，向下振压，或是用脚外侧走、脚尖走、脚跟走和脚内侧走，牵拉踝关节。

2. 健身球保健

健身球，又称“保定铁球”是通过手掌搓揉铁制或玉石制作的小球，经常对局部穴位进行凉性刺激，进而防病治病、强身健体。经常做健身球锻炼可以改善血液循环状况，让心血管系统功能得到调整，增加心肌血流量，进而有效防治心血管疾病。用健身球刺激手指末梢神经，能调节大脑皮层功能，延缓脑组织老化，同时纠正紊乱的植物神经，提高睡眠质量。

3. 登山

春季为登山的好季节，登山是非常不错的有氧运动，不但能锻炼心肺功能，让心跳达到150次/分以上，还可以迅速消耗脂肪，显著提高腰部、腿部力量，以及行进的速度、耐力，身体的协调平衡能力等。此外，山上的空气清新，而登山的过程中呼吸深度比较大，可以让你呼吸新鲜空气的时候清肺、舒缓身心。

4. 自行车郊游

春季时，约几个朋友骑自行车郊游，锻炼身体的同时说说笑笑，身心都能得到很好的锻炼。骑车的过程中心率能达到150～180次/分，低的有120次/分，锻炼价值很大、没有时间限制。不限速度的骑车方式能放松肌肉、加深呼吸，进而缓解身心疲劳。如果需要锻炼心肺功能，可以在骑车的过程中规定骑车速度，或是采取间歇型骑车法：先慢骑几分钟，之后快骑几分钟，重复几次，能有效锻炼心脏功能。

5. 踢毽子

老年人腿部功能很容易退化，有句俗语叫“人老先老腿”。腿部肌肉的力量是衡量老年人健康与否的标志。50岁以后，全身肌肉会逐渐松弛，腿部肌肉也会跟着走“下坡路”。通过踢毽子可以延缓衰老，加强腿部运动功能。并且，抬腿、跳跃、屈体、转身等动作能充分锻炼脚、腿、腰、身、手等，还可提高关节柔韧性及身体灵活性。踢毽子的过程中，心率可达到150～160次/分，可以有效促进血液循环。并且，踢毽子还可以锻炼大脑、眼睛的灵敏度。

养生小贴士

研究表明，柔韧性是重要的身体素质之一。经常进行柔韧锻炼的中老年人不仅能保持较好的柔韧性，而且在活动中动作灵活，很少患运动系统疾病，肩、膝、腰等关节的扭伤也很少发生。说明进行柔韧锻炼对中老年人的健康是大有益处的。

推荐膳食食谱

鹅不食草

【膳食选材】新鲜的鹅不食草 15 克。

【膳食制作】鹅不食草洗净后放到药罐子里面加适量清水煎汁，煎好之后滴入左右鼻腔内各 4 ~5 滴，同时将剩下的汤水直接饮用。

【膳食功效】鹅不食草上达头脑，所以能治疗顶痛目病，通鼻气而落息肉，经常被用来治疗感冒、鼻塞、鼻息肉、百日咳、慢性支气管炎、疟疾等症。

鸡冠花煎汤

【膳食选材】鲜鸡冠花 600 克，鲜藕汁 500 克，白糖适量。

【膳食制作】将鲜鸡冠花洗净之后放入锅中，倒入适量清水煎汁，平均每 20 分钟加水一次，共煎 3 次后转成小火慢熬，至水汁变少快干锅的时候加入鲜藕汁，继续煮几分钟后即可关火。之后调入白糖搅拌均匀，再晒干，碾成粉末，放到干净的容器内。每天早中晚 3 次服用，每次服 10 克。

【膳食功效】鸡冠花味甘性寒，入肝经和大肠经，能治疗赤白带下、崩漏、便血等；莲藕性寒凉，有健脾益胃、清热养阴、凉血行瘀之功，将莲藕榨成汁，不仅不流失营养成分，而且更容易消化。坚持服用能清热利湿、杀菌止痒、收涩止带。

扁豆莲子粥

【膳食选材】白扁豆 20 克，莲子 15 克，银耳 10 克，粳米 100 克。

【膳食制作】将银耳放到清水中泡发，之后撕成小片；白扁豆、莲子、粳米洗净后和银耳一起放入锅中，倒入适量清水后开大火熬煮半小时，之后转成小火慢熬，粥成后关火。

【膳食功效】白扁豆性甘味微温，归脾胃二经，有健脾和胃、化湿利尿、消肿、和中益气之功，能治疗脾胃虚弱、呕吐、胸闷、腹胀、白带增多、小儿疳积等症；莲子性平味甘，入心、脾、肾经，可清心安神、醒脾开胃、益肾固精，能治疗脾虚久泻、多梦失眠、心神不宁、健忘、高血压、小便不利、肾虚遗精、妇女崩漏带下等症。春季经常喝此粥不但能祛除脾胃湿气，还可健脾和胃。

牛蒡子粥

【膳食选材】粳米、牛蒡根各 50 克，糖适量。

【膳食制作】粳米淘洗干净后放入锅中熬粥；煎牛蒡根煮沸 5 分钟之后，过滤留汁，将此汁调入粥中，用糖调味，晾温服食。

【膳食功效】此粥能治疗风热感冒导致的咽喉疼痛、食欲不振等。

决明子烧茄子

【膳食选材】决明子 25 克，茄子 450 克，蒜、葱、姜、盐、白糖、味精、植物油、水淀粉各适量。

【膳食制作】将决明子捣碎，放到砂锅中，倒入适量清水，开小火将茄子煎煮 30 分钟，取汁，反复煎煮 2 次，将 2 次取得的药汁混合。开小火将茄子炸至熟透、两面焦黄时捞出，沥干油；葱、姜切成末，蒜切成片，用葱末、白糖、姜末、盐、水淀粉、药汁兑成芡汁；将锅置于火上，倒入少量油，油温至七成热的时候放入蒜片，煸香之后放入炸熟的茄子，倒入芡汁翻炒至汁稠，炒匀，淋上几滴明油即可。

【膳食功效】此菜肴有清肝降逆、润肠之功，适合眩晕耳鸣、面红目赤、头目胀痛、急躁易怒、失眠、健忘、多梦、腰膝酸软、头重足轻、便秘等。

第二章

夏季养生（5～7月）

5 月

5 月里的节气养生

立夏（5 月 5 ~7 日）

立夏通常在每年的 5 月 5 ~7 日，此时天气特点比较明显：气温逐渐上升，白天越来越长，黑夜越来越短。人们的睡眠情况也随之改变，很容易睡眠不足。“斗指东南，维为立夏，万物至此皆长大，故名立夏也。”

立夏预示着“百般红紫斗芳菲”，全国的平均气温在 18 ~20℃，立夏之后，降雨量明显增多。此时人们的衣着比较单薄，但是天气还是有些冷的，注意不要过量运动，以免着凉感冒。

立夏时，吃完中午饭还有秤人的习俗，人们在村口挂一杆大木秤，秤钩悬一根凳子，每个人轮流坐在凳子上面。司秤人边打秤花边讲吉利话。比如秤老人时说：“秤花八十七，活到九十一。”秤姑娘时说：“一百零五斤，员外人家找上门。勿肯勿肯偏勿肯，状元公子有缘分。”秤小孩时说：“秤花一打二十三，小官人长大会出山。七品县官勿犯难，三公九卿也好攀。”打秤花只能里打出（就是从小数打到大数），不能外打里。

1. 顺应节气，注重养心

在春夏交替的季节应当注意顺应天气变化，将养生的重点放到心脏上，心为阳脏，主阳气，心脏的阳气推动着血液循环，维持着人的生命活动。心脏的阳热不但能维持其本身的生理功能，还能温养全身。人体的水分代谢、汗液调节都和心阳有着重要的关系。

2. 饮食调养，适当吃“苦”

立夏适当吃苦味食物有助于调理脾胃，饮食上以“清补”为主，适当吃些有清暑化湿之功的果蔬，如茄子、鲜藕、绿豆芽、西瓜、苦瓜；适当熬些营养粥汤，如百合粥、莲子汤等。

老年人的气血易滞，血脉易阻，每天早晨可以喝少量的酒，能促进气血流通，心脉无阻，可预防心病发生。立夏后，天气逐渐转热，饮食宜清淡，易消化，尽量避免吃大鱼大肉、辛辣油腻之品，多吃新鲜果蔬和粗粮，适当增加维生素和膳食纤维的供给，预防动脉硬化。

3. 立夏运动，严防中暑

立夏锻炼要注意选择适宜的时间和地点，严防中暑，千万不能流太多汗。中医认为：“汗为心之液。”流汗过多，就会加重心脏负担，甚至会导致心力衰竭，年纪大、患心血管疾病的人更要格外注意。

养生小贴士

立夏还有尝新的节日活动。苏州有“立夏见三新”的谚语，“三新”就是指樱桃、青梅、麦子，主要用来祭祖。常熟尝新的食物更丰盛，有“九荤十三素”的说法。“九荤”就是指鲥鱼、鲚鱼、鲳鳊鱼、咸蛋、螺蛳、熄鸡（熄也就是放到微火上煨熟；熄鸡用多种香料加工制成的鸡）、腌鲜、卤虾、樱桃肉；十三素包括樱桃、梅子、麦蚕（新麦揉成细条煮熟）、笋、蚕豆、矛针、豌豆、黄瓜、莴笋、草头、萝卜、玫瑰、松花。

小满（5月20～22日）

小满通常在5月20～22日，农作物在这个节气灌浆，籽粒开始饱满，不过尚未达到成熟的状态，手一捏即可捏出浆水。此时为农作物贮存能量、走向成熟的关键时期。《月令七十二候集解》："四月中，小满者，物致于此小得盈满。"这句话针对的是北方地区的麦类。南方地区的农谚有"小满不满，干断田坎"；"小满不满，芒种不管"。用"满"来形容雨水的多少，指出小满时田间若蓄不满水，则可能导致田坎干裂，甚至芒种时也不能栽插水稻。

顺应自然界的气候，此时人体中的阳气相对来说比较充足，不过还没有达到高峰阶段。此时应注意从以下几方面着手身体的养生保健。

1. 调节饮食，少酸涩辛辣

小满时节，自然界中的阳气上升，气温升高，湿度增加，饮食上也有特殊的要求，应当注意少吃酸涩辛辣、温热助火、油煎熏烤的食物，如辣椒、薯条、薯片、羊肉等。此时的饮食应当以清淡为主，适当吃些有利湿热之功的食物，如绿豆、冬瓜、黄瓜、水芹、荸荠、山药、草鱼、鲫鱼等。

2. 储存阳气，充实身体

小满时气温会进一步升高，空气湿度增大，不过清晨和傍晚还是非常适合身体锻炼的，千万不能因为天气稍微有些热而不锻炼。很多人都有这样的体会，越锻炼的人越不怕热，反而那些不锻炼的人总是怕热。

有的人稍微运动就开始满头大汗，有些人长跑回来也没出多少汗。之所以会有这么大的差别，和个人的体质有很大关系，和身体素质的关系更大。通过锻炼，身体对环境的适应能力更强，也就不那么怕冷怕热了。

人体如果不能在夏季接受充足的阳气，到了秋季就会阳气匮乏，导致收敛之气不足。适当运动可以促进人体清气上升，浊气下沉，能促进人体阳气的储备，为"秋收冬藏"打基础。不过提醒大家注意，一定要选择一天之中比较凉爽的时间段，选择适宜的运动方式，运动量要适度。

3. 避免情绪波动过大

小满时风火相煽，人也容易情绪波动，因此平时要注意控制自己的情绪。闲暇的时候练练书法、打打太极、下下棋、聊聊天，以调养性情。

> **养生小贴士**
>
> 小满后，天气越来越湿热，提醒大家一定要预防湿疹等皮肤病，勤洗澡、勤换衣服，尽量穿宽松、透气、吸汗的衣服。

5月养生重点

气候特点

5 月即公历的第五个月，为大月，共有 31 天。此时已经逐步进入到夏季阶段。万物生长茂盛，气温显著上升，炎热的夏季即将来临；雷雨增多，植物进入到生长的旺季，此时全国各地的温度平均达到 18℃左右，有时可达到 35℃高温。

南方地区会在本月进入梅雨季节，此时的湿热天气很容易诱发湿疹、皮炎等疾病，手心还容易长水疱。

此时冬小麦籽粒饱满，不过还没有成熟，若雨水丰沛，一定会大丰收。不过有的年份降水量比较少，干热风频繁，对作物的生长，特别是小麦生长的危害是非常大的。

植物的生长到了茂盛期，人体的生理活动也处在旺盛阶段，营养物质的消耗量比较大，及时适当补充才可以让五脏六腑充盈而不受损。

5 月的气温虽然明显升高，雨水增多，但是下过雨后，气温会迅速下降，所以提醒大家此时要注意气温的变化，及时增添衣物，以防着凉。雨水的分布特点是：南方雨水丰沛，北方风大雨小。

养生小贴士

盘香饼是 5 月的特色食品，用新麦磨成粉，发酵之后制成皮，包入酥油，之后擀成条形皮坯，放入豆沙、糖猪油丁、绵白糖，皮坯外沿向内折紧，双手搓成长条，盘圈成盘形状，饼面上刷饴糖水，撒些白芝麻，放到平底锅里烘至面皮呈黄色即可。

养生原则

5 月处于春夏交替的季节，随着外界气温的逐渐上升，人体的皮肤、血管的舒张也会因此从弱转强，血液循环会加速，大脑皮层兴奋性上升，以适应散发体热和白昼延长的需求。所以这个季节在衣着上要注意随时增减衣物，不能从早到晚都是一身，中午时气温比较高，满头大汗容易诱发感冒。

饮食上也要注意，虽然此时天气逐渐转热，但是还没有进入到高温期，所以不能稍微感觉到热就大肆饮用清凉饮料，否则会伤及阳气。烧烤、油腻之品也要有所节制，否则会伤及心脾。

此时应当注意适当避免强光的照射，在上午 9：00 到下午 6：00 的时候将门窗关好，拉上浅色窗帘，保持室内空气的流动，进而降低室温。居室要加强消毒，因为这个时候细菌的繁殖速度比较快，容易诱发痢疾、伤寒、霍乱等肠道传染病。

细菌性痢疾容易发生在春末夏初，因为这个时候气温较高，病菌的繁殖速度比较快，苍蝇也多起来，它是传播痢疾的重要媒介。人的胃液能杀死随食物进入到胃内的病菌，但是夏季时排汗量较大，身体中的水和盐分的损失也较大，再加上喝水较多，胃酸会被冲淡，所以杀菌能力减弱，食物中的病菌未被杀死进入肠道，诱发痢疾。所以，这个月份要注意适当补充淡盐水或菜汤，不仅能补充由于痢疾损失的水分和盐分，而且能降低血液黏稠度，帮助排泄毒素。

5 月雨前雨后的温差较大，应注意及时增减衣物，避免感冒。而且此时天气多雨而潮湿，如起居不当会导致风疹、风湿、汗斑、湿疹、湿性皮肤病等症。再加上此时闷热，更增加了皮肤病的发生概率，应当注意穿吸汗透气的衣物，防止皮肤病的出现。

人体生理活动在此时非常旺盛，营养物质的消耗量开始变大，人们应当在此时及时进补，以确保身体健康，免受损伤。进补的时候要偏于清凉，不能太过温热，否则会伤及阴津。

由于本月天气潮热，心情易因炎热而烦闷、暴躁，内外合邪，无法疏泄于外，就会熏蒸肌肤，循经络流窜到手掌的时候就会出现汗疱疹。虽然它没有传染性，但是很难根治，夏季容易复发。所以手脚一定要保持透气干爽，洗衣服的时候戴上胶手套，尽量避免直接接触强碱性肥皂、洗衣粉、清洁剂等。患上汗疱疹后，不能自行涂药，以防诱发其他病变，导致病情难以控制。

本月还高发风疹。风疹的传染性非常强，患者感染风疹病毒之后会有 1 ~2 周的潜伏期，之后会表现出发热、头痛、咳嗽、流涕等前驱症状，此时风疹会传染。前驱症状在 1 ~4 天后消失，随之出现淡红色细点，即皮疹，出了皮疹以后，传染性通常就消失了，并且皮红点在两三天之后会逐渐消退，不留瘢痕，所以说此病对人的危害还是比较小的。患上风疹之后，应当及时隔离，以免传染给他人。

养生小贴士

我国盛产牡丹，雍容华贵，但是你知道吗？牡丹除了可以观赏，还能被做成美味佳肴。牡丹的花瓣可汤焯、可蜜浸、可以用肉汁烩。牡丹花包生脊片、牡丹花银耳汤、牡丹花炸鱼卷等都是佳肴。

推荐运动

1. 拍打健头面

用双手手指叩击头顶和后脑部，用指面拍打前额和耳后两侧、颈后部位，之后用食指弹拍面颊两侧，如此即可防治头痛、神经衰弱、脑动脉硬化、脑血栓、面部神经麻痹等症，可以提升记忆力，可明目健脑。

2. 拍打腰背

呈站立姿势，用一只手的手掌心和另外一只手的手背交替拍打肩背和腰部，这种运动可以防治呼吸系统和心脑血管疾病，如支气管炎、肺心病、动脉硬化、冠心病等。

3. 拍打胸腹

呈站立姿势，双脚向两侧分开，与肩同宽，用双手手掌拍打胸部、腹部两侧，能调理肠胃、增强五脏功能，能防治肠胃功能紊乱、便秘等症。

4. 拍打四肢

呈坐位或站位，将左手手臂向前平举，右手手掌拍打左肩部、手臂、肘部，之后换成左手手掌拍打右肩部、手臂和肘部。用双手手掌拍打两大腿内外侧、膝关节、小腿内外侧，重点拍打小腿足三里穴。这种运动方式能改善肌肉紧张，防治关节炎、肌肉劳损、骨质增生、风湿病等症。

5. 交谊舞

跳交谊舞的时间应当控制在1～2小时内，时间不能过长，否则会引起疲劳。把握好跳舞的运动程度，慢三、慢四的强度不太大，不用热身，快三、快四的运动比较剧烈，会使呼吸变得急促，心率加速，血压骤升，可能会加剧心血管疾病，所以跳舞时要注意从缓到急，从慢到快，循序渐进。跳舞之前做好踝、膝、胯、肩等关节的准备活动，做些伸展运动，5～6分钟即可，能避免运动损伤。

养生小贴士

很多人到了夏季衣服湿了又干，干了又湿，久而久之皮肤上就出现汗斑——身上长出一块块白斑，或者眉毛变得稀疏，此时应当立即咨询医师，同时注意勤换洗衣物，不要常做剧烈运动，防止大量排汗。

推荐膳食食谱

酸梅汤

【膳食选材】乌梅干、山楂干各250克，甘草、桂花各少量。

【膳食制作】先将乌梅和山楂干放到清水中泡开，之后和桂花、甘草一同放到纱布中包好，放入锅中，倒入适量清水，开大火烧沸，煮沸后调入少量冰糖或红糖，之后转成小火继续煮40分钟左右，到锅内的水剩到一半的时候，酸梅汤就做好了。

【膳食功效】乌梅不但能除热送凉，安心止痛，还能治咳嗽、霍乱、痢疾；山楂能治脾虚湿热，可消食磨积、利小便。酸梅汤很适合调理肠胃。

菊花茶

【膳食选材】菊花4～5粒，冰糖适量。

【膳食制作】将菊花放到干净的容器中，倒入适量沸水冲泡，可以根据个人口味调入冰糖。每次喝的时候不要一次喝完，留1/3杯茶，之后续新水，泡上一会儿后再喝。

【膳食功效】此茶对口干、火旺、目涩，或者风、寒、湿导致的肢体疼痛、麻木等都有疗效，能清静五脏、排毒健身，还能延寿美容。

五宝粥

【膳食选材】生地20克，竹叶卷心、水牛角各6克，金银花10克，粳米100克。

【膳食制作】将上述材料分别洗净后放入锅中，倒入适量清水煎汁；粳米淘洗干净，和煎取的药汁一同熬粥，熬煮至熟即可，每天吃2次。

【膳食功效】金银花性甘寒，清热而不伤脾胃；竹叶卷心又叫竹心，有清心泻火、解毒除烦、消暑利湿、止渴生津之功，能有效祛除体内湿热；生地、水牛角能清热、凉血。上述四味和粳米一同熬粥，能有效治疗风疹。

大麦粥

【膳食选材】大麦粉2勺，粳米适量。

【膳食制作】取一碗清水，之后放入大麦粉搅拌均匀，再在锅中放入适量大米，倒入适量清水煮沸，至米开花后，将调好的大麦糊缓缓注入，边注边不断搅动，熬至粥熟即可。

【膳食功效】大麦味甘，性平，能消积进食、平胃止渴、消暑除热、益颜色、实五脏、化谷食，能清除大汗淋漓等外热，还能消除口干、胃脘不适等内热。

6 月

6 月里的节气养生

芒种（6 月 5 ~7 日）

芒种通常指6 月 5 ~7 日，《月令七十二候集解》上有云：“五月节，谓有芒之种谷可稼种矣。”芒种是一年之中降水量最多的时节。此时除了青藏高原、黑龙江最北部的一些地区尚未真正进入夏季外，大部分地区的人们都体验到了夏天的炎热。

传统中医有“气盛”、“气缓”的说法，春季天气晴朗、明净，空气干燥，属于“气盛”，而夏季天气变暖、变热，湿度增大，暑湿天变多。应当顺应时节来养生。所以中医提倡春季的时候以“疏泄”为主，夏季的时候适当温补。

1. 适当午休，恢复精力

夏日里，经常感到困倦的人中午的时候可以小憩一会儿，这样能使自己轻松很多，夏季之所以容易感到困倦，其实和人体自身的运行规律有着密切关系。中午 11：00 ~13：00，气血流注心经，是人体“合阳”之时。夏季时，人体为了御暑，气血都跑到体外，大脑的供血量大大减少，再加上上午的紧张忙碌，身体需要充分休息才可以更好地进行接下来的工作或学习。中午适当小憩能让大脑得到充分的休息，气血得到回流，所以能迅速消除身体的疲劳。

2. 调理饮食，吃苦味食物、补钾

从营养学的角度说，饮食清淡在养生过程中起着重要作用，蔬菜、豆类能为人体提供必需的糖类、蛋白质、脂肪、矿物质、维生素等营养物质。所以，芒种期间要注意多吃些新鲜果蔬和豆类，如菠萝、苦瓜、西瓜、芒果、绿豆、赤豆等。

人体大量出汗后，不宜立即补充大量的白开水或糖水，可适当喝些果汁、糖盐水等，以免血钾过低。适当补充钾元素能帮助身体中的钾、钠保持平衡。钾元素能从日常饮食中摄取，富含钾的食物包括：荞麦、玉米、红薯、大豆、香蕉、菠菜、苋菜、油菜、甘蓝、芹菜、大葱、土豆、山药、鲜豌豆、毛豆等。

还可以适当吃些苦味食物，如莲子、荷叶、薄荷等，虽然这些食物比较苦，但是做成汤或是熬成粥还是比较容易被接受的，有去除湿热，养护脾胃之功。

3. 防“夏打盹”、降危险

芒种时节人往往会表现得懒散。此外，芒种时节天气炎热，雨水增多，人体被包围在湿热之气中，人身所及、呼吸都不离湿热之气。湿邪易伤肾气、困肠胃，人就会表现出食欲不佳、精神困倦，所以学生、司机、高空作业者，要防止“夏打盹”，以免影响学习或出现危险。

养生小贴士

午睡虽好，但时间不能太长，20～30分钟即可。如果睡得太久，不仅会影响到夜间的睡眠，而且醒来之后会昏昏沉沉，感觉好像还没睡醒，头脑更加不清醒。

夏至（6月21～22日）

夏至在每年阳历的6月21～22日之间。夏至这一天，太阳运行到黄经90°，太阳直射地面的位置到达一年的最北端，几乎直射北回归线，这时北半球的日照时间最长。

夏至以后，地面会受热强烈，空气对流旺盛，午后到傍晚经常会出现雷阵雨，这种雷阵雨来得快去得也快，降雨范围比较小，人们形容其为“夏雨隔田坎”。很多人会觉得这个季节非常折磨人，因为最热的时期即将来临。

1. 慎避虚邪，及时防护

夏至为一年之中白昼最长的一天，阳气走到了“极盛”点，随之就会逐渐较弱。所以，这一天也是阳气从极盛转衰、阴气从极衰转盛的转折点。此时阳气达到顶点，出现下行的苗头；阴气跌到谷底，开始逐渐上行。

在阴阳交换的临界点，外界的环境经常会发生剧烈的变化，人体内部平衡也会随其发生改变，特别是在气血和阴阳之气运行上表现得很明显。此时某些慢性疾病可能会复发，比较严重的疾病容易在这个节气中转危，应格外注意防护。

当外界的气温连续3～4天超过29℃的时候，患心血管疾病和神经系统疾病的患者的病情会加重，所以提醒大家一定要密切关注天气的变化。天气炎热时，避免在日照强的时候出门，避免搭乘拥挤的交通工具，经常测量血压，外出时做好防晒准备，如涂抹防晒霜，准备遮阳伞、墨镜等。

2. 冬病夏治，效果更佳

有些冬季的常见疾病在夏至治疗疗效非常好，因为夏至为一年之中阳气最为旺盛的一天，可以利用阳气治疗疾病。

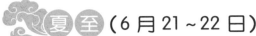

可“冬病夏治”的疾病包括：慢性气管炎、支气管炎、肺气肿、支气管哮喘、类风湿性关节炎、老年畏寒症等，以及容易在冬季发生的脾胃虚寒等疾病。若患者患有此类疾病，可在夏至来临之前咨询中医大夫，看看自己是否能够采用“冬病夏治”的治法。

3. 调节饮食，补益身体

饮食上，夏至前后要注意选择有益气扶阳、滋阴生津之功的补品，如西洋参、冬虫夏草、党参、山药等，可以搭配其他食材一同烹调，对身体的补益作用是比较明显的。

夏至的饮食要清淡一些，少吃肉食，同时注意勿过咸、过甜，可以适当吃些有祛暑益气、生津止渴之品。绿叶果蔬是不错的选择，如白菜、苦瓜、丝瓜、黄瓜等。

中国还有“冬吃萝卜夏吃姜”的说法。夏至暑热，多数人会表现出食欲下降，而生姜不但利于食物的消化吸收，还有助于防暑度夏，男性适当吃姜有保护、提升性功能的作用。

4. 精神调养

《周易》理论认为：夏属火，和五脏之中的心相对应。所以，夏至后要注意养心。夏至天气炎热，人很容易心烦意乱，烦则更热，会产生很多精神方面的不良影响。有句话说得好“心静自然凉”，所以，夏季要善于调节心情，多静坐，以排除内心的杂念。

养生小贴士

“麦粽”和“夏至饼”为江南夏至食俗，除此之外还有角黍、李子、馄饨、汤面等。《吴江县志》之中有记载：“夏至日，作麦粽，祭先毕，则以相饷。”不但要吃“麦粽”，而且要将“麦粽”作为礼物馈赠亲友。夏至时，农家还会擀薄饼烤熟，中间夹着青菜、豆荚、豆腐、腊肉等，俗称“夏至饼”，祭祖后食用，或赠予亲友。

6 月养生重点

气候特点

6 月是公历年中的第六个月，是小月，有 30 天。在北半球，6 月为夏季的第二个月，本月包括芒种和夏至两个节气。

6 月的天气已经非常炎热，月初时麦类作物成熟，开始收割，此时也是夏季播种作物的时节，这个时候非常适合播种有芒的谷类作物，如晚谷、黍、稷等。此时夏季特征已经很明显了，这时既要忙夏收又要忙夏种，有句谚语叫“芒种忙忙种”就是这个意思。

6 月，我国中部的长江中、下游地区的雨水量增加，气温上升，空气非常潮湿，天气非常闷热，各种器具、农作物都很容易发霉，有人称此时为梅雨季节。梅雨季节大概要持续 1 个月左右，梅雨量少，对禾谷丰收来说有着重要意义。宋代诗人赵诗秀的《约客》：“黄梅时节家家雨，青草池塘处处蛙。有客不来过夜半，闲敲棋子落灯花。”描述的就是 6 月的气候。

李时珍在《本草纲目》中提到：“梅雨或作霉雨，言其沾衣及物，皆出黑霉也。”梅雨时节，由于阴雨连绵，湿度较大，很多物品都容易发霉。南方多雨，很容易诱发脾湿，脾主肌肉，四肢就会困倦无力，因此平时一定要注意健脾祛湿。

此时由于空气潮湿，气温升高，导致人体中的汗液不能顺利发散出来，也就是热蒸湿动。湿热弥漫空气，因此，暑令湿盛，必多兼感，人容易四肢困倦，萎靡不振。

养生小贴士

有人喜欢在大汗淋漓的时候洗冷水澡，岂不知这样做会导致寒邪趁机入侵体内，影响到身体健康。排汗时，皮肤血管处在扩张状态，此时立即冲冷水澡，皮肤受到冷刺激会通过神经反射引起皮肤血管收缩，导致出汗散热受阻，体温上升。并且，皮肤血流量减少，回心血量会突然增加，加重心脏负担。

养生原则

6月天气炎热，很多家庭都打开了空调，在炎热的夏季吹着冷风是很享受的，男人会光着脊背，觉得这样很凉快，然而事实并非如此。皮肤覆盖在体表，有保护身体、调节体温、排汗等功能。人体皮肤上有几百万个汗毛孔，每天大概排汗1000毫升，每毫升汗液在皮肤表面蒸发能带走246焦耳的热量。外界气温超过35℃的时候，人体散热主要依赖皮肤汗液蒸发，加速散热，避免体温过度升高。

光着脊背的时候，外界热量会进入到皮肤当中，而且无法通过蒸发达到散热的目的，反而会觉得闷热。如果穿透气好的棉、丝织衣服，让衣服和皮肤之间存在着细微的空气层，空气层的温度不低于外界温度，即可有效防暑降温。

空调虽然能帮助人们调节室内温度，但同时也会带来各种负面影响。门窗紧闭和室内空气污染会导致室内缺氧，再加上恒温环境，人体自身产热、散热调节功能失调，人就会患上空调病。夏季空调房室温应当控制在26～28℃，最低不能低于20℃，室内外温差不能超过8℃，长时间待在空调房中要注意定时通风换气，不能在空调房抽烟。长期待在空调房中的人每天最少到户外活动3～4小时，年老体弱的人、高血压患者都不宜长时间呆在空调房中。

夏季蚊子很多，这也是导致人们得病的原因之一，想要有效驱蚊，除了要注意加强生活区域的清洁卫生，还要做好自身卫生。比如可以适当吃大蒜，蚊子不喜欢人体分泌出的大蒜味；口服维生素 B，经人体代谢后通过汗液排出体外，这种气味会让蚊子不敢接近。临睡前 1 小时口服维生素 B_{12} 片即可，不过不能久服。

夏季是阳气旺盛的时节，养生应当顺应夏季阳盛于外的特点，保护好体内的阳气。夏季炎热，应当保持神清气和、心情愉悦，有利于疏通气机。此时应当顺应自然界变化，早睡早起，劳逸结合。每天用温水洗澡，适当锻炼身体，锻炼时间最好是清晨或傍晚天气较凉爽时，场地选择树荫下、公园里、湖边等。

由于 6 月的天气潮湿而闷热，所以很容易伤脾胃，饮食上应当注意保护好脾胃，防止消化功能受影响。

夏季，有些人的身上会出现大小不等的片状脱色斑，细小的脱屑附着在上面，会出现痒感，出汗之后会更明显。人们经常会误认为这是出汗之后的斑渍，俗称“汗沤区”，实际上这是一种真菌引起的皮肤浅表角质层慢性轻度感染，医学上称其为花斑癣。其皮损特征是散在或融合的着色区上有糠秕状脱屑，主要发生在胸、腹、上臂、背部，有时候会波及面部和颈部以及其他部位。这种真菌喜欢在潮湿的环境中繁殖，因此夏季更容易患花斑癣。此病有传染性，较难去除，但是很多人认为此病并不会影响到正常的生活而常常忽视它。本病的皮损特点是脱色，可能会被误认为是白癜风，进而加重患者的精神负担。其实，想要预防此病并不难，做好个人卫生、穿纯棉透气的衣服就可以了。

养生小贴士

6 月的天气虽然炎热，但是老年人一定要注意不能贪凉而露天睡卧，避免因大汗而裸体吹风，避免吃鸡肉、羊肉等生火助热的食物，饮食最好清淡一些，保持心情的平静，做到“心静自然凉”。

推荐运动

1. 游泳

6月天气炎热，最适宜的健身运动就是游泳，不仅能消暑取凉，还能从中得到乐趣和锻炼。游泳的时候，身体的大部分器官都参与活动，进而增加人体能量消耗，促进新陈代谢，增强血液循环、呼吸和消化等系统功能。经常游泳，体温能得到一定的改善，还能提升人体对温度的适应能力。

游泳的过程中，全身肌肉会有节奏地紧张收缩、放松舒张，不但能锻炼肌肉，还能消除多余脂肪。所以经常游泳的人，体型一般比较健美。

2. 骑自行车

骑自行车是一大部分人的主要出行方法，也是一项锻炼肌肉（特别是腿部肌肉和关节）的全身性运动。很多中老年人将骑自行车作为交通和锻炼身体的工具。骑车的速度、距离和次数可根据各人体力酌情而定。作为一项有氧运动，骑自行车能够让连结心脏和肺部的关键肌肉功能都得到锻炼。伴随着有氧呼吸而加速运动的心肺，它能够帮助有效降低患高血压、糖尿病和过度肥胖等常见疾病。有规律、按照计划进行的骑车锻炼能够帮助大脑释放更多的内啡肽，从而让老年人能体验到一种自然而然的喜悦，使身心都处于轻松愉悦的状态中，进而有效帮助缓解压力，消除紧张，从低落的情绪中走出来。这也是许多有效运动能够使人放松身心的根源所在。但老年人毕竟年事增高，应尽量不在刮风、下雨、严寒或酷暑时锻炼。在交通拥挤地区更要特别注意交通安全和意外。

老年人锻炼身体时一定不要急着开始。锻炼的频率、每次的时长等，这些都是需要考虑的。有许多人最终放弃健身锻炼的一个最普遍的原因是没有合理的、科学的计划。没有了计划，那你就很可能在锻炼中由着自己心情的变化而产生倦怠。

3. 羽毛球

在室内球场打羽毛球，可以防止被晒伤。打羽毛球能让人眼明、手快，全身都可以得到锻炼。打羽毛球不仅能强身健体、减肥塑身，预防颈椎病，还能促进人体新陈代谢，让体内毒素随汗液排出。

羽毛球运动适合各个年龄段人群，运动量可根据年龄、体质、运动水平、场地环境等来定。青少年经常打羽毛球能促进身体生长发育、提高身体机能，每次可以运动40~50分钟；老年人、体弱者可以将其当成保健康复的方法来锻炼，每次宜活动20~30分钟。

4. 钓鱼

6月的炎热天气会让人觉得心烦气躁，而钓鱼可以解除“心脾燥热”。垂钓的时候脑、手、眼配合，静、意、动相助而成，可提高人的视觉反应能力。此外，湖滨、溪畔、河旁空气里面含较多负氧离子，能提高人体免疫力。

夏季，池塘边、绿树下，清风吹拂，在欣赏宜人风景的同时，听着虫鸣蝉叫，等待鱼儿上钩，能驱烦抑躁，让人备感惬意。经常体验这种怡乐之情，利于身体健康，而且可益寿延年。夏季的早晨、傍晚，气温、水温都比较适宜，此时是鱼儿摄食的最佳时间。到了中午，天气十分炎热，鱼儿出现的概率减小，刚好可以回家小憩一会儿。

5. 瑜伽

瑜伽非常受女性朋友们的追捧，人在夏季时身体的柔韧性非常好，肌肉不易被拉伤扭伤。练习瑜伽的时候最好空腹，适宜在饭后2~3小时练习，或者练完半小时之后再吃饭。

夏季人体气血畅通，此时练习瑜伽不仅倍感轻松，而且充分舒展之后身体会更加畅快、舒适。想要减肥的女性朋友练习瑜伽的同时宜搭配清淡的饮食，可让腹上松弛的肚腩、腰部赘肉更加紧实、有形。炎热的夏季很多人会脾气急躁，而瑜伽的呼吸、冥想过程可以缓解焦虑。

练习瑜伽前不用喝太多水，运动出汗后再立即补充水和盐分，练习的时间应根据个人体质而定，初学者通常练习 30 分钟左右，千万不能过量或超负荷练习。运动结束之后，人体会由于体液流失或高温环境出现短暂性大脑缺氧，不能立即洗冷水澡、吹空调、喝冷饮等，经过短暂休息、补充水分之后可以洗热水澡。

养生小贴士 提醒大家注意一点，夏天运动不妨从小强度运动开始，如游泳、打网球、打羽毛球、跑步、快走等，这些运动一次性的体能消耗相对较少，对技术的要求比较低，时间要求较少，而且能达到锻炼的目的，非常适合夏季。

推荐膳食食谱

姜枣茶

【膳食选材】生姜一块，红枣 5 枚。

【膳食制作】取生姜一块，洗净后切成细丝，之后和红枣一同放到锅内，倒入适量清水煎汁即可。

【膳食功效】大枣性温，能补益脾胃；生姜能驱寒。二者搭配，非常适合夏季长时间待在空调房中的朋友。

冬瓜荷叶汤

【膳食选材】冬瓜 500 克，鲜荷叶 1 张，盐适量。

【膳食制作】荷叶洗净之后切丝；冬瓜去皮、瓤、籽之后切成块状，之后

将荷叶和冬瓜一同放到汤锅里面，倒入适量清水，先开大火煮沸，之后转成小火继续煮一会儿，煮好后调入适量盐即可。

【膳食功效】冬瓜性凉，味甘淡，入肺、大小肠、膀胱经，有利水消痰、清热解毒之功；荷叶性凉，味苦涩，入心、肝、脾经，有清暑利湿之功，二者搭配，能清热解暑、利尿除湿、生津止渴。民间经常用此汤来治疗暑期口渴心烦、肺热咳嗽、口疮等症。

艾叶水煮鸡蛋

【膳食选材】艾叶 10 克，干姜 15 克，鸡蛋 2 枚，红糖适量。

【膳食制作】将艾叶洗净；干姜洗净后切片，和鸡蛋一起放到锅内，倒入适量清水，开小火将鸡蛋煮熟；鸡蛋煮熟后，剥壳，放入艾叶水中煮 10 分钟，调入红糖即可。

【膳食功效】艾叶能增强人体抗病能力，加入鸡蛋和红糖能补血活血，扶正祛邪，经常痛经的女性吃此膳食可以暖气血、温经脉，也适合夏季久待空调房的女性服食。

冬瓜水鸭汤

【膳食选材】水鸭 1 只，冬瓜 300 克，葱、料酒、姜、盐各适量。

【膳食制作】将鸭去掉毛和内脏后洗净；冬瓜连皮切成块状；之后将葱、姜、冬瓜一同放入锅中，倒入料酒、适量清水，开大火将水烧开，之后转成小火煲 2 小时左右，调入精盐即可。

【膳食功效】鸭肉补温补热，有去热清火、消暑滋阴、健脾化湿之功，经常食用能驱除暑热导致的不适，和冬瓜一同煲汤能补益虚损、滋阴健脾。

7 月

7 月里的节气养生

小暑（7 月 6 ~8 日）

小暑通常在每年的 7 月 6 ~8 日之间，小暑两个字清楚地表明暑热季节即将来临，不过还未达到高峰。此时全国的农作物都进入到了茁壮成长的阶段，应当加强田间管理。小暑时天变无常，有的年份阴雨连绵，有的年份雨水稀少，高温低湿呈伏旱。

1. 劳逸结合，注意防暑

小暑是人体阳气最旺盛的时候，但是中国有句古话“春夏养阳”，人们在工作劳动的过程中应注意劳逸结合，保护人体阳气。虽然小暑不是一年中最炎热的季节，但是小暑是民间最繁忙的时候，要种植蔬菜、作物，要施肥、除草等。此时我国大部分地区都在忙着作物的田间管理，炎热的气候本身就容易出汗，再加上繁重的田间劳作，人们很容易忽略对身体的养护。此时要注意劳逸结合，谨防中暑，避免在日照比较强的时候下田劳作。

2. 饮食调养，滋阴降热

天气热的时候最好熬些粥来喝，可以用荷叶、土茯苓、薏米、泽泻等煲汤或熬粥，适当吃些新鲜果蔬，都有助于防暑，但是要注意不能过量食用，防止加重胃肠负担，造成腹泻。小暑时以“平补”为原则，而新鲜果蔬有滋阴的作用，通过滋阴来降热，可以说是一举两得。

3. 谨防暑湿导致的水肿

夏季，人很容易发生水肿，主要表现为手、足有轻度凹陷，同时伴随着乏力、厌食等症，这是轻微的功能性水肿，是身体一时间不能适应外界环境而做出的反应，一般活动一段时间之后就会自动消失。水肿还和气闷、困倦、瞌睡、反应迟钝等不适症有关。之所以出现水肿，主要是由于脾不能发挥其统管气血水液功能导致的。此时应注意适当吃些有祛湿、健脾胃之功的食物，熬些薏米红豆粥来喝也是非常不错的。

4. 心态平和，顾护心阳

小暑至季，气候炎热，人就会心烦不安、疲倦乏力。在自我保护、锻炼的过程中，夏季为心所主，顾护心阳，此时应当注意平心静气，以确保心脏机能旺盛，这符合“初夏养阳”的原则。人体的情志活动和脏腑之间有着密切的关系，不同的情志会刺激到不同的脏腑，导致脏腑发生不同的变化。所以保持心态的平和、平稳是非常重要的，一旦心神受损，其他脏腑也会被累及，所以一定要保持心情顺畅、心态平和。

5. 夏季勿贪凉，谨防宫寒

炎热的夏风袭来，人们的衣衫越来越单薄，室内一天到晚吹着冷气，对身体健康是非常不利的。尤其是女性朋友，为了美而袒露肌肤、美腿等，到了空调房中，寒气会透过裸露的肌肤入侵体内，容易出现宫寒。有的女性夏季贪凉，喜欢吃冷饮、生食，很容易导致寒气入侵体内，若不能及时排出，滞留在身体之中就会伤脾伤肝。所以即使是夏季，也不能太贪凉，要避免过食冷饮。

养生小贴士

民间有“冬不坐石，夏不坐木”之说。暑过后，气温高、湿度大，露天放置的木料、椅凳等，经露打雨淋后含水量比较大，表面看着是干的，但是经太阳晒过之后温度会上升，会向外散发潮气，在上面坐的时间久了，会诱发痔疮、风湿、关节炎等。因此，特别是中老年人，要注意夏季不能久坐在露天放置的木凳上。

大暑（7月22～24日）

大暑通常是指7月22～24日之间，太阳位于黄经120°之时。此时是一年当中最热的时候，正值中伏前后，很多地方达到40℃的高温，酷暑难当。《月令七十二候集解》中有记载：“暑，热也，就热之中分为大小，月初为小，月中为大，今则热气犹大也。”其气候特点为：“斗指丙为大暑，斯时天气甚烈于小暑，故名曰大暑。”

1. 常食药粥，调养身体

大暑天气炎热，容易伤津耗气，所以经常会选择用药粥滋补身体。著名医家李时珍推崇药粥养生的时候说道：“每日起食粥一大碗，空腹虚，谷气便作，所补不细，又极柔腻，与肠胃相得，最为饮食之妙也。”药粥非常适合老年人、儿童、脾胃功能虚弱者服食。

盛夏阳热下降，氤氲熏蒸，水气上腾，湿气充斥，故在此季节，感受湿邪者较多。中医认为，湿为阴邪，其性趋下，重浊黏滞，容易阻遏气机，伤及阳气，可通过食疗药膳清热解暑。

可以适当吃些苦味食物，不但能清热，还能解热祛暑、消除疲劳。因此，大暑时节，适当吃些苦瓜、苦菜、苦荞麦等，能健脾开胃、增进食欲，不但可以远离湿热之邪，还能预防中暑，可以说是一举两得。而且，苦味食物还有醒脑之功，让人感觉到轻松，利于人们在炎热的夏季恢复精力和体力，减轻或消除乏力、精神萎靡等不适。

2. 补充水分，防止脱水

大暑天气炎热，人体的水分消耗得比较快，需要及时补充水分，可以直接喝凉白开，也可以熬些绿豆汤或是泡些菊花茶来喝，以清除暑热。排汗较多的时候可以喝些糖盐水、茶水等，适当补充盐分和矿物质，维持机体电解质平衡，防止脱水。

3. 适量运动，避免过量

大暑时外界的温度非常高，此时应当注意尽量避免外出，不宜进行户外锻炼和体力劳动。有慢性病史的患者，尤其是老年人，发生心脑血管疾病的概率比年轻人大，盛夏季节健身要注意避免体力消耗过大的运动。

4. 调整心态，谨防“情绪中暑”

暑热时节高温酷热，人很容易动“肝火”，莫名的心烦意乱、无精打采、食欲不振，被称作“情绪中暑”。它对人体健康的危害是非常大的，尤其是老年体弱者，会因为情绪障碍而心肌缺血、心律失常、血压上升，甚至会诱发猝死，所以提醒心脑血管疾病患者一定要注意调整自己的心态，避免生气、着急。

养生小贴士

大暑时可以适当喝些热茶，暑天喝茶虽然刚开始容易出汗，但是达到一定程度之后，就会有“两腋生风”的凉爽感觉，常喝茶的人不容易发生中暑。

7 月养生重点

气候特点

7 月是一年中的第七个月，包含小暑和大暑两个节气。此时天气已经炎热，而且逐渐达到极点。这个月，炎热的感觉逐渐袭来，最高温度达 40℃以上，全年降水量最多的月份就是 7 月，会出现大暴雨、雷电、冰雹。

本月是一年之中最热的时期，天气进入到“大热”或“闷热”的气候阶段，到了月底，全国大部分地区可能会出现 40℃左右的天气，因此酷暑的季节一定要注意防暑。

从小暑到大暑这段期间，天气变化无常，雷雨频繁，外出的时候应该注意携带雨具。由于此时的天气潮湿闷热，浑身上下经常有湿漉漉的汗水。这样的三伏天会让人吃不下、睡不好、体重下降、精神状态不佳。

据《游宦纪闻》卷十记载：“至藤，伤暑困卧，至八月十二日，启手足于江亭上。”此处的藤就是指广西藤县，伤暑就是指伤于暑邪，意思就是说，秦观在藤县中暑而亡。中暑而亡的还有秦始皇，他是在寻找长生不老妙方的时候中暑身亡的。

所谓“三伏”，就要要顺应天时做到“伏”。“伏”即隐伏，意思就是说太阳大的时候要把自己隐藏起来，不可逆天而行。如果不隐伏，就会被夏季的邪气所伤，邪即暑气。所谓中暑就是被暑气所伤。

养生小贴士

刮痧就是用边缘光滑的嫩竹板、瓷器片、小汤匙、铜钱、硬币等工具，蘸食油或清水在体表进行从上到下、从内到外的反复刮动。为了防治阳暑，可以在背后膀胱经和肘窝、腘窝处进行刮痧。刮痧的时候要沿着统一方向刮，力度要均匀，手腕用力，通常刮 10 ~ 20 次至出现紫红色斑点或斑块即可。

养生原则

7 月炎热的气候经常会让人心烦不安，疲倦乏力。夏养心，所以此时应当保持心态平和，确保心脏气机旺盛。此时还要注意多喝水，以解除疲劳，缓解体内代谢，繁忙时要注意劳逸结合，同时降温消暑。饮食上应当注意顺护阳气，进而养护心脾，多吃些清淡的菜肴，如豆芽。

这个月份很多人因为炎热难耐而在室外露宿，要知道，这种习惯是不可取的。人睡着之后，身体上的汗腺仍然向外分泌汗液，整个肌体处在放松状态，自身抗病能力会降低。夜间气温下降，体温和气温之差逐渐增大，室外露宿易导致头痛、腹痛、关节不适等，诱发消化不良、腹泻。

一年之中最热的天气来临，人体之中的阴气也会在这个时候生长，因此不能太贪凉，要注意适当让身体排汗降温，如此即可排出身体中的毒素，对身体健康大有益处。

由于天气炎热，人们的食欲也会受到抑制，此时应当选择清淡芳香、容易消化的食物，芳香气味可以刺激食欲。进补要能促进人体中阳气向外宣泄，和“夏长”相适应。同时注意适当吃些瓜果冷饮防暑降温。

这个月也是空调病的高发月，应当注意调整空调的温度，避免长时间待在空调房中，保持室内的通风状况良好，每天最少开窗透气半小时。

日常起居上，应当注意保持充足的睡眠，不能等到困到一定程度之后再睡，微微感到疲乏的时候就入睡，睡觉之前不能做剧烈运动。先睡眼，后睡心，逐渐进入到深睡眠阶段，不能露宿，室温要适宜，不能太凉或太热，室内不能有对流空气，即我们平时所说的“过堂风”。

清晨醒来也要先醒心，再醒眼，同时在床上做些保健气功，如叩齿、鸣天鼓等，之后下床。早晨可以到室外做些健身活动，不过运动量不能太大，至身体微微出汗即可。最好选择散步、静气功等运动。中午温度高的时候不宜外出，居室温度也不能太低。

7 月是中暑的高发季节，应当做好中暑的防治工作。正常情况下，人体产热、散热保持平衡，所以，人的体温总是保持在 37℃左右，如果在强烈的夏日阳光下照射过久，红外线就会让人的大脑减弱调节体温的能力，因此易中暑。此外外界温度过高，空气湿度大，无风，汗蒸发困难，身体中的热量大量蓄积也易发生中暑；若排汗量增大，身体中的水、盐被大量排出体外，不能被及时补充，水盐代谢发生障碍也会中暑；身体太过劳累、体弱多病也会导致中暑。

出现头晕、头痛、恶心、呕吐等症状时，就要暂停手头工作，立即转移到阴凉的地方，解开衣服，对头部进行冷敷或者直接洗个冷水澡，适当喝些淡盐水或清凉饮料，给患者服人丹或十滴水等。高热患者应当采取物理降温的方法，如用冷水或冰袋冷敷、风扇吹；给患者服用解热药；患者呼吸困难应及时做人工呼吸。如果经过处理之后患者的症状并未得到好转，并出现血压下降，应当立即将其送到医院抢救。热衰竭和热痉挛患者应当补充水分和盐，症状严重者应当静脉输生理盐水或葡萄糖盐水，病情如果没能得到好转应当立即送到医院。

中暑重在预防。提醒大家，在 7 月份要注意合理安排时间，中午多休息，避免长时间在太阳下暴晒，避免待在闷热的环境之中工作、学习、劳作等。外出要穿浅色衣服，戴草帽，平时喝点绿豆汤、凉盐开水等，或是服些人丹、十滴水，养成主动喝水的好习惯。

养生小贴士

电风扇使用不当也会带来麻烦，风力大、风速快，大汗淋漓的时候直接对着电风扇猛吹，毛孔会突然闭合，容易诱发感冒。通过电风扇取凉的时候，身体受风侧和背风侧容易处在两种不同环境下，一边冷一边热，一边有汗一边没有汗，时间久了，人体的散热功能会受影响或被打乱。长时间对着电风扇吹，人就会疲劳、无力，出现头痛、失眠等症。

推荐运动

1. 头部运动

具体操作：双手手心相对搓热后热干洗脸，用双手由额部向脸颊两侧，由上向下抹脸。之后重复挺胸、含胸的动作，反复多次。

这套动作的作用有三：醒脑，让沉睡的脑细胞活动起来；健脑，延长脑细胞的寿命，让脑细胞长久不死；益智，防痴呆。

2. 背部锻炼法

上了年纪之后，弯腰就会变得费力，一旦弯腰的姿势不当，很容易导致背部肌肉拉伤。所以中老年人从地上端拿起重物的时候，应当靠近物品，双脚分开，屈膝下蹲，上身正直或稍微向前倾，少弯腰，垂直地向上站起身。如果需要转身，应当利用大腿和脚的移动来完成，而不是靠扭腰背来完成。

背部锻炼法的具体操作：屈膝平卧，双手将一侧膝盖轻轻压向胸部，让背部产生拉伸感，以不觉疼痛为度，保持半分钟后放松，交替做；屈膝而卧，腹部尽量收紧，抬起臀部，腰背离地，保持半分钟后放下；屈膝而卧，双手放到脑后交叉抱头，头部用力向上抬，至肩部离地，保持 10 秒后放松；屈膝跪在地上，双手撑地，背部向上弓起，保持 5 秒之后放下，让背部和地面平行，重复此操作10次；俯卧，在腹部下放软垫子，左手和右脚一同举起，至背部和臀部产生紧绷感，坚持2秒后放松，之后换成右手、左脚举高，重复10次。

3. 乒乓球

乒乓球是一种室内运动，普通人练习或闲暇练习并不需要多大力气，经常打乒乓球能锻炼人的灵敏性和反应速度，对视力也有一定的帮助。

4. 四肢锻炼

平躺在床上，双臂和双腿轻轻分开，手心转向天花板，微闭双眼，做3次深呼吸，集中精力在每次呼气后空瘪的身体。之后由脚趾到头顶逐渐收紧，之后放松肌肉，用全身心去感受每个环节。肩部和头部肌肉的运动用旋转代替收紧。这个练习能开发身体柔韧性，有很强的放松性，还可缓解紧张情绪。

5. 迪斯科

迪斯科是一种全身减肥运动，运动强度较大，集娱乐和运动于一身。迪斯科舞的过程中髋部扭动大、臀部肌肉不断收缩，可以有效地减少臀部、大腿脂肪。一项测试结果显示，迪斯科舞的运动强度相当于每小时长跑8~9千米，每分钟游泳45~50米，以每小时20~25千米的速度骑自行车，如此大的运动量有显著的减肥作用，而且不会让你觉得劳累。想要通过跳迪斯科舞减肥者，每个星期应当跳3次，每次连续跳25分钟，跳舞时的心率达到115~135次每分钟。

6. 交谊舞

交谊舞节奏缓急相间，易学易跳，益于减肥。整个舞蹈过程应当轻柔舒缓，运动量不能过大，跳舞的过程能增强肌肉活动，促进心脏功能，增加热能消耗。慢步舞的能量消耗为坐时的3倍，和每小时骑10千米自行车的能量消耗速度相当。

养生小贴士

跳舞场的环境优美、音乐振奋神经，能调节大脑和神经中枢，进而改善人的心血管活动、植物神经活动、内分泌活动等。但是要注意尽量避免在密闭的舞厅内长时间跳舞，炫目的灯光、不流通的空气、震耳膜的音乐并不利于人体健康。

推荐膳食食谱

薏米红豆粥

【膳食选材】薏米100克，红豆50克。

【膳食制作】将薏米和红豆淘洗干净后放到温水中浸泡半日，之后放入锅中，倒入适量清水熬粥至熟即可。

【膳食功效】薏米能治湿痹，利肠胃，消水肿，健脾益胃，久服轻身益气；红豆有利水、消肿、健脾胃之功，而且红豆是红色，红色入心，所以炎热暑季吃红豆还能补心。二者搭配，祛湿补心兼得。

青红萝卜猪肉汤

【膳食选材】青萝卜500克，红萝卜160克，蜜枣4枚，猪腿精肉400克，陈皮一小块。

【膳食制作】先将萝卜去皮后切成三角形；猪肉洗净后切碎；陈皮泡软后洗净；将陈皮放入锅中，倒入适量清水煮开，之后将其余食材一同放入锅中，转成小火继续煮3小时左右即可。

【膳食功效】白萝卜属金，入肺，性甘平辛，归肺脾经，有下气、消食、除痰润肺、解毒生津、利尿通便之功，能治疗肺痿、肺热、便秘、吐血、气胀、食滞、消化不良、痰多、大小便不通畅、酒精中毒等；红萝卜属火，入心经，性甘平，归肺心脾经，有下气、清热解毒、补中安脏之功，能治疗烦热、便秘、胸闷气短、消化不良等症。炎热的夏季易损阳气，喝此汤补肺的同时还能补心，促进机体健康。

生姜红枣粥

【膳食选材】生姜15克，红枣5枚，粳米100克。

【膳食制作】将生姜洗净后切成丝；红枣洗净后去核；粳米淘洗干净，之后放入锅中，倒入1000毫升清水烧沸，放入姜丝、红枣，开小火熬煮成粥。每天吃2次，早晚趁温热服食。

【膳食功效】此粥之中的姜是温胃散寒之品，所以用生姜熬粥有非常不错的温肺暖胃、驱寒之功；红枣是补气健脾之品，能治疗脾胃虚弱、食少便溏等症。此粥非常适合夏季厌食者食用。

山药羊肉粥

【膳食选材】山药500克，羊肉250克，糯米适量。

【膳食制作】将羊肉、山药洗净后一同放到砂锅中，倒入适量清水，煮烂之后放入糯米，继续熬煮至粥熟。

【膳食功效】此粥之中的羊肉味甘性温，有益气补虚之功，为夏季进补、养阳气的佳品；山药性凉，熟食可以化凉为温，不热不燥，药性平和，常吃山药能减少脂肪沉积，避免肥胖，还能增强机体免疫力。二者搭配，有补脾止泻、补气暖胃之功，能治疗脾胃虚弱导致的慢性泄泻、食欲不佳、四肢不温等症。

第二章

秋季养生（8～10月）

8 月

8 月里的节气养生

立秋（8 月 7 ~9 日）

立秋通常在 8 月 7 ~9 日，有句谚语是这样形容立秋的天气的：“早上立了秋，晚上凉飕飕。”的确，立秋后的昼夜温差是比较大的。立秋之后的雨能显著降温，人们很喜欢秋雨。

1. 民间饮食习俗

民间流行在立秋这天用悬秤称人，将体重和立夏时进行对比。因为人到夏天时没什么胃口，饭食清淡简单，连续两三个月之后，体重多少会减少一些。秋风一起，胃口大开，就想吃点好的，为身体补充营养，补偿夏季的损失，这种补法即为“贴秋膘”：立秋这天吃各种各样的肉，炖肉、烤肉、红烧肉等，补充能量。当然了，过去人的生活和现代人的生活还是有很大差异的，过去的生活条件艰苦，到了冬季室温又比较低，所以在冬季来临之前储备脂肪对顺利过冬来说至关重要。而现代人冬季室内有空调、有暖气，日常的饮食本就存在能量过盛的问题，所以贴秋膘还是不提倡的。

还有“啃秋”之说，也就是“咬秋”，体现的是一种丰收的喜悦。可以啃西瓜、啃玉米等。秋季是丰收的季节，新鲜果蔬很多，各种农作物也开始成熟，可以吃些应季的果蔬和农产品，但切忌盲目进补。

2. 春捂秋冻，提升抗寒能力

民间有“春捂秋冻，不生杂病”之说。适当的秋冻的确对身体有益，不过并不是说要衣着单薄，应当根据天气的变化适当增减衣物，把握好度。还可以配合“秋冻”做些耐寒锻炼，早起锻炼的时候衣衫可以单薄一些，锻炼至身体微微出汗即可，出汗之后要注意保暖，以免感冒。还可以进行适当的“冷适应”锻炼，比如用冷水洗手、洗脸等，长期坚持有助于预防冻疮和伤风感冒等。

3. 精神调养，切忌悲伤

立秋后，应当做到内心宁静，神志安宁，心情舒畅，千万不要悲忧伤感，即使遇到伤感的事情。因为秋内应于肺，肺在志为悲，悲忧容易伤肺，肺气虚，人体对不良刺激的耐受性就会降低，容易产生悲忧的情绪。进行自我调养的时候不能背离自然规律，应当学会排解，避免肃杀之气带来的忧郁、惆怅等不良情绪，还应当注意收敛神气。

养生小贴士

立秋后，可以选择在早晚跑步锻炼，有助于改善心脏功能、脑部血液供应、脑细胞供氧，减轻脑动脉硬化，促进大脑正常工作。每次慢跑的时间最好在40分钟以上，最好选择慢跑或中速跑。

处暑（8月22~24日）

处暑通常在8月22~24日之间，处暑的“处”是终止的意思，“处暑”的意思就是“夏天暑热正式终止”。处暑以后的气候最宜人，此时酷暑已经结束，平均温度在23～25℃，还是比较舒适的。

1. 要吃“对”而不是吃“贵”

处暑时节，很多人都觉得天气逐渐转凉了要吃些燕窝、鱼翅等补品，而忽视了白菜、萝卜、红薯等寻常食物。此时在饮食上应当遵循“少辛增酸”的原则，通过增酸的方式收敛过旺的肺气；通过少辛的方式减少肺气耗散。酸味食物有非常好的滋阴之功，通过吃酸性食物，能有效缓解身体之中的燥，进而润燥。而辛辣食物会导致人体发汗，调动人体肺部的阳气通过寒液的形式从体内发泄出来，之后身体就会变凉。常见的酸味水果包括：柠檬、山楂、葡萄等。

适当吃些有清热安神之功的食物，包括银耳、百合、莲子、蜂蜜、干贝、芹菜、芝麻、豆类、奶及奶制品等。西瓜等寒性水果应当少吃或不吃。

2. 坚持锻炼，改善秋乏

很多人认为感到困乏就不宜锻炼了，否则会加重困乏，实际上这是个误区。除了劳动强度大会导致困乏外，还有很多其他因素会导致困乏，可以通过锻炼来改善。秋季锻炼的效果比其他季节好很多。

3. 早卧早起

我们都知道，鸡有夜盲症，天一黑就回鸡窝，大概是晚上17：00～19：00，所以古人认为要学鸡那样在那个时候回家休息。此时天地气机开始收了，人的气机也要收了，早点休息能多藏精。《黄帝内经》上提出这样的观点：“早卧早起，与鸡俱兴。”意思就是说，秋季的睡眠规律要和鸡同步。

4. 精神调养

处暑时节“宜安静性情”，此时秋意越来越明显，自然界逐渐出现肃杀的景象，此时人很容易悲伤，对人体健康不利。所以精神调养上，处暑时节应注意收敛神气，安宁神志，稳定情绪，切忌情绪波动过大，平时多选择听音乐、练习书法、钓鱼等安神定志的业余活动。

养生小贴士

在过去，处暑这天很多地方都有斗蟋蟀的习俗，因为蟋蟀在这个时候比较活跃。很多蟋蟀在斗完之后会死亡，人们会将蟋蟀的尸体干燥，中医为其取名“将军干”。它有利尿消肿之功，有比较强的利水之功，能治疗晚期肝硬化腹水，对难产、宫缩无力也有疗效。

8 月养生重点

气候特点

8 月天气由热转凉，进入“阳消阴长”的过渡阶段，人的生理活动需要适应自然界的阴阳变化，因此要注意保养内守之阴气。

8 月农作物逐渐成熟，气温从最热逐渐下降，有句谚语说得好：“立秋之日凉风至。”意思就是说立秋是凉爽季节的开始，这个时候已经没有了夏季的闷热，身上也没了黏热的感觉，虽然天气仍然处在炎热的状态下，但气温已经比暑热之季低很多了。

此时所刮的风也和暑热季节刮的热风不同，能给人凉爽的感觉，秋天的早晨会产生雾气，蝉会在这个时候鸣叫。

虽然这个月还没有进入到真正的秋季，但是人们已经从暑热的天气中走出来了，此时是从热到冷的转折期，气温的温差会逐渐增大，通常是白天很热，夜晚很凉爽。

在北方，8 月的降雨对农作物来说是非常重要的，不过对于南方而言则并非如此，南方有民谚“处暑下雨多灾害”、“处暑若逢天下雨，纵然结实也难留”。

养生小贴士

到了8月，自然界的阳气从“长”的状态向“收”的状态转变。此时应通过饮食补养脾胃，如食用山药、鲫鱼、粳米、猪肚等，如此即可弥补夏季的损耗，同时为冬季贮存、积蓄能量打基础。

养生原则

中国有句古话叫“春困秋乏”。秋高气爽，气候宜人，很多人却会四肢无力、昏昏欲睡，做什么都没有精神，这是典型的秋乏症状。有人认为秋乏可以通过静止或补充睡眠来改善，然而事实并非如此。想要改善秋乏应当从调节人体节律着手，日常起居作息要合理。

8月是夏秋交替的月份，过了最炎热的阶段，但气温仍然有些高，早晚温差比较大，此时应当注意随时增减衣物，但是不能一下增得太多，把自己捂得太严实。研究表明，微寒的刺激能提高大脑兴奋性，增加皮肤血流量，加速皮肤代谢，增强机体耐寒能力。

经过夏季的消耗，身体的消化功能下降，肠道抗病能力减弱，容易出现腹泻。因此，本月一定要格外注意饮食卫生，注意饮食调理和气候的冷热变化，加强体格锻炼，提升体质，出现腹泻之后立即就医。腹泻严重者应当及时救治。

此时应当做到内心宁静，神志安宁，心情舒畅，尽量不要去想那些让人忧伤的事情，即使遇到伤感的事，也要主动化解，避开肃杀之气，还要注意收敛神气，进而适应气候变化。

8月，应当早卧早起，与鸡俱兴，早卧为的是顺应阳气之收敛，早起为的是舒展肺气，防止收敛太过。立秋是初秋之季，暑热还没有褪尽，虽然有凉风，但是天气变化无常，所以也不用穿得太多，以免影响机体对环境的适应能力。

进入8月之后，可以根据自身情况选择一些适合自己的锻炼项目。饮食上适当吃些酸味收敛之品，适当多吃酸味果蔬，避免吃葱、姜等辛味食物。秋季肺经当令，肺经太旺就会克肝木，所以有“秋不食肺”的说法。

8月，我们会逐渐感觉到周围的空气从湿热转变成燥，所以此时滋阴润燥很重要，可以适当吃些芝麻、蜂蜜、乳品、菠萝等柔润的食物，进而益胃生津。立秋时节适当吃些生地粥、醋椒鱼等，即可滋阴益胃、凉血生津、补脾润肺。

本月易发气管炎等症，多有秋燥特征，表现出燥咳、久咳、痰少难咯、咽干口燥、神疲乏力等肺阴虚症候。秋季发作的哮喘多出现在有哮喘史的人身上，因为天气变化无常，受凉而发病。或是由于支气管炎治疗不彻底而反复发作，迁延不愈发展而来，甚至出现肺气肿、肺心病、哮喘持续发作，甚至会危及生命安全。因此，秋季哮喘多本虚标实，而且伴随着咳喘、喉中痰鸣、自汗畏风、恶寒等。

养生小贴士

老年人忌饭后立即午睡，因为吃过午饭之后，大脑的供血量相对减少，血液集中在胃部，此时午睡，很容易由于大脑供血不足而发生中风。

推荐运动

1. 叩齿咽津

叩齿法：早晨醒来后，先不要说话，放松全身，闭目，之后上下牙齿有节奏地相互叩击，铿锵有声。最开始锻炼的时候可以轻叩20次左右，之后锻炼不断增强，逐渐增加叩齿次数和力度，通常以36次为宜。力度可根据牙齿的健康程度而定。咽津法：用舌在口腔内贴着上下牙床、牙面搅动，力度要柔和自然，先上后下，先内后外，来回搅动36次，等感觉到津液产生的时候，不要咽下，继续搅动，至唾液逐渐增多之后，用舌抵上腭以聚集唾液，鼓腮，用唾液含漱数次，最后分成3次徐徐咽下。

运动功效：唾为肾之液，涎为脾之液。肾主骨，齿为骨之余，叩齿即可强肾，而且能刺激"唾"的分泌。脾经刚好从舌下经过，所以搅动舌头的同时也可以刺激涎的分泌。

2. 自我按摩

上了年纪之后，很多老人都会长出老年斑，既不美观，又会从外观上增加自己的年龄。在此给大家推荐一种自我按摩的方法，有助于老年斑的去除。

具体操作：先安静守神一会儿，之后双手手掌互相摩擦至手掌充分暖热，各自对着面颊上下左右不停地按摩，至产生舒服感为止，之后对双手背进行交叉按摩；再用手指甲对着个别明显斑点局部进行刮擦，至皮肤变红、发热为止。每天重复上述操作2～3次，坚持一段时间即可看出效果。

3. 颈椎保健操

颈椎病容易发生在办公室一族的身上，如打字、写作等姿势不当，都会造成颈椎伤。颈椎病的发生还和受寒、潮湿等因素刺激有关。平时应当注意改掉不正确的姿势，注意防潮、防冷，积极加强锻炼，经常活动颈部。

颈部保健操的具体操作如下。双手擦颈：左腿张开和肩同宽，自然呼吸，双目平视前方，双手重叠搓在后颈部，左右上下来回分别摩擦10次。回头望月：头部向左右旋到最大限度，坚持3秒钟，做6次。与项争力：双手握在颈部、头向后伸，双手向前用力以对抗颈部力量，重复5次。大鹏展翅：双手张开，掌心朝上、向外做飞鸟状，屈膝、挺胸、头后仰（下蹲）似鹏展翅，重复此操作3次。力托千斤：自然站立，双脚和肩同宽，双手从身侧抬到胸前时翻外向上到头顶，掌心向上到头顶，重复此操作6次。仰俯攀足：先伸腰拔背，后俯身向前，双手摸足，重复3次。旋肩松颈：双肩左右交替向后旋转，重复7次。震足醒脑：双脚尖和脚跟交替踮起，用力放下，重复此操作7次，收回左腿，调匀呼吸。

4. 倚墙下蹲

这个运动很简单，能减少大家坐的时间，进而减少“秋膘”囤积的机会，有助于保持苗条身材。

做这个动作时，先让自己的身体紧贴在墙体挺直站立，双手自然放在身体两侧。之后身体依靠墙，慢慢地分开膝盖，双膝分开大概和髋同宽，之后上半身维持挺直姿势，身体缓缓下蹲，至大腿和小腿成 90°角即可。保持此姿势 30 秒，之后慢慢地抬高身体。重复此动作 5 次。

5. 跳绳

很多人小的时候都玩过跳绳，8 月天气凉爽，非常适合跳绳。跳绳对场地和年龄等没有特别的限制，锻炼身体的同时有助于减肥。通过跳绳减肥的话，每次跳绳的时间最好在半小时以上。半个小时以上的跳绳运动能让全身血液加速循环，保持良好的新陈代谢。此外，还可让手臂、腿部肌肉线条在跳绳运动的过程中更加紧实。所以，提醒想要减肥瘦身的女性朋友，跳绳是非常好的秋季减肥运动。

养生小贴士 秋季运动要防秋燥，因为秋季气候干燥，温度较低，是肺气偏旺、肝气偏衰的季节，易导致咽喉干燥、口舌少津、嘴唇干裂、鼻出血、便秘等症。每次锻炼之后都应多吃些滋阴、润肺、补液生津之品，如梨、芝麻、蜂蜜、银耳等。

推荐膳食食谱

香薷饮

【膳食选材】香薷 10 克，白扁豆、厚朴各 5 克。

【膳食制作】取香薷、白扁豆、厚朴放入锅中，倒入大半锅水，开大火煎至水沸，之后转成小火煎煮 15 分钟，关火，冷却后调入适量蜂蜜即可。

【膳食功效】香薷辛温散通，能解寒郁之暑气，霍乱腹痛，吐下转筋等症；厚朴有下气、燥湿、消胀之功；扁豆是滋养药，经常用来健脾化温、清热解毒。香薷饮不但是立秋的节日饮品，还能治疗乘凉引起的怕冷、发汗、无汗和呕吐腹泻等症，是立秋的防暑佳品。

茯苓粥

【膳食选材】白茯苓粉 15 克，粳米 100 克，味精、精盐、胡椒粉各适量。

【膳食制作】粳米淘洗干净后放入锅中，加茯苓粉，倒入适量清水，开大火烧沸，之后转成小火煎至米熟烂，调入味精、精盐、胡椒粉即可。

【膳食功效】茯苓有渗水利湿之功。立秋之后熬点茯苓粥喝，不仅能提升胃口，还可助消化。

银耳鸡蛋汤

【膳食选材】干银耳 50 克，鸡蛋 1 枚，白糖适量。

【膳食制作】将干银耳放到温水中泡发，洗净，放入锅中熬煮至熟烂，调入鸡蛋，再调入适量糖即可。

【膳食功效】秋气肃杀犯肺易致咳嗽，银耳鸡蛋汤适合干咳无痰的患者。

鸭梨粥

【膳食选材】鸭梨 3 个，大米 50 克。

【膳食制作】将鸭梨洗净后去核，切成小块后放入锅中，倒入适量清水熬煮半小时左右，过滤留汁，加入淘洗干净的大米一同熬粥即可。

【膳食功效】此粥有清心降火之功，非常适合秋季肺热咳嗽的患者服食。

9 月

9 月里的节气养生

白露（9月7～9日）

白露在每年的9月7～9日之间，《月令七十二候集解》中说：“八月节……阴气渐重，露凝而白也。”此时天气逐渐转凉，清晨时地面和叶子上可以看到很多露珠，主要是由于夜间水汽凝结所致。处暑还有些热，但是到了白露，就不能再露出胳膊腿了，否则身体会受寒。受寒之后，人体的免疫力会降低，很容易出现肺部和呼吸道疾病，若风邪侵犯经络筋骨，筋络就会被阻痹，产生“痹症”。

1. “春捂秋冻”要有度

“白露秋分夜，一夜冷一夜”，到了白露时，人们已经能明显感觉到夏季已经过去了，凉爽的秋季已经到来，但是局部地区仍有余热，很多人还穿着单薄的衣衫。虽然有“春捂秋冻”之说，但是早晚温差比较大，不及时增添衣物很容易感冒。

此外，还要注意睡觉的时候盖好肚脐，因为肚脐是人体的薄弱部位，没有皮下脂肪，但是有丰富的神经末梢、神经丛，对外部刺激敏感，寒气很容易通过肚脐入侵体内。一旦寒气直中肠胃，就会发生急性腹痛、腹泻、呕吐等，所以，寒露时节不宜再穿露脐装，夜间睡觉时也要盖好肚脐。

脚离心脏比较远，所以血液不容易到达脚部，双脚受凉很容易诱发感冒、支气管炎、消化不良、失眠等症，而且传统的中医养生也提出“脚暖腿不凉，腿暖身不寒”。

2. 饮食调节，滋阴防燥

白露是典型的秋季气候，易出现口干、唇干、鼻干、咽干及大便干结、皮肤干裂等症状，此时可以适当吃些富含维生素的食物，还可以选择有宣肺化痰、滋阴益气之功的中药，如沙参、百合、杏仁等，能缓解秋燥。

白露时不妨熬些粥来吃，尤其是早晨喝粥，不仅能治秋凉，还能防秋燥，如银耳粥、莲子粥、芝麻粥、玉米粥等。

3. 白露温差大，泡脚、按摩为身体增温

从白露开始，天气越来越凉，很多人出现了手脚冰凉、肢体怕冷、乏力等症状，此即为中医上提到的身体不足。坚持夜间用没过脚腕的温水泡脚，泡至身体微微发热，可改善手脚冰凉、怕冷的症状。泡脚的过程中搓热耳朵和腰部，因为肾开窍于耳，而耳朵上分布着诸多的反射区，与身体的各个脏腑有着密切关系，因此，经常搓耳是非常不错的养生方法。泡过脚之后，双手握住小腿肚的肌肉，稍微用力向外翻，双手尽量大面积握住小腿肚肌肉，向外上方边翻边按摩，重复此操作至整个小腿肚的肌肉由上翻到下，由下翻到上，至小腿发热。

养生小贴士

福建福州有个传统习俗——“白露必吃龙眼”。民间的意思是，白露这天吃龙眼能大补身体，吃一颗龙眼就相当于吃一只鸡。龙眼本身有益气补脾、养血安神、润肤美容等功效，还能治疗贫血、失眠、神经衰弱等症，并且白露之前的龙眼个大核小，味道甜美，因此白露吃龙眼是非常好的。

秋分（9月22～24日）

秋分在每年的9月22～24日之间，和春分一样，是昼夜相等、阴阳相对平衡的一天。我国古籍《春秋繁露·阴阳出入上下篇》上面有记载："秋分者，阴阳相半也，故昼夜均而寒暑平。""分"有"半"的意思。"秋分"有两层意思：昼夜时间均等；气候从热转凉。

此时人们养生应当从阴阳平衡着手，让机体保持"阴平阳秘"的平衡，就像《素问·至真要大论》之中提到的："谨察阴阳所在而调之，以平为期"，阴阳所在不能有偏颇。

1. 阴阳并调，寒热兼容

中医治病的时候经常会强调"热者寒之，寒者热之"、"虚则补之，实则泻之"，意思就是说热证用寒药，寒证用热药，虚证用补药，实证靠疏泄。阴阳并调、寒热兼容的原则还体现在食物、药物的搭配上，合理搭配才能见效。

2. 饮食调养，滋阴润肺

秋属肺经，酸味收敛补肺，辛味发散泻肺，因此秋季宜收不宜散，应当尽量少吃葱、姜等，适当多吃一些酸味甘润的果蔬。秋燥津液易伤，会诱发咽、鼻、唇干燥和干咳、声嘶、皮肤干裂、大便燥结等症，所以秋分在饮食上应当注意多喝水，吃一些清润、温润的食物，如芝麻、核桃、蜂蜜、乳品等，能滋阴润肺、养阴生津。广东民间秋季最多的就是润养的汤水，如青萝卜陈皮鸭汤、玉竹百合猪瘦肉汤、无花果白鲫汤等。

3. 防止燥邪侵袭

想保持机体阴阳平衡，首先要做的就是避免外邪的侵袭。秋季气候干燥，所以人体很容易受燥邪所扰。秋分之前有暑热余气，所以容易出现温燥，秋分之后，秋风袭来，气温会下降，天气会越来越寒冷，因此多出现凉燥。而且，秋燥温和凉的变化和个人体质、机体反应有关，想预防凉燥侵袭人体，应当注意坚持锻炼，增强体质，提升机体抗病能力。比如，可以练吐纳功、叩齿咽津功等。

4. 精神调养

秋分气候转燥，日照逐渐减少，气温降低，人的情绪很容易低落，所以此时应当注意保持神志的安宁，以缓解秋肃杀之气对身体的伤害，应收敛神气，以适应秋天容平之气。老人应当注意少说话，多登高远眺，排解忧郁和惆怅。

养生小贴士

秋分是蟹肉最肥美、最滋补的时节。螃蟹有清热解毒、补骨添髓之功，秋季多吃螃蟹利于体内的运化，调节阴阳平衡。

9 月养生重点

气候特点

9 月的别称有菊月、授衣月、青女月、小田月、霜月、长月、暮秋、晚秋、残秋、素秋等。此时农作物即将成熟，气候变凉，早、中、晚的温度变化比较大，早晚比较凉，中午比较热。气温降低快，夜间温度比较低，所以此时露水凝结多、重。

9 月，鸿雁和燕子等候鸟南飞避寒，百鸟开始贮存干果粮食以备冬季所需，由此也能看出这时天气的确是比较凉了。

此时中国北方的降水量不是很大，暴雨、大雨的出现概率很小，但是降水次数却增多了，正应了那句“一场秋雨一场寒，十场秋雨好穿棉”。不过总体来说这个月的降水量还是比较少的，而且由于天气干燥，水分蒸发得较快，很多湖泊、河流之中的水量下降，部分沼泽和水洼处在干涸的状态下。

西南地区东部、华南和西部地区也经常是连阴雨天气，东南沿海，尤其是华南沿海还可能出现大暴雨。部分地区可能出现秋旱、森林火险、初霜等天气。若长江中下游地区的伏旱，西部地区、华南地区的夏旱不能受到秋雨的滋润，则可能导致夏秋连旱。有谚语说得好“春旱不算旱，秋旱减一半。春旱盖仓房，秋旱断种粮。”北方部分地区，如陕西、山西、甘肃等地，秋季的降水量本来就少，此时若出现严重的秋旱，不但会影响秋季作物的收成，还会延误秋季作物的播种和出苗生长，不利于来年的收成。此外，伴随着秋旱，尤其是山地林区，空气干燥、风大，森林火灾进入高发期。

从本月开始，阴气逐渐旺盛，所以不会再打雷了。蛰居的小虫开始藏到洞穴之中，而且会用细土把洞口封住，防止寒气侵入。

养生小贴士

9月的“白露茶”深受老南京人的青睐，此时夏季的酷热已过，白露前后是茶树生长的最佳时期。白露茶不像春茶那么鲜嫩、不经泡，也没有夏茶的干涩味苦，它有着独特的甘醇清香，深受老茶客的喜爱。

养生原则

9月天气已经转凉，很多人感受到气温的变化之后觉得是时候进补了，经常会增加肉类和虾蟹类的摄入。此时可以适当吃些富含维生素的食物，也可以吃些有宣肺化痰、滋阴益气之功的中药，如人参、西洋参、沙参、百合、杏仁、川贝等，能有效缓解秋燥。平常可以烹调百合汤、柚子鸡、香酥山药等有滋润肺燥、补气养血、止咳消炎、健脾补肾之功的药膳。

9月的气温虽然已经明显降低，但是人们却常常精神疲乏，情绪低落，甚至会影响到正常的生活。所以此时保持情绪的健康对身体健康来说至关重要。

人的身体能量消耗过多就会表现出困乏疲软等，同时对身体健康产生不利影响。为了改善秋燥，饮食和睡眠上都要进行一定的调整。饮食上要清淡一些，少吃油腻之品，因为油腻食物进入人体之后会产生酸性物质，加重困倦。还要注意多吃些水果，为身体补充水分，适当喝些绿茶提神。

9月，一定要注意保持充足的睡眠，每天晚上10：00以前入睡，早睡早起，中午小憩一会儿，对于情绪的调节是很有帮助的。

除了生理因素会影响到人的情绪之外，外界因素也是不可忽视的。一阵秋风吹来，夹杂几许寒凄，吹黄几片秋叶，一片萧条和枯败，勾起伤心事。现代研究表明，人体大脑底部有一种叫“松果体”的腺体，它可以分泌褪黑素，这种激素能促进睡眠，但是分泌过盛会诱发抑郁，气温变化对其分泌会产生直接影响，特别是冷热交替季节。中医认为，人的五脏六腑、七情六欲都和四季变化有关，肺属金，而七情之中的悲属金，四季之中的秋也属金，所以秋季带给人的除了燥之外，还有悲，这就是为什么一到秋季我们就把“悲秋”挂嘴边了。

提醒大家，9月一定要注意调节自己的情绪，保持心情的舒畅、乐观，做到笑口常开，懂得转移注意力，将悲伤之事转移开来，向积极乐观迈进。

9月容易发生疟疾，症状为间歇而定时发作寒战、高热，之后出汗，发热缓解。吸了带疟原虫血的蚊子会将疟原虫传染给人类，蚊子是传播疟疾的罪魁祸首，所以此时一定要做好灭蚊工作，防止蚊子叮咬。

胃病也好发本月，因为天气逐渐转凉，胃肠道对寒冷刺激比较敏感，预防不当、不注意饮食和起居，就会诱发胃肠道疾病，表现出反酸、腹泻、腹胀、腹痛等症，或者加重原有的胃病。因此，慢性胃炎患者应当注意做好胃部保暖工作，适当增添衣物，晚上睡觉的时候盖好被褥，防止腹部着凉诱发胃痛。

养生小贴士

9月是桂花飘香的时节，可以在院中摆上一盆桂花，香气溢满院。还可以将含苞的桂花浸泡到白酒之中，贮存的时间越久香气愈浓，饮用则满嘴存香，让人心旷神怡，有开胃怡神、舒肝、散瘀之功。

推荐运动

1. 吸收功

9月已经步入秋季，此时应当以藏为主。

吸收功的具体操作：每天晚餐后2小时到花园或公园慢走10分钟，之后站立，双目平视，双脚分开和肩同宽，放松全身，双手手掌相搭，掌心朝上，放到丹田，吸气在两乳之间，收腹的时候缓缓呼气松腹。重复此气功半小时左右，有助于健肺。

2. 闭目静卧

仰卧，伸臂举腿，左右翻滚身体1~2分钟，之后身体俯卧，双前臂、肘撑在床上，臀部缓缓向上翘起，抬起双腿和膝，呈“猫耸”状，再伸直，配合呼吸（屈吸、伸呼），重复此操作7~10次。

之后俯撑在床上，胸部和腹部向上拱起，脚趾踮着床面，用力蹬起，形状似拱桥，深吸气。之后伸直，呼气，重复此操作7~10次。能锻炼骨间肌腱和腹收肌肌力，提高呼吸系统机能。双前臂和肩及上身向上抬，足、小腿和下肢向后抬，腹部紧贴在床上，呈“飞燕”状，之后深吸气，放松，呼气，重复7~10次。

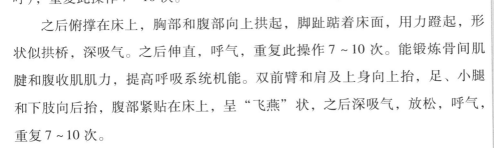

而后，体右侧卧，左上、下肢前伸、外展、后伸，重复7～10次，之后左侧卧，右侧肢体重复左侧肢体动作，配合甩手、踢腿等动作，以活动肩、髋关节和四肢。平卧，双手掌面紧贴着床面，牵擦收起双腿、屈膝，之后伸膝，抬腿的同时上抬头部，双目平视双脚、吸气、放松、呼气，重复8～10次，进而锻炼脊柱、背扩肌、腹肌。

最后向左右慢慢转动颈部，重复7～10次，进而活动颈部肌肉、关节，之后双手对掌搓热，搓面，静心，气沉下腹。

3. 养肺瑜伽

简易坐：正坐，交叉双腿，脊椎向上伸展，身体呈放松状态。闭眼，调整呼吸，注意力集中在呼吸上，呼吸深长而缓慢。保持5～10分钟。此动作能安宁身心、缓解精神压力。

仰卧抬腿式：仰卧，双手臂向两侧伸展，右腿弯曲，左腿向上伸展至90°，保持呼吸3～6次。放松，左右腿交换重复姿势。此动作能扩张肺部，加强腹部和腿部血液循环。

坐姿侧伸展式：坐式，左腿弯曲，右腿向外伸展。右手放到身前，吸气，左手臂向上伸展，吐气，身体向右侧伸展同时扩张胸部。保持呼吸3～6次。此动作能舒展侧腰，扩张胸部，加强脊椎和腿部柔韧性。

角度前弯式：站立，右腿向后退，身体转到左侧，吸气，向上伸展双手臂；吐气，身体向前弯，靠近左腿，双手放到左脚两侧。保持呼吸3～6次。放松，换侧重复上述动作。此动作伸展并缓解背部压力和紧张，提升腿部柔韧性。

婴儿式：跪姿，身体前弯，双手手掌于手肘平放，额头靠近地面，放松全身，保持6～8次呼吸。此动作能放松身心，安抚情绪。

抱腿变化式：仰卧，弯曲双腿，吸气，双手抱住左腿膝盖，吐气，把腿部拉向身体，头部靠近膝盖，保持呼吸3次。放松，左右腿交换重复上述姿势。此动作可强化腰腹和脊椎，灵活膝关节。

狮身人面像式：俯卧，双手手肘平放，双腿伸直，吸气，伸展胸部；吐气，弯曲左腿，保持呼吸3～6次。左右腿交替弯曲，重复上述操作。此动作可伸展脊椎，消除腰背紧张。

养生小贴士

运动过程中，软组织受伤时，用冷水、冰袋敷在患处表面。冷敷能缓解疼痛，麻痹感觉神经系统，进而达到抗刺激的目的，起到缓解疼痛的效果。还能减缓局部血液供应，减少损伤组织流血，防止损伤范围继续扩大。

推荐膳食食谱

黄芪三七鸡

【膳食选材】黄芪60克，三七10克，仔母鸡1只，料酒10克，盐少许，老姜1块。

【膳食制作】先将黄芪洗净，切片；三七洗净后打碎，和黄芪一同放入砂锅中，将仔母鸡宰杀后去掉毛和内脏，也放入砂锅中，倒入1500毫升清水，调入料酒，开大火煮沸，撇掉上面的浮沫，调入少许精盐，老姜捶破后放入，开小火炖至鸡肉烂熟，之后过滤掉黄芪和三七渣。吃肉喝汤，空腹或佐餐均可。

【膳食功效】黄芪是补气佳品，从中医的角度上说，黄芪有益气固表，利水消肿的功效。黄芪在此药膳之中发挥着重要作用；三七有止血、活血之功。二者搭配与鸡同炖，不仅能活血化瘀，还能补气通络，非常适合冠心病患者服食。

蒸大蒜

【膳食选材】大蒜7～10瓣，冰糖1颗。

【膳食制作】将大蒜拍碎后放到碗内，倒入半碗水，放入冰糖，碗上盖好盖子，放到锅内蒸，开大火烧沸后转成小火继续蒸15分钟，等到碗内的蒜水不烫了，趁温喝下。每天2～3次，每次半碗即可。

【膳食功效】大蒜性温，入脾胃和肺经，治疗寒性咳嗽和肾虚咳嗽的效果都是非常不错的。如果患者是由于寒燥而出现的咳嗽，喝大蒜水的同时配合调理脾胃、补肾、补肺的食物同食即可控制症状。

川贝蒸梨

【膳食选材】梨1个，冰糖2～3粒，敲碎成末的川贝10粒。

【膳食制作】将梨洗净之后靠柄部横切开，挖掉中间的核，放入冰糖和川贝末，之后将梨拼好，可以用牙签固定，放入碗内，放入锅中蒸30分钟左右即可。

【膳食功效】此膳食有润肺、止咳、化痰之功，适合温燥引起的咳嗽症状。

红白萝卜蜜膏

【膳食选材】白萝卜210克，白蜂蜜380克，胡萝卜290克。

【膳食制作】将白萝卜和红萝卜洗净后切成小块，用纱布绞汁后，取汁放到锅中，开中火煎熬至稠；把蜂蜜调入萝卜稠液里，继续煎熬至稠即可。

【膳食功效】润肺、化痰、止咳，适合支气管炎、咳嗽、咽炎、久咳、痰中带血等症。

10 月

10 月里的节气养生

寒露（10 月 8 ~9 日）

寒露在 10 月 8 ~9 日之间，《月令七十二候集解》上有记载：“九月节，露气寒冷，将凝结也。”寒露的气温比白露时更低，地面的露水即将凝结成霜。寒露时，南岭及以北的广大地区都进入了秋季，东北、西北地区已进入或即将进入冬季。

1. 滋养阴精，对抗燥邪

燥邪之气侵犯人体，人就会表现出口干舌燥、咽喉干痛等，此时要注意多吃新鲜果蔬，多喝粥，每天早晨起床之后先喝一杯温开水，能清洁肝胆，促进排泄，预防便秘。

2. 保护肺脏，护肺阴

肺脏是人体中的娇脏，受燥邪之气侵犯之后会表现出干咳痰血、咽喉干痛、皮肤干燥等症，因此平时要注意适当吃些有润肺养阴之功的食物，如蜂蜜、柿子霜、百合、甜杏仁等，如果症状严重，可以找医生诊治。

3. 避免过食辛辣、热性、燥烈食物

中国有很多地区的人喜欢吃辛辣刺激性食物，尤其喜吃辣椒，在潮湿地区，吃辣椒能预防湿气。不过现在辣椒不仅是南方人的选择，北方地区的很多人也是“无辣不欢”，而北方的空气相对干燥，吃辣椒多了，很容易上火，因此在秋季和气候干燥的地区，一定要注意少吃或不吃辣椒。

4. 预防疾病的发生

寒露是冷热交替的季节，气温变化比较明显，此时应当注意预防过敏性疾病，如哮喘。哮喘在寒露前后的发病率非常高，主要原因如下：气温变化大，易致疾病复发，因此此时要注意关注天气；此时很多地方处在收获的季节，谷物收割后，秸秆焚烧或处理都会对大气产生污染，此时外出最好戴上口罩；天气逐渐转凉，夜间应注意盖好被子。

老年人应当在这时候注意预防心脑血管疾病的发生。中风、老年慢性支气管炎复发、哮喘病复发、肺炎等疾病严重威胁着老年人的生命安全。一项统计结果显示，老年慢性支气管炎病人感冒后90%以上会诱发急性发作，所以要采取综合措施，积极预防感冒。在寒露节气中，老年人应当合理安排自己的日常起居，对身体健康有着重要意义。

养生小贴士

寒露时雨季结束，降水量显著减少，秋干气燥，每天要注意喝足水。寒露光照充足，不妨适当增加室外活动，接受适度的光照，进而增加身体中维生素D水平；注意此时昼夜温差较大，要注意增衣保暖。

霜降（10月23～24日）

霜降在10月23～24日之间，它是秋季的最后一个节气。霜降是天气渐冷，初霜降落的意思，它预示着冬季即将来临。民间有谚语“一年补透透，不如补霜降”，可见霜降时的养生保健是非常重要的。《月令七十二候集解》之中有记载：“九月中，气肃而凝，露结为霜矣。”霜降的寒意比寒露时节更进一步，此时是养生的关键时期。

1. 少吃反季果蔬

虽然现在我们在霜降时节能吃到新鲜的果蔬，这些果蔬有部分来自南方、国外，但大都还是大棚种植的，虽然也有营养，但是吃反季的、他地的食物多多少少还是不太适合当地人。大棚蔬菜的激素、化肥、农药问题自然不必多说，当季当地的蔬菜售价比较低，农民使用激素的时候会考虑到成本问题，但是反季和提前上市的果蔬本身的售价比较高，很多人也就不吝惜使用了。冬储大白菜、萝卜虽然比较单调，但是很适合冬季进补。

2. 调节饮食，滋阴润肺

霜降时的饮食和整个秋季的饮食差不多，重点在于对抗秋燥，饮食上尽量以清淡、平补为主，适当吃些有滋阴润肺之功的食物，如苹果、橄榄、洋葱、萝卜等。霜降的时候，肺易虚弱，会加重慢性支气管炎症状，此时可以适当熬些燕窝银耳汤或者猪肺汤来喝。哮喘患者可服用灵芝，每次服 6 克。

为了抵御寒冷，可以适当吃些有温肾壮阳、温暖脾胃、驱散寒气之功的药膳，可以用附子、干姜、羊肉和牛肉等搭配烹调成膳。不过吃药膳之前要先辨清自己的体质，最好事先咨询医生自己究竟适不适合吃这样的药膳。

3. 预防流感

流感病毒通常经空气传播，最先侵犯鼻黏膜，之后不断发展，出现流鼻涕、打喷嚏、鼻塞等症状，而后蔓延全身，表现出：发热发冷、出汗、全身酸痛、疲倦乏力、食欲下降、咳嗽等。甚至会诱发肺炎和其他症状，威胁人的生命安全。流感病毒的变异能力非常强，平均每 10 年就会出现新变种。

发生流感的时候要注意以下问题：切忌随意输液、打针；流感大都是病毒引起的，而抗生素只能对抗菌类，如果你在感冒的时候注射几次抗生素后无效，就要停止注射，有些人看到没有效果以为是用药不够久、量不够大，岂不知，过多使用抗生素会损害肝肾功能，诱发抗生素相关性腹泻和病菌耐药性增强等，所以一定要慎用抗生素；发热是人体的自我防卫反应，是机体自愈能力的表现，感冒除了可以应用药物治疗外，重点还是看人体的自我修复能力，发热的时候不要急着退热，如果体温一直呈上升趋势，而且达到了38.5℃以上，此时就要注意退热了。

4. 必要的耐寒训练

现代人衣食无忧，所处的环境冬暖夏凉，即使是在冬季，也能吃到新鲜果蔬，住着温暖的大房子，所以我们已经不需要像动物那样储存脂肪以备冬季抗寒了，相对冬季的脂肪储备来说，我们更需要进行抗寒训练。

虽然在暖气和空调出现之后，冬季时的室温升高了，但是室内外的温差也增大了，人体不耐寒冷，过大温差会让你出去之后感觉到寒冷刺骨，很容易在冬季感染风寒而生病。

所以，冬季的耐寒训练还是非常重要的，吃好是一方面，锻炼好才更重要，否则冬季就会很难熬。耐寒训练的方法很简单，跑步、游泳、冷水洗面、冷水擦身、冷水洗澡等，可以从立秋开始进行，到寒露和霜降的时候适当增加运动量，为冬季的来临打基础。

养生小贴士

中国的某些地方霜降时要吃红柿子，当地人认为这样不仅能御寒保暖，还能补筋骨，是很好的霜降食品。泉州老人认为：霜降吃丁柿，不会流鼻涕。有些地方是这样解释这个习俗的：霜降这天要吃柿子，不然整个冬天嘴唇都会裂开。农村的人到了霜降会爬上高大的柿子树摘几个新鲜甘甜的柿子来吃。

10 月养生重点

气候特点

10 月的气温更低，露水很多，气候由仲秋的凉爽转至寒冷，早晚会更明显些。本月的露水会比 9 月份多，部分地区会出现霜冻，北方地区已经呈现出深秋的景象，白云红叶，偶尔出现早霜，又叫“菊花霜”，因为此时菊花盛开。初霜的时间越早，对作物的危害越大，我国各地的初霜是从北向南、从高山向平原逐渐推迟的。除了全年有霜的地区外，最早出现霜的是大兴安岭北部，通常 8 月底就能看到霜；东北大部、内蒙古、北疆初霜多在 9 月份；10 月初寒霜已出现于沈阳、承德、榆林、昌都至拉萨；11 月初山东半岛、郑州、西安到滇西北有霜；长沙、武汉、昆明等到 12 月初才出现霜；厦门、广州、百色、思茅一带看到霜的时候已经是 1 月上旬了。霜是寒冷的表现。

南方的秋意渐浓，蝉噤荷残。北方的人们会看到鸿雁排成“一”字或“人”字形的队列南迁。本月很少阴天，日照充足。

10 月，是秋季向冬季过渡的月份，我国南方大部分地区继续降温。华南地区平均每天的气温不到 20℃，长江沿岸地区的最高气温很难到 30℃，最低气温可降至 10℃以下。西北高原除了少数地方外，平均气温普遍低于 10℃，和华南秋色迥然不同。

随着气温的下降，会多发各种疾病，最应该警惕的就是心脑血管疾病。天气可能会渐凉，也可能气温突降，寒潮来临。

此时秋风萧瑟，秋雨凄凉，秋季里红衰翠减，百花凋零，很容易触景生情，忧愁缠心。《红楼梦》中云：“已觉秋窗秋不尽，那堪秋雨助凄凉。”写尽了秋风秋雨愁煞人的景象。

不过也并不是说 10 月都是不好的，秋冬时令水果纷纷上市，甘甜可口，芳香四溢，营养美味。

养生小贴士

刺激大脚趾对眼睛、肝、脾有益；刺激第二趾、第三趾对食道、咽、肠胃有益；刺激第四趾对胆有益；刺激第五趾对膀胱、肾有益。

养生原则

10 月是冬季，应当注意保养体内的阴气。温度下降时，正是人体阳气收敛，阳精潜藏在身体中时，应当以保养阴精为主，意思就是说，秋季离不开“养收”的原则。

肺气和秋之气相顺应，此时燥邪容易侵犯人体耗伤肺阴，调养不当，人就会表现出咽干、鼻燥、皮肤干燥等秋燥症状。所以暮秋时节的饮食调养应当以滋阴润燥为主。此时应适当吃些粳米、糯米、蜂蜜等柔润之品，适当增加牛肉、猪肝、鱼、虾、大枣等的摄入；少吃辛辣刺激之品，如辣椒、生姜、葱、蒜类，因为过食辛辣会伤人体之阴精。

此时气候逐渐变冷，日照减少，风吹叶落，人们心中很容易产生凄凉之感，情绪不稳定，常常伤感忧郁，此时保持良好的心态，宣泄积郁，培养乐观豁达的心境是非常必要的。

秋季凉爽的时候，应当根据时间调整自己的起居，一项临床诊疗发现，随着气候变冷，脑血栓患者的人数也会增加，这和天气变冷、睡眠时间增多有关。人在睡觉的时候，血液流速会减慢，易形成血栓。

随着气温的下降，感冒成了流行疾病。研究表明，气温下降、空气干燥的时候感冒病毒的致病力会增强。当环境温度低于15℃的时候，上呼吸道的抗病能力会下降，因此，着凉为伤风感冒的重要诱因，应注意适当增减衣物，加强锻炼，提升身体素质。哮喘症状会在这个时候加重，慢性扁桃腺炎患者易出现咽痛，痔疮患者也比之前病情严重。

在这个月中，脾胃功能过于旺盛，易诱发胃病，此节气为慢性胃炎和胃、十二指肠溃疡复发的高峰期。在寒冷刺激下，人体植物神经功能会发生紊乱，胃肠蠕动被扰乱，人体新陈代谢增强，耗热量也会增加，胃液、各种消化液的分泌量增加，食欲得到改善，食量大增，势必会加重胃肠负担，影响到已有溃疡的修复。

此时已属深秋，尤其是临近月末，外出之时气温较低，难免会吞入冷空气，导致胃肠黏膜血管收缩，胃肠黏膜缺血缺氧，营养供应减少，破坏胃肠黏膜的防御屏障，不利于溃疡修复，还会诱发新溃疡。饮食起居上一定要格外注意，保持情绪稳定，避免情绪消极低落，劳逸结合，防止过度劳累，适当做些体育锻炼以改善胃肠血液供应，平时做好保暖工作。

养生小贴士

十指并拢，从前额正中发际处开始，用手指尖在头皮上从前向后轻轻来回交错揉动，就好像洗头搓发一样，来回揉动20次。这样不仅能促进头皮血液循环，疏通经络，宣畅气血，还能活血化瘀、祛瘀生新，让头发再生。

推荐运动

1. 臂跑

臂跑运动就是运用手臂锻炼代替跑步，这种锻炼健身的效果和跑步的差异不大，而且没有场地限制。臂跑的主要动作如下。

单车手：仰卧，手臂向上伸直，用手模拟脚蹬车动作，做 1 ~2 分钟。飞翔：自然站立，双臂向身体两侧平伸，缓慢扇动手臂，做鸟拍打翅膀似的动作，做 1 ~2 分钟。打沙包：想象着眼前有个沙包，之后用拳头击沙包，或者假想对手拳击，做 1 ~2 分钟。抛球：将球抛向空中，之后接住，或者将球掷到地上、墙上弹回接住，没有球可以做模拟运动，每臂做 10 次，停留片刻之后再做 10 次。

2. 五禽戏

虎戏：手脚着地，身躯前纵后退各 3 次，之后上肢向前下肢向后引腰。面部仰天，恢复起始动作，像虎行一样前进后退各 7 次。做虎戏的时候，手脚都要着地，模仿老虎的形象。身体前后振荡，向前 3 次，向后 3 次，做毕，双手向前移，伸展腰部，抬头仰脸，面部仰天后，缩回，还原。重复上述操作 7 遍。

鹿戏：手脚着地，头向两侧后视，左三右二。之后伸左脚 3 次，伸右脚 2 次。做鹿戏的时候，手脚仍然着地，伸脖子向后看，向左后方看 3 次，向右后方看 2 次，而后脚左右交替伸缩，同样是左 3 次，右 2 次。

熊戏：仰卧，双手抱膝下，举头，左右侧分别着地做 7 次。之后蹲地，双手交替按地。做熊戏的时候，身体仰卧，双手抱着小腿抬头，身体先向左滚着地，之后向右侧滚着地，左右分别滚转 7 次。而后屈膝深蹲于地上，双手在身旁按地，上体晃动，左右分别做 7 次。

猿戏：模仿猿攀物，让双脚悬空，上下伸缩身体 7 次，之后用双脚钩住物体，让身体倒悬，左右脚分别做 7 次。而后用手钩住物体，引体倒悬，头部向下分别做 7 次。做猿戏的时候，身体直立，双手攀物，将身体悬吊起来，来回伸缩 7 次，类似引体向上。掌握两手握杠、两脚钩杠之后加深难度，做一手握杠、一脚钩杠，另一手屈肘按摩头颈，左右分别做 7 次。手脚动作应当相互配合协调。

鸟戏：一脚立地，另一脚翘起，扬眉鼓力，双臂张开就好像要起飞，双脚交替分别做 7 次。之后坐下伸一脚，用手挽另一脚，左右分别做 7 次，之后伸缩双臂各 7 次。做鸟戏的时候，双手臂向上竖直，一脚翘起，并伸展双臂，扬眉鼓劲，模仿鸟的飞翔，坐到地上，伸直双腿，双手攀足底，伸展、收缩两腿和双臂，分别做 7 遍。

3. 推抹头顶

五指微曲，放在前额，沿前额、发际、头顶、后头部推到后枕部，双手五指均匀分布，力度稍微大一些，至头部感受到酸痛即可。

4. 搓揉耳郭

食指、中指分开，夹住耳郭，上下来回搓揉，中等力度，至耳郭感受到发热为宜。每天晚上临睡觉前按照这种方法反复操作 20 次即可。

养生小贴士

肩膀酸痛扩及背部的时候，指压天宗穴（位于肩胛骨正中央）就能见效。用手指触摸肩胛骨中央，能感觉到骨变薄而形成的凹陷，压压看，如果有刺痛感就是天宗穴。

推荐膳食食谱

芡实粉粥

【膳食选材】芡实粉 30～50 克，粳米 50～100 克。

【膳食制作】芡实粉和粳米一同放入锅中，倒入适量清水熬粥。

【膳食功效】芡实粉有固精气、明耳目之功。芡实健脾补肾、止泻的作用非常突出，刚好对应深秋补脾胃而冬季补肾的养生理论，有承上启下的作用，因此，深秋吃芡实非常利于身体健康。

蜜饯双仁

【膳食选材】甜杏仁、核桃仁各 260 克，蜂蜜 510 克。

【膳食制作】将甜杏仁洗净后放到锅中，倒入适量清水，先开大火烧沸，之后转成小火继续煎熬 1 小时；将核桃仁切碎，将其与白糖一起倒入锅中，等到黏稠的时候调入蜂蜜，搅拌均匀，再烧沸即可，将蜜饯双仁放到糖罐里备用。每次服用 3 克，每天 2 次。

【膳食功效】补肾益肺，止咳平喘。适合肺肾两虚久咳、久喘等症。

柿子汁

【膳食选材】柿子500克，白糖30克，冷开水适量。

【膳食制作】将柿子去皮、核，之后用冷开水浸泡3～5分钟，搅烂；用纱布取柿子汁液，倒入杯子内，调入白糖，搅拌均匀即可。每天服2次，每次服25～30克。

【膳食功效】清热，止渴，润肺。适合热渴、咳嗽、口疮、吐血等症。

何首乌蒸鸡蛋

【膳食选材】鸡蛋2枚，何首乌28克，姜、葱白、精盐、料酒、味精各适量。

【膳食制作】将何首乌洗净后切成小条，装到纱布袋里面，扎紧口袋；鸡蛋洗净后和药袋一同放到砂锅里面，倒入清水，之后放入葱白、姜、精盐、料酒，先开大火煮沸，之后转成小火煎熬半小时左右；取出鸡蛋，放到冷水里面略浸，剥掉蛋壳，放到砂锅里面煎煮5分钟左右；捞出药袋，调入少许味精即可。

【膳食功效】补肝养血。适合肝肾精血亏虚、头昏眼花、未老先衰、须发早白、遗精脱发、大便干燥等症。

山楂肉干

【膳食选材】山楂120克，猪瘦肉550克，菜油260克，香油26克，生姜、酱油各5克，葱10克，花椒2克，料酒20克，味精、白糖各3克。

【膳食制作】将猪瘦肉剔除皮筋后清洗干净；山楂除去杂质后洗净；生姜洗净后切片；葱洗净后切段；取50克山楂放到锅中，倒入2000毫升清水，开大火烧沸后放入猪瘦肉，熬煮至六成熟，捞出猪瘦肉稍晾凉，切成6厘米左右长、1.5厘米宽的粗条，调入酱油、生姜、葱、料酒、花椒等，搅拌均匀，腌渍1小时，之后沥干水分；将油放到锅中，开小火烧熟，放入肉条炸干水分，至肉条微黄，用漏勺捞起，沥干油；将锅里的油倒出后留余油，置于火上，放入余下的山楂，略炸后，把肉条倒入锅中翻炒，微火焙干，装盘，淋上香油，调入白糖，搅拌均匀即可。

【膳食功效】滋阴润燥，化食消积。适合脾虚积滞、高血脂、高血压等症的患者食用。

第四章

冬季养生（11～1月）

11月

11月里的节气养生

立冬（11月7～8日）

立冬在11月7～8日之间，立冬的“立”是建立、开始的意思，“冬”就是“终”，意思就是一年里最后一个季节，民间习惯将立冬作为冬季的开始。立冬前后，中国大部分地区的降水量会显著减少，我国北方地区大地封冻，农作物开始步入越冬期。

立冬时节阴气盛极，阳气潜藏，过了立冬后，大自然的阳气开始渐长，阴气逐渐减退。此时人体的阳气也会随着自然界的变化而潜藏在身体之中，养生应当顺应自然界闭藏的规律，注意养阳、藏阳、补肾藏精、养精蓄锐。

1. 食疗进补

冬季是个适宜进补的季节，通过食疗进补能为来年的春季打基础，进补的方式多种多样，对于身体健康的人来说，不需要药补，食补就可以了；疾病患者可以通过适当的药补加食补来调理身体。

比如，乌龟炖核桃仁、鹿肉炖鸭子等有补肾之功；莲藕炖大枣、甜酒桂圆冲鸡蛋、花生赤豆粥等有调理脾胃的作用；糯米、山药、大枣、粳米、泥鳅等有健脾益气之功；羊肉、海虾、海参、鸡肉等食物适合阳气亏虚者食用；鸭肉、木耳、兔肉、百合等适合气阴两亏者食用。

立冬时，在饮食上应当注意避免吃寒凉食物，适当吃些味厚、补肾的食物，冷饮、西瓜等寒凉之品尽量避免食用，否则易脾虚泄泻。

2. 适量运动，降低温差

立冬时应当注意适量运动，如太极拳、长跑等，防止暴寒伤肺；室内的温度不能太高，减少室内外温差，出门以前在走廊处先适应一下温差。保持室内空气的流通，每天尽量开窗 10 分钟左右，以免污浊的空气让人精神不振、倦怠乏力。

3. 恬淡安静，畅快心情

从“立冬”开始直到“立春”都属“冬三月”，为一年之中最冷的时节。虽然有的地区还不是很冷，但要注意顺应自然变化，入冬之后起居调养要以“养藏”为主。中医认为，入冬之后，情志要恬淡安静、寡欲少求，如此即可让神气内收，利于养藏。冬季万物凋零，容易让人触景生情、郁郁寡欢，想要调整这种不良情绪，应当多参加娱乐活动，如跳舞、下棋、画画、练书法、听音乐等，如此即可消除冬季的低落情绪，振奋精神。

养生小贴士

膏方就是将药材煲成汤药后调入蜂蜜等材料调味，制成膏状，口感好，服用方便，深受大众欢迎。膏方最早在江浙一带流行，近年来广东也有很多人选择膏方进补。进补虽好，但是要注意，膏方通常比较滋腻，易生湿，南方的地理、气候特点本就容易让人惹上湿，所以，膏方进补并非适合所有人。建议大家在选择膏方进补前先咨询医生，辨明体质后再决定是否服用。

小雪（11月22～23日）

小雪在每年11月22～23日之间，进入该节气的时候，中国大部分地区开始刮东北风，气温逐渐下降到0℃以下，不过大地还没有过于寒冷，虽然开始降雪，不过雪量不大，所以称其为小雪。此时阳气逐渐上升，阴气逐渐下降，导致天地不通，阴阳不交，万物失去生机，天地闭塞而转入严冬。黄河以北地区出现初雪。

1. 天冷“慢添衣”

“慢添衣”的意思就是天冷了要及时增添衣服，但是要注意不能一下子添很多很厚的衣服，因为最冷的时候尚未来临，此时穿得太多，等到天气转到更冷时就无衣可添了。而且，穿得太厚易出汗，导致毛孔扩张，风邪寒气更易入侵人体。

2. 饮食保健，忌能量摄入过高

在小雪这个节气里，天气阴冷晦暗，光照比较少，此时易诱发或加重抑郁症，可以适当吃些温补的食物，如牛肉、羊肉、鸡肉等；适合吃的坚果包括腰果、核桃等。

小雪的时候适当进补能保持阴阳平衡，但是不能吃过多高热量补品，以免导致胃、肺火盛，诱发上呼吸道炎、口腔黏膜炎、便秘、痔疮等，进补的时候要注意自己是否符合进补条件，最好选择清补之法。

3. 适当运动，提升阳气

虽然天气寒冷不适合室外活动，但还是要找机会适当运动，以提升人体内的阳气，可以多参加室内运动，如瑜伽、太极等，锻炼身体的同时调养身心。天气好的话也可以出去散散步、打打球、骑单车、跳广场舞等。

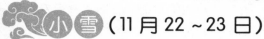

4. 精神调养胜过补药

小雪节气中，天气经常阴冷晦暗，人的心情也会受到影响，很容易诱发抑郁症。抑郁症主要为七情过激导致的，七情包括喜、怒、忧、思、悲、恐、惊。综合中西医学的观点，为减少冬季给抑郁症朋友带来不利因素，此节气中应当注意精神调养。清代医学家吴尚水曾说过：“七情之病，看花解闷，听曲消愁，有胜于服药者也。”由此可见精神调养的重要性。

养生小贴士

我国传统的医学理论非常重视阳光对人体的保健作用，认为多晒太阳可以助发人体之阳气。尤其是冬季，大自然处在“阴盛阳衰”的状态，人体也顺应自然出现了阴盛阳衰。所以冬季经常晒太阳，应当做好背部保暖，即可壮人阳气、温通经脉。

11 月养生重点

气候特点

到了 11 月份，万物收藏，逐渐步入冬季，黄河中、下游地区即将结冰，我国各地的农民陆续转入农田水利基本建设和其他农事活动中，不过由于南北纬度各异，所以有些地区还并未进入真正的冬季，但是气温普遍已经开始低于 10℃。

到 11 月底，部分地区会降雪，不过还没到大雪纷飞的时候，只是会下小雪，北方地区已经进入到封冻季节，初冬的景象呈现在眼前。

此时不会再降雨，阳气开始上升，阴气开始下降，导致天地不通，阴阳不交，万物丧失生机，天寒地冻，农作物进入越冬期。

本月阴气极盛，阳气潜藏，过了立冬之后，大自然的阳气会渐长，阴气渐退，此时人体的阳气会随着自然界转化潜藏于内，养生应当顺应自然界闭藏的规律。

11月，华南北部虽然有寒风扫过，但气温会迅速回升，一般要到12月才会进入冬季。华南南部、台湾以及海南岛等岛屿地区本月还未进入冬季，不过气温也不是很高，最高气温在30℃以下。北起秦岭、黄淮西部及南部，南至江南北部都会陆续有初霜，偏冷的年份到11月中旬，南岭以北会有初霜。

11月的北方，冷空气的前锋移出本地，若无后续冷空气补充，温度会回升，但空气质量会被破坏。尤其是大城市中，大气里面积累的水汽、污染微粒结合凝结之后会形成烟雾或浓雾，进而影响人体健康，造成交通不便。我国的西南、江南地区，空气条件比北方好，若早晨气温偏低，经常会有成片大雾出现。

11月之后，全国各地的降水量显著减少。高原雪山上的雪不再融化。华北等地会出现初雪。此时，降水的形式多样：雨、雪、雨夹雪、霰、冰粒等。如果受强冷空气影响，江南地区也会有雪。

西南地区，11月开始进入一年中的干季。西南、西北部干季的特点显著。四川盆地、贵州东部、云南西南部，11月仍有50毫米以上的雨量。云南晴天温暖，雨天阴冷。若遇到较强的冷空气入侵，并存暖湿气流呼应，南方地区的雨量还是比较大的。这个时候长江以北、华南地区的雨日、雨量都比江南地区少。

养生小贴士

人的情志对心脏的影响非常大，情绪稳定与否在很大程度上会影响人体健康。做到清心寡欲，不过度思虑，心安神怡，即可畅通人体气血，气血充盈，体质增强，生命力旺盛，病邪就不会入侵人体，也就不会生病了。

养生原则

到了 11 月份，天气渐寒，此时阳气潜藏，阴气盛极，草木凋零，万物都开始停止活动，通过冬眠养精蓄锐，为来年春季作准备。

此时可以适当进补，通过食物滋阴潜阳，适当吃些热量较高的食物，同时注意营养素的全面搭配和平衡吸收。

天气寒冷对冠心病、高血压、脑动脉硬化症等患者不利。不过心境对于病情的控制也是非常重要的，心安病自除，因为心中安然自适，即可防止扰乱心神；神安，则气不散，气不耗散则盈，盈而和，血液循环即正常，有助于冠心病、高血压、脑血管硬化等症的防控。

早睡晚起，日出而作，保持睡眠的充足，则利于阳气之潜藏和阴精之蓄积，此时衣着太过单薄，室温过低，容易感冒而且还会耗伤阳气。反之，衣着太厚，室温太高，则腠理开泄，阳气无法潜藏，寒邪就会入侵。从中医的角度上说，人体的阳气就相当于太阳，为身体提供温暖和光明，没有阳气，万物则无法生存，新陈代谢就会失去活力。

从本月开始，北方的室内开始供暖，暖气的开放会导致室内的温度上升，湿度下降。冬季本就干燥，生了暖气就会更干燥，会导致鼻咽、气管、支气管黏膜脱水，导致弹性下降，黏液分泌减少，纤毛运动变弱，此时肺部所吸入空气里面的尘埃、细菌不能像平常那样被迅速清除，易诱发或加重呼吸系统疾病。而且，干燥的空气还容易导致表皮细胞脱水、皮脂腺分泌下降，皮肤就会变得粗糙，甚至起皱、开裂。此时可以选择合适的加湿器增加居室的湿度，或者准备一个湿度计，湿度下降就在地上洒些水。

居室内要注意多通风，通风能让室外的新鲜空气流进，让室内的污浊空气排出，进而减少病菌滋生。长时间不通风，室内的二氧化碳含量就会超标，导致人出现头痛、脉搏缓慢、血压上升等，还可能丧失意识。所以，室内的通风是非常重要的。

此时虽然不是很冷，雪也不大，但与之前几个月相比温度还是比较低的，所以外出时一定要注意增添衣物，以免着凉感冒。此时还易发生皮肤皲裂。手足部位的皮肤易受到摩擦，再加上这些部位没有毛囊和皮脂腺，因此寒风吹起，导致手足皮肤明显缺少皮脂和水分，发生皲裂。想要预防皲裂，应当从以下几方面着手：天气寒冷、干燥的时候，沐浴的水温不能太高，沐浴的时候少用刺激性皂块、沐浴液等，最好选择温和的沐浴液，沐浴之后适当涂抹护肤品。洗涮油腻之品时要戴有内衬的胶手套，洗完之后尽快在手部涂抹薄薄的一层护肤霜。同时注意少用或不用碱性太强的肥皂洗洁精、洗涤剂等。

从 11 月一直到次年 2 月份，每天晚上用温水泡脚、搓脚心有助于补肾强身、解除疲劳、促进睡眠、延缓衰老，还能预防感冒、冠心病、高血压等症。

养生小贴士

年老体弱的老年人，或脾有湿邪者，由于脾胃虚消化差，服用滋补药不但不能补虚，还可能出现腹胀便溏、恶心呕吐，导致身体更虚。所以冬季进补之时应当先做好引补，先给身体打好底子，让肠胃逐渐适应，之后再服补药进补即可提升滋补功效，防止“虚不受补”。

推荐运动

1. 健肺操

站立，双臂下垂，双脚分开与肩同宽，吸气，双手经体侧逐渐向上伸展，尽量扩展胸廓，并抬头挺胸，呼气的时候还原。呈站立姿势，吸气，上半身慢慢向右后方转动，右臂随其侧平举，同时向后方伸展，之后左手平放到左侧胸前，向右推动胸部，同时呼气，向左侧转动的时候动作同上，方向相反。坐位，双脚自然踏地，深吸气，之后缓缓呼气，双臂交叉抱在胸前，上身稍微向前倾，呼气的时候还原。坐位，双手放到胸部两侧，深吸气，之后缓缓呼气，同时双手挤压胸部，上身前倾，吸气的时候还原。坐位，深吸气，之后缓缓呼气，同时抬起一侧下肢，双手抱住小腿，同时向胸部挤压，吸气的时候还原，双侧交替进行。直立，双脚并拢，深吸气，之后缓缓呼气，同时屈膝下蹲，双手抱膝，大腿尽量挤压腹部和胸廓，协助排除肺内存留气体，吸气的时候还原。

重复上述操作，每节重复 5 ~ 8 次，也可以选择其中的两三节做，每种方法重复 10 ~ 15 次，每天做 2 ~ 3 遍。

2. 补肾强腰功

擦腰生热：双手手掌紧贴腰部，之后用力上下来回擦动，匀速有力，至腰部产生温热感即可。

揉腰眼：双手握拳，食指紧按腰眼，旋转按揉 50 次左右。

捏拿腰部肌肉：用双手拇指和食指同时由上向下捏拿，提放两侧腰部肌肉，每组捏拿 4 次，重复 2 ~ 3 组。

3. 吹字补肾功

撮口，唇出音。呼气读吹字，足五趾抓地，足心空起，两手经绕长强、肾俞向前划弧，同时经体前抬到和锁骨水平，双臂撑圆似抱球，双手手指尖相对。身体下蹲，双臂随之下落，呼气尽时双手落在膝盖上。下蹲的时候做到身体正直。呼气尽，随吸气之势缓缓站起身，双臂自然下落垂到身体两侧。重复上述操作 6 次，之后调息收功。

4. 搓肾提水功

双腿并拢站立，双臂自然垂下，双手手掌心贴近股骨外侧，中指指尖紧贴风市穴；拔顶（感觉头顶似乎被绳吊着），舌抵上腭，心无杂念。双手手掌互搓 64 次。手热后双手绕胯贴在后背，双手内劳宫对肾俞穴，双手同时上下来回摩擦 64 次。之后身体向前俯，双臂伸直朝下，双手如同在井台上向上提水，左手上提的时候，腰、胯随其上提，右手上提的时候，右腰右胯随其上提。左右手各上提 64 次，每天早、晚分别做 1 遍。

5. 补肾固虚功

自然站立，双脚分开和肩同宽，双臂自然下垂，掌心朝内侧，中指指尖紧贴风市穴，拔顶，舌抵上腭，提肛，心无杂念。放松全身，双手心向下侧平和肩平，掌心转向前，双手从侧平向前合至身前向下45°，双手手掌相合摩擦36次。之后双手转向背后，两内劳宫贴到肾俞穴上，双手同时上下来回摩擦36次。掌心翻转向外，半握拳，指尖不接触掌心，外劳宫贴肾俞穴，站20分钟。

6. 仰卧龟息功

仰卧在床，放松全身，被子盖至脖子处，双手抓住被子头，想象着肚脐下小腹的地方有气，身体沿着顺时针的方向转36圈，之后沿着逆时针的方向转36圈，深吸一口气送到腹部，闭气，头向被子里缩，缩至最大限度，而后轻轻把头伸到被子外，缓缓呼气，一吸一呼为一次，重复此操作24次。

养生小贴士

冬季要多晒太阳，因为冬季和大自然一样都处在“阴盛阳衰”的状态，经常晒太阳有壮人体阳气、温通经脉的作用。

推荐膳食食谱

粟米龙眼粥

【膳食选材】粟米120克，龙眼肉16克，粳米52克。

【膳食制作】将粟米、粳米淘洗干净，龙眼肉去除杂质；将粟米、龙眼肉、粳米一同放入锅中，倒入1000毫升清水，置于大火上烧沸，之后转成小火煮40分钟即可。

【膳食功效】补心肾，益腰膝。适合肾精血不足、失眠、心悸、腰膝酸软等症。

梅枣杏仁饼

【膳食选材】乌梅 1 枚，樱桃适量，红枣 3 枚，杏仁 8 枚，面粉 120 克，白糖 18 克，醋 4 克。

【膳食制作】将乌梅去核后洗净；红枣去核后洗净；杏仁去皮后洗净；三者一同捣碎后放到面粉里，调入白糖和清水，搅拌均匀后制成小圆饼，烙成焦黄色，在每个熟圆饼上放几个樱桃即可。

【膳食功效】生津止渴，缓急止痛。适合胃气不足，失其和降而骤然挛急作痛等症。

高粱粥

【膳食选材】桑螵蛸 25 克，高粱米 100 克。

【膳食制作】将桑螵蛸放入锅中，倒入适量清水煎熬 3 次，过滤后，收集汁液 500 毫升；先将高粱米淘洗干净，放到锅内，掺入桑螵蛸的汁，放到火上熬煮至熟烂即可。

【膳食功效】健脾补肾，止遗尿。适合肾气不足、尿频等症。

猴头菇鸡汤

【膳食选材】鸡 500 克，猴头菇 250 克，黄芪 50 克，姜 15 克，精盐 4 克，味精 1 克。

【膳食制作】鸡拔净毛后去内脏肥脂和尾部，斩块；将锅置于火上，倒入适量植物油，爆香姜片后放入鸡块爆炒片刻，取出；黄芪洗净，将黄芪和鸡肉一同放入锅中，倒入适量清水，开大火煲滚，之后转成小火煲 2 小时，汤成去黄芪；猴头菇洗净后切片；猴头菇放入鸡汤中滚熟，调入少许精盐即可。

【膳食功效】补脾益气，助消化，抗肿瘤，适合脾胃虚弱、消化不良、食欲不振等症的患者服食。

党参黄芪炖鸡汤

【膳食选材】母鸡1只，党参、黄芪各50克，红枣10克。

【膳食制作】母鸡下沸水锅中焯掉血水、洗净；红枣洗净、去核；将党参、黄芪洗净后切段；将鸡放到炖盅内，倒入适量清水，放入党参、黄芪、红枣、料酒、精盐、味精、姜片，之后放到笼屉内蒸至鸡肉熟烂入味即可。

【膳食功效】健脾胃、补气益血、提高人体免疫力、强壮身体、延年益寿。民间素有“黄芪炖鸡胜人参”之说。

12 月

12 月里的节气养生

大雪（12月6～8日）

大雪在每年12月6～8日之间，《月令七十二候集解》说：“至此而雪盛也。”大雪的意思是天气会更冷，降雪的可能性更大了，降雪量却不一定很大。

1. 小酌补酒

大雪前后，一直持续到大寒节气，可以适当喝点酒，不过只能小酌，对酒要有所选择，过了大寒节气就要停止，特别是大寒到春分这段时间不能喝补酒。提起酒，我们经常会想到“限酒”，即限制饮酒、合理饮酒，除了酒精依赖症患者，不一定非要戒酒，利用得当对身体还是有一定益处的。

比如，可以用酒来对抗冬季的寒冷，很多百岁老人都有饮酒的习惯，特别是男性，但是提醒大家注意一点，饮酒的百岁老年男性中，几乎都偏瘦，体质平和，而阴虚体质者本身就易生内热，因此不能用酒来补，否则会适得其反。

酒的选择上，最好的是葡萄酒、黄酒，其次是白酒，通常不建议喝啤酒。肝气不足者可以适当喝些高粱酒来补充阳气，喝酒的时间可以是晚饭时，不能太晚，最好饭后再喝，或者吃点东西后再喝。清晨不能喝酒，喝酒的量要根据个人酒量大小，最好是“小酌”。

进行酒补之前，首先要确定自己是否适合酒补，不能因为酒补对身体可能有益就自行盲目酒补，最好找中医咨询一下自己是否适合酒补，适合哪种酒补。

2. 适当进补

大雪是进补的好时节，有“冬天进补，开春打虎”之说，大雪进补能增强机体免疫力，促进新陈代谢，改善畏寒症状。冬季进补还能调节体内的物质代谢，让营养物质转化成能量最大限度地贮存在身体中，利于体内阳气之升发。此时宜温补助阳、补肾壮骨、养阴益精。冬季应适当吃些富含蛋白质、维生素、容易消化的食物。大雪前后盛产柑橘类水果，如蜜橘、西柚、脐橙等，适当吃些有助于防治鼻炎、消痰止咳。大雪时北半球各地昼短夜长，所以有“大雪小雪、煮饭不息”的说法，形容白昼短到了几乎要连续做三顿饭的程度。经常喝姜枣汤能抗寒。

3. 防寒保暖

大雪时节天气寒冷，应当注意防寒保暖，尤其是颈部的保暖。因为寒风很容易通过颈部将寒气带给身体，诱发嗓子痛、发炎等症。除了脖子，肩膀、前胸后背、脚部等都要做好保暖工作，从中医的角度上说，人的头、胸、脚三个部位很容易受寒邪侵袭。前胸后背为肺所在之处，而肺为娇脏，太寒太热它都会受不了，尤其是寒，很容易导致咳嗽、喘，所以建议大家冬季时披个坎肩，以免胸背部受寒。脚部离心脏最远，血液供应慢而少，有句话叫“寒从脚起”。脚部受寒，会反射性地引起呼吸道黏膜毛细血管收缩，导致自身抗病能力降低，易诱发呼吸道感染，所以在大雪时节一定要做好脚部保暖。临睡前用热水泡脚，不但能温暖双脚，还能促进人体内部气血流动。

4. 预防“风吹病”

大雪时节会刮刺骨的寒风，此时很容易因大风而发生风疹和荨麻疹。风疹是一种病毒引起的急性出疹性传染病，主要发生在冬春季节，传染性非常强，风疹在冬季很常见。荨麻疹是一种过敏性皮肤病，通常发生在秋冬季等大风天气。想要预防风吹病，首先要做好保暖工作不要让皮肤裸露在外，刮大风的时候减少外出，防止被空气中的病毒传染，已经发病者应当注意少吃海鲜、羊肉、巧克力、花生等，情况严重的话立刻就医。

养生小贴士

中医认为，水是阴中至阴，所以，大雪时节多喝水能养阴，通常情况下，一天之中有三杯水是必须喝的。第一杯水早晨起来喝，能润肠燥；第二杯水下午17点喝，能滋肾阴；第三杯水晚上21点喝，能养心阴。

冬至（12月21～23日）

冬至就是指12月21～23日，太阳到达黄经270°时。是一年之中阴气最盛的一天，也是黑夜最长、白昼最短的一天，为“数九”的第一天。

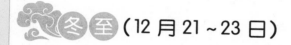

北京有冬至吃饺子的风俗，南方有吃汤圆的习惯，《月令七十二候集解》之中有记载：“十一月十五日，终藏之气，至此而极也。”这一天为北半球全年之中白天最短、夜晚最长的一天，过了冬至，白天就会逐渐变长，黑夜就会逐渐变短。

1. 适量进补

冬至前后天气寒冷，人体需要足够的能量抵御寒冷，肉类食物富含蛋白质、脂肪、碳水化合物，有补气活血、温中暖下之功，冬至时适当增加肉类食物的摄入能提升机体抵抗力，顺利应对严寒。

2. 预防疾病

冬至到小寒、大寒为一年中最冷的季节，心脏病、高血压患者很容易在此时加重症状，中风患者的人数增加，天气寒冷，容易冻伤。所以，一到寒冬，高血压、动脉硬化、冠心病患者一定要提高警惕，谨防疾病的发作。

密切关注老人的低体温，低体温以 35℃ 为界限，低于 35℃ 就是体温过低。老年人出现低体温后虽然几乎没有任何不适和痛苦，但是得不到及时治疗可能会出现意识模糊、言语不清，体温随后下降到 30℃ 以下，这时患者的脉搏和呼吸会变得甚微、血压骤降、面部肿胀、肌肉发硬、皮肤发凉。所以，老年人冬季时一定要做好保暖。

3. 预防冻疮

冬至时，很多人喜欢参加户外活动，此时如果忽视手、脚、耳、脸等部位的防寒保暖，冻疮就会在不知不觉找上自己，久治不愈反复发作，让人心烦。提醒大家要注意预防冻疮，做好保暖工作；进行耐寒锻炼，增强机体抗寒能力；发生过冻疮的部位要特别注意保暖防湿；适当吃些牛羊肉等温性食物，以改善营养供给状况，提升机体耐寒能力。

4. 适当运动

冬季虽然寒冷，但是要注意不要一到冬季就把自己关在家里，尤其是雪后，空气清新，病菌因低温冻死，非常适合运动。雪有杀菌、保暖作用，尤其对于小麦来说，雪就相当于一层棉被，为小麦来年拥有勃勃生机做准备。

养生小贴士 冬令进补时间的选择因人而异。慢性疾病且属阳虚体质者需长时间进补，可以从立冬补到立春；体质一般、不需大补者，可在三九天集中进补。所以民间一直有“夏补三伏、冬补三九”之说。不过补什么、怎么补，最好咨询医生。

12月养生重点

气候特点

12月时，地面会有积雪，雪花已经不像之前那样零星飞舞，而是大雪飘落，漫天银色。我国北方通常有大雪压断树枝、因雪封锁道路的情况出现。农业上有“瑞雪兆丰年”之说，说的就是雪覆盖在农田，由于温度低，可以除掉过冬的虫子，有助于农作物的健康生长。

此时为阴气最盛的时期，阴气盛极而衰，阳气已经有所萌动。此时我国大部分地区的最低温都降到了0℃或以下，通常会在冷空气前沿与暖空气交锋的地区降大雪甚至暴雪。

除华南、云南南部无冬区外，我国大部分地区已处在冬季。东北、西北地区的平均气温在－10℃以下，黄河流域、华北地区的气温稳定在0℃以下，黄河流域一带开始有积雪，更北的地方大雪纷飞。但南方，尤其是广州及珠三角一带仍然草木葱茏，气候干燥，和北方的气候有很大差异。南方地区冬季气候温和、少雨雪，平均气温比长江中下游地区高2℃～4℃，雨量占全年的5%左右。华南多雾，12月是雾日最多的月份，多发生在夜间无云或少云的清晨，雾大都在午前消散，午后阳光很温暖。

强冷空气到达南方，尤其是贵州、湖南、湖北等地，易出现冻雨。冻雨是冰水混合物，低于0℃的空气中能保持雨滴的形态，但落到温度为0℃以下的物体上，则会冻结成外表光滑的冰层。出现冻雨的时候，地面和物体上会出现不平的冰壳，严重影响到交通、电力、通讯等，还会导致果树损毁。一项统计结果显示，每年12月，长江中下游地区的气温在－3～0℃时，冻雨出现的概率是76%。

华北、东北以及长江流域大部会地区会出现雾凇，湿度大的山区多见。雾凇为低温时空气里面的水汽直接凝华或过冷雾滴直接冻结在物体上形成乳白色冰晶沉积物。我国冬季雾凇日数多的地区包括：黑龙江、吉林、新疆北部、陕西北部。

12月份，刚刚迈入冬季的江南，清晨气温比较低时，或在雨雪过后，近地面湿度大，可能出现成片大雾区。北方的雾霾天气在12月份是比较常见的。

12月份，内蒙古到包头河段结冰封河，偏南的兰州河未封河。河水流向已经结冰的河段时，因冰块阻挡，河水运行不畅，导致水位上升，易在包头河段发生水漫河堤。若强冷空气来得晚，12月易发生流凌灾害。

俗话说“风后暖，雪后寒”。伴随着大雪的是气温下降，雪天容易导致交通事故，老人容易因滑倒而发生骨折、挫伤等，从预防的角度上说，雪天应当减少出行。

养生小贴士

冬季可以去泡泡温泉，温泉水中含有丰富的矿物质元素，能辅助治疗多种疾病，有温经活络、活气行血等功效。虽然泡温泉有很多好处，不过要注意冬季为养藏时节，温泉泡得过久会伤元气，通常泡5～10分钟至身体微微出汗后，休息几分钟之后再泡为宜。

养生原则

此时天气寒冷，是进补的最佳时节，不过最好补得“恰到好处”，不能太过，也不可不及。否则会导致调养失度，如稍有劳作就担心耗气伤神，稍有寒暑之异就闭门不出，稍食肥甘厚腻就节食少餐，如此会由于养之太过而受约束，不利于健康。

12 月，生命运动由盛转衰，由动转静，此时应当科学地运用养生之道，调理得当即可确保精力旺盛，防止早衰，延年益寿。进行调养的时候要注意动静结合、劳逸结合、补泻结合、形神共养。可以烹调木耳冬瓜三鲜汤、蒜泥茼蒿等滋肝补肾、养血充髓、开胃健脾之膳食。

12 月天气非常寒冷，提醒大家要根据气候变化适当增减衣物。心血管病、关节炎、消化系统疾病患者要注意防寒保暖，身体不舒服的时候要及时到医院就医，通过中医调理来防病治病。出门的时候围巾、帽子、棉靴都不可少。

本月，人们待在室内的时间比较长，要注意不能纵欲过度，应当根据实际情况节制房事，避免因为房事不节导致劳倦内伤，损伤肾气，应当严格、有规律地节制性生活，对冬季养生来说意义重大。而且男子以精为主，节欲保精关乎着男性的健康甚至生命。

此时天气寒冷，机体为了防止体温散发，皮肤和皮下毛细血管收缩，皮脂腺和汗腺的分泌、排泄会减少，再加上此时气候干燥、寒气侵袭，皮肤会变得非常干燥粗糙，甚至发痒。此时如果穿过紧的毛织品、尼龙内衣等，就会导致皮肤瘙痒。

本月的天气经常是阴冷晦暗的，人的心情很容易受到影响，尤其是本身就抑郁的患者，此时应当注意调节自己的心情，保持乐观，节喜制怒。可以经常参加户外活动以增强体质，多晒太阳，听舒缓的音乐，看花解闷，听曲消愁。

寒属阴，所以寒为阴邪，当寒邪侵入人体时，很容易损伤人体阳气，阳气受损，全身或局部就会出现明显的寒象，表现出体温下降、手脚发凉，甚至发生冻疮。一旦寒邪束表，就会出现恶寒、发热、无汗等，即“伤寒”。寒邪损伤脏腑阳气为“中寒”。寒气伤及脾胃，就会吐泻清稀，脘腹冷痛；肺脾受寒，宣化肃降就会失职，表现出咳嗽喘促、痰液清稀、水肿；寒伤脾肾，温运气化就会失职，表现出畏寒肢冷、腰脊冷痛、尿清便溏、水肿腹水等；如果心肾阳虚，寒邪直中少阴，就会恶寒蜷卧、手足厥冷、下利清谷、精神萎靡、脉细微等。

寒邪入侵体内，经脉气血失去阳气之温煦，易导致气血凝结阻滞，涩滞不通，不通则痛，因此疼痛为寒邪入侵的主要特征。寒邪侵袭人体，还会导致气机收敛，腠理闭塞，经络筋脉收缩而挛急。

由此可见，寒对人体的危害是非常大的，所以寒冷季节一定要做好防寒保暖的工作，将病邪拒之门外。

养生小贴士

有的人由于怕冷，经常在睡觉的时候穿很多衣服，认为把自己捂得严严实实就是在为健康打基础，然而事实并非如此。人在睡眠的时候中枢神经系统的活动会变慢，大脑和肌肉进入到休息状态，心脏跳动的次数减少，肌肉的反射运动、紧张度降低，此时脱衣而睡能消除疲劳，让身体各个部位得到充分的休息。人体皮肤可以正常分泌、散发一些代谢物质，如果穿着衣服睡觉，就会妨碍皮肤的正常“呼吸”、汗液蒸发，衣服对肌肉的压迫、摩擦会影响人体正常的血液循环过程，导致机体产热量下降，此时即使盖着厚厚的被子也会觉得冷，所以冬季是不宜穿很多衣服睡觉的。

推荐运动

1. 床边锻炼

到了冬季，外面大雪纷飞，积雪较多的时候老年人不能到户外活动，此时可以尝试一下健身方法。起床后临睡前花几分钟操作即可轻松健身。

织布法：坐到床上，双腿伸直并拢，脚尖朝前，双臂伸直双手心朝脚尖的方向做推的动作。上身前俯，向外呼气，双手尽量向脚尖方向推，至不能再向前，保持此姿势3秒，收回手掌，吸气，重复此操作30次，每天早、晚分别做1遍。此套健身法能按摩内脏、调理肠胃，预防、治疗消化系统、心血管系统疾病。

抱枕法：用棉布缝制一个长1米、直径35厘米的布口袋，把棉絮或海绵填充到枕头内，制成长枕。睡觉的时候侧卧，双臂抱着枕头，长枕下段垫在大腿下面。这种方法能促进老人入睡，还可以拉开肩关节，减轻关节“晨僵”，防治关节炎。

晃海法：双腿盘坐到床上，双手手掌放到膝盖上，双目微闭，舌头抵在上腭，腰部为轴，缓慢旋转，旋转的过程中腰部尽量弯曲，上身前俯。先从右向左旋转30次，之后从左向右旋转30次，旋转1次花25秒的时间，全部完成大概需要半小时，一般选择睡前操作。这种方法能调节大脑，防治神经衰弱、消化不良、便秘、肠胃炎等症。

2. 滑冰

滑冰是一项非常好的体育锻炼，不但能增强体质，还能加速机体代谢，产生热量，抵抗严寒，还能锻炼身体的平衡能力、协调能力、柔韧性。滑冰运动并不激烈，但是能锻炼全身，如头、颈、手、腕、肘、臂、肩、腰、腿、膝、踝等，几乎人体所有的关节都能得到较好的锻炼，能激活僵硬的身体，增强身体的柔韧性，减掉多余脂肪。

3. 滑雪

12月，积雪是常有的事儿，从皑皑白雪上飞驰而下是一种享受。滑雪不仅好玩，对身体也大有益处。滑雪是一项全身运动，能锻炼身体的平衡能力，还能锻炼协调能力。滑雪的过程中要掌握身体平衡，在重心不断变换的过程中寻找平衡点，这需要充分协调好全身各个部位，才可在滑行的过程中达到平衡，因此也能锻炼身体的协调能力。

养生小贴士 冬季运动应选择动作幅度较小、热量消耗较大的有氧运动。因为冬季气候寒冷，爆发性的无氧运动易诱发身体不适。年轻人可选择跑步等高强度有氧运动，锻炼时间要比春夏季节多10~15分钟。

推荐膳食食谱

神仙粥

【膳食选材】生姜3片，连须葱白5段，糯米50克，食醋15毫升。

【膳食制作】将糯米淘洗干净之后和生姜一同放入锅中熬煮，煮沸后放入葱白，至粥将熟时放入米醋，继续熬一两分钟即可。

【膳食功效】此粥能治疗风寒感冒引起的头痛发热、怕冷、浑身酸痛、鼻塞流涕等症。不过此粥是专门治疗风寒感冒的，对风热感冒没有显著疗效。

当归生姜羊肉汤

【膳食选材】羊肉500克，生姜30克，当归15克，精盐、酒各适量。

【膳食制作】将锅置于火上，倒入适量清水，煮沸，调入适量酒；将羊肉洗净后切成小块放入沸水锅中，去掉血沫和膻味；另起锅，生姜洗净后切片，与当归、羊肉一同放入锅中，倒入适量清水，先开大火煮沸，之后转成小火煨煮至羊肉酥烂，调入适量精盐，继续煨煮10分钟即可。

【膳食功效】此汤有温补之功，是冬季补阳至佳品。

松子仁糖

【膳食选材】松子仁260克，白砂糖500克。

【膳食制作】将白砂糖放到锅内，倒入少许清水至其溶化，之后开小火煎煮，至能挑起糖丝为止，之后停火；趁热将松子仁放到白糖锅中，搅拌均匀，迅速倒在涂过熟菜油的搪瓷盘内，擀平之后，用刀划成小块，放到糖盒里面保存即可。

【膳食功效】润肺健脾，止咳止血。适合肺脾两虚的慢性支气管炎、支气管扩张咯血、咳嗽等症。

木瓜汤

【膳食选材】木瓜、羊肉各1100克，草果6克，豌豆280克，粳米520克，白糖180克，精盐、味精、胡椒粉各适量。

【膳食制作】将草果、羊肉、粳米、豌豆淘洗干净；木瓜取汁备用；将羊肉切成2厘米的方块，放到锅中，之后加入木瓜汁、草果、粳米、豌豆，倒入适量清水，放到大火上烧沸，之后转成小火熬至豌豆和肉熟烂；调入白糖、精盐、胡椒粉、味精即可。

【膳食功效】健脾除湿。适合腿足肿痛等症。

1 月

1 月里的节气养生

小寒（1月 5 ~7 日）

小寒就是指 1 月 5 ~7 日，太阳位于黄经 285°时。小寒是气温最低的节气，只有少数年份大寒气温低于小寒。《月令七十二候集解》曰："十二月节，月初寒尚小，故云。月半则大矣。"中国有句俗语叫："大寒小寒，冷成冰团。"意思就是说此时已经变得非常冷了。

1. 阴阳互补

小寒时应当注意以温补阳气为主，此时的温补重点是补肾阳和肾气。温补助阳的同时要注意滋阴，实现阴阳互补。

2. 饮食温热

从饮食养生的角度上说，应当注意在日常饮食中多吃些温热食物来补益身体，以免寒冷气候侵袭人体。日常生活中的热性食物，包括鳟鱼、辣椒、肉桂、花椒等；温性食物包括糯米、高粱米、韭菜、茴香、荠菜、芦笋、南

瓜、生姜、葱、大蒜、桃子、大枣、桂圆、荔枝、樱桃、石榴、乌梅、佛手、栗子、核桃仁、羊肉、猪肝、猪肚、狗肉、鸡肉、羊乳、鳝鱼、鲢鱼、虾、海参、淡菜、酒等。小寒时节很适合吃麻辣火锅、红焖羊肉。

3. 预防疾病

小寒时节，心脏病、高血压患者往往会加重病情，“中风”的患者会增多。在中医看来，人体的血液遇温则易流动，得寒则易停滞，“血遇寒则凝”就是这个道理。因此一定要做好保暖工作，特别是老年人。

对于天气的显著变化，上班族应当注意外出时“全副武装”，帽子、手套、口罩、围脖都不能少，三九天出门前、临睡前都不宜洗头，如果刚洗过头，头发还没干，最好不要在这个时候外出或睡觉，否则容易受寒，久而久之就会积累寒气，诱发各类疾病。

4. 适当锻炼

民间有这样一句谚语：“冬天动一动，少闹一场病；冬到懒一懒，多喝药一碗。”由此可见冬季锻炼的重要性。在干冷的日子中宜多做户外运动，如慢跑、跳绳、踢毽等。

5. 精神调养

精神上宜静神少虑、畅达乐观，不因琐事劳神，保持平和的心态，增添乐趣。

养生小贴士

“小寒”节气中有个重要的民俗就是吃“腊八粥”。《燕京岁时记》中记载：“腊八粥者，用黄米、白米、江米、小米、菱角米、栗子、红豇豆、去皮枣泥等，合水煮熟，外用染红桃仁、杏仁、瓜子、花生、榛穰、松子及白糖、红糖、琐琐葡萄，以作点染。”腊八粥里面所添加的食材都是甘温之品，可调脾胃、补中益气、养气血、驱寒强身。

大寒（1月20～21日）

大寒通常在1月20～21日之间，它是二十四节气中最后一个节气，《月令七十二候集解》有记载：“十二月中，解见前（小寒）。”大寒时节风大、气温低，地面积雪不化，很容易出现冰天雪地、天寒地冻的严寒景象。此时人们忙着为新年的来临做各种准备。

1. 饮食调养

我国很多地区有大寒吃糯米的习惯，因为大寒时天气比较冷，而糯米和肉类都有御寒效果。此时除了要闭藏，还要注意补气养血，为来年的升发做准备。除了养肾和养阴之外，还应当注意补脾，让脾更加健康。肾为先天之本，脾为后天之本，不养脾肾，来年之升发就会受抑制。

此时应当注意温补肾阳，可以通过药补，也可以通过食补，药补药材包括人参、黄芪、阿胶、枸杞子、当归等；食补食材包括羊肉、猪肉、鸡肉、大枣、核桃、芝麻、百合、莲子等。

冬季肾经旺盛，肾主咸，心主苦，咸胜苦，肾水克心火，如果咸味食物吃多了，本就偏亢的肾水就会更亢，进而导致心阳力量减弱，因此要适当多吃点苦味食物，以助心阳，如芹菜、莴笋、生菜、苦菊等。

2. 防寒保暖

天气寒冷，最好穿能抵御严寒的衣物，避免皮肤外露，以免遭受风寒侵袭。上了年纪的人通常存在肌肉退化、动作缓慢的现象，所以宜选择宽大松软、穿脱方便的冬装。气管炎、哮喘、胃溃疡患者应再增加一件背心，可以保护心、肺、胃部以防受寒。关节炎、风湿病患者所穿的冬衣在贴近肩胛和膝盖等关节处用棉或皮毛加厚，达到防寒保暖的目的。内衣要选择吸湿性好、透气性强、轻盈柔软、容易洗涤、舒适的纯棉针织物。

3. 精神调养

大寒时节生机潜伏、万物蛰藏，此时人体的阴阳消长代谢缓慢，应当注意早睡晚起，以免轻易扰动阳气，不宜过度操劳，将神志深藏在内。此时一定要控制好自己的精神活动，保持精神安宁。

养生小贴士 大寒时节，随处可见甘蔗，冬蔗有补血润燥之功，不但能提神，还能清热、下气、补肺益胃。甘蔗之中含大量的铁、锰、锌等人体必需微量元素，铁含量非常多，被誉为“补血果”。

1月养生重点

气候特点

1月是一年的第一个月，共31天。此时阳气已动，大雁开始北迁，北方到处都能看到喜鹊，而且它们已经开始筑巢。

本月北京的平均温度一般是－5℃左右，极端最低温度在－15℃以下。东北北部地区的平均气温在－30℃左右，极端最低温度甚至在－50℃以下，午后最高气温平均低于－20℃。黑龙江、内蒙古、新疆北部地区、藏北高原的平均气温在－20℃左右，河套以西地区的平均温度在－10℃左右。秦岭、淮河一线的平均气温在0℃左右，此线以南已经无季节性冻土，冬作物无明显越冬期。此时江南地区的平均气温通常在5℃上下，虽然田野中仍存生机，但有的时候冷空气南下会对其造成伤害。

隆冬1月，霜雪交侵，经常有冰冻，华南冬季的最低温度不低，利于生产，适合发展多种经营。

养生小贴士

研究表明，北方冬季寒冷，室内气温和墙壁温度的温差较大，墙壁温度比室内气温低3～8℃，当墙壁温度与室内气温相差大于5℃的时候，人在距离墙壁30厘米的地方就能感受到寒冷。墙壁温度再下降1℃，人在距离墙壁50厘米的地方就能感觉到寒冷，这主要是冷辐射或负辐射导致的。此时可以在墙前置放木板或泡沫塑料，进而阻断、减轻辐射，防止寒气伤害人体。

养生原则

经过春、夏、秋的消耗之后，脏腑之阴阳气血会偏衰，合理进补就能及时补充津液，抵御严冬之侵袭，来年少生疾病。此时进补应食补、药补结合。常用的补药包括枸杞、阿胶、黄芪、当归等；食材包括羊肉、猪肉、鸡肉、甲鱼、海虾等；其他食材包括桃仁、大枣、莲子、百合、芝麻等；适宜的药膳包括山药羊肉汤、素炒三丝等，有补脾胃、温肾阳、健脾化滞、化痰止咳之功。

俗话说“大寒小寒，吃饺子过年”，饺子里面有菜有肉，荤素搭配，而且多数时候春节会赶在这个月。除夕吃饺子已经是千百年来的传统了。除了吃饺子，平时吃点萝卜白菜也是非常好的。萝卜又叫莱菔子，生用味辛性寒，熟用味甘性微凉，被誉为“小人参”。

老百姓认为白菜是吉祥菜，冬天的时候经常会储备大量的白菜。因为冬季时人们经常会选择热量高或滋补效果强的食物来御寒保暖，稍不注意就会补过头，而偏寒的白菜刚好能疏散、平衡身体中的热，特别是燥热体质、容易喉咙痛的人也非常适合吃白菜。吃火锅的时候加点白菜能消解火锅的燥热之气。

寒冬对老年人的威胁是比较大的，气候恶劣的冬季老年人很容易出现低体温症，死亡率也比正常冬季高60%，北方多于南方，男性多于女性，年龄越大，发病率越高。想要避免老年人低体温症，应当做好防寒保暖，保持老年人所居住的室内阳光充足，为老年人准备温暖的衣物，加强高蛋白、高维生素食物的摄入，确保老年人体内的热量供应和代谢需求，还要嘱咐老年人戒烟限酒等。

寒冬很容易诱发感冒、咳嗽等呼吸道疾病，而本月除了天气寒冷之外，空气也比较干燥，白天的平均相对湿度低于50%，加上暖气的开放，空气湿度只有30%，这种干燥气候会加重呼吸道疾病。所以注意保暖的同时还要密切关注空气湿度，早、晚注意开窗通气，地板上洒些水，以增加空气湿度。

此时会因为天气的寒冷而发作冻疮，严重影响到正常的工作、学习、休息。冻疮主要是寒气长时间作用在皮肤导致的，受冻之后皮下血管收缩，时间久了，血管麻痹扩张，静脉瘀血，导致局部血液循环不良，组织营养不良，甚至诱发组织坏死。此病容易发生在暴露在外和末梢循环比较差的部位，如手指、手背、足背、面部、足跟、耳郭等处。想预防冻疮，应当注意保暖，特别是曾经发生过冻疮的部位，坚持用冷水洗手、洗脸、洗脚，适当进行冷水浴，以增强机体的抗寒能力；穿宽松、舒适、吸汗的鞋袜，经常更换鞋垫，保持鞋子的干燥，预防局部受压等。

养生小贴士

发现身上有冻疮，可以取鸡蛋黄5~7个，将蛋黄搅开之后放到铁锅内，置于小火上，慢慢炒拌至有油渗出，此即为蛋黄油，可以将其涂抹到冻伤处，能治疗冻疮。

推荐运动

1. 踮脚

双脚并拢，用力踮起脚尖，之后放松，重复此操作，每天连续做数十次。此动作不受场地、时间、器械等的影响，可以有效减轻人体疲劳，预防职业病的发生，操作简单，非常适合中老年人。每次久坐或久站的时候都可以有意识地踮脚，有益于身体健康。

2. 爬楼梯

弯腰屈膝，抬高脚步，双臂自然摆动，尽量不抓扶手，每秒爬 1 级，连续爬 4 ~ 5 层，往返 2 ~ 3 趟，每趟之间稍微休息一会儿。下楼的时候，眼睛看着脚下，注意不能踏空，最好扶着楼梯扶手，防止发生意外。开始阶段每次练习 5 分钟，等到身体适应之后加快速度，同时增加往返次数，时间是 10 分钟左右。

3. 跳台阶

屈膝下蹲，弯腰背手，在楼梯上按台阶逐级向上跳，每次跳 10 ~ 13 级台阶，之后转身轻步走下楼梯。跳跃的速度为每级 0.5 ~ 1 秒，锻炼的时间不能超过 10 分钟。这个练习过程对身体机能和身体协调能力的要求比较高，非常适合青少年。

4. 按揉新设功

端坐在椅子上，双脚分开和肩同宽，大腿和小腿呈直角，躯干伸直，放松全身，下颌向内微收。端坐，头微低，颈部放松，手指按揉颈部两侧的新设穴（位于颈部，第 4 颈椎横突尖端斜方肌外缘，后发迹下 5 厘米处），按揉 108 次，每天早、晚各做 1 遍。

5. 曲池观想功

自然站立，双脚分开和肩同宽，双臂自然下垂，掌心朝内，中指指尖紧贴风市穴，拔顶，用舌头抵住上腭，提肛，心无杂念，全身放松，意念观想两肘横纹外端凹陷处曲池穴，能疏通手阳明大肠经。每次练习 20 分钟以上，每天早、晚分别练习 1 次。

6. 照气中穴功

自然站立，双脚分开和肩同宽，双臂自然下垂，掌心朝内，中指指尖紧贴风市穴，拔顶，舌抵上腭，提肛，心无杂念，全身放松，双掌侧平上举，划弧到胸前，合掌当胸。双腿微屈，双目注视双掌中指，站 10 分钟后，双掌分开，两劳宫对正小腹的气中穴（位于腹中部正中线，肚脐下 5 厘米，再左右旁开各 5 厘米，左右两穴），每次做 10 ~ 20 分钟，每天早晚分别做 1 次。

7. 一秤金诀

吸气的时候提肛，每次呼气都将意念归在丹田，提肛的时候咽唾液，用心神意守丹田，进而保持肾气充足。无论行住坐卧，舌头在口内搅动，之后抵住上腭，口内唾液盈满的时候就用唾液漱口再咽下，咽下的时候要有声响。之后用鼻子吸满清新的空气，用意念、眼睛一同将唾液送至脐下丹田穴中，稍微闭会儿气，这叫一吸。之后提肛似忍大便，用意念从尾闾穴（位于尾骨端与肛门之间）运气，上夹脊穴（第 1 胸椎到第 5 腰椎棘突下两侧），之后冲过玉枕穴（后发际正中直上 8. 3 厘米，旁开 4. 3 厘米，约平枕外粗隆上缘的凹陷处）进入泥丸穴，此为一呼。周而复始不断锻炼，能让人精神旺盛，不受病邪侵袭。

推荐膳食食谱

红枣桂花糯米饭

【膳食选材】红枣、糯米、桂花糖各适量。

【膳食制作】先将红枣去核之后放入锅中煮熟；糯米淘洗干净之后先放到清水之中浸泡半小时，之后将糯米和桂花糖一同搅拌均匀，八成熟的时候加入红枣即可。

【膳食功效】糯米有补脾胃、益肺气之功，吃了可以养人体气血，滋养脾胃，而且糯米还有御寒之功；桂花味辛甘，有消瘀血之功；大枣可增强机体免疫力，促进白细胞生成，能降低血清胆固醇，提升血清白蛋白，保护肝脏，降低血清谷丙转氨酶的值。经常吃红枣，能增加肌力，调和气血，进而强体、美容、抗衰老。三者搭配熬粥，可化痰散瘀、防止口臭，润心肺，生津液，悦颜色，通九窍，有滋补、美容之功。

冬季风湿粥

【膳食选材】桂枝 10 克，大米 100 克，葱白 2 根，生姜 3 片。

【膳食制作】将桂枝洗净之后放入锅中，倒入适量清水浸泡 10 分钟左右，煎汁；将大米放到煎好的桂枝水里面熬煮至粥将熟时，放入洗好的葱白、姜片，继续煮两沸即可，连续吃 2～3 次即可。

【膳食功效】桂枝性辛味甘，归心、肺、膀胱经，有发汗解肌、温经通脉、助阳化气、散寒止痛之功，能很好地驱散经络、肌肉、关节中的风寒之邪，和生姜同用，即可温经散寒、缓和风湿病带来的疼痛。

猪肺粥

【膳食选材】猪肺500克，薏米50克，粳米100克，精盐、味精各适量。

【膳食制作】将猪肺洗净后放入锅中，倒入适量清水，水沸后，将猪肺放入锅中焯一下，撇去上面的浮沫，捞出，切成小丁，之后放入淘洗干净的薏米、粳米，开大火煮沸，之后用小火煨熬，米熟的时候调入少量精盐、味精即可。

【膳食功效】薏米有健脾祛湿之功；猪肺有补虚、止咳之功。经常吃猪肺粥能有效治疗慢性支气管炎。

白菜萝卜汤

【膳食选材】白菜、萝卜、豆腐、植物油、辣椒酱、清汤、大白菜、香菜末、盐、味精各适量。

【膳食制作】将大白菜、萝卜、豆腐洗净之后切成大小相似的长条，放到沸水中焯一下；将锅置于火上，倒入适量植物油，油温烧至五成热的时候，炒香辣椒酱，倒入清汤，将萝卜、豆腐一同放到锅中，开大火煮沸之后放入大白菜，再次煮沸后调入盐、味精，最后撒上香菜末即可。

【膳食功效】萝卜熟用味甘性微凉，白菜偏寒性，能帮助疏散、平衡身体中的热，非常适合燥热体质和喉咙痛者。

枸杞红枣茶

【膳食选材】枸杞一小把，红枣3～4枚。

【膳食制作】将枸杞和红枣一同放到大茶杯内，倒入适量开水冲泡即可。如果发现自己这段时间经常莫名其妙发脾气，可以加一两朵菊花来疏理肝气。

【膳食功效】大寒属于冬季，此时喝枸杞红枣茶能很好地补肝肾，不管是肝气郁结还是肾水不足导致的黄褐斑，喝枸杞红枣茶都有非常不错的疗效。

第五章

月历表（1920—2050年）

1920 年(庚申 猴年 2 月 20 日始)

养生月历

1 月

一	二	三	四	五	六	日
			1 十一	2 十二	3 十三	4 十四
5 十五	6 小寒	7 十七	8 十八	9 十九	10 二十	11 廿一
12 廿二	13 廿三	14 廿四	15 廿五	16 廿六	17 廿七	18 廿八
19 廿九	20 三十	21 十二月 大寒	22 初二	23 初三	24 初四	25 初五
26 初六	27 初七	28 初八	29 初九	30 初十	31 十一	

2 月

一	二	三	四	五	六	日
						1 十二
2 十三	3 十四	4 十五	5 立春	6 十七	7 十八	8 十九
9 二十	10 廿一	11 廿二	12 廿三	13 廿四	14 廿五	15 廿六
16 廿七	17 廿八	18 廿九	19 三十	20 正月 雨水	21 初二	22 初三
23 初四	24 初五	25 初六	26 初七	27 初八	28 初九	29 初十

3 月

一	二	三	四	五	六	日
1 十一	2 十二	3 十三	4 十四	5 十五	6 惊蛰	7 十七
8 十八	9 十九	10 二十	11 廿一	12 廿二	13 廿三	14 廿四
15 廿五	16 廿六	17 廿七	18 廿八	19 廿九	20 二月	21 春分
22 初三	23 初四	24 初五	25 初六	26 初七	27 初八	28 初九
29 初十	30 十一	31 十二				

4 月

一	二	三	四	五	六	日
			1 十三	2 十四	3 十五	4 十六
5 清明	6 十八	7 十九	8 二十	9 廿一	10 廿二	11 廿三
12 廿四	13 廿五	14 廿六	15 廿七	16 廿八	17 廿九	18 三十
19 三月	20 谷雨	21 初三	22 初四	23 初五	24 初六	25 初七
26 初八	27 初九	28 初十	29 十一	30 十二		

5 月

一	二	三	四	五	六	日
					1 十三	2 十四
3 十五	4 十六	5 十七	6 立夏	7 十九	8 二十	9 廿一
10 廿二	11 廿三	12 廿四	13 廿五	14 廿六	15 廿七	16 廿八
17 廿九	18 四月	19 初二	20 初三	21 小满	22 初五	23 初六
24 初七	25 初八	26 初九	27 初十	28 十一	29 十二	30 十三
31 十四						

6 月

一	二	三	四	五	六	日
	1 十五	2 十六	3 十七	4 十八	5 十九	6 芒种
7 廿一	8 廿二	9 廿三	10 廿四	11 廿五	12 廿六	13 廿七
14 廿八	15 廿九	16 五月	17 初二	18 初三	19 初四	20 初五
21 初六	22 夏至	23 初八	24 初九	25 初十	26 十一	27 十二
28 十三	29 十四	30 十五				

7 月

一	二	三	四	五	六	日
			1 十六	2 十七	3 十八	4 十九
5 二十	6 廿一	7 小暑	8 廿三	9 廿四	10 廿五	11 廿六
12 廿七	13 廿八	14 廿九	15 三十	16 六月	17 初二	18 初三
19 初四	20 初五	21 初六	22 初七	23 大暑	24 初九	25 初十
26 十一	27 十二	28 十三	29 十四	30 十五	31 十六	

8 月

一	二	三	四	五	六	日
						1 十七
2 十八	3 十九	4 二十	5 廿一	6 廿二	7 廿三	8 立秋
9 廿五	10 廿六	11 廿七	12 廿八	13 廿九	14 七月	15 初二
16 初三	17 初四	18 初五	19 初六	20 初七	21 初八	22 初九
23 处暑	24 十一	25 十二	26 十三	27 十四	28 十五	29 十六
30 十七	31 十八					

9 月

一	二	三	四	五	六	日
		1 十九	2 二十	3 廿一	4 廿二	5 廿三
6 廿四	7 廿五	8 白露	9 廿七	10 廿八	11 廿九	12 八月
13 初二	14 初三	15 初四	16 初五	17 初六	18 初七	19 初八
20 初九	21 初十	22 十一	23 秋分	24 十三	25 十四	26 十五
27 十六	28 十七	29 十八	30 十九			

10 月

一	二	三	四	五	六	日
				1 二十	2 廿一	3 廿二
4 廿三	5 廿四	6 廿五	7 廿六	8 寒露	9 廿八	10 廿九
11 三十	12 九月	13 初二	14 初三	15 初四	16 初五	17 初六
18 初七	19 初八	20 初九	21 初十	22 十一	23 十二	24 霜降
25 十四	26 十五	27 十六	28 十七	29 十八	30 十九	31 二十

11 月

一	二	三	四	五	六	日
1 廿一	2 廿二	3 廿三	4 廿四	5 廿五	6 廿六	7 廿七
8 立冬	9 廿九	10 十月	11 初二	12 初三	13 初四	14 初五
15 初六	16 初七	17 初八	18 初九	19 初十	20 十一	21 十二
22 小雪	23 十四	24 十五	25 十六	26 十七	27 十八	28 十九
29 二十	30 廿一					

12 月

一	二	三	四	五	六	日
		1 廿二	2 廿三	3 廿四	4 廿五	5 廿六
6 廿七	7 大雪	8 廿九	9 三十	10 十一月	11 初二	12 初三
13 初四	14 初五	15 初六	16 初七	17 初八	18 初九	19 初十
20 十一	21 十二	22 冬至	23 十四	24 十五	25 十六	26 十七
27 十八	28 十九	29 二十	30 廿一	31 廿二		

1921年（辛酉 鸡年 2月8日始）

1

一	二	三	四	五	六	日
					1 廿三	2 廿四
3 廿五	4 廿六	5 廿七	6 小寒	7 廿九	8 三十	9 十二月
10 初二	11 初三	12 初四	13 初五	14 初六	15 初七	16 初八
17 初九	18 初十	19 十一	20 大寒	21 十三	22 十四	23 十五
24 十六	25 十七	26 十八	27 十九	28 二十	29 廿一	30 廿二
31 廿三						

2

一	二	三	四	五	六	日
	1 廿四	2 廿五	3 廿六	4 立春	5 廿八	6 廿九
7 三十	8 正月	9 初二	10 初三	11 初四	12 初五	13 初六
14 初七	15 初八	16 初九	17 初十	18 十一	19 雨水	20 十三
21 十四	22 十五	23 十六	24 十七	25 十八	26 十九	27 二十
28 廿一						

3

一	二	三	四	五	六	日
	1 廿二	2 廿三	3 廿四	4 廿五	5 廿六	6 惊蛰
7 廿八	8 廿九	9 三十	10 二月	11 初二	12 初三	13 初四
14 初五	15 初六	16 初七	17 初八	18 初九	19 初十	20 十一
21 春分	22 十三	23 十四	24 十五	25 十六	26 十七	27 十八
28 十九	29 二十	30 廿一	31 廿二			

4

一	二	三	四	五	六	日
				1 廿三	2 廿四	3 廿五
4 廿六	5 清明	6 廿八	7 廿九	8 三月	9 初二	10 初三
11 初四	12 初五	13 初六	14 初七	15 初八	16 初九	17 初十
18 十一	19 十二	20 谷雨	21 十四	22 十五	23 十六	24 十七
25 十八	26 十九	27 二十	28 廿一	29 廿二	30 廿三	

5

一	二	三	四	五	六	日
						1 廿四
2 廿五	3 廿六	4 廿七	5 廿八	6 立夏	7 三十	8 四月
9 初二	10 初三	11 初四	12 初五	13 初六	14 初七	15 初八
16 初九	17 初十	18 十一	19 十二	20 十三	21 小满	22 十五
23 十六	24 十七	25 十八	26 十九	27 二十	28 廿一	29 廿二
30 廿三	31 廿四					

6

一	二	三	四	五	六	日
		1 廿五	2 廿六	3 廿七	4 廿八	5 廿九
6 五月 芒种	7 初二	8 初三	9 初四	10 初五	11 初六	12 初七
13 初八	14 初九	15 初十	16 十一	17 十二	18 十三	19 十四
20 十五	21 十六	22 夏至	23 十八	24 十九	25 二十	26 廿一
27 廿二	28 廿三	29 廿四	30 廿五			

7

一	二	三	四	五	六	日
				1 廿六	2 廿七	3 廿八
4 廿九	5 六月	6 初二	7 初三	8 小暑	9 初五	10 初六
11 初七	12 初八	13 初九	14 初十	15 十一	16 十二	17 十三
18 十四	19 十五	20 十六	21 十七	22 十八	23 大暑	24 二十
25 廿一	26 廿二	27 廿三	28 廿四	29 廿五	30 廿六	31 廿七

8

一	二	三	四	五	六	日
1 廿八	2 廿九	3 三十	4 七月	5 初二	6 初三	7 初四
8 立秋	9 初六	10 初七	11 初八	12 初九	13 初十	14 十一
15 十二	16 十三	17 十四	18 十五	19 十六	20 十七	21 十八
22 十九	23 二十	24 处暑	25 廿二	26 廿三	27 廿四	28 廿五
29 廿六	30 廿七	31 廿八				

9

一	二	三	四	五	六	日
			1 廿九	2 八月	3 初二	4 初三
5 初四	6 初五	7 初六	8 白露	9 初八	10 初九	11 初十
12 十一	13 十二	14 十三	15 十四	16 十五	17 十六	18 十七
19 十八	20 十九	21 二十	22 廿一	23 秋分	24 廿三	25 廿四
26 廿五	27 廿六	28 廿七	29 廿八	30 廿九		

10

一	二	三	四	五	六	日
					1 九月	2 初二
3 初三	4 初四	5 初五	6 初六	7 初七	8 初八	9 寒露
10 初十	11 十一	12 十二	13 十三	14 十四	15 十五	16 十六
17 十七	18 十八	19 十九	20 二十	21 廿一	22 廿二	23 廿三
24 霜降	25 廿五	26 廿六	27 廿七	28 廿八	29 廿九	30 三十
31 十月						

11

一	二	三	四	五	六	日
	1 初二	2 初三	3 初四	4 初五	5 初六	6 初七
7 初八	8 立冬	9 初十	10 十一	11 十二	12 十三	13 十四
14 十五	15 十六	16 十七	17 十八	18 十九	19 二十	20 廿一
21 廿二	22 廿三	23 小雪	24 廿五	25 廿六	26 廿七	27 廿八
28 廿九	29 十一月	30 初二				

12

一	二	三	四	五	六	日
			1 初三	2 初四	3 初五	4 初六
5 初七	6 初八	7 大雪	8 初十	9 十一	10 十二	11 十三
12 十四	13 十五	14 十六	15 十七	16 十八	17 十九	18 二十
19 廿一	20 廿二	21 廿三	22 冬至	23 廿五	24 廿六	25 廿七
26 廿八	27 廿九	28 三十	29 十二月	30 初二	31 初三	

1922年(壬戌　狗年　1月28日始　闰五月)

养生月历

1

一	二	三	四	五	六	日
						1初四
2初五	3初六	4初七	5初八	6小寒	7初十	8十一
9十二	10十三	11十四	12十五	13十六	14十七	15十八
16十九	17二十	18廿一	19廿二	20廿三	21大寒	22廿五
23廿六	24廿七	25廿八	26廿九	27三十	28正月	29初二
30初三	31初四					

7

一	二	三	四	五	六	日
					1初七	2初八
3初九	4初十	5十一	6十二	7十三	8小暑	9十五
10十六	11十七	12十八	13十九	14二十	15廿一	16廿二
17廿三	18廿四	19廿五	20廿六	21廿七	22廿八	23廿九
24六月大暑	25初二	26初三	27初四	28初五	29初六	30初七
31初八						

2

一	二	三	四	五	六	日
		1初五	2初六	3初七	4立春	5初九
6初十	7十一	8十二	9十三	10十四	11十五	12十六
13十七	14十八	15十九	16二十	17廿一	18廿二	19雨水
20廿四	21廿五	22廿六	23廿七	24廿八	25廿九	26三十
27二月	28初二					

8

一	二	三	四	五	六	日
	1初九	2初十	3十一	4十二	5十三	6十四
7十五	8立秋	9十七	10十八	11十九	12二十	13廿一
14廿二	15廿三	16廿四	17廿五	18廿六	19廿七	20廿八
21廿九	22三十	23七月	24处暑	25初三	26初四	27初五
28初六	29初七	30初八	31初九			

3

一	二	三	四	五	六	日
		1初三	2初四	3初五	4初六	5初七
6惊蛰	7初九	8初十	9十一	10十二	11十三	12十四
13十五	14十六	15十七	16十八	17十九	18二十	19廿一
20廿二	21春分	22廿四	23廿五	24廿六	25廿七	26廿八
27廿九	28三月	29初二	30初三	31初四		

9

一	二	三	四	五	六	日
				1初十	2十一	3十二
4十三	5十四	6十五	7十六	8白露	9十八	10十九
11二十	12廿一	13廿二	14廿三	15廿四	16廿五	17廿六
18廿七	19廿八	20廿九	21八月	22初二	23初三	24秋分
25初五	26初六	27初七	28初八	29初九	30初十	

4

一	二	三	四	五	六	日
					1初五	2初六
3初七	4初八	5清明	6初十	7十一	8十二	9十三
10十四	11十五	12十六	13十七	14十八	15十九	16二十
17廿一	18廿二	19廿三	20廿四	21谷雨	22廿六	23廿七
24廿八	25廿九	26三十	27四月	28初二	29初三	30初四

10

一	二	三	四	五	六	日
						1十一
2十二	3十三	4十四	5十五	6十六	7十七	8十八
9寒露	10二十	11廿一	12廿二	13廿三	14廿四	15廿五
16廿六	17廿七	18廿八	19廿九	20九月	21初二	22初三
23初四	24霜降	25初六	26初七	27初八	28初九	29初十
30十一	31十二					

5

一	二	三	四	五	六	日
1初五	2初六	3初七	4初八	5初九	6立夏	7十一
8十二	9十三	10十四	11十五	12十六	13十七	14十八
15十九	16二十	17廿一	18廿二	19廿三	20廿四	21廿五
22小满	23廿七	24廿八	25廿九	26三十	27五月	28初二
29初三	30初四	31初五				

11

一	二	三	四	五	六	日
		1十三	2十四	3十五	4十六	5十七
6十八	7十九	8立冬	9廿一	10廿二	11廿三	12廿四
13廿五	14廿六	15廿七	16廿八	17廿九	18三十	19十月
20初二	21初三	22初四	23小雪	24初六	25初七	26初八
27初九	28初十	29十一	30十二			

6

一	二	三	四	五	六	日
			1初六	2初七	3初八	4初九
5初十	6芒种	7十二	8十三	9十四	10十五	11十六
12十七	13十八	14十九	15二十	16廿一	17廿二	18廿三
19廿四	20廿五	21廿六	22夏至	23廿八	24廿九	25五月
26初二	27初三	28初四	29初五	30初六		

12

一	二	三	四	五	六	日
				1十三	2十四	3十五
4十六	5十七	6十八	7十九	8大雪	9廿一	10廿二
11廿三	12廿四	13廿五	14廿六	15廿七	16廿八	17廿九
18十一月	19初二	20初三	21初四	22冬至	23初六	24初七
25初八	26初九	27初十	28十一	29十二	30十三	31十四

1923 年（癸亥　猪年　2 月 16 日始）

1

一	二	三	四	五	六	日
1 十五	2 十六	3 十七	4 十八	5 十九	6 小寒	7 廿一
8 廿二	9 廿三	10 廿四	11 廿五	12 廿六	13 廿七	14 廿八
15 廿九	16 三十	17 十二月	18 初二	19 初三	20 初四	21 大寒
22 初六	23 初七	24 初八	25 初九	26 初十	27 十一	28 十二
29 十三	30 十四	31 十五				

2

一	二	三	四	五	六	日
			1 十六	2 十七	3 十八	4 十九
5 立春	6 廿一	7 廿二	8 廿三	9 廿四	10 廿五	11 廿六
12 廿七	13 廿八	14 廿九	15 三十	16 正月	17 初二	18 初三
19 雨水	20 初五	21 初六	22 初七	23 初八	24 初九	25 初十
26 十一	27 十二	28 十三				

3

一	二	三	四	五	六	日
			1 十四	2 十五	3 十六	4 十七
5 十八	6 惊蛰	7 二十	8 廿一	9 廿二	10 廿三	11 廿四
12 廿五	13 廿六	14 廿七	15 廿八	16 廿九	17 二月	18 初二
19 初三	20 初四	21 春分	22 初六	23 初七	24 初八	25 初九
26 初十	27 十一	28 十二	29 十三	30 十四	31 十五	

4

一	二	三	四	五	六	日
						1 十六
2 十七	3 十八	4 十九	5 二十	6 清明	7 廿二	8 廿三
9 廿四	10 廿五	11 廿六	12 廿七	13 廿八	14 廿九	15 三十
16 三月	17 初二	18 初三	19 初四	20 初五	21 谷雨	22 初七
23 初八	24 初九	25 初十	26 十一	27 十二	28 十三	29 十四
30 十五						

5

一	二	三	四	五	六	日
	1 十六	2 十七	3 十八	4 十九	5 二十	6 立夏
7 廿二	8 廿三	9 廿四	10 廿五	11 廿六	12 廿七	13 廿八
14 廿九	15 三十	16 四月	17 初二	18 初三	19 初四	20 初五
21 初六	22 小满	23 初八	24 初九	25 初十	26 十一	27 十二
28 十三	29 十四	30 十五	31 十六			

6

一	二	三	四	五	六	日
				1 十七	2 十八	3 十九
4 二十	5 廿一	6 廿二	7 芒种	8 廿四	9 廿五	10 廿六
11 廿七	12 廿八	13 廿九	14 五月	15 初二	16 初三	17 初四
18 初五	19 初六	20 初七	21 初八	22 夏至	23 初十	24 十一
25 十二	26 十三	27 十四	28 十五	29 十六	30 十七	

7

一	二	三	四	五	六	日
						1 十八
2 十九	3 二十	4 廿一	5 廿二	6 廿三	7 廿四	8 小暑
9 廿六	10 廿七	11 廿八	12 廿九	13 三十	14 六月	15 初二
16 初三	17 初四	18 初五	19 初六	20 初七	21 初八	22 初九
23 初十	24 大暑	25 十二	26 十三	27 十四	28 十五	29 十六
30 十七	31 十八					

8

一	二	三	四	五	六	日
		1 十九	2 二十	3 廿一	4 廿二	5 廿三
6 廿四	7 廿五	8 立秋	9 廿七	10 廿八	11 廿九	12 七月
13 初二	14 初三	15 初四	16 初五	17 初六	18 初七	19 初八
20 初九	21 初十	22 十一	23 十二	24 处暑	25 十四	26 十五
27 十六	28 十七	29 十八	30 十九	31 二十		

9

一	二	三	四	五	六	日
					1 廿一	2 廿二
3 廿三	4 廿四	5 廿五	6 廿六	7 廿七	8 廿八	9 白露
10 三十	11 八月	12 初二	13 初三	14 初四	15 初五	16 初六
17 初七	18 初八	19 初九	20 初十	21 十一	22 十二	23 十三
24 秋分	25 十五	26 十六	27 十七	28 十八	29 十九	30 二十

10

一	二	三	四	五	六	日
1 廿一	2 廿二	3 廿三	4 廿四	5 廿五	6 廿六	7 廿七
8 廿八	9 寒露	10 九月	11 初二	12 初三	13 初四	14 初五
15 初六	16 初七	17 初八	18 初九	19 初十	20 十一	21 十二
22 十三	23 十四	24 霜降	25 十六	26 十七	27 十八	28 十九
29 二十	30 廿一	31 廿二				

11

一	二	三	四	五	六	日
			1 廿三	2 廿四	3 廿五	4 廿六
5 廿七	6 廿八	7 廿九	8 十月 立冬	9 初二	10 初三	11 初四
12 初五	13 初六	14 初七	15 初八	16 初九	17 初十	18 十一
19 十二	20 十三	21 十四	22 十五	23 小雪	24 十七	25 十八
26 十九	27 二十	28 廿一	29 廿二	30 廿三		

12

一	二	三	四	五	六	日
					1 廿四	2 廿五
3 廿六	4 廿七	5 廿八	6 廿九	7 三十	8 十一月 大雪	9 初二
10 初三	11 初四	12 初五	13 初六	14 初七	15 初八	16 初九
17 初十	18 十一	19 十二	20 十三	21 十四	22 十五	23 冬至
24 十七	25 十八	26 十九	27 二十	28 廿一	29 廿二	30 廿三
31 廿四						

1924年（甲子　鼠年　2月5日始）

1

一	二	三	四	五	六	日
	1 廿五	2 廿六	3 廿七	4 廿八	5 廿九	6 十二月 小寒
7 初二	8 初三	9 初四	10 初五	11 初六	12 初七	13 初八
14 初九	15 初十	16 十一	17 十二	18 十三	19 十四	20 十五
21 大寒	22 十七	23 十八	24 十九	25 二十	26 廿一	27 廿二
28 廿三	29 廿四	30 廿五	31 廿六			

2

一	二	三	四	五	六	日
				1 廿七	2 廿八	3 廿九
4 三十	5 正月 立春	6 初二	7 初三	8 初四	9 初五	10 初六
11 初七	12 初八	13 初九	14 初十	15 十一	16 十二	17 十三
18 十四	19 十五	20 雨水	21 十七	22 十八	23 十九	24 二十
25 廿一	26 廿二	27 廿三	28 廿四	29 廿五		

3

一	二	三	四	五	六	日
					1 廿六	2 廿七
3 廿八	4 廿九	5 二月	6 惊蛰	7 初三	8 初四	9 初五
10 初六	11 初七	12 初八	13 初九	14 初十	15 十一	16 十二
17 十三	18 十四	19 十五	20 十六	21 春分	22 十八	23 十九
24 二十	25 廿一	26 廿二	27 廿三	28 廿四	29 廿五	30 廿六
31 廿七						

4

一	二	三	四	五	六	日
	1 廿八	2 廿九	3 三十	4 三月	5 清明	6 初三
7 初四	8 初五	9 初六	10 初七	11 初八	12 初九	13 初十
14 十一	15 十二	16 十三	17 十四	18 十五	19 十六	20 谷雨
21 十八	22 十九	23 二十	24 廿一	25 廿二	26 廿三	27 廿四
28 廿五	29 廿六	30 廿七				

5

一	二	三	四	五	六	日
			1 廿八	2 廿九	3 三十	4 四月
5 初二	6 立夏	7 初四	8 初五	9 初六	10 初七	11 初八
12 初九	13 初十	14 十一	15 十二	16 十三	17 十四	18 十五
19 十六	20 十七	21 小满	22 十九	23 二十	24 廿一	25 廿二
26 廿三	27 廿四	28 廿五	29 廿六	30 廿七	31 廿八	

6

一	二	三	四	五	六	日
						1 廿九
2 五月	3 初二	4 初三	5 初四	6 芒种	7 初六	8 初七
9 初八	10 初九	11 初十	12 十一	13 十二	14 十三	15 十四
16 十五	17 十六	18 十七	19 十八	20 十九	21 二十	22 夏至
23 廿二	24 廿三	25 廿四	26 廿五	27 廿六	28 廿七	29 廿八
30 廿九						

7

一	二	三	四	五	六	日
	1 三十	2 六月	3 初二	4 初三	5 初四	6 初五
7 小暑	8 初七	9 初八	10 初九	11 初十	12 十一	13 十二
14 十三	15 十四	16 十五	17 十六	18 十七	19 十八	20 十九
21 二十	22 廿一	23 大暑	24 廿三	25 廿四	26 廿五	27 廿六
28 廿七	29 廿八	30 廿九	31 三十			

8

一	二	三	四	五	六	日
				1 七月	2 初二	3 初三
4 初四	5 初五	6 初六	7 初七	8 立秋	9 初九	10 初十
11 十一	12 十二	13 十三	14 十四	15 十五	16 十六	17 十七
18 十八	19 十九	20 二十	21 廿一	22 廿二	23 处暑	24 廿四
25 廿五	26 廿六	27 廿七	28 廿八	29 廿九	30 八月	31 初二

9

一	二	三	四	五	六	日
1 初三	2 初四	3 初五	4 初六	5 初七	6 初八	7 初九
8 白露	9 十一	10 十二	11 十三	12 十四	13 十五	14 十六
15 十七	16 十八	17 十九	18 二十	19 廿一	20 廿二	21 廿三
22 廿四	23 秋分	24 廿六	25 廿七	26 廿八	27 廿九	28 三十
29 九月	30 初二					

10

一	二	三	四	五	六	日
		1 初三	2 初四	3 初五	4 初六	5 初七
6 初八	7 初九	8 寒露	9 十一	10 十二	11 十三	12 十四
13 十五	14 十六	15 十七	16 十八	17 十九	18 二十	19 廿一
20 廿二	21 廿三	22 廿四	23 廿五	24 霜降	25 廿七	26 廿八
27 廿九	28 十月	29 初二	30 初三	31 初四		

11

一	二	三	四	五	六	日
					1 初五	2 初六
3 初七	4 初八	5 初九	6 初十	7 十一	8 立冬	9 十三
10 十四	11 十五	12 十六	13 十七	14 十八	15 十九	16 二十
17 廿一	18 廿二	19 廿三	20 廿四	21 廿五	22 小雪	23 廿七
24 廿八	25 廿九	26 三十	27 十一月	28 初二	29 初三	30 初四

12

一	二	三	四	五	六	日
1 初五	2 初六	3 初七	4 初八	5 初九	6 初十	7 大雪
8 十二	9 十三	10 十四	11 十五	12 十六	13 十七	14 十八
15 十九	16 二十	17 廿一	18 廿二	19 廿三	20 廿四	21 廿五
22 冬至	23 廿七	24 廿八	25 廿九	26 十二月	27 初二	28 初三
29 初四	30 初五	31 初六				

1925年（乙丑　牛年　1月24日始　闰四月）

1

一	二	三	四	五	六	日
			1 初七	2 初八	3 初九	4 初十
5 十一	6 小寒	7 十三	8 十四	9 十五	10 十六	11 十七
12 十八	13 十九	14 二十	15 廿一	16 廿二	17 廿三	18 廿四
19 廿五	20 大寒	21 廿七	22 廿八	23 廿九	24 正月	25 初二
26 初三	27 初四	28 初五	29 初六	30 初七	31 初八	

2

一	二	三	四	五	六	日
						1 初九
2 初十	3 十一	4 立春	5 十三	6 十四	7 十五	8 十六
9 十七	10 十八	11 十九	12 二十	13 廿一	14 廿二	15 廿三
16 廿四	17 廿五	18 廿六	19 雨水	20 廿八	21 廿九	22 三十
23 二月	24 初二	25 初三	26 初四	27 初五	28 初六	

3

一	二	三	四	五	六	日
						1 初七
2 初八	3 初九	4 初十	5 十一	6 惊蛰	7 十三	8 十四
9 十五	10 十六	11 十七	12 十八	13 十九	14 二十	15 廿一
16 廿二	17 廿三	18 廿四	19 廿五	20 廿六	21 春分	22 廿八
23 廿九	24 三月	25 初二	26 初三	27 初四	28 初五	29 初六
30 初七	31 初八					

4

一	二	三	四	五	六	日
		1 初九	2 初十	3 十一	4 十二	5 清明
6 十四	7 十五	8 十六	9 十七	10 十八	11 十九	12 二十
13 廿一	14 廿二	15 廿三	16 廿四	17 廿五	18 廿六	19 廿七
20 谷雨	21 廿九	22 三十	23 四月	24 初二	25 初三	26 初四
27 初五	28 初六	29 初七	30 初八			

5

一	二	三	四	五	六	日
				1 初九	2 初十	3 十一
4 十二	5 十三	6 立夏	7 十五	8 十六	9 十七	10 十八
11 十九	12 二十	13 廿一	14 廿二	15 廿三	16 廿四	17 廿五
18 廿六	19 廿七	20 廿八	21 小满	22 四月	23 初二	24 初三
25 初四	26 初五	27 初六	28 初七	29 初八	30 初九	31 初十

6

一	二	三	四	五	六	日
1 十一	2 十二	3 十三	4 十四	5 十五	6 芒种	7 十七
8 十八	9 十九	10 二十	11 廿一	12 廿二	13 廿三	14 廿四
15 廿五	16 廿六	17 廿七	18 廿八	19 廿九	20 三十	21 五月
22 夏至	23 初三	24 初四	25 初五	26 初六	27 初七	28 初八
29 初九	30 初十					

7

一	二	三	四	五	六	日
		1 十一	2 十二	3 十三	4 十四	5 十五
6 十六	7 十七	8 小暑	9 十九	10 二十	11 廿一	12 廿二
13 廿三	14 廿四	15 廿五	16 廿六	17 廿七	18 廿八	19 廿九
20 三十	21 六月	22 初二	23 大暑	24 初四	25 初五	26 初六
27 初七	28 初八	29 初九	30 初十	31 十一		

8

一	二	三	四	五	六	日
					1 十二	2 十三
3 十四	4 十五	5 十六	6 十七	7 十八	8 立秋	9 二十
10 廿一	11 廿二	12 廿三	13 廿四	14 廿五	15 廿六	16 廿七
17 廿八	18 廿九	19 七月	20 初二	21 初三	22 初四	23 初五
24 处暑	25 初七	26 初八	27 初九	28 初十	29 十一	30 十二
31 十三						

9

一	二	三	四	五	六	日
	1 十四	2 十五	3 十六	4 十七	5 十八	6 十九
7 二十	8 白露	9 廿二	10 廿三	11 廿四	12 廿五	13 廿六
14 廿七	15 廿八	16 廿九	17 三十	18 八月	19 初二	20 初三
21 初四	22 初五	23 秋分	24 初七	25 初八	26 初九	27 初十
28 十一	29 十二	30 十三				

10

一	二	三	四	五	六	日
			1 十四	2 十五	3 十六	4 十七
5 十八	6 十九	7 二十	8 廿一	9 寒露	10 廿三	11 廿四
12 廿五	13 廿六	14 廿七	15 廿八	16 廿九	17 三十	18 九月
19 初二	20 初三	21 初四	22 初五	23 初六	24 霜降	25 初八
26 初九	27 初十	28 十一	29 十二	30 十三	31 十四	

11

一	二	三	四	五	六	日
						1 十五
2 十六	3 十七	4 十八	5 十九	6 二十	7 廿一	8 立冬
9 廿三	10 廿四	11 廿五	12 廿六	13 廿七	14 廿八	15 廿九
16 十月	17 初二	18 初三	19 初四	20 初五	21 初六	22 初七
23 小雪	24 初九	25 初十	26 十一	27 十二	28 十三	29 十四
30 十五						

12

一	二	三	四	五	六	日
	1 十六	2 十七	3 十八	4 十九	5 二十	6 廿一
7 大雪	8 廿三	9 廿四	10 廿五	11 廿六	12 廿七	13 廿八
14 廿九	15 三十	16 十一月	17 初二	18 初三	19 初四	20 初五
21 初六	22 冬至	23 初八	24 初九	25 初十	26 十一	27 十二
28 十三	29 十四	30 十五	31 十六			

1926年（丙寅　虎年　2月13日始）

1

一	二	三	四	五	六	日
				1 十七	2 十八	3 十九
4 二十	5 廿一	6 小寒	7 廿三	8 廿四	9 廿五	10 廿六
11 廿七	12 廿八	13 廿九	14 十二月	15 初二	16 初三	17 初四
18 初五	19 初六	20 初七	21 大寒	22 初九	23 初十	24 十一
25 十二	26 十三	27 十四	28 十五	29 十六	30 十七	31 十八

2

一	二	三	四	五	六	日
1 十九	2 二十	3 廿一	4 立春	5 廿三	6 廿四	7 廿五
8 廿六	9 廿七	10 廿八	11 廿九	12 三十	13 正月	14 初二
15 初三	16 初四	17 初五	18 初六	19 雨水	20 初八	21 初九
22 初十	23 十一	24 十二	25 十三	26 十四	27 十五	28 十六

3

一	二	三	四	五	六	日
1 十七	2 十八	3 十九	4 二十	5 廿一	6 惊蛰	7 廿三
8 廿四	9 廿五	10 廿六	11 廿七	12 廿八	13 廿九	14 二月
15 初二	16 初三	17 初四	18 初五	19 初六	20 初七	21 春分
22 初九	23 初十	24 十一	25 十二	26 十三	27 十四	28 十五
29 十六	30 十七	31 十八				

4

一	二	三	四	五	六	日
			1 十九	2 二十	3 廿一	4 廿二
5 清明	6 廿四	7 廿五	8 廿六	9 廿七	10 廿八	11 廿九
12 三月	13 初二	14 初三	15 初四	16 初五	17 初六	18 初七
19 初八	20 初九	21 谷雨	22 十一	23 十二	24 十三	25 十四
26 十五	27 十六	28 十七	29 十八	30 十九		

5

一	二	三	四	五	六	日
					1 二十	2 廿一
3 廿二	4 廿三	5 廿四	6 立夏	7 廿六	8 廿七	9 廿八
10 廿九	11 三十	12 四月	13 初二	14 初三	15 初四	16 初五
17 初六	18 初七	19 初八	20 初九	21 初十	22 小满	23 十二
24 十三	25 十四	26 十五	27 十六	28 十七	29 十八	30 十九
31 二十						

6

一	二	三	四	五	六	日
	1 廿一	2 廿二	3 廿三	4 廿四	5 廿五	6 芒种
7 廿七	8 廿八	9 廿九	10 五月	11 初二	12 初三	13 初四
14 初五	15 初六	16 初七	17 初八	18 初九	19 初十	20 十一
21 十二	22 夏至	23 十四	24 十五	25 十六	26 十七	27 十八
28 十九	29 二十	30 廿一				

7

一	二	三	四	五	六	日
			1 廿二	2 廿三	3 廿四	4 廿五
5 廿六	6 廿七	7 廿八	8 小暑	9 三十	10 六月	11 初二
12 初三	13 初四	14 初五	15 初六	16 初七	17 初八	18 初九
19 初十	20 十一	21 十二	22 十三	23 大暑	24 十五	25 十六
26 十七	27 十八	28 十九	29 二十	30 廿一	31 廿二	

8

一	二	三	四	五	六	日
						1 廿三
2 廿四	3 廿五	4 廿六	5 廿七	6 廿八	7 廿九	8 七月 立秋
9 初二	10 初三	11 初四	12 初五	13 初六	14 初七	15 初八
16 初九	17 初十	18 十一	19 十二	20 十三	21 十四	22 十五
23 十六	24 处暑	25 十八	26 十九	27 二十	28 廿一	29 廿二
30 廿三	31 廿四					

9

一	二	三	四	五	六	日
		1 廿五	2 廿六	3 廿七	4 廿八	5 廿九
6 三十	7 八月	8 白露	9 初三	10 初四	11 初五	12 初六
13 初七	14 初八	15 初九	16 初十	17 十一	18 十二	19 十三
20 十四	21 十五	22 十六	23 十七	24 秋分	25 十九	26 二十
27 廿一	28 廿二	29 廿三	30 廿四			

10

一	二	三	四	五	六	日
				1 廿五	2 廿六	3 廿七
4 廿八	5 廿九	6 三十	7 九月	8 初二	9 寒露	10 初四
11 初五	12 初六	13 初七	14 初八	15 初九	16 初十	17 十一
18 十二	19 十三	20 十四	21 十五	22 十六	23 十七	24 霜降
25 十九	26 二十	27 廿一	28 廿二	29 廿三	30 廿四	31 廿五

11

一	二	三	四	五	六	日
1 廿六	2 廿七	3 廿八	4 廿九	5 十月	6 初二	7 初三
8 立冬	9 初五	10 初六	11 初七	12 初八	13 初九	14 初十
15 十一	16 十二	17 十三	18 十四	19 十五	20 十六	21 十七
22 十八	23 小雪	24 二十	25 廿一	26 廿二	27 廿三	28 廿四
29 廿五	30 廿六					

12

一	二	三	四	五	六	日
		1 廿七	2 廿八	3 廿九	4 三十	5 十一月
6 初二	7 初三	8 大雪	9 初五	10 初六	11 初七	12 初八
13 初九	14 初十	15 十一	16 十二	17 十三	18 十四	19 十五
20 十六	21 十七	22 冬至	23 十九	24 二十	25 廿一	26 廿二
27 廿三	28 廿四	29 廿五	30 廿六	31 廿七		

1927年（丁卯　兔年　2月2日始）

1

一	二	三	四	五	六	日
					1 廿八	2 廿九
3 三十	4 十二月	5 初二	6 小寒	7 初四	8 初五	9 初六
10 初七	11 初八	12 初九	13 初十	14 十一	15 十二	16 十三
17 十四	18 十五	19 十六	20 十七	21 大寒	22 十九	23 二十
24 廿一	25 廿二	26 廿三	27 廿四	28 廿五	29 廿六	30 廿七
31 廿八						

7

一	二	三	四	五	六	日
				1 初三	2 初四	3 初五
4 初六	5 初七	6 初八	7 初九	8 小暑	9 十一	10 十二
11 十三	12 十四	13 十五	14 十六	15 十七	16 十八	17 十九
18 二十	19 廿一	20 廿二	21 廿三	22 廿四	23 廿五	24 大暑
25 廿七	26 廿八	27 廿九	28 三十	29 七月	30 初二	31 初三

2

一	二	三	四	五	六	日
	1 廿九	2 正月	3 初二	4 初三	5 立春	6 初五
7 初六	8 初七	9 初八	10 初九	11 初十	12 十一	13 十二
14 十三	15 十四	16 十五	17 十六	18 十七	19 雨水	20 十九
21 二十	22 廿一	23 廿二	24 廿三	25 廿四	26 廿五	27 廿六
28 廿七						

8

一	二	三	四	五	六	日
1 初四	2 初五	3 初六	4 初七	5 初八	6 初九	7 初十
8 立秋	9 十二	10 十三	11 十四	12 十五	13 十六	14 十七
15 十八	16 十九	17 二十	18 廿一	19 廿二	20 廿三	21 廿四
22 廿五	23 廿六	24 处暑	25 廿八	26 廿九	27 八月	28 初二
29 初三	30 初四	31 初五				

3

一	二	三	四	五	六	日
	1 廿八	2 廿九	3 三十	4 二月	5 初二	6 惊蛰
7 初四	8 初五	9 初六	10 初七	11 初八	12 初九	13 初十
14 十一	15 十二	16 十三	17 十四	18 十五	19 十六	20 十七
21 春分	22 十九	23 二十	24 廿一	25 廿二	26 廿三	27 廿四
28 廿五	29 廿六	30 廿七	31 廿八			

9

一	二	三	四	五	六	日
			1 初六	2 初七	3 初八	4 初九
5 初十	6 十一	7 十二	8 白露	9 十四	10 十五	11 十六
12 十七	13 十八	14 十九	15 二十	16 廿一	17 廿二	18 廿三
19 廿四	20 廿五	21 廿六	22 廿七	23 廿八	24 秋分	25 三十
26 九月	27 初二	28 初三	29 初四	30 初五		

4

一	二	三	四	五	六	日
				1 廿九	2 三月	3 初二
4 初三	5 初四	6 清明	7 初六	8 初七	9 初八	10 初九
11 初十	12 十一	13 十二	14 十三	15 十四	16 十五	17 十六
18 十七	19 十八	20 十九	21 谷雨	22 廿一	23 廿二	24 廿三
25 廿四	26 廿五	27 廿六	28 廿七	29 廿八	30 廿九	

10

一	二	三	四	五	六	日
					1 初六	2 初七
3 初八	4 初九	5 初十	6 十一	7 十二	8 十三	9 寒露
10 十五	11 十六	12 十七	13 十八	14 十九	15 二十	16 廿一
17 廿二	18 廿三	19 廿四	20 廿五	21 廿六	22 廿七	23 廿八
24 霜降	25 十月	26 初二	27 初三	28 初四	29 初五	30 初六
31 初七						

5

一	二	三	四	五	六	日
						1 四月
2 初二	3 初三	4 初四	5 初五	6 立夏	7 初七	8 初八
9 初九	10 初十	11 十一	12 十二	13 十三	14 十四	15 十五
16 十六	17 十七	18 十八	19 十九	20 二十	21 廿一	22 小满
23 廿三	24 廿四	25 廿五	26 廿六	27 廿七	28 廿八	29 廿九
30 三十	31 五月					

11

一	二	三	四	五	六	日
	1 初八	2 初九	3 初十	4 十一	5 十二	6 十三
7 十四	8 立冬	9 十六	10 十七	11 十八	12 十九	13 二十
14 廿一	15 廿二	16 廿三	17 廿四	18 廿五	19 廿六	20 廿七
21 廿八	22 廿九	23 小雪	24 十一月	25 初二	26 初三	27 初四
28 初五	29 初六	30 初七				

6

一	二	三	四	五	六	日
		1 初二	2 初三	3 初四	4 初五	5 初六
6 初七	7 芒种	8 初九	9 初十	10 十一	11 十二	12 十三
13 十四	14 十五	15 十六	16 十七	17 十八	18 十九	19 二十
20 廿一	21 廿二	22 夏至	23 廿四	24 廿五	25 廿六	26 廿七
27 廿八	28 廿九	29 六月	30 初二			

12

一	二	三	四	五	六	日
			1 初八	2 初九	3 初十	4 十一
5 十二	6 十三	7 十四	8 大雪	9 十六	10 十七	11 十八
12 十九	13 二十	14 廿一	15 廿二	16 廿三	17 廿四	18 廿五
19 廿六	20 廿七	21 廿八	22 廿九	23 冬至	24 十二月	25 初二
26 初三	27 初四	28 初五	29 初六	30 初七	31 初八	

1928年（戊辰　龙年　1月23日始　闰二月）

1

一	二	三	四	五	六	日
						1 初九
2 初十	3 十一	4 十二	5 十三	6 小寒	7 十五	8 十六
9 十七	10 十八	11 十九	12 二十	13 廿一	14 廿二	15 廿三
16 廿四	17 廿五	18 廿六	19 廿七	20 廿八	21 大寒	22 三十
23 正月	24 初二	25 初三	26 初四	27 初五	28 初六	29 初七
30 初八	31 初九					

2

一	二	三	四	五	六	日
		1 初十	2 十一	3 十二	4 十三	5 立春
6 十五	7 十六	8 十七	9 十八	10 十九	11 二十	12 廿一
13 廿二	14 廿三	15 廿四	16 廿五	17 廿六	18 廿七	19 廿八
20 雨水	21 二月	22 初二	23 初三	24 初四	25 初五	26 初六
27 初七	28 初八	29 初九				

3

一	二	三	四	五	六	日
			1 初十	2 十一	3 十二	4 十三
5 十四	6 惊蛰	7 十六	8 十七	9 十八	10 十九	11 二十
12 廿一	13 廿二	14 廿三	15 廿四	16 廿五	17 廿六	18 廿七
19 廿八	20 廿九	21 春分	22 二月	23 初二	24 初三	25 初四
26 初五	27 初六	28 初七	29 初八	30 初九	31 初十	

4

一	二	三	四	五	六	日
						1 十一
2 十二	3 十三	4 十四	5 清明	6 十六	7 十七	8 十八
9 十九	10 二十	11 廿一	12 廿二	13 廿三	14 廿四	15 廿五
16 廿六	17 廿七	18 廿八	19 廿九	20 三月 谷雨	21 初二	22 初三
23 初四	24 初五	25 初六	26 初七	27 初八	28 初九	29 初十
30 十一						

5

一	二	三	四	五	六	日
	1 十二	2 十三	3 十四	4 十五	5 十六	6 立夏
7 十八	8 十九	9 二十	10 廿一	11 廿二	12 廿三	13 廿四
14 廿五	15 廿六	16 廿七	17 廿八	18 廿九	19 四月	20 初二
21 小满	22 初四	23 初五	24 初六	25 初七	26 初八	27 初九
28 初十	29 十一	30 十二	31 十三			

6

一	二	三	四	五	六	日
				1 十四	2 十五	3 十六
4 十七	5 十八	6 芒种	7 二十	8 廿一	9 廿二	10 廿三
11 廿四	12 廿五	13 廿六	14 廿七	15 廿八	16 廿九	17 三十
18 五月	19 初二	20 初三	21 夏至	22 初五	23 初六	24 初七
25 初八	26 初九	27 初十	28 十一	29 十二	30 十三	

7

一	二	三	四	五	六	日
						1 十四
2 十五	3 十六	4 十七	5 十八	6 十九	7 小暑	8 廿一
9 廿二	10 廿三	11 廿四	12 廿五	13 廿六	14 廿七	15 廿八
16 廿九	17 六月	18 初二	19 初三	20 初四	21 初五	22 初六
23 大暑	24 初八	25 初九	26 初十	27 十一	28 十二	29 十三
30 十四	31 十五					

8

一	二	三	四	五	六	日
		1 十六	2 十七	3 十八	4 十九	5 二十
6 廿一	7 廿二	8 立秋	9 廿四	10 廿五	11 廿六	12 廿七
13 廿八	14 廿九	15 七月	16 初二	17 初三	18 初四	19 初五
20 初六	21 初七	22 初八	23 处暑	24 初十	25 十一	26 十二
27 十三	28 十四	29 十五	30 十六	31 十七		

9

一	二	三	四	五	六	日
					1 十八	2 十九
3 二十	4 廿一	5 廿二	6 廿三	7 廿四	8 白露	9 廿六
10 廿七	11 廿八	12 廿九	13 三十	14 八月	15 初二	16 初三
17 初四	18 初五	19 初六	20 初七	21 初八	22 初九	23 秋分
24 十一	25 十二	26 十三	27 十四	28 十五	29 十六	30 十七

10

一	二	三	四	五	六	日
1 十八	2 十九	3 二十	4 廿一	5 廿二	6 廿三	7 廿四
8 寒露	9 廿六	10 廿七	11 廿八	12 廿九	13 九月	14 初二
15 初三	16 初四	17 初五	18 初六	19 初七	20 初八	21 初九
22 初十	23 霜降	24 十二	25 十三	26 十四	27 十五	28 十六
29 十七	30 十八	31 十九				

11

一	二	三	四	五	六	日
			1 二十	2 廿一	3 廿二	4 廿三
5 廿四	6 廿五	7 立冬	8 廿七	9 廿八	10 廿九	11 三十
12 十月	13 初二	14 初三	15 初四	16 初五	17 初六	18 初七
19 初八	20 初九	21 初十	22 小雪	23 十二	24 十三	25 十四
26 十五	27 十六	28 十七	29 十八	30 十九		

12

一	二	三	四	五	六	日
					1 二十	2 廿一
3 廿二	4 廿三	5 廿四	6 廿五	7 大雪	8 廿七	9 廿八
10 廿九	11 三十	12 十一月	13 初二	14 初三	15 初四	16 初五
17 初六	18 初七	19 初八	20 初九	21 初十	22 冬至	23 十二
24 十三	25 十四	26 十五	27 十六	28 十七	29 十八	30 十九
31 二十						

1929年（己巳 蛇年 2月10日始）

1

一	二	三	四	五	六	日
	1 廿一	2 廿二	3 廿三	4 廿四	5 廿五	6 小寒
7 廿七	8 廿八	9 廿九	10 三十	11 十二月	12 初二	13 初三
14 初四	15 初五	16 初六	17 初七	18 初八	19 初九	20 大寒
21 十一	22 十二	23 十三	24 十四	25 十五	26 十六	27 十七
28 十八	29 十九	30 二十	31 廿一			

2

一	二	三	四	五	六	日
				1 廿二	2 廿三	3 廿四
4 立春	5 廿六	6 廿七	7 廿八	8 廿九	9 三十	10 正月
11 初二	12 初三	13 初四	14 初五	15 初六	16 初七	17 初八
18 初九	19 雨水	20 十一	21 十二	22 十三	23 十四	24 十五
25 十六	26 十七	27 十八	28 十九			

3

一	二	三	四	五	六	日
				1 二十	2 廿一	3 廿二
4 廿三	5 廿四	6 惊蛰	7 廿六	8 廿七	9 廿八	10 廿九
11 二月	12 初二	13 初三	14 初四	15 初五	16 初六	17 初七
18 初八	19 初九	20 初十	21 春分	22 十二	23 十三	24 十四
25 十五	26 十六	27 十七	28 十八	29 十九	30 二十	31 廿一

4

一	二	三	四	五	六	日
1 廿二	2 廿三	3 廿四	4 廿五	5 清明	6 廿七	7 廿八
8 廿九	9 三十	10 三月	11 初二	12 初三	13 初四	14 初五
15 初六	16 初七	17 初八	18 初九	19 初十	20 谷雨	21 十二
22 十三	23 十四	24 十五	25 十六	26 十七	27 十八	28 十九
29 二十	30 廿一					

5

一	二	三	四	五	六	日
		1 廿二	2 廿三	3 廿四	4 廿五	5 廿六
6 立夏	7 廿八	8 廿九	9 四月	10 初二	11 初三	12 初四
13 初五	14 初六	15 初七	16 初八	17 初九	18 初十	19 十一
20 十二	21 小满	22 十四	23 十五	24 十六	25 十七	26 十八
27 十九	28 二十	29 廿一	30 廿二	31 廿三		

6

一	二	三	四	五	六	日
					1 廿四	2 廿五
3 廿六	4 廿七	5 廿八	6 芒种	7 五月	8 初二	9 初三
10 初四	11 初五	12 初六	13 初七	14 初八	15 初九	16 初十
17 十一	18 十二	19 十三	20 十四	21 十五	22 夏至	23 十七
24 十八	25 十九	26 二十	27 廿一	28 廿二	29 廿三	30 廿四

7

一	二	三	四	五	六	日
1 廿五	2 廿六	3 廿七	4 廿八	5 廿九	6 三十	7 六月 小暑
8 初二	9 初三	10 初四	11 初五	12 初六	13 初七	14 初八
15 初九	16 初十	17 十一	18 十二	19 十三	20 十四	21 十五
22 十六	23 大暑	24 十八	25 十九	26 二十	27 廿一	28 廿二
29 廿三	30 廿四	31 廿五				

8

一	二	三	四	五	六	日
			1 廿六	2 廿七	3 廿八	4 廿九
5 七月	6 初二	7 初三	8 立秋	9 初五	10 初六	11 初七
12 初八	13 初九	14 初十	15 十一	16 十二	17 十三	18 十四
19 十五	20 十六	21 十七	22 十八	23 处暑	24 二十	25 廿一
26 廿二	27 廿三	28 廿四	29 廿五	30 廿六	31 廿七	

9

一	二	三	四	五	六	日
						1 廿八
2 廿九	3 八月	4 初二	5 初三	6 初四	7 初五	8 白露
9 初七	10 初八	11 初九	12 初十	13 十一	14 十二	15 十三
16 十四	17 十五	18 十六	19 十七	20 十八	21 十九	22 二十
23 秋分	24 廿二	25 廿三	26 廿四	27 廿五	28 廿六	29 廿七
30 廿八						

10

一	二	三	四	五	六	日
	1 廿九	2 三十	3 九月	4 初二	5 初三	6 初四
7 初五	8 初六	9 寒露	10 初八	11 初九	12 初十	13 十一
14 十二	15 十三	16 十四	17 十五	18 十六	19 十七	20 十八
21 十九	22 二十	23 廿一	24 霜降	25 廿三	26 廿四	27 廿五
28 廿六	29 廿七	30 廿八	31 廿九			

11

一	二	三	四	五	六	日
				1 十月	2 初二	3 初三
4 初四	5 初五	6 初六	7 初七	8 立冬	9 初九	10 初十
11 十一	12 十二	13 十三	14 十四	15 十五	16 十六	17 十七
18 十八	19 十九	20 二十	21 廿一	22 廿二	23 小雪	24 廿四
25 廿五	26 廿六	27 廿七	28 廿八	29 廿九	30 三十	

12

一	二	三	四	五	六	日
						1 十一月
2 初二	3 初三	4 初四	5 初五	6 初六	7 大雪	8 初八
9 初九	10 初十	11 十一	12 十二	13 十三	14 十四	15 十五
16 十六	17 十七	18 十八	19 十九	20 二十	21 廿一	22 冬至
23 廿三	24 廿四	25 廿五	26 廿六	27 廿七	28 廿八	29 廿九
30 三十	31 十二月					

1930年(庚午　马年　1月30日始　闰六月)

1

一	二	三	四	五	六	日
		1初二	2初三	3初四	4初五	5初六
6小寒	7初八	8初九	9初十	10十一	11十二	12十三
13十四	14十五	15十六	16十七	17十八	18十九	19二十
20廿一	21大寒	22廿三	23廿四	24廿五	25廿六	26廿七
27廿八	28廿九	29三十	30正月	31初二		

2

一	二	三	四	五	六	日
					1初三	2初四
3初五	4立春	5初七	6初八	7初九	8初十	9十一
10十二	11十三	12十四	13十五	14十六	15十七	16十八
17十九	18二十	19雨水	20廿二	21廿三	22廿四	23廿五
24廿六	25廿七	26廿八	27廿九	28二月		

3

一	二	三	四	五	六	日
					1初二	2初三
3初四	4初五	5初六	6惊蛰	7初八	8初九	9初十
10十一	11十二	12十三	13十四	14十五	15十六	16十七
17十八	18十九	19二十	20廿一	21春分	22廿三	23廿四
24廿五	25廿六	26廿七	27廿八	28廿九	29三十	30三月
31初二						

4

一	二	三	四	五	六	日
	1初三	2初四	3初五	4初六	5清明	6初八
7初九	8初十	9十一	10十二	11十三	12十四	13十五
14十六	15十七	16十八	17十九	18二十	19廿一	20廿二
21谷雨	22廿四	23廿五	24廿六	25廿七	26廿八	27廿九
28三十	29四月	30初二				

5

一	二	三	四	五	六	日
			1初三	2初四	3初五	4初六
5初七	6立夏	7初九	8初十	9十一	10十二	11十三
12十四	13十五	14十六	15十七	16十八	17十九	18二十
19廿一	20廿二	21廿三	22小满	23廿五	24廿六	25廿七
26廿八	27廿九	28五月	29初二	30初三	31初四	

6

一	二	三	四	五	六	日
						1初五
2初六	3初七	4初八	5初九	6芒种	7十一	8十二
9十三	10十四	11十五	12十六	13十七	14十八	15十九
16二十	17廿一	18廿二	19廿三	20廿四	21廿五	22夏至
23廿七	24廿八	25廿九	26六月	27初二	28初三	29初四
30初五						

7

一	二	三	四	五	六	日
	1初六	2初七	3初八	4初九	5初十	6十一
7十二	8小暑	9十四	10十五	11十六	12十七	13十八
14十九	15二十	16廿一	17廿二	18廿三	19廿四	20廿五
21廿六	22廿七	23大暑	24廿九	25三十	26六月	27初二
28初三	29初四	30初五	31初六			

8

一	二	三	四	五	六	日
				1初七	2初八	3初九
4初十	5十一	6十二	7十三	8立秋	9十五	10十六
11十七	12十八	13十九	14二十	15廿一	16廿二	17廿三
18廿四	19廿五	20廿六	21廿七	22廿八	23廿九	24七月处暑
25初二	26初三	27初四	28初五	29初六	30初七	31初八

9

一	二	三	四	五	六	日
1初九	2初十	3十一	4十二	5十三	6十四	7十五
8白露	9十七	10十八	11十九	12二十	13廿一	14廿二
15廿三	16廿四	17廿五	18廿六	19廿七	20廿八	21廿九
22八月	23初二	24秋分	25初四	26初五	27初六	28初七
29初八	30初九					

10

一	二	三	四	五	六	日
		1初十	2十一	3十二	4十三	5十四
6十五	7十六	8十七	9寒露	10十九	11二十	12廿一
13廿二	14廿三	15廿四	16廿五	17廿六	18廿七	19廿八
20廿九	21三十	22九月	23初二	24霜降	25初四	26初五
27初六	28初七	29初八	30初九	31初十		

11

一	二	三	四	五	六	日
					1十一	2十二
3十三	4十四	5十五	6十六	7十七	8立冬	9十九
10二十	11廿一	12廿二	13廿三	14廿四	15廿五	16廿六
17廿七	18廿八	19廿九	20十月	21初二	22初三	23小雪
24初五	25初六	26初七	27初八	28初九	29初十	30十一

12

一	二	三	四	五	六	日
1十二	2十三	3十四	4十五	5十六	6十七	7十八
8大雪	9二十	10廿一	11廿二	12廿三	13廿四	14廿五
15廿六	16廿七	17廿八	18廿九	19三十	20十一月	21初二
22冬至	23初四	24初五	25初六	26初七	27初八	28初九
29初十	30十一	31十二				

1931 年(辛未 羊年 2 月 17 日始)

1

一	二	三	四	五	六	日
			1 十三	2 十四	3 十五	4 十六
5 十七	6 小寒	7 十九	8 二十	9 廿一	10 廿二	11 廿三
12 廿四	13 廿五	14 廿六	15 廿七	16 廿八	17 廿九	18 三十
19 十二月	20 初二	21 大寒	22 初四	23 初五	24 初六	25 初七
26 初八	27 初九	28 初十	29 十一	30 十二	31 十三	

2

一	二	三	四	五	六	日
						1 十四
2 十五	3 十六	4 十七	5 立春	6 十九	7 二十	8 廿一
9 廿二	10 廿三	11 廿四	12 廿五	13 廿六	14 廿七	15 廿八
16 廿九	17 正月	18 初二	19 雨水	20 初四	21 初五	22 初六
23 初七	24 初八	25 初九	26 初十	27 十一	28 十二	

3

一	二	三	四	五	六	日
						1 十三
2 十四	3 十五	4 十六	5 十七	6 惊蛰	7 十九	8 二十
9 廿一	10 廿二	11 廿三	12 廿四	13 廿五	14 廿六	15 廿七
16 廿八	17 廿九	18 三十	19 二月	20 初二	21 春分	22 初四
23 初五	24 初六	25 初七	26 初八	27 初九	28 初十	29 十一
30 十二	31 十三					

4

一	二	三	四	五	六	日
		1 十四	2 十五	3 十六	4 十七	5 十八
6 清明	7 二十	8 廿一	9 廿二	10 廿三	11 廿四	12 廿五
13 廿六	14 廿七	15 廿八	16 廿九	17 三十	18 三月	19 初二
20 初三	21 谷雨	22 初五	23 初六	24 初七	25 初八	26 初九
27 初十	28 十一	29 十二	30 十三			

5

一	二	三	四	五	六	日
				1 十四	2 十五	3 十六
4 十七	5 十八	6 立夏	7 二十	8 廿一	9 廿二	10 廿三
11 廿四	12 廿五	13 廿六	14 廿七	15 廿八	16 廿九	17 四月
18 初二	19 初三	20 初四	21 初五	22 小满	23 初七	24 初八
25 初九	26 初十	27 十一	28 十二	29 十三	30 十四	31 十五

6

一	二	三	四	五	六	日
1 十六	2 十七	3 十八	4 十九	5 二十	6 廿一	7 芒种
8 廿三	9 廿四	10 廿五	11 廿六	12 廿七	13 廿八	14 廿九
15 三十	16 五月	17 初二	18 初三	19 初四	20 初五	21 初六
22 夏至	23 初八	24 初九	25 初十	26 十一	27 十二	28 十三
29 十四	30 十五					

7

一	二	三	四	五	六	日
		1 十六	2 十七	3 十八	4 十九	5 二十
6 廿一	7 廿二	8 小暑	9 廿四	10 廿五	11 廿六	12 廿七
13 廿八	14 廿九	15 六月	16 初二	17 初三	18 初四	19 初五
20 初六	21 初七	22 初八	23 初九	24 大暑	25 十一	26 十二
27 十三	28 十四	29 十五	30 十六	31 十七		

8

一	二	三	四	五	六	日
					1 十八	2 十九
3 二十	4 廿一	5 廿二	6 廿三	7 廿四	8 立秋	9 廿六
10 廿七	11 廿八	12 廿九	13 三十	14 七月	15 初二	16 初三
17 初四	18 初五	19 初六	20 初七	21 初八	22 初九	23 初十
24 处暑	25 十二	26 十三	27 十四	28 十五	29 十六	30 十七
31 十八						

9

一	二	三	四	五	六	日
	1 十九	2 二十	3 廿一	4 廿二	5 廿三	6 廿四
7 廿五	8 白露	9 廿七	10 廿八	11 廿九	12 八月	13 初二
14 初三	15 初四	16 初五	17 初六	18 初七	19 初八	20 初九
21 初十	22 十一	23 十二	24 秋分	25 十四	26 十五	27 十六
28 十七	29 十八	30 十九				

10

一	二	三	四	五	六	日
			1 二十	2 廿一	3 廿二	4 廿三
5 廿四	6 廿五	7 廿六	8 廿七	9 寒露	10 廿九	11 九月
12 初二	13 初三	14 初四	15 初五	16 初六	17 初七	18 初八
19 初九	20 初十	21 十一	22 十二	23 十三	24 霜降	25 十五
26 十六	27 十七	28 十八	29 十九	30 二十	31 廿一	

11

一	二	三	四	五	六	日
						1 廿二
2 廿三	3 廿四	4 廿五	5 廿六	6 廿七	7 廿八	8 立冬
9 三十	10 十月	11 初二	12 初三	13 初四	14 初五	15 初六
16 初七	17 初八	18 初九	19 初十	20 十一	21 十二	22 十三
23 小雪	24 十五	25 十六	26 十七	27 十八	28 十九	29 二十
30 廿一						

12

一	二	三	四	五	六	日
	1 廿二	2 廿三	3 廿四	4 廿五	5 廿六	6 廿七
7 廿八	8 大雪	9 十一月	10 初二	11 初三	12 初四	13 初五
14 初六	15 初七	16 初八	17 初九	18 初十	19 十一	20 十二
21 十三	22 十四	23 冬至	24 十六	25 十七	26 十八	27 十九
28 二十	29 廿一	30 廿二	31 廿三			

1932年（壬申　猴年　2月6日始）

1

一	二	三	四	五	六	日
				1 廿四	2 廿五	3 廿六
4 廿七	5 廿八	6 小寒	7 三十	8 十二月	9 初二	10 初三
11 初四	12 初五	13 初六	14 初七	15 初八	16 初九	17 初十
18 十一	19 十二	20 十三	21 大寒	22 十五	23 十六	24 十七
25 十八	26 十九	27 二十	28 廿一	29 廿二	30 廿三	31 廿四

2

一	二	三	四	五	六	日
1 廿五	2 廿六	3 廿七	4 廿八	5 立春	6 正月	7 初二
8 初三	9 初四	10 初五	11 初六	12 初七	13 初八	14 初九
15 初十	16 十一	17 十二	18 十三	19 十四	20 雨水	21 十六
22 十七	23 十八	24 十九	25 二十	26 廿一	27 廿二	28 廿三
29 廿四						

3

一	二	三	四	五	六	日
	1 廿五	2 廿六	3 廿七	4 廿八	5 廿九	6 惊蛰
7 二月	8 初二	9 初三	10 初四	11 初五	12 初六	13 初七
14 初八	15 初九	16 初十	17 十一	18 十二	19 十三	20 十四
21 春分	22 十六	23 十七	24 十八	25 十九	26 二十	27 廿一
28 廿二	29 廿三	30 廿四	31 廿五			

4

一	二	三	四	五	六	日
				1 廿六	2 廿七	3 廿八
4 廿九	5 清明	6 三月	7 初二	8 初三	9 初四	10 初五
11 初六	12 初七	13 初八	14 初九	15 初十	16 十一	17 十二
18 十三	19 十四	20 谷雨	21 十六	22 十七	23 十八	24 十九
25 二十	26 廿一	27 廿二	28 廿三	29 廿四	30 廿五	

5

一	二	三	四	五	六	日
						1 廿六
2 廿七	3 廿八	4 廿九	5 三十	6 四月 立夏	7 初二	8 初三
9 初四	10 初五	11 初六	12 初七	13 初八	14 初九	15 初十
16 十一	17 十二	18 十三	19 十四	20 十五	21 小满	22 十七
23 十八	24 十九	25 二十	26 廿一	27 廿二	28 廿三	29 廿四
30 廿五	31 廿六					

6

一	二	三	四	五	六	日
		1 廿七	2 廿八	3 廿九	4 五月	5 初二
6 芒种	7 初四	8 初五	9 初六	10 初七	11 初八	12 初九
13 初十	14 十一	15 十二	16 十三	17 十四	18 十五	19 十六
20 十七	21 夏至	22 十九	23 二十	24 廿一	25 廿二	26 廿三
27 廿四	28 廿五	29 廿六	30 廿七			

7

一	二	三	四	五	六	日
				1 廿八	2 廿九	3 三十
4 六月	5 初二	6 初三	7 小暑	8 初五	9 初六	10 初七
11 初八	12 初九	13 初十	14 十一	15 十二	16 十三	17 十四
18 十五	19 十六	20 十七	21 十八	22 十九	23 大暑	24 廿一
25 廿二	26 廿三	27 廿四	28 廿五	29 廿六	30 廿七	31 廿八

8

一	二	三	四	五	六	日
1 廿九	2 七月	3 初二	4 初三	5 初四	6 初五	7 初六
8 立秋	9 初八	10 初九	11 初十	12 十一	13 十二	14 十三
15 十四	16 十五	17 十六	18 十七	19 十八	20 十九	21 二十
22 廿一	23 处暑	24 廿三	25 廿四	26 廿五	27 廿六	28 廿七
29 廿八	30 廿九	31 三十				

9

一	二	三	四	五	六	日
			1 八月	2 初二	3 初三	4 初四
5 初五	6 初六	7 初七	8 白露	9 初九	10 初十	11 十一
12 十二	13 十三	14 十四	15 十五	16 十六	17 十七	18 十八
19 十九	20 二十	21 廿一	22 廿二	23 秋分	24 廿四	25 廿五
26 廿六	27 廿七	28 廿八	29 廿九	30 九月		

10

一	二	三	四	五	六	日
					1 初二	2 初三
3 初四	4 初五	5 初六	6 初七	7 初八	8 寒露	9 初十
10 十一	11 十二	12 十三	13 十四	14 十五	15 十六	16 十七
17 十八	18 十九	19 二十	20 廿一	21 廿二	22 廿三	23 霜降
24 廿五	25 廿六	26 廿七	27 廿八	28 廿九	29 十月	30 初二
31 初三						

11

一	二	三	四	五	六	日
	1 初四	2 初五	3 初六	4 初七	5 初八	6 初九
7 立冬	8 十一	9 十二	10 十三	11 十四	12 十五	13 十六
14 十七	15 十八	16 十九	17 二十	18 廿一	19 廿二	20 廿三
21 廿四	22 小雪	23 廿六	24 廿七	25 廿八	26 廿九	27 三十
28 十一月	29 初二	30 初三				

12

一	二	三	四	五	六	日
			1 初四	2 初五	3 初六	4 初七
5 初八	6 初九	7 大雪	8 十一	9 十二	10 十三	11 十四
12 十五	13 十六	14 十七	15 十八	16 十九	17 二十	18 廿一
19 廿二	20 廿三	21 廿四	22 冬至	23 廿六	24 廿七	25 廿八
26 廿九	27 十二月	28 初二	29 初三	30 初四	31 初五	

1933 年（癸酉　鸡年　1 月 26 日始　闰五月）

1

一	二	三	四	五	六	日
						1 初六
2 初七	3 初八	4 初九	5 初十	6 小寒	7 十二	8 十三
9 十四	10 十五	11 十六	12 十七	13 十八	14 十九	15 二十
16 廿一	17 廿二	18 廿三	19 廿四	20 廿五	21 大寒	22 廿七
23 廿八	24 廿九	25 三十	26 正月	27 初二	28 初三	29 初四
30 初五	31 初六					

2

一	二	三	四	五	六	日
		1 初七	2 初八	3 初九	4 立春	5 十一
6 十二	7 十三	8 十四	9 十五	10 十六	11 十七	12 十八
13 十九	14 二十	15 廿一	16 廿二	17 廿三	18 廿四	19 雨水
20 廿六	21 廿七	22 廿八	23 廿九	24 二月	25 初二	26 初三
27 初四	28 初五					

3

一	二	三	四	五	六	日
		1 初六	2 初七	3 初八	4 初九	5 初十
6 惊蛰	7 十二	8 十三	9 十四	10 十五	11 十六	12 十七
13 十八	14 十九	15 二十	16 廿一	17 廿二	18 廿三	19 廿四
20 廿五	21 春分	22 廿七	23 廿八	24 廿九	25 三十	26 三月
27 初二	28 初三	29 初四	30 初五	31 初六		

4

一	二	三	四	五	六	日
					1 初七	2 初八
3 初九	4 初十	5 清明	6 十二	7 十三	8 十四	9 十五
10 十六	11 十七	12 十八	13 十九	14 二十	15 廿一	16 廿二
17 廿三	18 廿四	19 廿五	20 谷雨	21 廿七	22 廿八	23 廿九
24 三十	25 四月	26 初二	27 初三	28 初四	29 初五	30 初六

5

一	二	三	四	五	六	日
1 初七	2 初八	3 初九	4 初十	5 十一	6 立夏	7 十三
8 十四	9 十五	10 十六	11 十七	12 十八	13 十九	14 二十
15 廿一	16 廿二	17 廿三	18 廿四	19 廿五	20 廿六	21 小满
22 廿八	23 廿九	24 五月	25 初二	26 初三	27 初四	28 初五
29 初六	30 初七	31 初八				

6

一	二	三	四	五	六	日
			1 初九	2 初十	3 十一	4 十二
5 十三	6 芒种	7 十五	8 十六	9 十七	10 十八	11 十九
12 二十	13 廿一	14 廿二	15 廿三	16 廿四	17 廿五	18 廿六
19 廿七	20 廿八	21 廿九	22 夏至	23 五月	24 初二	25 初三
26 初四	27 初五	28 初六	29 初七	30 初八		

7

一	二	三	四	五	六	日
					1 初九	2 初十
3 十一	4 十二	5 十三	6 十四	7 小暑	8 十六	9 十七
10 十八	11 十九	12 二十	13 廿一	14 廿二	15 廿三	16 廿四
17 廿五	18 廿六	19 廿七	20 廿八	21 廿九	22 三十	23 六月 大暑
24 初二	25 初三	26 初四	27 初五	28 初六	29 初七	30 初八
31 初九						

8

一	二	三	四	五	六	日
	1 初十	2 十一	3 十二	4 十三	5 十四	6 十五
7 十六	8 立秋	9 十八	10 十九	11 二十	12 廿一	13 廿二
14 廿三	15 廿四	16 廿五	17 廿六	18 廿七	19 廿八	20 廿九
21 七月	22 初二	23 处暑	24 初四	25 初五	26 初六	27 初七
28 初八	29 初九	30 初十	31 十一			

9

一	二	三	四	五	六	日
				1 十二	2 十三	3 十四
4 十五	5 十六	6 十七	7 十八	8 白露	9 二十	10 廿一
11 廿二	12 廿三	13 廿四	14 廿五	15 廿六	16 廿七	17 廿八
18 廿九	19 三十	20 八月	21 初二	22 初三	23 秋分	24 初五
25 初六	26 初七	27 初八	28 初九	29 初十	30 十一	

10

一	二	三	四	五	六	日
						1 十二
2 十三	3 十四	4 十五	5 十六	6 十七	7 十八	8 十九
9 寒露	10 廿一	11 廿二	12 廿三	13 廿四	14 廿五	15 廿六
16 廿七	17 廿八	18 廿九	19 九月	20 初二	21 初三	22 初四
23 初五	24 霜降	25 初七	26 初八	27 初九	28 初十	29 十一
30 十二	31 十三					

11

一	二	三	四	五	六	日
		1 十四	2 十五	3 十六	4 十七	5 十八
6 十九	7 二十	8 立冬	9 廿二	10 廿三	11 廿四	12 廿五
13 廿六	14 廿七	15 廿八	16 廿九	17 三十	18 十月	19 初二
20 初三	21 初四	22 初五	23 小雪	24 初七	25 初八	26 初九
27 初十	28 十一	29 十二	30 十三			

12

一	二	三	四	五	六	日
				1 十四	2 十五	3 十六
4 十七	5 十八	6 十九	7 大雪	8 廿一	9 廿二	10 廿三
11 廿四	12 廿五	13 廿六	14 廿七	15 廿八	16 廿九	17 十一月
18 初二	19 初三	20 初四	21 初五	22 冬至	23 初七	24 初八
25 初九	26 初十	27 十一	28 十二	29 十三	30 十四	31 十五

养生月历

1934年（甲戌　狗年　2月14日始）

1

一	二	三	四	五	六	日
1 十六	2 十七	3 十八	4 十九	5 二十	6 小寒	7 廿二
8 廿三	9 廿四	10 廿五	11 廿六	12 廿七	13 廿八	14 廿九
15 十二月	16 初二	17 初三	18 初四	19 初五	20 初六	21 大寒
22 初八	23 初九	24 初十	25 十一	26 十二	27 十三	28 十四
29 十五	30 十六	31 十七				

2

一	二	三	四	五	六	日
			1 十八	2 十九	3 二十	4 立春
5 廿二	6 廿三	7 廿四	8 廿五	9 廿六	10 廿七	11 廿八
12 廿九	13 三十	14 正月	15 初二	16 初三	17 初四	18 初五
19 雨水	20 初七	21 初八	22 初九	23 初十	24 十一	25 十二
26 十三	27 十四	28 十五				

3

一	二	三	四	五	六	日
			1 十六	2 十七	3 十八	4 十九
5 二十	6 惊蛰	7 廿二	8 廿三	9 廿四	10 廿五	11 廿六
12 廿七	13 廿八	14 廿九	15 二月	16 初二	17 初三	18 初四
19 初五	20 初六	21 春分	22 初八	23 初九	24 初十	25 十一
26 十二	27 十三	28 十四	29 十五	30 十六	31 十七	

4

一	二	三	四	五	六	日
						1 十八
2 十九	3 二十	4 廿一	5 清明	6 廿三	7 廿四	8 廿五
9 廿六	10 廿七	11 廿八	12 廿九	13 三十	14 三月	15 初二
16 初三	17 初四	18 初五	19 初六	20 初七	21 谷雨	22 初九
23 初十	24 十一	25 十二	26 十三	27 十四	28 十五	29 十六
30 十七						

5

一	二	三	四	五	六	日
	1 十八	2 十九	3 二十	4 廿一	5 廿二	6 立夏
7 廿四	8 廿五	9 廿六	10 廿七	11 廿八	12 廿九	13 四月
14 初二	15 初三	16 初四	17 初五	18 初六	19 初七	20 初八
21 初九	22 小满	23 十一	24 十二	25 十三	26 十四	27 十五
28 十六	29 十七	30 十八	31 十九			

6

一	二	三	四	五	六	日
				1 二十	2 廿一	3 廿二
4 廿三	5 廿四	6 芒种	7 廿六	8 廿七	9 廿八	10 廿九
11 三十	12 五月	13 初二	14 初三	15 初四	16 初五	17 初六
18 初七	19 初八	20 初九	21 初十	22 夏至	23 十二	24 十三
25 十四	26 十五	27 十六	28 十七	29 十八	30 十九	

7

一	二	三	四	五	六	日
						1 二十
2 廿一	3 廿二	4 廿三	5 廿四	6 廿五	7 廿六	8 小暑
9 廿八	10 廿九	11 三十	12 六月	13 初二	14 初三	15 初四
16 初五	17 初六	18 初七	19 初八	20 初九	21 初十	22 十一
23 大暑	24 十三	25 十四	26 十五	27 十六	28 十七	29 十八
30 十九	31 二十					

8

一	二	三	四	五	六	日
		1 廿一	2 廿二	3 廿三	4 廿四	5 廿五
6 廿六	7 廿七	8 立秋	9 廿九	10 七月	11 初二	12 初三
13 初四	14 初五	15 初六	16 初七	17 初八	18 初九	19 初十
20 十一	21 十二	22 十三	23 十四	24 处暑	25 十六	26 十七
27 十八	28 十九	29 二十	30 廿一	31 廿二		

9

一	二	三	四	五	六	日
					1 廿三	2 廿四
3 廿五	4 廿六	5 廿七	6 廿八	7 廿九	8 白露	9 八月
10 初二	11 初三	12 初四	13 初五	14 初六	15 初七	16 初八
17 初九	18 初十	19 十一	20 十二	21 十三	22 十四	23 十五
24 秋分	25 十七	26 十八	27 十九	28 二十	29 廿一	30 廿二

10

一	二	三	四	五	六	日
1 廿三	2 廿四	3 廿五	4 廿六	5 廿七	6 廿八	7 廿九
8 九月	9 寒露	10 初三	11 初四	12 初五	13 初六	14 初七
15 初八	16 初九	17 初十	18 十一	19 十二	20 十三	21 十四
22 十五	23 十六	24 霜降	25 十八	26 十九	27 二十	28 廿一
29 廿二	30 廿三	31 廿四				

11

一	二	三	四	五	六	日
			1 廿五	2 廿六	3 廿七	4 廿八
5 廿九	6 三十	7 十月	8 立冬	9 初三	10 初四	11 初五
12 初六	13 初七	14 初八	15 初九	16 初十	17 十一	18 十二
19 十三	20 十四	21 十五	22 十六	23 小雪	24 十八	25 十九
26 二十	27 廿一	28 廿二	29 廿三	30 廿四		

12

一	二	三	四	五	六	日
					1 廿五	2 廿六
3 廿七	4 廿八	5 廿九	6 三十	7 十一月	8 大雪	9 初三
10 初四	11 初五	12 初六	13 初七	14 初八	15 初九	16 初十
17 十一	18 十二	19 十三	20 十四	21 十五	22 冬至	23 十七
24 十八	25 十九	26 二十	27 廿一	28 廿二	29 廿三	30 廿四
31 廿五						

1935年(乙亥　猪年　2月4日始)

1

一	二	三	四	五	六	日
	1 廿六	2 廿七	3 廿八	4 廿九	5 十二月	6 小寒
7 初三	8 初四	9 初五	10 初六	11 初七	12 初八	13 初九
14 初十	15 十一	16 十二	17 十三	18 十四	19 十五	20 十六
21 大寒	22 十八	23 十九	24 二十	25 廿一	26 廿二	27 廿三
28 廿四	29 廿五	30 廿六	31 廿七			

2

一	二	三	四	五	六	日
				1 廿八	2 廿九	3 三十
4 正月	5 立春	6 初三	7 初四	8 初五	9 初六	10 初七
11 初八	12 初九	13 初十	14 十一	15 十二	16 十三	17 十四
18 十五	19 雨水	20 十七	21 十八	22 十九	23 二十	24 廿一
25 廿二	26 廿三	27 廿四	28 廿五			

3

一	二	三	四	五	六	日
				1 廿六	2 廿七	3 廿八
4 廿九	5 二月	6 惊蛰	7 初三	8 初四	9 初五	10 初六
11 初七	12 初八	13 初九	14 初十	15 十一	16 十二	17 十三
18 十四	19 十五	20 十六	21 春分	22 十八	23 十九	24 二十
25 廿一	26 廿二	27 廿三	28 廿四	29 廿五	30 廿六	31 廿七

4

一	二	三	四	五	六	日
1 廿八	2 廿九	3 三月	4 初二	5 初三	6 清明	7 初五
8 初六	9 初七	10 初八	11 初九	12 初十	13 十一	14 十二
15 十三	16 十四	17 十五	18 十六	19 十七	20 十八	21 谷雨
22 二十	23 廿一	24 廿二	25 廿三	26 廿四	27 廿五	28 廿六
29 廿七	30 廿八					

5

一	二	三	四	五	六	日
		1 廿九	2 三十	3 四月	4 初二	5 初三
6 立夏	7 初五	8 初六	9 初七	10 初八	11 初九	12 初十
13 十一	14 十二	15 十三	16 十四	17 十五	18 十六	19 十七
20 十八	21 十九	22 小满	23 廿一	24 廿二	25 廿三	26 廿四
27 廿五	28 廿六	29 廿七	30 廿八	31 廿九		

6

一	二	三	四	五	六	日
					1 五月	2 初二
3 初三	4 初四	5 初五	6 芒种	7 初七	8 初八	9 初九
10 初十	11 十一	12 十二	13 十三	14 十四	15 十五	16 十六
17 十七	18 十八	19 十九	20 二十	21 廿一	22 夏至	23 廿三
24 廿四	25 廿五	26 廿六	27 廿七	28 廿八	29 廿九	30 三十

7

一	二	三	四	五	六	日
1 六月	2 初二	3 初三	4 初四	5 初五	6 初六	7 初七
8 小暑	9 初九	10 初十	11 十一	12 十二	13 十三	14 十四
15 十五	16 十六	17 十七	18 十八	19 十九	20 二十	21 廿一
22 廿二	23 廿三	24 大暑	25 廿五	26 廿六	27 廿七	28 廿八
29 廿九	30 七月	31 初二				

8

一	二	三	四	五	六	日
			1 初三	2 初四	3 初五	4 初六
5 初七	6 初八	7 初九	8 立秋	9 十一	10 十二	11 十三
12 十四	13 十五	14 十六	15 十七	16 十八	17 十九	18 二十
19 廿一	20 廿二	21 廿三	22 廿四	23 廿五	24 处暑	25 廿七
26 廿八	27 廿九	28 三十	29 八月	30 初二	31 初三	

9

一	二	三	四	五	六	日
						1 初四
2 初五	3 初六	4 初七	5 初八	6 初九	7 初十	8 白露
9 十二	10 十三	11 十四	12 十五	13 十六	14 十七	15 十八
16 十九	17 二十	18 廿一	19 廿二	20 廿三	21 廿四	22 廿五
23 廿六	24 秋分	25 廿八	26 廿九	27 三十	28 九月	29 初二
30 初三						

10

一	二	三	四	五	六	日
	1 初四	2 初五	3 初六	4 初七	5 初八	6 初九
7 初十	8 十一	9 寒露	10 十三	11 十四	12 十五	13 十六
14 十七	15 十八	16 十九	17 二十	18 廿一	19 廿二	20 廿三
21 廿四	22 廿五	23 廿六	24 霜降	25 廿八	26 廿九	27 十月
28 初二	29 初三	30 初四	31 初五			

11

一	二	三	四	五	六	日
				1 初六	2 初七	3 初八
4 初九	5 初十	6 十一	7 十二	8 立冬	9 十四	10 十五
11 十六	12 十七	13 十八	14 十九	15 二十	16 廿一	17 廿二
18 廿三	19 廿四	20 廿五	21 廿六	22 廿七	23 小雪	24 廿九
25 三十	26 十一月	27 初二	28 初三	29 初四	30 初五	

12

一	二	三	四	五	六	日
						1 初六
2 初七	3 初八	4 初九	5 初十	6 十一	7 十二	8 大雪
9 十四	10 十五	11 十六	12 十七	13 十八	14 十九	15 二十
16 廿一	17 廿二	18 廿三	19 廿四	20 廿五	21 廿六	22 廿七
23 冬至	24 廿九	25 三十	26 十二月	27 初二	28 初三	29 初四
30 初五	31 初六					

1936年（丙子　鼠年　1月24日始　闰三月）

1月

一	二	三	四	五	六	日
		1 初七	2 初八	3 初九	4 初十	5 十一
6 小寒	7 十三	8 十四	9 十五	10 十六	11 十七	12 十八
13 十九	14 二十	15 廿一	16 廿二	17 廿三	18 廿四	19 廿五
20 廿六	21 大寒	22 廿八	23 廿九	24 正月	25 初二	26 初三
27 初四	28 初五	29 初六	30 初七	31 初八		

2月

一	二	三	四	五	六	日
					1 初九	2 初十
3 十一	4 十二	5 立春	6 十四	7 十五	8 十六	9 十七
10 十八	11 十九	12 二十	13 廿一	14 廿二	15 廿三	16 廿四
17 廿五	18 廿六	19 廿七	20 雨水	21 廿九	22 三十	23 二月
24 初二	25 初三	26 初四	27 初五	28 初六	29 初七	

3月

一	二	三	四	五	六	日
						1 初八
2 初九	3 初十	4 十一	5 十二	6 惊蛰	7 十四	8 十五
9 十六	10 十七	11 十八	12 十九	13 二十	14 廿一	15 廿二
16 廿三	17 廿四	18 廿五	19 廿六	20 廿七	21 春分	22 廿九
23 三月	24 初二	25 初三	26 初四	27 初五	28 初六	29 初七
30 初八	31 初九					

4月

一	二	三	四	五	六	日
		1 初十	2 十一	3 十二	4 十三	5 清明
6 十五	7 十六	8 十七	9 十八	10 十九	11 二十	12 廿一
13 廿二	14 廿三	15 廿四	16 廿五	17 廿六	18 廿七	19 廿八
20 谷雨	21 三月	22 初二	23 初三	24 初四	25 初五	26 初六
27 初七	28 初八	29 初九	30 初十			

5月

一	二	三	四	五	六	日
				1 十一	2 十二	3 十三
4 十四	5 十五	6 立夏	7 十七	8 十八	9 十九	10 二十
11 廿一	12 廿二	13 廿三	14 廿四	15 廿五	16 廿六	17 廿七
18 廿八	19 廿九	20 三十	21 四月 小满	22 初二	23 初三	24 初四
25 初五	26 初六	27 初七	28 初八	29 初九	30 初十	31 十一

6月

一	二	三	四	五	六	日
1 十二	2 十三	3 十四	4 十五	5 十六	6 芒种	7 十八
8 十九	9 二十	10 廿一	11 廿二	12 廿三	13 廿四	14 廿五
15 廿六	16 廿七	17 廿八	18 廿九	19 五月	20 初二	21 夏至
22 初四	23 初五	24 初六	25 初七	26 初八	27 初九	28 初十
29 十一	30 十二					

7月

一	二	三	四	五	六	日
		1 十三	2 十四	3 十五	4 十六	5 十七
6 十八	7 小暑	8 二十	9 廿一	10 廿二	11 廿三	12 廿四
13 廿五	14 廿六	15 廿七	16 廿八	17 廿九	18 六月	19 初二
20 初三	21 初四	22 初五	23 大暑	24 初七	25 初八	26 初九
27 初十	28 十一	29 十二	30 十三	31 十四		

8月

一	二	三	四	五	六	日
					1 十五	2 十六
3 十七	4 十八	5 十九	6 二十	7 廿一	8 立秋	9 廿三
10 廿四	11 廿五	12 廿六	13 廿七	14 廿八	15 廿九	16 三十
17 七月	18 初二	19 初三	20 初四	21 初五	22 初六	23 处暑
24 初八	25 初九	26 初十	27 十一	28 十二	29 十三	30 十四
31 十五						

9月

一	二	三	四	五	六	日
	1 十六	2 十七	3 十八	4 十九	5 二十	6 廿一
7 廿二	8 白露	9 廿四	10 廿五	11 廿六	12 廿七	13 廿八
14 廿九	15 三十	16 八月	17 初二	18 初三	19 初四	20 初五
21 初六	22 初七	23 秋分	24 初九	25 初十	26 十一	27 十二
28 十三	29 十四	30 十五				

10月

一	二	三	四	五	六	日
			1 十六	2 十七	3 十八	4 十九
5 二十	6 廿一	7 廿二	8 寒露	9 廿四	10 廿五	11 廿六
12 廿七	13 廿八	14 廿九	15 九月	16 初二	17 初三	18 初四
19 初五	20 初六	21 初七	22 初八	23 霜降	24 初十	25 十一
26 十二	27 十三	28 十四	29 十五	30 十六	31 十七	

11月

一	二	三	四	五	六	日
						1 十八
2 十九	3 二十	4 廿一	5 廿二	6 廿三	7 立冬	8 廿五
9 廿六	10 廿七	11 廿八	12 廿九	13 三十	14 十月	15 初二
16 初三	17 初四	18 初五	19 初六	20 初七	21 初八	22 小雪
23 初十	24 十一	25 十二	26 十三	27 十四	28 十五	29 十六
30 十七						

12月

一	二	三	四	五	六	日
	1 十八	2 十九	3 二十	4 廿一	5 廿二	6 廿三
7 大雪	8 廿五	9 廿六	10 廿七	11 廿八	12 廿九	13 三十
14 十一月	15 初二	16 初三	17 初四	18 初五	19 初六	20 初七
21 初八	22 冬至	23 初十	24 十一	25 十二	26 十三	27 十四
28 十五	29 十六	30 十七	31 十八			

1937年（丁丑　牛年　2月11日始）

1

一	二	三	四	五	六	日
				1 十九	2 二十	3 廿一
4 廿二	5 廿三	6 小寒	7 廿五	8 廿六	9 廿七	10 廿八
11 廿九	12 三十	13 十二月	14 初二	15 初三	16 初四	17 初五
18 初六	19 初七	20 大寒	21 初九	22 初十	23 十一	24 十二
25 十三	26 十四	27 十五	28 十六	29 十七	30 十八	31 十九

2

一	二	三	四	五	六	日
1 二十	2 廿一	3 廿二	4 立春	5 廿四	6 廿五	7 廿六
8 廿七	9 廿八	10 廿九	11 正月	12 初二	13 初三	14 初四
15 初五	16 初六	17 初七	18 初八	19 雨水	20 初十	21 十一
22 十二	23 十三	24 十四	25 十五	26 十六	27 十七	28 十八

3

一	二	三	四	五	六	日
1 十九	2 二十	3 廿一	4 廿二	5 廿三	6 惊蛰	7 廿五
8 廿六	9 廿七	10 廿八	11 廿九	12 三十	13 二月	14 初二
15 初三	16 初四	17 初五	18 初六	19 初七	20 初八	21 春分
22 初十	23 十一	24 十二	25 十三	26 十四	27 十五	28 十六
29 十七	30 十八	31 十九				

4

一	二	三	四	五	六	日
			1 二十	2 廿一	3 廿二	4 廿三
5 清明	6 廿五	7 廿六	8 廿七	9 廿八	10 廿九	11 三月
12 初二	13 初三	14 初四	15 初五	16 初六	17 初七	18 初八
19 初九	20 谷雨	21 十一	22 十二	23 十三	24 十四	25 十五
26 十六	27 十七	28 十八	29 十九	30 二十		

5

一	二	三	四	五	六	日
					1 廿一	2 廿二
3 廿三	4 廿四	5 廿五	6 立夏	7 廿七	8 廿八	9 廿九
10 四月	11 初二	12 初三	13 初四	14 初五	15 初六	16 初七
17 初八	18 初九	19 初十	20 十一	21 小满	22 十三	23 十四
24 十五	25 十六	26 十七	27 十八	28 十九	29 二十	30 廿一
31 廿二						

6

一	二	三	四	五	六	日
	1 廿三	2 廿四	3 廿五	4 廿六	5 廿七	6 芒种
7 廿九	8 三十	9 五月	10 初二	11 初三	12 初四	13 初五
14 初六	15 初七	16 初八	17 初九	18 初十	19 十一	20 十二
21 十三	22 夏至	23 十五	24 十六	25 十七	26 十八	27 十九
28 二十	29 廿一	30 廿二				

7

一	二	三	四	五	六	日
			1 廿三	2 廿四	3 廿五	4 廿六
5 廿七	6 廿八	7 小暑	8 六月	9 初二	10 初三	11 初四
12 初五	13 初六	14 初七	15 初八	16 初九	17 初十	18 十一
19 十二	20 十三	21 十四	22 十五	23 大暑	24 十七	25 十八
26 十九	27 二十	28 廿一	29 廿二	30 廿三	31 廿四	

8

一	二	三	四	五	六	日
						1 廿五
2 廿六	3 廿七	4 廿八	5 廿九	6 七月	7 初二	8 立秋
9 初四	10 初五	11 初六	12 初七	13 初八	14 初九	15 初十
16 十一	17 十二	18 十三	19 十四	20 十五	21 十六	22 十七
23 处暑	24 十九	25 二十	26 廿一	27 廿二	28 廿三	29 廿四
30 廿五	31 廿六					

9

一	二	三	四	五	六	日
		1 廿七	2 廿八	3 廿九	4 三十	5 八月
6 初二	7 初三	8 白露	9 初五	10 初六	11 初七	12 初八
13 初九	14 初十	15 十一	16 十二	17 十三	18 十四	19 十五
20 十六	21 十七	22 十八	23 秋分	24 二十	25 廿一	26 廿二
27 廿三	28 廿四	29 廿五	30 廿六			

10

一	二	三	四	五	六	日
				1 廿七	2 廿八	3 廿九
4 九月	5 初二	6 初三	7 初四	8 初五	9 寒露	10 初七
11 初八	12 初九	13 初十	14 十一	15 十二	16 十三	17 十四
18 十五	19 十六	20 十七	21 十八	22 十九	23 二十	24 霜降
25 廿二	26 廿三	27 廿四	28 廿五	29 廿六	30 廿七	31 廿八

11

一	二	三	四	五	六	日
1 廿九	2 三十	3 十月	4 初二	5 初三	6 初四	7 初五
8 立冬	9 初七	10 初八	11 初九	12 初十	13 十一	14 十二
15 十三	16 十四	17 十五	18 十六	19 十七	20 十八	21 十九
22 二十	23 小雪	24 廿二	25 廿三	26 廿四	27 廿五	28 廿六
29 廿七	30 廿八					

12

一	二	三	四	五	六	日
		1 廿九	2 三十	3 十一月	4 初二	5 初三
6 初四	7 大雪	8 初六	9 初七	10 初八	11 初九	12 初十
13 十一	14 十二	15 十三	16 十四	17 十五	18 十六	19 十七
20 十八	21 十九	22 冬至	23 廿一	24 廿二	25 廿三	26 廿四
27 廿五	28 廿六	29 廿七	30 廿八	31 廿九		

1938年(戊寅　虎年　1月31日始　闰七月)

1

一	二	三	四	五	六	日
					1 三十	2 十二月
3 初二	4 初三	5 初四	6 小寒	7 初六	8 初七	9 初八
10 初九	11 初十	12 十一	13 十二	14 十三	15 十四	16 十五
17 十六	18 十七	19 十八	20 十九	21 大寒	22 廿一	23 廿二
24 廿三	25 廿四	26 廿五	27 廿六	28 廿七	29 廿八	30 廿九
31 正月						

2

一	二	三	四	五	六	日
	1 初二	2 初三	3 初四	4 立春	5 初六	6 初七
7 初八	8 初九	9 初十	10 十一	11 十二	12 十三	13 十四
14 十五	15 十六	16 十七	17 十八	18 十九	19 雨水	20 廿一
21 廿二	22 廿三	23 廿四	24 廿五	25 廿六	26 廿七	27 廿八
28 廿九						

3

一	二	三	四	五	六	日
	1 三十	2 二月	3 初二	4 初三	5 初四	6 惊蛰
7 初六	8 初七	9 初八	10 初九	11 初十	12 十一	13 十二
14 十三	15 十四	16 十五	17 十六	18 十七	19 十八	20 十九
21 春分	22 廿一	23 廿二	24 廿三	25 廿四	26 廿五	27 廿六
28 廿七	29 廿八	30 廿九	31 三十			

4

一	二	三	四	五	六	日
				1 三月	2 初二	3 初三
4 初四	5 清明	6 初六	7 初七	8 初八	9 初九	10 初十
11 十一	12 十二	13 十三	14 十四	15 十五	16 十六	17 十七
18 十八	19 十九	20 二十	21 谷雨	22 廿二	23 廿三	24 廿四
25 廿五	26 廿六	27 廿七	28 廿八	29 廿九	30 四月	

5

一	二	三	四	五	六	日
						1 初二
2 初三	3 初四	4 初五	5 初六	6 立夏	7 初八	8 初九
9 初十	10 十一	11 十二	12 十三	13 十四	14 十五	15 十六
16 十七	17 十八	18 十九	19 二十	20 廿一	21 廿二	22 小满
23 廿四	24 廿五	25 廿六	26 廿七	27 廿八	28 廿九	29 五月
30 初二	31 初三					

6

一	二	三	四	五	六	日
		1 初四	2 初五	3 初六	4 初七	5 初八
6 芒种	7 初十	8 十一	9 十二	10 十三	11 十四	12 十五
13 十六	14 十七	15 十八	16 十九	17 二十	18 廿一	19 廿二
20 廿三	21 廿四	22 夏至	23 廿六	24 廿七	25 廿八	26 廿九
27 三十	28 六月	29 初二	30 初三			

7

一	二	三	四	五	六	日
				1 初四	2 初五	3 初六
4 初七	5 初八	6 初九	7 初十	8 小暑	9 十二	10 十三
11 十四	12 十五	13 十六	14 十七	15 十八	16 十九	17 二十
18 廿一	19 廿二	20 廿三	21 廿四	22 廿五	23 大暑	24 廿七
25 廿八	26 廿九	27 七月	28 初二	29 初三	30 初四	31 初五

8

一	二	三	四	五	六	日
1 初六	2 初七	3 初八	4 初九	5 初十	6 十一	7 十二
8 立秋	9 十四	10 十五	11 十六	12 十七	13 十八	14 十九
15 二十	16 廿一	17 廿二	18 廿三	19 廿四	20 廿五	21 廿六
22 廿七	23 廿八	24 处暑	25 七月	26 初二	27 初三	28 初四
29 初五	30 初六	31 初七				

9

一	二	三	四	五	六	日
			1 初八	2 初九	3 初十	4 十一
5 十二	6 十三	7 十四	8 白露	9 十六	10 十七	11 十八
12 十九	13 二十	14 廿一	15 廿二	16 廿三	17 廿四	18 廿五
19 廿六	20 廿七	21 廿八	22 廿九	23 三十	24 八月 秋分	25 初二
26 初三	27 初四	28 初五	29 初六	30 初七		

10

一	二	三	四	五	六	日
					1 初八	2 初九
3 初十	4 十一	5 十二	6 十三	7 十四	8 十五	9 寒露
10 十七	11 十八	12 十九	13 二十	14 廿一	15 廿二	16 廿三
17 廿四	18 廿五	19 廿六	20 廿七	21 廿八	22 廿九	23 九月
24 霜降	25 初三	26 初四	27 初五	28 初六	29 初七	30 初八
31 初九						

11

一	二	三	四	五	六	日
	1 初十	2 十一	3 十二	4 十三	5 十四	6 十五
7 十六	8 立冬	9 十八	10 十九	11 二十	12 廿一	13 廿二
14 廿三	15 廿四	16 廿五	17 廿六	18 廿七	19 廿八	20 廿九
21 三十	22 十月	23 小雪	24 初三	25 初四	26 初五	27 初六
28 初七	29 初八	30 初九				

12

一	二	三	四	五	六	日
			1 初十	2 十一	3 十二	4 十三
5 十四	6 十五	7 十六	8 大雪	9 十八	10 十九	11 二十
12 廿一	13 廿二	14 廿三	15 廿四	16 廿五	17 廿六	18 廿七
19 廿八	20 廿九	21 三十	22 十一月 冬至	23 初二	24 初三	25 初四
26 初五	27 初六	28 初七	29 初八	30 初九	31 初十	

1939 年（己卯 兔年 2 月 19 日始）

1

一	二	三	四	五	六	日
						1 十一
2 十二	3 十三	4 十四	5 十五	6 小寒	7 十七	8 十八
9 十九	10 二十	11 廿一	12 廿二	13 廿三	14 廿四	15 廿五
16 廿六	17 廿七	18 廿八	19 廿九	20 十二月	21 大寒	22 初三
23 初四	24 初五	25 初六	26 初七	27 初八	28 初九	29 初十
30 十一	31 十二					

2

一	二	三	四	五	六	日
		1 十三	2 十四	3 十五	4 十六	5 立春
6 十八	7 十九	8 二十	9 廿一	10 廿二	11 廿三	12 廿四
13 廿五	14 廿六	15 廿七	16 廿八	17 廿九	18 三十	19 正月 雨水
20 初二	21 初三	22 初四	23 初五	24 初六	25 初七	26 初八
27 初九	28 初十					

3

一	二	三	四	五	六	日
		1 十一	2 十二	3 十三	4 十四	5 十五
6 惊蛰	7 十七	8 十八	9 十九	10 二十	11 廿一	12 廿二
13 廿三	14 廿四	15 廿五	16 廿六	17 廿七	18 廿八	19 廿九
20 三十	21 二月 春分	22 初二	23 初三	24 初四	25 初五	26 初六
27 初九	28 初八	29 初九	30 初十	31 十一		

4

一	二	三	四	五	六	日
					1 十二	2 十三
3 十四	4 十五	5 十六	6 清明	7 十八	8 十九	9 二十
10 廿一	11 廿二	12 廿三	13 廿四	14 廿五	15 廿六	16 廿七
17 廿八	18 廿九	19 三十	20 三月	21 谷雨	22 初三	23 初四
24 初五	25 初六	26 初七	27 初八	28 初九	29 初十	30 十一

5

一	二	三	四	五	六	日
1 十二	2 十三	3 十四	4 十五	5 十六	6 立夏	7 十八
8 十九	9 二十	10 廿一	11 廿二	12 廿三	13 廿四	14 廿五
15 廿六	16 廿七	17 廿八	18 廿九	19 四月	20 初二	21 初三
22 小满	23 初五	24 初六	25 初七	26 初八	27 初九	28 初十
29 十一	30 十二	31 十三				

6

一	二	三	四	五	六	日
			1 十四	2 十五	3 十六	4 十七
5 十八	6 芒种	7 二十	8 廿一	9 廿二	10 廿三	11 廿四
12 廿五	13 廿六	14 廿七	15 廿八	16 廿九	17 五月	18 初二
19 初三	20 初四	21 初五	22 夏至	23 初七	24 初八	25 初九
26 初十	27 十一	28 十二	29 十三	30 十四		

7

一	二	三	四	五	六	日
					1 十五	2 十六
3 十七	4 十八	5 十九	6 二十	7 廿一	8 小暑	9 廿三
10 廿四	11 廿五	12 廿六	13 廿七	14 廿八	15 廿九	16 三十
17 六月	18 初二	19 初三	20 初四	21 初五	22 初六	23 初七
24 大暑	25 初九	26 初十	27 十一	28 十二	29 十三	30 十四
31 十五						

8

一	二	三	四	五	六	日
	1 十六	2 十七	3 十八	4 十九	5 二十	6 廿一
7 廿二	8 立秋	9 廿四	10 廿五	11 廿六	12 廿七	13 廿八
14 廿九	15 七月	16 初二	17 初三	18 初四	19 初五	20 初六
21 初七	22 初八	23 初九	24 处暑	25 十一	26 十二	27 十三
28 十四	29 十五	30 十六	31 十七			

9

一	二	三	四	五	六	日
				1 十八	2 十九	3 二十
4 廿一	5 廿二	6 廿三	7 廿四	8 白露	9 廿六	10 廿七
11 廿八	12 廿九	13 八月	14 初二	15 初三	16 初四	17 初五
18 初六	19 初七	20 初八	21 初九	22 初十	23 十一	24 秋分
25 十三	26 十四	27 十五	28 十六	29 十七	30 十八	

10

一	二	三	四	五	六	日
						1 十九
2 二十	3 廿一	4 廿二	5 廿三	6 廿四	7 廿五	8 廿六
9 寒露	10 廿八	11 廿九	12 三十	13 九月	14 初二	15 初三
16 初四	17 初五	18 初六	19 初七	20 初八	21 初九	22 初十
23 十一	24 霜降	25 十三	26 十四	27 十五	28 十六	29 十七
30 十八	31 十九					

11

一	二	三	四	五	六	日
		1 二十	2 廿一	3 廿二	4 廿三	5 廿四
6 廿五	7 廿六	8 立冬	9 廿八	10 廿九	11 十月	12 初二
13 初三	14 初四	15 初五	16 初六	17 初七	18 初八	19 初九
20 初十	21 十一	22 十二	23 小雪	24 十四	25 十五	26 十六
27 十七	28 十八	29 十九	30 二十			

12

一	二	三	四	五	六	日
				1 廿一	2 廿二	3 廿三
4 廿四	5 廿五	6 廿六	7 廿七	8 大雪	9 廿九	10 三十
11 十一月	12 初二	13 初三	14 初四	15 初五	16 初六	17 初七
18 初八	19 初九	20 初十	21 十一	22 十二	23 冬至	24 十四
25 十五	26 十六	27 十七	28 十八	29 十九	30 二十	31 廿一

1940年（庚辰　龙年　2月8日始）

1

一	二	三	四	五	六	日
1 廿二	2 廿三	3 廿四	4 廿五	5 廿六	6 小寒	7 廿八
8 廿九	9 十二月	10 初二	11 初三	12 初四	13 初五	14 初六
15 初七	16 初八	17 初九	18 初十	19 十一	20 十二	21 大寒
22 十四	23 十五	24 十六	25 十七	26 十八	27 十九	28 二十
29 廿一	30 廿二	31 廿三				

2

一	二	三	四	五	六	日
			1 廿四	2 廿五	3 廿六	4 廿七
5 立春	6 廿九	7 三十	8 正月	9 初二	10 初三	11 初四
12 初五	13 初六	14 初七	15 初八	16 初九	17 初十	18 十一
19 十二	20 雨水	21 十四	22 十五	23 十六	24 十七	25 十八
26 十九	27 二十	28 廿一	29 廿二			

3

一	二	三	四	五	六	日
				1 廿三	2 廿四	3 廿五
4 廿六	5 廿七	6 惊蛰	7 廿九	8 三十	9 二月	10 初二
11 初三	12 初四	13 初五	14 初六	15 初七	16 初八	17 初九
18 初十	19 十一	20 十二	21 春分	22 十四	23 十五	24 十六
25 十七	26 十八	27 十九	28 二十	29 廿一	30 廿二	31 廿三

4

一	二	三	四	五	六	日
1 廿四	2 廿五	3 廿六	4 廿七	5 清明	6 廿九	7 三十
8 三月	9 初二	10 初三	11 初四	12 初五	13 初六	14 初七
15 初八	16 初九	17 初十	18 十一	19 十二	20 谷雨	21 十四
22 十五	23 十六	24 十七	25 十八	26 十九	27 二十	28 廿一
29 廿二	30 廿三					

5

一	二	三	四	五	六	日
		1 廿四	2 廿五	3 廿六	4 廿七	5 廿八
6 立夏	7 四月	8 初二	9 初三	10 初四	11 初五	12 初六
13 初七	14 初八	15 初九	16 初十	17 十一	18 十二	19 十三
20 十四	21 小满	22 十六	23 十七	24 十八	25 十九	26 二十
27 廿一	28 廿二	29 廿三	30 廿四	31 廿五		

6

一	二	三	四	五	六	日
					1 廿六	2 廿七
3 廿八	4 廿九	5 三十	6 五月 芒种	7 初二	8 初三	9 初四
10 初五	11 初六	12 初七	13 初八	14 初九	15 初十	16 十一
17 十二	18 十三	19 十四	20 十五	21 夏至	22 十七	23 十八
24 十九	25 二十	26 廿一	27 廿二	28 廿三	29 廿四	30 廿五

7

一	二	三	四	五	六	日
1 廿六	2 廿七	3 廿八	4 廿九	5 六月	6 初二	7 小暑
8 初四	9 初五	10 初六	11 初七	12 初八	13 初九	14 初十
15 十一	16 十二	17 十三	18 十四	19 十五	20 十六	21 十七
22 十八	23 大暑	24 二十	25 廿一	26 廿二	27 廿三	28 廿四
29 廿五	30 廿六	31 廿七				

8

一	二	三	四	五	六	日
			1 廿八	2 廿九	3 三十	4 七月
5 初二	6 初三	7 初四	8 立秋	9 初六	10 初七	11 初八
12 初九	13 初十	14 十一	15 十二	16 十三	17 十四	18 十五
19 十六	20 十七	21 十八	22 十九	23 处暑	24 廿一	25 廿二
26 廿三	27 廿四	28 廿五	29 廿六	30 廿七	31 廿八	

9

一	二	三	四	五	六	日
						1 廿九
2 八月	3 初二	4 初三	5 初四	6 初五	7 初六	8 白露
9 初八	10 初九	11 初十	12 十一	13 十二	14 十三	15 十四
16 十五	17 十六	18 十七	19 十八	20 十九	21 二十	22 廿一
23 秋分	24 廿三	25 廿四	26 廿五	27 廿六	28 廿七	29 廿八
30 廿九						

10

一	二	三	四	五	六	日
	1 九月	2 初二	3 初三	4 初四	5 初五	6 初六
7 初七	8 寒露	9 初九	10 初十	11 十一	12 十二	13 十三
14 十四	15 十五	16 十六	17 十七	18 十八	19 十九	20 二十
21 廿一	22 廿二	23 霜降	24 廿四	25 廿五	26 廿六	27 廿七
28 廿八	29 廿九	30 三十	31 十月			

11

一	二	三	四	五	六	日
				1 初二	2 初三	3 初四
4 初五	5 初六	6 初七	7 立冬	8 初九	9 初十	10 十一
11 十二	12 十三	13 十四	14 十五	15 十六	16 十七	17 十八
18 十九	19 二十	20 廿一	21 廿二	22 小雪	23 廿四	24 廿五
25 廿六	26 廿七	27 廿八	28 廿九	29 十一月	30 初二	

12

一	二	三	四	五	六	日
						1 初三
2 初四	3 初五	4 初六	5 初七	6 初八	7 大雪	8 初十
9 十一	10 十二	11 十三	12 十四	13 十五	14 十六	15 十七
16 十八	17 十九	18 二十	19 廿一	20 廿二	21 廿三	22 冬至
23 廿五	24 廿六	25 廿七	26 廿八	27 廿九	28 三十	29 十二月
30 初二	31 初三					

养生月历

1941年（辛巳　蛇年　1月27日始　闰六月）

1

一	二	三	四	五	六	日
		1 初四	2 初五	3 初六	4 初七	5 初八
6 小寒	7 初十	8 十一	9 十二	10 十三	11 十四	12 十五
13 十六	14 十七	15 十八	16 十九	17 二十	18 廿一	19 廿二
20 大寒	21 廿四	22 廿五	23 廿六	24 廿七	25 廿八	26 廿九
27 正月	28 初二	29 初三	30 初四	31 初五		

2

一	二	三	四	五	六	日
					1 初六	2 初七
3 初八	4 立春	5 初十	6 十一	7 十二	8 十三	9 十四
10 十五	11 十六	12 十七	13 十八	14 十九	15 二十	16 廿一
17 廿二	18 廿三	19 雨水	20 廿五	21 廿六	22 廿七	23 廿八
24 廿九	25 三十	26 二月	27 初二	28 初三		

3

一	二	三	四	五	六	日
					1 初四	2 初五
3 初六	4 初七	5 初八	6 惊蛰	7 初十	8 十一	9 十二
10 十三	11 十四	12 十五	13 十六	14 十七	15 十八	16 十九
17 二十	18 廿一	19 廿二	20 廿三	21 春分	22 廿五	23 廿六
24 廿七	25 廿八	26 廿九	27 三十	28 三月	29 初二	30 初三
31 初四						

4

一	二	三	四	五	六	日
	1 初五	2 初六	3 初七	4 初八	5 清明	6 初十
7 十一	8 十二	9 十三	10 十四	11 十五	12 十六	13 十七
14 十八	15 十九	16 二十	17 廿一	18 廿二	19 廿三	20 谷雨
21 廿五	22 廿六	23 廿七	24 廿八	25 廿九	26 四月	27 初二
28 初三	29 初四	30 初五				

5

一	二	三	四	五	六	日
			1 初六	2 初七	3 初八	4 初九
5 初十	6 立夏	7 十二	8 十三	9 十四	10 十五	11 十六
12 十七	13 十八	14 十九	15 二十	16 廿一	17 廿二	18 廿三
19 廿四	20 廿五	21 廿六	22 小满	23 廿八	24 廿九	25 三十
26 五月	27 初二	28 初三	29 初四	30 初五	31 初六	

6

一	二	三	四	五	六	日
						1 初七
2 初八	3 初九	4 初十	5 十一	6 芒种	7 十三	8 十四
9 十五	10 十六	11 十七	12 十八	13 十九	14 二十	15 廿一
16 廿二	17 廿三	18 廿四	19 廿五	20 廿六	21 廿七	22 夏至
23 廿九	24 三十	25 六月	26 初二	27 初三	28 初四	29 初五
30 初六						

7

一	二	三	四	五	六	日
	1 初七	2 初八	3 初九	4 初十	5 十一	6 十二
7 小暑	8 十四	9 十五	10 十六	11 十七	12 十八	13 十九
14 二十	15 廿一	16 廿二	17 廿三	18 廿四	19 廿五	20 廿六
21 廿七	22 廿八	23 大暑	24 六月	25 初二	26 初三	27 初四
28 初五	29 初六	30 初七	31 初八			

8

一	二	三	四	五	六	日
				1 初九	2 初十	3 十一
4 十二	5 十三	6 十四	7 十五	8 立秋	9 十七	10 十八
11 十九	12 二十	13 廿一	14 廿二	15 廿三	16 廿四	17 廿五
18 廿六	19 廿七	20 廿八	21 廿九	22 三十	23 七月 处暑	24 初二
25 初三	26 初四	27 初五	28 初六	29 初七	30 初八	31 初九

9

一	二	三	四	五	六	日
1 初十	2 十一	3 十二	4 十三	5 十四	6 十五	7 十六
8 白露	9 十八	10 十九	11 二十	12 廿一	13 廿二	14 廿三
15 廿四	16 廿五	17 廿六	18 廿七	19 廿八	20 廿九	21 八月
22 初二	23 初三	24 秋分	25 初五	26 初六	27 初七	28 初八
29 初九	30 初十					

10

一	二	三	四	五	六	日
		1 十一	2 十二	3 十三	4 十四	5 十五
6 十六	7 十七	8 十八	9 寒露	10 二十	11 廿一	12 廿二
13 廿三	14 廿四	15 廿五	16 廿六	17 廿七	18 廿八	19 廿九
20 九月	21 初二	22 初三	23 初四	24 霜降	25 初六	26 初七
27 初八	28 初九	29 初十	30 十一	31 十二		

11

一	二	三	四	五	六	日
					1 十三	2 十四
3 十五	4 十六	5 十七	6 十八	7 十九	8 立冬	9 廿一
10 廿二	11 廿三	12 廿四	13 廿五	14 廿六	15 廿七	16 廿八
17 廿九	18 三十	19 十月	20 初二	21 初三	22 初四	23 小雪
24 初六	25 初七	26 初八	27 初九	28 初十	29 十一	30 十二

12

一	二	三	四	五	六	日
1 十三	2 十四	3 十五	4 十六	5 十七	6 十八	7 大雪
8 二十	9 廿一	10 廿二	11 廿三	12 廿四	13 廿五	14 廿六
15 廿七	16 廿八	17 廿九	18 十一月	19 初二	20 初三	21 初四
22 冬至	23 初六	24 初七	25 初八	26 初九	27 初十	28 十一
29 十二	30 十三	31 十四				

1942年(壬午　马年　2月15日始)

养生月历

1

一	二	三	四	五	六	日
			1 十五	2 十六	3 十七	4 十八
5 十九	6 小寒	7 廿一	8 廿二	9 廿三	10 廿四	11 廿五
12 廿六	13 廿七	14 廿八	15 廿九	16 三十	17 十二月	18 初二
19 初三	20 初四	21 大寒	22 初六	23 初七	24 初八	25 初九
26 初十	27 十一	28 十二	29 十三	30 十四	31 十五	

2

一	二	三	四	五	六	日
						1 十六
2 十七	3 十八	4 立春	5 二十	6 廿一	7 廿二	8 廿三
9 廿四	10 廿五	11 廿六	12 廿七	13 廿八	14 廿九	15 正月
16 初二	17 初三	18 初四	19 雨水	20 初六	21 初七	22 初八
23 初九	24 初十	25 十一	26 十二	27 十三	28 十四	

3

一	二	三	四	五	六	日
						1 十五
2 十六	3 十七	4 十八	5 十九	6 惊蛰	7 廿一	8 廿二
9 廿三	10 廿四	11 廿五	12 廿六	13 廿七	14 廿八	15 廿九
16 三十	17 二月	18 初二	19 初三	20 初四	21 春分	22 初六
23 初七	24 初八	25 初九	26 初十	27 十一	28 十二	29 十三
30 十四	31 十五					

4

一	二	三	四	五	六	日
		1 十六	2 十七	3 十八	4 十九	5 清明
6 廿一	7 廿二	8 廿三	9 廿四	10 廿五	11 廿六	12 廿七
13 廿八	14 廿九	15 三月	16 初二	17 初三	18 初四	19 初五
20 初六	21 谷雨	22 初八	23 初九	24 初十	25 十一	26 十二
27 十三	28 十四	29 十五	30 十六			

5

一	二	三	四	五	六	日
				1 十七	2 十八	3 十九
4 二十	5 廿一	6 立夏	7 廿三	8 廿四	9 廿五	10 廿六
11 廿七	12 廿八	13 廿九	14 三十	15 四月	16 初二	17 初三
18 初四	19 初五	20 初六	21 初七	22 小满	23 初九	24 初十
25 十一	26 十二	27 十三	28 十四	29 十五	30 十六	31 十七

6

一	二	三	四	五	六	日
1 十八	2 十九	3 二十	4 廿一	5 廿二	6 芒种	7 廿四
8 廿五	9 廿六	10 廿七	11 廿八	12 廿九	13 三十	14 五月
15 初二	16 初三	17 初四	18 初五	19 初六	20 初七	21 初八
22 夏至	23 初十	24 十一	25 十二	26 十三	27 十四	28 十五
29 十六	30 十七					

7

一	二	三	四	五	六	日
		1 十八	2 十九	3 二十	4 廿一	5 廿二
6 廿三	7 廿四	8 小暑	9 廿六	10 廿七	11 廿八	12 廿九
13 六月	14 初二	15 初三	16 初四	17 初五	18 初六	19 初七
20 初八	21 初九	22 初十	23 大暑	24 十二	25 十三	26 十四
27 十五	28 十六	29 十七	30 十八	31 十九		

8

一	二	三	四	五	六	日
					1 二十	2 廿一
3 廿二	4 廿三	5 廿四	6 廿五	7 廿六	8 立秋	9 廿八
10 廿九	11 三十	12 七月	13 初二	14 初三	15 初四	16 初五
17 初六	18 初七	19 初八	20 初九	21 初十	22 十一	23 十二
24 处暑	25 十四	26 十五	27 十六	28 十七	29 十八	30 十九
31 二十						

9

一	二	三	四	五	六	日
	1 廿一	2 廿二	3 廿三	4 廿四	5 廿五	6 廿六
7 廿七	8 白露	9 廿九	10 八月	11 初二	12 初三	13 初四
14 初五	15 初六	16 初七	17 初八	18 初九	19 初十	20 十一
21 十二	22 十三	23 十四	24 秋分	25 十六	26 十七	27 十八
28 十九	29 二十	30 廿一				

10

一	二	三	四	五	六	日
			1 廿二	2 廿三	3 廿四	4 廿五
5 廿六	6 廿七	7 廿八	8 廿九	9 寒露	10 九月	11 初二
12 初三	13 初四	14 初五	15 初六	16 初七	17 初八	18 初九
19 初十	20 十一	21 十二	22 十三	23 十四	24 霜降	25 十六
26 十七	27 十八	28 十九	29 二十	30 廿一	31 廿二	

11

一	二	三	四	五	六	日
						1 廿三
2 廿四	3 廿五	4 廿六	5 廿七	6 廿八	7 廿九	8 十月 立冬
9 初二	10 初三	11 初四	12 初五	13 初六	14 初七	15 初八
16 初九	17 初十	18 十一	19 十二	20 十三	21 十四	22 十五
23 小雪	24 十七	25 十八	26 十九	27 二十	28 廿一	29 廿二
30 廿三						

12

一	二	三	四	五	六	日
	1 廿四	2 廿五	3 廿六	4 廿七	5 廿八	6 廿九
7 三十	8 十一月 大雪	9 初二	10 初三	11 初四	12 初五	13 初六
14 初七	15 初八	16 初九	17 初十	18 十一	19 十二	20 十三
21 十四	22 冬至	23 十六	24 十七	25 十八	26 十九	27 二十
28 廿一	29 廿二	30 廿三	31 廿四			

1943 年（癸未　羊年　2 月 5 日始）

1月

一	二	三	四	五	六	日
				1 廿五	2 廿六	3 廿七
4 廿八	5 廿九	6 十二月 小寒	7 初二	8 初三	9 初四	10 初五
11 初六	12 初七	13 初八	14 初九	15 初十	16 十一	17 十二
18 十三	19 十四	20 十五	21 大寒	22 十七	23 十八	24 十九
25 二十	26 廿一	27 廿二	28 廿三	29 廿四	30 廿五	31 廿六

2月

一	二	三	四	五	六	日
1 廿七	2 廿八	3 廿九	4 三十	5 正月 立春	6 初二	7 初三
8 初四	9 初五	10 初六	11 初七	12 初八	13 初九	14 初十
15 十一	16 十二	17 十三	18 十四	19 雨水	20 十六	21 十七
22 十八	23 十九	24 二十	25 廿一	26 廿二	27 廿三	28 廿四

3月

一	二	三	四	五	六	日
1 廿五	2 廿六	3 廿七	4 廿八	5 廿九	6 二月 惊蛰	7 初二
8 初三	9 初四	10 初五	11 初六	12 初七	13 初八	14 初九
15 初十	16 十一	17 十二	18 十三	19 十四	20 十五	21 春分
22 十七	23 十八	24 十九	25 二十	26 廿一	27 廿二	28 廿三
29 廿四	30 廿五	31 廿六				

4月

一	二	三	四	五	六	日
			1 廿七	2 廿八	3 廿九	4 三十
5 三月	6 清明	7 初三	8 初四	9 初五	10 初六	11 初七
12 初八	13 初九	14 初十	15 十一	16 十二	17 十三	18 十四
19 十五	20 十六	21 谷雨	22 十八	23 十九	24 二十	25 廿一
26 廿二	27 廿三	28 廿四	29 廿五	30 廿六		

5月

一	二	三	四	五	六	日
					1 廿七	2 廿八
3 廿九	4 四月	5 初二	6 立夏	7 初四	8 初五	9 初六
10 初七	11 初八	12 初九	13 初十	14 十一	15 十二	16 十三
17 十四	18 十五	19 十六	20 十七	21 十八	22 小满	23 二十
24 廿一	25 廿二	26 廿三	27 廿四	28 廿五	29 廿六	30 廿七
31 廿八						

6月

一	二	三	四	五	六	日
	1 廿九	2 三十	3 五月	4 初二	5 初三	6 芒种
7 初五	8 初六	9 初七	10 初八	11 初九	12 初十	13 十一
14 十二	15 十三	16 十四	17 十五	18 十六	19 十七	20 十八
21 十九	22 夏至	23 廿一	24 廿二	25 廿三	26 廿四	27 廿五
28 廿六	29 廿七	30 廿八				

7月

一	二	三	四	五	六	日
			1 廿九	2 六月	3 初二	4 初三
5 初四	6 初五	7 初六	8 小暑	9 初八	10 初九	11 初十
12 十一	13 十二	14 十三	15 十四	16 十五	17 十六	18 十七
19 十八	20 十九	21 二十	22 廿一	23 廿二	24 大暑	25 廿四
26 廿五	27 廿六	28 廿七	29 廿八	30 廿九	31 三十	

8月

一	二	三	四	五	六	日
						1 七月
2 初二	3 初三	4 初四	5 初五	6 初六	7 初七	8 立秋
9 初九	10 初十	11 十一	12 十二	13 十三	14 十四	15 十五
16 十六	17 十七	18 十八	19 十九	20 二十	21 廿一	22 廿二
23 廿三	24 处暑	25 廿五	26 廿六	27 廿七	28 廿八	29 廿九
30 三十	31 八月					

9月

一	二	三	四	五	六	日
		1 初二	2 初三	3 初四	4 初五	5 初六
6 初七	7 初八	8 白露	9 初十	10 十一	11 十二	12 十三
13 十四	14 十五	15 十六	16 十七	17 十八	18 十九	19 二十
20 廿一	21 廿二	22 廿三	23 廿四	24 秋分	25 廿六	26 廿七
27 廿八	28 廿九	29 九月	30 初二			

10月

一	二	三	四	五	六	日
				1 初三	2 初四	3 初五
4 初六	5 初七	6 初八	7 初九	8 初十	9 寒露	10 十二
11 十三	12 十四	13 十五	14 十六	15 十七	16 十八	17 十九
18 二十	19 廿一	20 廿二	21 廿三	22 廿四	23 廿五	24 霜降
25 廿七	26 廿八	27 廿九	28 三十	29 十月	30 初二	31 初三

11月

一	二	三	四	五	六	日
1 初四	2 初五	3 初六	4 初七	5 初八	6 初九	7 初十
8 立冬	9 十二	10 十三	11 十四	12 十五	13 十六	14 十七
15 十八	16 十九	17 二十	18 廿一	19 廿二	20 廿三	21 廿四
22 廿五	23 小雪	24 廿七	25 廿八	26 廿九	27 十一月	28 初二
29 初三	30 初四					

12月

一	二	三	四	五	六	日
		1 初五	2 初六	3 初七	4 初八	5 初九
6 初十	7 十一	8 大雪	9 十三	10 十四	11 十五	12 十六
13 十七	14 十八	15 十九	16 二十	17 廿一	18 廿二	19 廿三
20 廿四	21 廿五	22 廿六	23 冬至	24 廿八	25 廿九	26 三十
27 十二月	28 初二	29 初三	30 初四	31 初五		

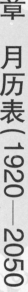

1944年（甲申　猴年　1月25日始　闰四月）

养生月历

1

一	二	三	四	五	六	日
					1 初六	2 初七
3 初八	4 初九	5 初十	6 小寒	7 十二	8 十三	9 十四
10 十五	11 十六	12 十七	13 十八	14 十九	15 二十	16 廿一
17 廿二	18 廿三	19 廿四	20 廿五	21 大寒	22 廿七	23 廿八
24 廿九	25 正月	26 初二	27 初三	28 初四	29 初五	30 初六
31 初七						

2

一	二	三	四	五	六	日
	1 初八	2 初九	3 初十	4 十一	5 立春	6 十三
7 十四	8 十五	9 十六	10 十七	11 十八	12 十九	13 二十
14 廿一	15 廿二	16 廿三	17 廿四	18 廿五	19 廿六	20 雨水
21 廿八	22 廿九	23 三十	24 二月	25 初二	26 初三	27 初四
28 初五	29 初六					

3

一	二	三	四	五	六	日
		1 初七	2 初八	3 初九	4 初十	5 十一
6 惊蛰	7 十三	8 十四	9 十五	10 十六	11 十七	12 十八
13 十九	14 二十	15 廿一	16 廿二	17 廿三	18 廿四	19 廿五
20 廿六	21 春分	22 廿八	23 廿九	24 三月	25 初二	26 初三
27 初四	28 初五	29 初六	30 初七	31 初八		

4

一	二	三	四	五	六	日
					1 初九	2 初十
3 十一	4 十二	5 清明	6 十四	7 十五	8 十六	9 十七
10 十八	11 十九	12 二十	13 廿一	14 廿二	15 廿三	16 廿四
17 廿五	18 廿六	19 廿七	20 谷雨	21 廿九	22 三十	23 四月
24 初二	25 初三	26 初四	27 初五	28 初六	29 初七	30 初八

5

一	二	三	四	五	六	日
1 初九	2 初十	3 十一	4 十二	5 立夏	6 十四	7 十五
8 十六	9 十七	10 十八	11 十九	12 二十	13 廿一	14 廿二
15 廿三	16 廿四	17 廿五	18 廿六	19 廿七	20 廿八	21 小满
22 四月	23 初二	24 初三	25 初四	26 初五	27 初六	28 初七
29 初八	30 初九	31 初十				

6

一	二	三	四	五	六	日
			1 十一	2 十二	3 十三	4 十四
5 十五	6 芒种	7 十七	8 十八	9 十九	10 二十	11 廿一
12 廿二	13 廿三	14 廿四	15 廿五	16 廿六	17 廿七	18 廿八
19 廿九	20 三十	21 五月 夏至	22 初二	23 初三	24 初四	25 初五
26 初六	27 初七	28 初八	29 初九	30 初十		

7

一	二	三	四	五	六	日
					1 十一	2 十二
3 十三	4 十四	5 十五	6 十六	7 小暑	8 十八	9 十九
10 二十	11 廿一	12 廿二	13 廿三	14 廿四	15 廿五	16 廿六
17 廿七	18 廿八	19 廿九	20 六月	21 初二	22 初三	23 大暑
24 初五	25 初六	26 初七	27 初八	28 初九	29 初十	30 十一
31 十二						

8

一	二	三	四	五	六	日
	1 十三	2 十四	3 十五	4 十六	5 十七	6 十八
7 十九	8 立秋	9 廿一	10 廿二	11 廿三	12 廿四	13 廿五
14 廿六	15 廿七	16 廿八	17 廿九	18 三十	19 七月	20 初二
21 初三	22 初四	23 处暑	24 初六	25 初七	26 初八	27 初九
28 初十	29 十一	30 十二	31 十三			

9

一	二	三	四	五	六	日
				1 十四	2 十五	3 十六
4 十七	5 十八	6 十九	7 二十	8 白露	9 廿二	10 廿三
11 廿四	12 廿五	13 廿六	14 廿七	15 廿八	16 廿九	17 八月
18 初二	19 初三	20 初四	21 初五	22 初六	23 秋分	24 初八
25 初九	26 初十	27 十一	28 十二	29 十三	30 十四	

10

一	二	三	四	五	六	日
						1 十五
2 十六	3 十七	4 十八	5 十九	6 二十	7 廿一	8 寒露
9 廿三	10 廿四	11 廿五	12 廿六	13 廿七	14 廿八	15 廿九
16 三十	17 九月	18 初二	19 初三	20 初四	21 初五	22 初六
23 霜降	24 初八	25 初九	26 初十	27 十一	28 十二	29 十三
30 十四	31 十五					

11

一	二	三	四	五	六	日
		1 十六	2 十七	3 十八	4 十九	5 二十
6 廿一	7 立冬	8 廿三	9 廿四	10 廿五	11 廿六	12 廿七
13 廿八	14 廿九	15 三十	16 十月	17 初二	18 初三	19 初四
20 初五	21 初六	22 小雪	23 初八	24 初九	25 初十	26 十一
27 十二	28 十三	29 十四	30 十五			

12

一	二	三	四	五	六	日
				1 十六	2 十七	3 十八
4 十九	5 二十	6 廿一	7 大雪	8 廿三	9 廿四	10 廿五
11 廿六	12 廿七	13 廿八	14 廿九	15 十一月	16 初二	17 初三
18 初四	19 初五	20 初六	21 初七	22 冬至	23 初九	24 初十
25 十一	26 十二	27 十三	28 十四	29 十五	30 十六	31 十七

1945年（乙酉　鸡年　2月13日始）

1月

一	二	三	四	五	六	日
1十八	2十九	3二十	4廿一	5廿二	6小寒	7廿四
8廿五	9廿六	10廿七	11廿八	12廿九	13三十	14十二月
15初二	16初三	17初四	18初五	19初六	20大寒	21初八
22初九	23初十	24十一	25十二	26十三	27十四	28十五
29十六	30十七	31十八				

2月

一	二	三	四	五	六	日
			1十九	2二十	3廿一	4立春
5廿三	6廿四	7廿五	8廿六	9廿七	10廿八	11廿九
12三十	13正月	14初二	15初三	16初四	17初五	18初六
19雨水	20初八	21初九	22初十	23十一	24十二	25十三
26十四	27十五	28十六				

3月

一	二	三	四	五	六	日
			1十七	2十八	3十九	4二十
5廿一	6惊蛰	7廿三	8廿四	9廿五	10廿六	11廿七
12廿八	13廿九	14二月	15初二	16初三	17初四	18初五
19初六	20初七	21春分	22初九	23初十	24十一	25十二
26十三	27十四	28十五	29十六	30十七	31十八	

4月

一	二	三	四	五	六	日
						1十九
2二十	3廿一	4廿二	5清明	6廿四	7廿五	8廿六
9廿七	10廿八	11廿九	12三月	13初二	14初三	15初四
16初五	17初六	18初七	19初八	20谷雨	21初十	22十一
23十二	24十三	25十四	26十五	27十六	28十七	29十八
30十九						

5月

一	二	三	四	五	六	日
	1二十	2廿一	3廿二	4廿三	5廿四	6立夏
7廿六	8廿七	9廿八	10廿九	11三十	12四月	13初二
14初三	15初四	16初五	17初六	18初七	19初八	20初九
21小满	22十一	23十二	24十三	25十四	26十五	27十六
28十七	29十八	30十九	31二十			

6月

一	二	三	四	五	六	日
				1廿一	2廿二	3廿三
4廿四	5廿五	6芒种	7廿七	8廿八	9廿九	10五月
11初二	12初三	13初四	14初五	15初六	16初七	17初八
18初九	19初十	20十一	21十二	22夏至	23十四	24十五
25十六	26十七	27十八	28十九	29二十	30廿一	

7月

一	二	三	四	五	六	日
						1廿二
2廿三	3廿四	4廿五	5廿六	6廿七	7小暑	8廿九
9六月	10初二	11初三	12初四	13初五	14初六	15初七
16初八	17初九	18初十	19十一	20十二	21十三	22十四
23大暑	24十六	25十七	26十八	27十九	28二十	29廿一
30廿二	31廿三					

8月

一	二	三	四	五	六	日
		1廿四	2廿五	3廿六	4廿七	5廿八
6廿九	7三十	8立秋	9初二	10初三	11初四	12初五
13初六	14初七	15初八	16初九	17初十	18十一	19十二
20十三	21十四	22十五	23处暑	24十七	25十八	26十九
27二十	28廿一	29廿二	30廿三	31廿四		

9月

一	二	三	四	五	六	日
					1廿五	2廿六
3廿七	4廿八	5廿九	6八月	7初二	8白露	9初四
10初五	11初六	12初七	13初八	14初九	15初十	16十一
17十二	18十三	19十四	20十五	21十六	22十七	23秋分
24十九	25二十	26廿一	27廿二	28廿三	29廿四	30廿五

10月

一	二	三	四	五	六	日
1廿六	2廿七	3廿八	4廿九	5三十	6九月	7初二
8寒露	9初四	10初五	11初六	12初七	13初八	14初九
15初十	16十一	17十二	18十三	19十四	20十五	21十六
22十七	23十八	24霜降	25二十	26廿一	27廿二	28廿三
29廿四	30廿五	31廿六				

11月

一	二	三	四	五	六	日
			1廿七	2廿八	3廿九	4三十
5十月	6初二	7初三	8立冬	9初五	10初六	11初七
12初八	13初九	14初十	15十一	16十二	17十三	18十四
19十五	20十六	21十七	22小雪	23十九	24二十	25廿一
26廿二	27廿三	28廿四	29廿五	30廿六		

12月

一	二	三	四	五	六	日
					1廿七	2廿八
3廿九	4三十	5十一月	6初二	7大雪	8初四	9初五
10初六	11初七	12初八	13初九	14初十	15十一	16十二
17十三	18十四	19十五	20十六	21十七	22冬至	23十九
24二十	25廿一	26廿二	27廿三	28廿四	29廿五	30廿六
31廿七						

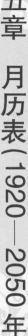

1946年(丙戌　狗年　2月2日始)

1

一	二	三	四	五	六	日
	1 廿八	2 廿九	3 十二月	4 初二	5 初三	6 小寒
7 初五	8 初六	9 初七	10 初八	11 初九	12 初十	13 十一
14 十二	15 十三	16 十四	17 十五	18 十六	19 十七	20 大寒
21 十九	22 二十	23 廿一	24 廿二	25 廿三	26 廿四	27 廿五
28 廿六	29 廿七	30 廿八	31 廿九			

2

一	二	三	四	五	六	日
				1 三十	2 正月	3 初二
4 立春	5 初四	6 初五	7 初六	8 初七	9 初八	10 初九
11 初十	12 十一	13 十二	14 十三	15 十四	16 十五	17 十六
18 十七	19 雨水	20 十九	21 二十	22 廿一	23 廿二	24 廿三
25 廿四	26 廿五	27 廿六	28 廿七			

3

一	二	三	四	五	六	日
				1 廿八	2 廿九	3 三十
4 二月	5 初二	6 惊蛰	7 初四	8 初五	9 初六	10 初七
11 初八	12 初九	13 初十	14 十一	15 十二	16 十三	17 十四
18 十五	19 十六	20 十七	21 春分	22 十九	23 二十	24 廿一
25 廿二	26 廿三	27 廿四	28 廿五	29 廿六	30 廿七	31 廿八

4

一	二	三	四	五	六	日
1 廿九	2 三月	3 初二	4 初三	5 清明	6 初五	7 初六
8 初七	9 初八	10 初九	11 初十	12 十一	13 十二	14 十三
15 十四	16 十五	17 十六	18 十七	19 十八	20 十九	21 谷雨
22 廿一	23 廿二	24 廿三	25 廿四	26 廿五	27 廿六	28 廿七
29 廿八	30 廿九					

5

一	二	三	四	五	六	日
		1 四月	2 初二	3 初三	4 初四	5 初五
6 立夏	7 初七	8 初八	9 初九	10 初十	11 十一	12 十二
13 十三	14 十四	15 十五	16 十六	17 十七	18 十八	19 十九
20 二十	21 廿一	22 小满	23 廿三	24 廿四	25 廿五	26 廿六
27 廿七	28 廿八	29 廿九	30 三十	31 五月		

6

一	二	三	四	五	六	日
					1 初二	2 初三
3 初四	4 初五	5 初六	6 芒种	7 初八	8 初九	9 初十
10 十一	11 十二	12 十三	13 十四	14 十五	15 十六	16 十七
17 十八	18 十九	19 二十	20 廿一	21 廿二	22 夏至	23 廿四
24 廿五	25 廿六	26 廿七	27 廿八	28 廿九	29 六月	30 初二

7

一	二	三	四	五	六	日
1 初三	2 初四	3 初五	4 初六	5 初七	6 初八	7 初九
8 小暑	9 十一	10 十二	11 十三	12 十四	13 十五	14 十六
15 十七	16 十八	17 十九	18 二十	19 廿一	20 廿二	21 廿三
22 廿四	23 大暑	24 廿六	25 廿七	26 廿八	27 廿九	28 七月
29 初二	30 初三	31 初四				

8

一	二	三	四	五	六	日
			1 初五	2 初六	3 初七	4 初八
5 初九	6 初十	7 十一	8 立秋	9 十三	10 十四	11 十五
12 十六	13 十七	14 十八	15 十九	16 二十	17 廿一	18 廿二
19 廿三	20 廿四	21 廿五	22 廿六	23 廿七	24 处暑	25 廿九
26 三十	27 八月	28 初二	29 初三	30 初四	31 初五	

9

一	二	三	四	五	六	日
						1 初六
2 初七	3 初八	4 初九	5 初十	6 十一	7 十二	8 白露
9 十四	10 十五	11 十六	12 十七	13 十八	14 十九	15 二十
16 廿一	17 廿二	18 廿三	19 廿四	20 廿五	21 廿六	22 廿七
23 秋分	24 廿九	25 九月	26 初二	27 初三	28 初四	29 初五
30 初六						

10

一	二	三	四	五	六	日
	1 初七	2 初八	3 初九	4 初十	5 十一	6 十二
7 十三	8 十四	9 寒露	10 十六	11 十七	12 十八	13 十九
14 二十	15 廿一	16 廿二	17 廿三	18 廿四	19 廿五	20 廿六
21 廿七	22 廿八	23 廿九	24 霜降	25 十月	26 初二	27 初三
28 初四	29 初五	30 初六	31 初七			

11

一	二	三	四	五	六	日
				1 初八	2 初九	3 初十
4 十一	5 十二	6 十三	7 十四	8 立冬	9 十六	10 十七
11 十八	12 十九	13 二十	14 廿一	15 廿二	16 廿三	17 廿四
18 廿五	19 廿六	20 廿七	21 廿八	22 廿九	23 小雪	24 十一月
25 初二	26 初三	27 初四	28 初五	29 初六	30 初七	

12

一	二	三	四	五	六	日
						1 初八
2 初九	3 初十	4 十一	5 十二	6 十三	7 十四	8 大雪
9 十六	10 十七	11 十八	12 十九	13 二十	14 廿一	15 廿二
16 廿三	17 廿四	18 廿五	19 廿六	20 廿七	21 廿八	22 冬至
23 十二月	24 初二	25 初三	26 初四	27 初五	28 初六	29 初七
30 初八	31 初九					

1947年（丁亥　猪年　1月22日始　闰二月）

1

一	二	三	四	五	六	日
		1初十	2十一	3十二	4十三	5十四
6小寒	7十六	8十七	9十八	10十九	11二十	12廿一
13廿二	14廿三	15廿四	16廿五	17廿六	18廿七	19廿八
20廿九	21大寒	22正月	23初二	24初三	25初四	26初五
27初六	28初七	29初八	30初九	31初十		

2

一	二	三	四	五	六	日
					1十一	2十二
3十三	4立春	5十五	6十六	7十七	8十八	9十九
10二十	11廿一	12廿二	13廿三	14廿四	15廿五	16廿六
17廿七	18廿八	19雨水	20三十	21二月	22初二	23初三
24初四	25初五	26初六	27初七	28初八		

3

一	二	三	四	五	六	日
					1初九	2初十
3十一	4十二	5十三	6惊蛰	7十五	8十六	9十七
10十八	11十九	12二十	13廿一	14廿二	15廿三	16廿四
17廿五	18廿六	19廿七	20廿八	21春分	22三十	23二月
24初二	25初三	26初四	27初五	28初六	29初七	30初八
31初九						

4

一	二	三	四	五	六	日
	1初十	2十一	3十二	4十三	5清明	6十五
7十六	8十七	9十八	10十九	11二十	12廿一	13廿二
14廿三	15廿四	16廿五	17廿六	18廿七	19廿八	20廿九
21三月谷雨	22初二	23初三	24初四	25初五	26初六	27初七
28初八	29初九	30初十				

5

一	二	三	四	五	六	日
			1十一	2十二	3十三	4十四
5十五	6立夏	7十七	8十八	9十九	10二十	11廿一
12廿二	13廿三	14廿四	15廿五	16廿六	17廿七	18廿八
19廿九	20四月	21初二	22小满	23初四	24初五	25初六
26初七	27初八	28初九	29初十	30十一	31十二	

6

一	二	三	四	五	六	日
						1十三
2十四	3十五	4十六	5十七	6芒种	7十九	8二十
9廿一	10廿二	11廿三	12廿四	13廿五	14廿六	15廿七
16廿八	17廿九	18三十	19五月	20初二	21初三	22夏至
23初五	24初六	25初七	26初八	27初九	28初十	29十一
30十二						

7

一	二	三	四	五	六	日
	1十三	2十四	3十五	4十六	5十七	6十八
7十九	8小暑	9廿一	10廿二	11廿三	12廿四	13廿五
14廿六	15廿七	16廿八	17廿九	18六月	19初二	20初三
21初四	22初五	23初六	24大暑	25初八	26初九	27初十
28十一	29十二	30十三	31十四			

8

一	二	三	四	五	六	日
				1十五	2十六	3十七
4十八	5十九	6二十	7廿一	8立秋	9廿三	10廿四
11廿五	12廿六	13廿七	14廿八	15廿九	16七月	17初二
18初三	19初四	20初五	21初六	22初七	23初八	24处暑
25初十	26十一	27十二	28十三	29十四	30十五	31十六

9

一	二	三	四	五	六	日
1十七	2十八	3十九	4二十	5廿一	6廿二	7廿三
8白露	9廿五	10廿六	11廿七	12廿八	13廿九	14三十
15八月	16初二	17初三	18初四	19初五	20初六	21初七
22初八	23初九	24秋分	25十一	26十二	27十三	28十四
29十五	30十六					

10

一	二	三	四	五	六	日
		1十七	2十八	3十九	4二十	5廿一
6廿二	7廿三	8廿四	9寒露	10廿六	11廿七	12廿八
13廿九	14九月	15初二	16初三	17初四	18初五	19初六
20初七	21初八	22初九	23初十	24霜降	25十二	26十三
27十四	28十五	29十六	30十七	31十八		

11

一	二	三	四	五	六	日
					1十九	2二十
3廿一	4廿二	5廿三	6廿四	7廿五	8立冬	9廿七
10廿八	11廿九	12三十	13十月	14初二	15初三	16初四
17初五	18初六	19初七	20初八	21初九	22初十	23小雪
24十二	25十三	26十四	27十五	28十六	29十七	30十八

12

一	二	三	四	五	六	日
1十九	2二十	3廿一	4廿二	5廿三	6廿四	7廿五
8大雪	9廿七	10廿八	11廿九	12十一月	13初二	14初三
15初四	16初五	17初六	18初七	19初八	20初九	21初十
22十一	23冬至	24十三	25十四	26十五	27十六	28十七
29十八	30十九	31二十				

1948年（戊子　鼠年　2月10日始）

养生月历

1

一	二	三	四	五	六	日
			1 廿一	2 廿二	3 廿三	4 廿四
5 廿五	6 小寒	7 廿七	8 廿八	9 廿九	10 三十	11 十二月
12 初二	13 初三	14 初四	15 初五	16 初六	17 初七	18 初八
19 初九	20 初十	21 大寒	22 十二	23 十三	24 十四	25 十五
26 十六	27 十七	28 十八	29 十九	30 二十	31 廿一	

2

一	二	三	四	五	六	日
						1 廿二
2 廿三	3 廿四	4 廿五	5 立春	6 廿七	7 廿八	8 廿九
9 三十	10 正月	11 初二	12 初三	13 初四	14 初五	15 初六
16 初七	17 初八	18 初九	19 初十	20 雨水	21 十二	22 十三
23 十四	24 十五	25 十六	26 十七	27 十八	28 十九	29 二十

3

一	二	三	四	五	六	日
1 廿一	2 廿二	3 廿三	4 廿四	5 惊蛰	6 廿六	7 廿七
8 廿八	9 廿九	10 三十	11 二月	12 初二	13 初三	14 初四
15 初五	16 初六	17 初七	18 初八	19 初九	20 初十	21 春分
22 十二	23 十三	24 十四	25 十五	26 十六	27 十七	28 十八
29 十九	30 二十	31 廿一				

4

一	二	三	四	五	六	日
			1 廿二	2 廿三	3 廿四	4 廿五
5 清明	6 廿七	7 廿八	8 廿九	9 三月	10 初二	11 初三
12 初四	13 初五	14 初六	15 初七	16 初八	17 初九	18 初十
19 十一	20 谷雨	21 十三	22 十四	23 十五	24 十六	25 十七
26 十八	27 十九	28 二十	29 廿一	30 廿二		

5

一	二	三	四	五	六	日
					1 廿三	2 廿四
3 廿五	4 廿六	5 立夏	6 廿八	7 廿九	8 三十	9 四月
10 初二	11 初三	12 初四	13 初五	14 初六	15 初七	16 初八
17 初九	18 初十	19 十一	20 十二	21 小满	22 十四	23 十五
24 十六	25 十七	26 十八	27 十九	28 二十	29 廿一	30 廿二
31 廿三						

6

一	二	三	四	五	六	日
	1 廿四	2 廿五	3 廿六	4 廿七	5 廿八	6 芒种
7 五月	8 初二	9 初三	10 初四	11 初五	12 初六	13 初七
14 初八	15 初九	16 初十	17 十一	18 十二	19 十三	20 十四
21 夏至	22 十六	23 十七	24 十八	25 十九	26 二十	27 廿一
28 廿二	29 廿三	30 廿四				

7

一	二	三	四	五	六	日
			1 廿五	2 廿六	3 廿七	4 廿八
5 廿九	6 三十	7 六月 小暑	8 初二	9 初三	10 初四	11 初五
12 初六	13 初七	14 初八	15 初九	16 初十	17 十一	18 十二
19 十三	20 十四	21 十五	22 十六	23 大暑	24 十八	25 十九
26 二十	27 廿一	28 廿二	29 廿三	30 廿四	31 廿五	

8

一	二	三	四	五	六	日
						1 廿六
2 廿七	3 廿八	4 廿九	5 七月	6 初二	7 立秋	8 初四
9 初五	10 初六	11 初七	12 初八	13 初九	14 初十	15 十一
16 十二	17 十三	18 十四	19 十五	20 十六	21 十七	22 十八
23 处暑	24 二十	25 廿一	26 廿二	27 廿三	28 廿四	29 廿五
30 廿六	31 廿七					

9

一	二	三	四	五	六	日
		1 廿八	2 廿九	3 八月	4 初二	5 初三
6 初四	7 初五	8 白露	9 初七	10 初八	11 初九	12 初十
13 十一	14 十二	15 十三	16 十四	17 十五	18 十六	19 十七
20 十八	21 十九	22 二十	23 秋分	24 廿二	25 廿三	26 廿四
27 廿五	28 廿六	29 廿七	30 廿八			

10

一	二	三	四	五	六	日
				1 廿九	2 三十	3 九月
4 初二	5 初三	6 初四	7 初五	8 寒露	9 初七	10 初八
11 初九	12 初十	13 十一	14 十二	15 十三	16 十四	17 十五
18 十六	19 十七	20 十八	21 十九	22 二十	23 霜降	24 廿二
25 廿三	26 廿四	27 廿五	28 廿六	29 廿七	30 廿八	31 廿九

11

一	二	三	四	五	六	日
1 十月	2 初二	3 初三	4 初四	5 初五	6 初六	7 立冬
8 初八	9 初九	10 初十	11 十一	12 十二	13 十三	14 十四
15 十五	16 十六	17 十七	18 十八	19 十九	20 二十	21 廿一
22 小雪	23 廿三	24 廿四	25 廿五	26 廿六	27 廿七	28 廿八
29 廿九	30 三十					

12

一	二	三	四	五	六	日
		1 十一月	2 初二	3 初三	4 初四	5 初五
6 初六	7 大雪	8 初八	9 初九	10 初十	11 十一	12 十二
13 十三	14 十四	15 十五	16 十六	17 十七	18 十八	19 十九
20 二十	21 廿一	22 冬至	23 廿三	24 廿四	25 廿五	26 廿六
27 廿七	28 廿八	29 廿九	30 十二月	31 初二		

1949年(己丑 牛年 1月29日始 闰七月)

1月

一	二	三	四	五	六	日
					1 初三	2 初四
3 初五	4 初六	5 小寒	6 初八	7 初九	8 初十	9 十一
10 十二	11 十三	12 十四	13 十五	14 十六	15 十七	16 十八
17 十九	18 二十	19 廿一	20 大寒	21 廿三	22 廿四	23 廿五
24 廿六	25 廿七	26 廿八	27 廿九	28 三十	29 正月	30 初二
31 初三						

7月

一	二	三	四	五	六	日
				1 初六	2 初七	3 初八
4 初九	5 初十	6 十一	7 小暑	8 十三	9 十四	10 十五
11 十六	12 十七	13 十八	14 十九	15 二十	16 廿一	17 廿二
18 廿三	19 廿四	20 廿五	21 廿六	22 廿七	23 大暑	24 廿九
25 三十	26 七月	27 初二	28 初三	29 初四	30 初五	31 初六

2月

一	二	三	四	五	六	日
	1 初四	2 初五	3 初六	4 立春	5 初八	6 初九
7 初十	8 十一	9 十二	10 十三	11 十四	12 十五	13 十六
14 十七	15 十八	16 十九	17 二十	18 廿一	19 雨水	20 廿三
21 廿四	22 廿五	23 廿六	24 廿七	25 廿八	26 廿九	27 三十
28 二月						

8月

一	二	三	四	五	六	日
1 初七	2 初八	3 初九	4 初十	5 十一	6 十二	7 十三
8 立秋	9 十五	10 十六	11 十七	12 十八	13 十九	14 二十
15 廿一	16 廿二	17 廿三	18 廿四	19 廿五	20 廿六	21 廿七
22 廿八	23 处暑	24 七月	25 初二	26 初三	27 初四	28 初五
29 初六	30 初七	31 初八				

3月

一	二	三	四	五	六	日
	1 初二	2 初三	3 初四	4 初五	5 初六	6 惊蛰
7 初八	8 初九	9 初十	10 十一	11 十二	12 十三	13 十四
14 十五	15 十六	16 十七	17 十八	18 十九	19 二十	20 廿一
21 春分	22 廿三	23 廿四	24 廿五	25 廿六	26 廿七	27 廿八
28 廿九	29 三月	30 初二	31 初三			

9月

一	二	三	四	五	六	日
			1 初九	2 初十	3 十一	4 十二
5 十三	6 十四	7 十五	8 白露	9 十七	10 十八	11 十九
12 二十	13 廿一	14 廿二	15 廿三	16 廿四	17 廿五	18 廿六
19 廿七	20 廿八	21 廿九	22 八月	23 秋分	24 初三	25 初四
26 初五	27 初六	28 初七	29 初八	30 初九		

4月

一	二	三	四	五	六	日
				1 初四	2 初五	3 初六
4 初七	5 清明	6 初九	7 初十	8 十一	9 十二	10 十三
11 十四	12 十五	13 十六	14 十七	15 十八	16 十九	17 二十
18 廿一	19 廿二	20 谷雨	21 廿四	22 廿五	23 廿六	24 廿七
25 廿八	26 廿九	27 三十	28 四月	29 初二	30 初三	

10月

一	二	三	四	五	六	日
					1 初十	2 十一
3 十二	4 十三	5 十四	6 十五	7 十六	8 寒露	9 十八
10 十九	11 二十	12 廿一	13 廿二	14 廿三	15 廿四	16 廿五
17 廿六	18 廿七	19 廿八	20 廿九	21 三十	22 九月	23 初二
24 霜降	25 初四	26 初五	27 初六	28 初七	29 初八	30 初九
31 初十						

5月

一	二	三	四	五	六	日
						1 初四
2 初五	3 初六	4 初七	5 初八	6 立夏	7 初十	8 十一
9 十二	10 十三	11 十四	12 十五	13 十六	14 十七	15 十八
16 十九	17 二十	18 廿一	19 廿二	20 廿三	21 小满	22 廿五
23 廿六	24 廿七	25 廿八	26 廿九	27 三十	28 五月	29 初二
30 初三	31 初四					

11月

一	二	三	四	五	六	日
	1 十一	2 十二	3 十三	4 十四	5 十五	6 十六
7 十七	8 立冬	9 十九	10 二十	11 廿一	12 廿二	13 廿三
14 廿四	15 廿五	16 廿六	17 廿七	18 廿八	19 廿九	20 十月
21 初二	22 小雪	23 初四	24 初五	25 初六	26 初七	27 初八
28 初九	29 初十	30 十一				

6月

一	二	三	四	五	六	日
		1 初五	2 初六	3 初七	4 初八	5 初九
6 芒种	7 十一	8 十二	9 十三	10 十四	11 十五	12 十六
13 十七	14 十八	15 十九	16 二十	17 廿一	18 廿二	19 廿三
20 廿四	21 廿五	22 夏至	23 廿七	24 廿八	25 廿九	26 六月
27 初二	28 初三	29 初四	30 初五			

12月

一	二	三	四	五	六	日
			1 十二	2 十三	3 十四	4 十五
5 十六	6 十七	7 大雪	8 十九	9 二十	10 廿一	11 廿二
12 廿三	13 廿四	14 廿五	15 廿六	16 廿七	17 廿八	18 廿九
19 三十	20 十一月	21 初二	22 冬至	23 初四	24 初五	25 初六
26 初七	27 初八	28 初九	29 初十	30 十一	31 十二	

1950 年(庚寅　虎年　2 月 17 日始)

1

一	二	三	四	五	六	日
						1 十三
2 十四	3 十五	4 十六	5 十七	6 小寒	7 十九	8 二十
9 廿一	10 廿二	11 廿三	12 廿四	13 廿五	14 廿六	15 廿七
16 廿八	17 廿九	18 十二月	19 初二	20 大寒	21 初四	22 初五
23 初六	24 初七	25 初八	26 初九	27 初十	28 十一	29 十二
30 十三	31 十四					

2

一	二	三	四	五	六	日
		1 十五	2 十六	3 十七	4 立春	5 十九
6 二十	7 廿一	8 廿二	9 廿三	10 廿四	11 廿五	12 廿六
13 廿七	14 廿八	15 廿九	16 三十	17 正月	18 初二	19 雨水
20 初四	21 初五	22 初六	23 初七	24 初八	25 初九	26 初十
27 十一	28 十二					

3

一	二	三	四	五	六	日
		1 十三	2 十四	3 十五	4 十六	5 十七
6 惊蛰	7 十九	8 二十	9 廿一	10 廿二	11 廿三	12 廿四
13 廿五	14 廿六	15 廿七	16 廿八	17 廿九	18 二月	19 初二
20 初三	21 春分	22 初五	23 初六	24 初七	25 初八	26 初九
27 初十	28 十一	29 十二	30 十三	31 十四		

4

一	二	三	四	五	六	日
					1 十五	2 十六
3 十七	4 十八	5 清明	6 二十	7 廿一	8 廿二	9 廿三
10 廿四	11 廿五	12 廿六	13 廿七	14 廿八	15 廿九	16 三十
17 三月	18 初二	19 初三	20 谷雨	21 初五	22 初六	23 初七
24 初八	25 初九	26 初十	27 十一	28 十二	29 十三	30 十四

5

一	二	三	四	五	六	日
1 十五	2 十六	3 十七	4 十八	5 十九	6 立夏	7 廿一
8 廿二	9 廿三	10 廿四	11 廿五	12 廿六	13 廿七	14 廿八
15 廿九	16 三十	17 四月	18 初二	19 初三	20 初四	21 小满
22 初六	23 初七	24 初八	25 初九	26 初十	27 十一	28 十二
29 十三	30 十四	31 十五				

6

一	二	三	四	五	六	日
			1 十六	2 十七	3 十八	4 十九
5 二十	6 芒种	7 廿二	8 廿三	9 廿四	10 廿五	11 廿六
12 廿七	13 廿八	14 廿九	15 五月	16 初二	17 初三	18 初四
19 初五	20 初六	21 初七	22 夏至	23 初九	24 初十	25 十一
26 十二	27 十三	28 十四	29 十五	30 十六		

7

一	二	三	四	五	六	日
					1 十七	2 十八
3 十九	4 二十	5 廿一	6 廿二	7 廿三	8 小暑	9 廿五
10 廿六	11 廿七	12 廿八	13 廿九	14 三十	15 六月	16 初二
17 初三	18 初四	19 初五	20 初六	21 初七	22 初八	23 大暑
24 初十	25 十一	26 十二	27 十三	28 十四	29 十五	30 十六
31 十七						

8

一	二	三	四	五	六	日
	1 十八	2 十九	3 二十	4 廿一	5 廿二	6 廿三
7 廿四	8 立秋	9 廿六	10 廿七	11 廿八	12 廿九	13 三十
14 七月	15 初二	16 初三	17 初四	18 初五	19 初六	20 初七
21 初八	22 初九	23 初十	24 处暑	25 十二	26 十三	27 十四
28 十五	29 十六	30 十七	31 十八			

9

一	二	三	四	五	六	日
				1 十九	2 二十	3 廿一
4 廿二	5 廿三	6 廿四	7 廿五	8 白露	9 廿七	10 廿八
11 廿九	12 八月	13 初二	14 初三	15 初四	16 初五	17 初六
18 初七	19 初八	20 初九	21 初十	22 十一	23 秋分	24 十三
25 十四	26 十五	27 十六	28 十七	29 十八	30 十九	

10

一	二	三	四	五	六	日
						1 二十
2 廿一	3 廿二	4 廿三	5 廿四	6 廿五	7 廿六	8 廿七
9 寒露	10 廿九	11 九月	12 初二	13 初三	14 初四	15 初五
16 初六	17 初七	18 初八	19 初九	20 初十	21 十一	22 十二
23 十三	24 霜降	25 十五	26 十六	27 十七	28 十八	29 十九
30 二十	31 廿一					

11

一	二	三	四	五	六	日
		1 廿二	2 廿三	3 廿四	4 廿五	5 廿六
6 廿七	7 廿八	8 立冬	9 三十	10 十月	11 初二	12 初三
13 初四	14 初五	15 初六	16 初七	17 初八	18 初九	19 初十
20 十一	21 十二	22 十三	23 小雪	24 十五	25 十六	26 十七
27 十八	28 十九	29 二十	30 廿一			

12

一	二	三	四	五	六	日
				1 廿二	2 廿三	3 廿四
4 廿五	5 廿六	6 廿七	7 廿八	8 大雪	9 十一月	10 初二
11 初三	12 初四	13 初五	14 初六	15 初七	16 初八	17 初九
18 初十	19 十一	20 十二	21 十三	22 冬至	23 十五	24 十六
25 十七	26 十八	27 十九	28 二十	29 廿一	30 廿二	31 廿三

1951年(辛卯　兔年　2月6日始)

1

一	二	三	四	五	六	日
1 廿四	2 廿五	3 廿六	4 廿七	5 廿八	6 小寒	7 三十
8 十二月	9 初二	10 初三	11 初四	12 初五	13 初六	14 初七
15 初八	16 初九	17 初十	18 十一	19 十二	20 十三	21 大寒
22 十五	23 十六	24 十七	25 十八	26 十九	27 二十	28 廿一
29 廿二	30 廿三	31 廿四				

2

一	二	三	四	五	六	日
			1 廿五	2 廿六	3 廿七	4 立春
5 廿九	6 正月	7 初二	8 初三	9 初四	10 初五	11 初六
12 初七	13 初八	14 初九	15 初十	16 十一	17 十二	18 十三
19 雨水	20 十五	21 十六	22 十七	23 十八	24 十九	25 二十
26 廿一	27 廿二	28 廿三				

3

一	二	三	四	五	六	日
			1 廿四	2 廿五	3 廿六	4 廿七
5 廿八	6 惊蛰	7 三十	8 二月	9 初二	10 初三	11 初四
12 初五	13 初六	14 初七	15 初八	16 初九	17 初十	18 十一
19 十二	20 十三	21 春分	22 十五	23 十六	24 十七	25 十八
26 十九	27 二十	28 廿一	29 廿二	30 廿三	31 廿四	

4

一	二	三	四	五	六	日
						1 廿五
2 廿六	3 廿七	4 廿八	5 清明	6 三月	7 初二	8 初三
9 初四	10 初五	11 初六	12 初七	13 初八	14 初九	15 初十
16 十一	17 十二	18 十三	19 十四	20 十五	21 谷雨	22 十七
23 十八	24 十九	25 二十	26 廿一	27 廿二	28 廿三	29 廿四
30 廿五						

5

一	二	三	四	五	六	日
	1 廿六	2 廿七	3 廿八	4 廿九	5 三十	6 四月 立夏
7 初二	8 初三	9 初四	10 初五	11 初六	12 初七	13 初八
14 初九	15 初十	16 十一	17 十二	18 十三	19 十四	20 十五
21 十六	22 小满	23 十八	24 十九	25 二十	26 廿一	27 廿二
28 廿三	29 廿四	30 廿五	31 廿六			

6

一	二	三	四	五	六	日
				1 廿七	2 廿八	3 廿九
4 三十	5 五月	6 芒种	7 初三	8 初四	9 初五	10 初六
11 初七	12 初八	13 初九	14 初十	15 十一	16 十二	17 十三
18 十四	19 十五	20 十六	21 十七	22 夏至	23 十九	24 二十
25 廿一	26 廿二	27 廿三	28 廿四	29 廿五	30 廿六	

7

一	二	三	四	五	六	日
						1 廿七
2 廿八	3 廿九	4 六月	5 初二	6 初三	7 初四	8 小暑
9 初六	10 初七	11 初八	12 初九	13 初十	14 十一	15 十二
16 十三	17 十四	18 十五	19 十六	20 十七	21 十八	22 十九
23 二十	24 大暑	25 廿二	26 廿三	27 廿四	28 廿五	29 廿六
30 廿七	31 廿八					

8

一	二	三	四	五	六	日
		1 廿九	2 三十	3 七月	4 初二	5 初三
6 初四	7 初五	8 立秋	9 初七	10 初八	11 初九	12 初十
13 十一	14 十二	15 十三	16 十四	17 十五	18 十六	19 十七
20 十八	21 十九	22 二十	23 廿一	24 处暑	25 廿三	26 廿四
27 廿五	28 廿六	29 廿七	30 廿八	31 廿九		

9

一	二	三	四	五	六	日
					1 八月	2 初二
3 初三	4 初四	5 初五	6 初六	7 初七	8 白露	9 初九
10 初十	11 十一	12 十二	13 十三	14 十四	15 十五	16 十六
17 十七	18 十八	19 十九	20 二十	21 廿一	22 廿二	23 廿三
24 秋分	25 廿五	26 廿六	27 廿七	28 廿八	29 廿九	30 三十

10

一	二	三	四	五	六	日
1 九月	2 初二	3 初三	4 初四	5 初五	6 初六	7 初七
8 初八	9 寒露	10 初十	11 十一	12 十二	13 十三	14 十四
15 十五	16 十六	17 十七	18 十八	19 十九	20 二十	21 廿一
22 廿二	23 廿三	24 霜降	25 廿五	26 廿六	27 廿七	28 廿八
29 廿九	30 十月	31 初二				

11

一	二	三	四	五	六	日
			1 初三	2 初四	3 初五	4 初六
5 初七	6 初八	7 初九	8 立冬	9 十一	10 十二	11 十三
12 十四	13 十五	14 十六	15 十七	16 十八	17 十九	18 二十
19 廿一	20 廿二	21 廿三	22 廿四	23 小雪	24 廿六	25 廿七
26 廿八	27 廿九	28 三十	29 十一月	30 初二		

12

一	二	三	四	五	六	日
					1 初三	2 初四
3 初五	4 初六	5 初七	6 初八	7 初九	8 大雪	9 十一
10 十二	11 十三	12 十四	13 十五	14 十六	15 十七	16 十八
17 十九	18 二十	19 廿一	20 廿二	21 廿三	22 廿四	23 冬至
24 廿六	25 廿七	26 廿八	27 廿九	28 十二月	29 初二	30 初三
31 初四						

1952年(壬辰　龙年　1月27日始　闰五月)

1

一	二	三	四	五	六	日
	1 初五	2 初六	3 初七	4 初八	5 初九	6 小寒
7 十一	8 十二	9 十三	10 十四	11 十五	12 十六	13 十七
14 十八	15 十九	16 二十	17 廿一	18 廿二	19 廿三	20 廿四
21 大寒	22 廿六	23 廿七	24 廿八	25 廿九	26 三十	27 正月
28 初二	29 初三	30 初四	31 初五			

2

一	二	三	四	五	六	日
				1 初六	2 初七	3 初八
4 初九	5 立春	6 十一	7 十二	8 十三	9 十四	10 十五
11 十六	12 十七	13 十八	14 十九	15 二十	16 廿一	17 廿二
18 廿三	19 廿四	20 雨水	21 廿六	22 廿七	23 廿八	24 廿九
25 二月	26 初二	27 初三	28 初四	29 初五		

3

一	二	三	四	五	六	日
					1 初六	2 初七
3 初八	4 初九	5 惊蛰	6 十一	7 十二	8 十三	9 十四
10 十五	11 十六	12 十七	13 十八	14 十九	15 二十	16 廿一
17 廿二	18 廿三	19 廿四	20 廿五	21 春分	22 廿七	23 廿八
24 廿九	25 三十	26 三月	27 初二	28 初三	29 初四	30 初五
31 初六						

4

一	二	三	四	五	六	日
	1 初七	2 初八	3 初九	4 初十	5 清明	6 十二
7 十三	8 十四	9 十五	10 十六	11 十七	12 十八	13 十九
14 二十	15 廿一	16 廿二	17 廿三	18 廿四	19 廿五	20 谷雨
21 廿七	22 廿八	23 廿九	24 四月	25 初二	26 初三	27 初四
28 初五	29 初六	30 初七				

5

一	二	三	四	五	六	日
			1 初八	2 初九	3 初十	4 十一
5 立夏	6 十三	7 十四	8 十五	9 十六	10 十七	11 十八
12 十九	13 二十	14 廿一	15 廿二	16 廿三	17 廿四	18 廿五
19 廿六	20 廿七	21 小满	22 廿九	23 三十	24 五月	25 初二
26 初三	27 初四	28 初五	29 初六	30 初七	31 初八	

6

一	二	三	四	五	六	日
						1 初九
2 初十	3 十一	4 十二	5 十三	6 芒种	7 十五	8 十六
9 十七	10 十八	11 十九	12 二十	13 廿一	14 廿二	15 廿三
16 廿四	17 廿五	18 廿六	19 廿七	20 廿八	21 夏至	22 五月
23 初二	24 初三	25 初四	26 初五	27 初六	28 初七	29 初八
30 初九						

7

一	二	三	四	五	六	日
	1 初十	2 十一	3 十二	4 十三	5 十四	6 十五
7 小暑	8 十七	9 十八	10 十九	11 二十	12 廿一	13 廿二
14 廿三	15 廿四	16 廿五	17 廿六	18 廿七	19 廿八	20 廿九
21 三十	22 六月	23 大暑	24 初三	25 初四	26 初五	27 初六
28 初七	29 初八	30 初九	31 初十			

8

一	二	三	四	五	六	日
				1 十一	2 十二	3 十三
4 十四	5 十五	6 十六	7 立秋	8 十八	9 十九	10 二十
11 廿一	12 廿二	13 廿三	14 廿四	15 廿五	16 廿六	17 廿七
18 廿八	19 廿九	20 七月	21 初二	22 初三	23 处暑	24 初五
25 初六	26 初七	27 初八	28 初九	29 初十	30 十一	31 十二

9

一	二	三	四	五	六	日
1 十三	2 十四	3 十五	4 十六	5 十七	6 十八	7 十九
8 白露	9 廿一	10 廿二	11 廿三	12 廿四	13 廿五	14 廿六
15 廿七	16 廿八	17 廿九	18 三十	19 八月	20 初二	21 初三
22 初四	23 秋分	24 初六	25 初七	26 初八	27 初九	28 初十
29 十一	30 十二					

10

一	二	三	四	五	六	日
		1 十三	2 十四	3 十五	4 十六	5 十七
6 十八	7 十九	8 寒露	9 廿一	10 廿二	11 廿三	12 廿四
13 廿五	14 廿六	15 廿七	16 廿八	17 廿九	18 三十	19 九月
20 初二	21 初三	22 初四	23 霜降	24 初六	25 初七	26 初八
27 初九	28 初十	29 十一	30 十二	31 十三		

11

一	二	三	四	五	六	日
					1 十四	2 十五
3 十六	4 十七	5 十八	6 十九	7 立冬	8 廿一	9 廿二
10 廿三	11 廿四	12 廿五	13 廿六	14 廿七	15 廿八	16 廿九
17 十月	18 初二	19 初三	20 初四	21 初五	22 小雪	23 初七
24 初八	25 初九	26 初十	27 十一	28 十二	29 十三	30 十四

12

一	二	三	四	五	六	日
1 十五	2 十六	3 十七	4 十八	5 十九	6 二十	7 大雪
8 廿二	9 廿三	10 廿四	11 廿五	12 廿六	13 廿七	14 廿八
15 廿九	16 三十	17 十一月	18 初二	19 初三	20 初四	21 初五
22 冬至	23 初七	24 初八	25 初九	26 初十	27 十一	28 十二
29 十三	30 十四	31 十五				

1953 年(癸巳　蛇年　2 月 14 日始)

1

一	二	三	四	五	六	日
			1 十六	2 十七	3 十八	4 十九
5 小寒	6 廿一	7 廿二	8 廿三	9 廿四	10 廿五	11 廿六
12 廿七	13 廿八	14 廿九	15 十二月	16 初二	17 初三	18 初四
19 初五	20 大寒	21 初七	22 初八	23 初九	24 初十	25 十一
26 十二	27 十三	28 十四	29 十五	30 十六	31 十七	

2

一	二	三	四	五	六	日
						1 十八
2 十九	3 二十	4 立春	5 廿二	6 廿三	7 廿四	8 廿五
9 廿六	10 廿七	11 廿八	12 廿九	13 三十	14 正月	15 初二
16 初三	17 初四	18 初五	19 雨水	20 初七	21 初八	22 初九
23 初十	24 十一	25 十二	26 十三	27 十四	28 十五	

3

一	二	三	四	五	六	日
						1 十六
2 十七	3 十八	4 十九	5 二十	6 惊蛰	7 廿二	8 廿三
9 廿四	10 廿五	11 廿六	12 廿七	13 廿八	14 廿九	15 二月
16 初二	17 初三	18 初四	19 初五	20 初六	21 春分	22 初八
23 初九	24 初十	25 十一	26 十二	27 十三	28 十四	29 十五
30 十六	31 十七					

4

一	二	三	四	五	六	日
		1 十八	2 十九	3 二十	4 廿一	5 清明
6 廿三	7 廿四	8 廿五	9 廿六	10 廿七	11 廿八	12 廿九
13 三十	14 三月	15 初二	16 初三	17 初四	18 初五	19 初六
20 谷雨	21 初八	22 初九	23 初十	24 十一	25 十二	26 十三
27 十四	28 十五	29 十六	30 十七			

5

一	二	三	四	五	六	日
				1 十八	2 十九	3 二十
4 廿一	5 廿二	6 立夏	7 廿四	8 廿五	9 廿六	10 廿七
11 廿八	12 廿九	13 四月	14 初二	15 初三	16 初四	17 初五
18 初六	19 初七	20 初八	21 小满	22 初十	23 十一	24 十二
25 十三	26 十四	27 十五	28 十六	29 十七	30 十八	31 十九

6

一	二	三	四	五	六	日
1 二十	2 廿一	3 廿二	4 廿三	5 廿四	6 芒种	7 廿六
8 廿七	9 廿八	10 廿九	11 五月	12 初二	13 初三	14 初四
15 初五	16 初六	17 初七	18 初八	19 初九	20 初十	21 十一
22 夏至	23 十三	24 十四	25 十五	26 十六	27 十七	28 十八
29 十九	30 二十					

7

一	二	三	四	五	六	日
		1 廿一	2 廿二	3 廿三	4 廿四	5 廿五
6 廿六	7 小暑	8 廿八	9 廿九	10 三十	11 六月	12 初二
13 初三	14 初四	15 初五	16 初六	17 初七	18 初八	19 初九
20 初十	21 十一	22 十二	23 大暑	24 十四	25 十五	26 十六
27 十七	28 十八	29 十九	30 二十	31 廿一		

8

一	二	三	四	五	六	日
					1 廿二	2 廿三
3 廿四	4 廿五	5 廿六	6 廿七	7 廿八	8 立秋	9 三十
10 七月	11 初二	12 初三	13 初四	14 初五	15 初六	16 初七
17 初八	18 初九	19 初十	20 十一	21 十二	22 十三	23 处暑
24 十五	25 十六	26 十七	27 十八	28 十九	29 二十	30 廿一
31 廿二						

9

一	二	三	四	五	六	日
	1 廿三	2 廿四	3 廿五	4 廿六	5 廿七	6 廿八
7 廿九	8 八月 白露	9 初二	10 初三	11 初四	12 初五	13 初六
14 初七	15 初八	16 初九	17 初十	18 十一	19 十二	20 十三
21 十四	22 十五	23 秋分	24 十七	25 十八	26 十九	27 二十
28 廿一	29 廿二	30 廿三				

10

一	二	三	四	五	六	日
			1 廿四	2 廿五	3 廿六	4 廿七
5 廿八	6 廿九	7 三十	8 九月 寒露	9 初二	10 初三	11 初四
12 初五	13 初六	14 初七	15 初八	16 初九	17 初十	18 十一
19 十二	20 十三	21 十四	22 十五	23 十六	24 霜降	25 十八
26 十九	27 二十	28 廿一	29 廿二	30 廿三	31 廿四	

11

一	二	三	四	五	六	日
						1 廿五
2 廿六	3 廿七	4 廿八	5 廿九	6 三十	7 十月	8 立冬
9 初三	10 初四	11 初五	12 初六	13 初七	14 初八	15 初九
16 初十	17 十一	18 十二	19 十三	20 十四	21 十五	22 小雪
23 十七	24 十八	25 十九	26 二十	27 廿一	28 廿二	29 廿三
30 廿四						

12

一	二	三	四	五	六	日
	1 廿五	2 廿六	3 廿七	4 廿八	5 廿九	6 十一月
7 大雪	8 初三	9 初四	10 初五	11 初六	12 初七	13 初八
14 初九	15 初十	16 十一	17 十二	18 十三	19 十四	20 十五
21 十六	22 冬至	23 十八	24 十九	25 二十	26 廿一	27 廿二
28 廿三	29 廿四	30 廿五	31 廿六			

1954年（甲午　马年　2月3日始）

1

一	二	三	四	五	六	日
				1廿七	2廿八	3廿九
4三十	5十二月	6小寒	7初三	8初四	9初五	10初六
11初七	12初八	13初九	14初十	15十一	16十二	17十三
18十四	19十五	20大寒	21十七	22十八	23十九	24二十
25廿一	26廿二	27廿三	28廿四	29廿五	30廿六	31廿七

2

一	二	三	四	五	六	日
1廿八	2廿九	3正月	4立春	5初三	6初四	7初五
8初六	9初七	10初八	11初九	12初十	13十一	14十二
15十三	16十四	17十五	18十六	19雨水	20十八	21十九
22二十	23廿一	24廿二	25廿三	26廿四	27廿五	28廿六

3

一	二	三	四	五	六	日
1廿七	2廿八	3廿九	4三十	5二月	6惊蛰	7初三
8初四	9初五	10初六	11初七	12初八	13初九	14初十
15十一	16十二	17十三	18十四	19十五	20十六	21春分
22十八	23十九	24二十	25廿一	26廿二	27廿三	28廿四
29廿五	30廿六	31廿七				

4

一	二	三	四	五	六	日
			1廿八	2廿九	3三月	4初二
5清明	6初四	7初五	8初六	9初七	10初八	11初九
12初十	13十一	14十二	15十三	16十四	17十五	18十六
19十七	20谷雨	21十九	22二十	23廿一	24廿二	25廿三
26廿四	27廿五	28廿六	29廿七	30廿八		

5

一	二	三	四	五	六	日
					1廿九	2三十
3四月	4初二	5初三	6立夏	7初五	8初六	9初七
10初八	11初九	12初十	13十一	14十二	15十三	16十四
17十五	18十六	19十七	20十八	21小满	22二十	23廿一
24廿二	25廿三	26廿四	27廿五	28廿六	29廿七	30廿八
31廿九						

6

一	二	三	四	五	六	日
	1五月	2初二	3初三	4初四	5初五	6芒种
7初七	8初八	9初九	10初十	11十一	12十二	13十三
14十四	15十五	16十六	17十七	18十八	19十九	20二十
21廿一	22夏至	23廿三	24廿四	25廿五	26廿六	27廿七
28廿八	29廿九	30六月				

7

一	二	三	四	五	六	日
			1初二	2初三	3初四	4初五
5初六	6初七	7初八	8小暑	9初十	10十一	11十二
12十三	13十四	14十五	15十六	16十七	17十八	18十九
19二十	20廿一	21廿二	22廿三	23大暑	24廿五	25廿六
26廿七	27廿八	28廿九	29三十	30七月	31初二	

8

一	二	三	四	五	六	日
						1初三
2初四	3初五	4初六	5初七	6初八	7初九	8立秋
9十一	10十二	11十三	12十四	13十五	14十六	15十七
16十八	17十九	18二十	19廿一	20廿二	21廿三	22廿四
23廿五	24处暑	25廿七	26廿八	27廿九	28八月	29初二
30初三	31初四					

9

一	二	三	四	五	六	日
		1初五	2初六	3初七	4初八	5初九
6初十	7十一	8白露	9十三	10十四	11十五	12十六
13十七	14十八	15十九	16二十	17廿一	18廿二	19廿三
20廿四	21廿五	22廿六	23秋分	24廿八	25廿九	26三十
27九月	28初二	29初三	30初四			

10

一	二	三	四	五	六	日
				1初五	2初六	3初七
4初八	5初九	6初十	7十一	8十二	9寒露	10十四
11十五	12十六	13十七	14十八	15十九	16二十	17廿一
18廿二	19廿三	20廿四	21廿五	22廿六	23廿七	24霜降
25廿九	26三十	27十月	28初二	29初三	30初四	31初五

11

一	二	三	四	五	六	日
1初六	2初七	3初八	4初九	5初十	6十一	7十二
8立冬	9十四	10十五	11十六	12十七	13十八	14十九
15二十	16廿一	17廿二	18廿三	19廿四	20廿五	21廿六
22廿七	23小雪	24廿九	25十一月	26初二	27初三	28初四
29初五	30初六					

12

一	二	三	四	五	六	日
		1初七	2初八	3初九	4初十	5十一
6十二	7大雪	8十四	9十五	10十六	11十七	12十八
13十九	14二十	15廿一	16廿二	17廿三	18廿四	19廿五
20廿六	21廿七	22冬至	23廿九	24三十	25十二月	26初二
27初三	28初四	29初五	30初六	31初七		

1955年（乙未 羊年 1月24日始 闰三月）

1

一	二	三	四	五	六	日
					1初八	2初九
3初十	4十一	5十二	6小寒	7十四	8十五	9十六
10十七	11十八	12十九	13二十	14廿一	15廿二	16廿三
17廿四	18廿五	19廿六	20廿七	21大寒	22廿九	23三十
24正月	25初二	26初三	27初四	28初五	29初六	30初七
31初八						

2

一	二	三	四	五	六	日
	1初九	2初十	3十一	4立春	5十三	6十四
7十五	8十六	9十七	10十八	11十九	12二十	13廿一
14廿二	15廿三	16廿四	17廿五	18廿六	19雨水	20廿八
21廿九	22二月	23初二	24初三	25初四	26初五	27初六
28初七						

3

一	二	三	四	五	六	日
	1初八	2初九	3初十	4十一	5十二	6惊蛰
7十四	8十五	9十六	10十七	11十八	12十九	13二十
14廿一	15廿二	16廿三	17廿四	18廿五	19廿六	20廿七
21春分	22廿九	23三十	24三月	25初二	26初三	27初四
28初五	29初六	30初七	31初八			

4

一	二	三	四	五	六	日
				1初九	2初十	3十一
4十二	5清明	6十四	7十五	8十六	9十七	10十八
11十九	12二十	13廿一	14廿二	15廿三	16廿四	17廿五
18廿六	19廿七	20廿八	21谷雨	22三月	23初二	24初三
25初四	26初五	27初六	28初七	29初八	30初九	

5

一	二	三	四	五	六	日
						1初十
2十一	3十二	4十三	5十四	6立夏	7十六	8十七
9十八	10十九	11二十	12廿一	13廿二	14廿三	15廿四
16廿五	17廿六	18廿七	19廿八	20廿九	21三十	22四月小满
23初二	24初三	25初四	26初五	27初六	28初七	29初八
30初九	31初十					

6

一	二	三	四	五	六	日
		1十一	2十二	3十三	4十四	5十五
6芒种	7十七	8十八	9十九	10二十	11廿一	12廿二
13廿三	14廿四	15廿五	16廿六	17廿七	18廿八	19廿九
20五月	21初二	22夏至	23初四	24初五	25初六	26初七
27初八	28初九	29初十	30十一			

7

一	二	三	四	五	六	日
				1十二	2十三	3十四
4十五	5十六	6十七	7十八	8小暑	9二十	10廿一
11廿二	12廿三	13廿四	14廿五	15廿六	16廿七	17廿八
18廿九	19六月	20初二	21初三	22初四	23大暑	24初六
25初七	26初八	27初九	28初十	29十一	30十二	31十三

8

一	二	三	四	五	六	日
1十四	2十五	3十六	4十七	5十八	6十九	7二十
8立秋	9廿二	10廿三	11廿四	12廿五	13廿六	14廿七
15廿八	16廿九	17三十	18七月	19初二	20初三	21初四
22初五	23初六	24处暑	25初八	26初九	27初十	28十一
29十二	30十三	31十四				

9

一	二	三	四	五	六	日
			1十五	2十六	3十七	4十八
5十九	6二十	7廿一	8白露	9廿三	10廿四	11廿五
12廿六	13廿七	14廿八	15廿九	16八月	17初二	18初三
19初四	20初五	21初六	22初七	23初八	24秋分	25初十
26十一	27十二	28十三	29十四	30十五		

10

一	二	三	四	五	六	日
					1十六	2十七
3十八	4十九	5二十	6廿一	7廿二	8廿三	9寒露
10廿五	11廿六	12廿七	13廿八	14廿九	15三十	16九月
17初二	18初三	19初四	20初五	21初六	22初七	23初八
24霜降	25初十	26十一	27十二	28十三	29十四	30十五
31十六						

11

一	二	三	四	五	六	日
	1十七	2十八	3十九	4二十	5廿一	6廿二
7廿三	8立冬	9廿五	10廿六	11廿七	12廿八	13廿九
14十月	15初二	16初三	17初四	18初五	19初六	20初七
21初八	22初九	23小雪	24十一	25十二	26十三	27十四
28十五	29十六	30十七				

12

一	二	三	四	五	六	日
			1十八	2十九	3二十	4廿一
5廿二	6廿三	7廿四	8大雪	9廿六	10廿七	11廿八
12廿九	13三十	14十一月	15初二	16初三	17初四	18初五
19初六	20初七	21初八	22冬至	23初十	24十一	25十二
26十三	27十四	28十五	29十六	30十七	31十八	

1956年(丙申　猴年　2月12日始)

1

一	二	三	四	五	六	日
						1 十九
2 二十	3 廿一	4 廿二	5 廿三	6 小寒	7 廿五	8 廿六
9 廿七	10 廿八	11 廿九	12 三十	13 十二月	14 初二	15 初三
16 初四	17 初五	18 初六	19 初七	20 初八	21 大寒	22 初十
23 十一	24 十二	25 十三	26 十四	27 十五	28 十六	29 十七
30 十八	31 十九					

7

一	二	三	四	五	六	日
						1 廿三
2 廿四	3 廿五	4 廿六	5 廿七	6 廿八	7 小暑	8 六月
9 初二	10 初三	11 初四	12 初五	13 初六	14 初七	15 初八
16 初九	17 初十	18 十一	19 十二	20 十三	21 十四	22 十五
23 大暑	24 十七	25 十八	26 十九	27 二十	28 廿一	29 廿二
30 廿三	31 廿四					

2

一	二	三	四	五	六	日
		1 二十	2 廿一	3 廿二	4 廿三	5 立春
6 廿五	7 廿六	8 廿七	9 廿八	10 廿九	11 三十	12 正月
13 初二	14 初三	15 初四	16 初五	17 初六	18 初七	19 初八
20 雨水	21 初十	22 十一	23 十二	24 十三	25 十四	26 十五
27 十六	28 十七	29 十八				

8

一	二	三	四	五	六	日
		1 廿五	2 廿六	3 廿七	4 廿八	5 廿九
6 七月	7 立秋	8 初三	9 初四	10 初五	11 初六	12 初七
13 初八	14 初九	15 初十	16 十一	17 十二	18 十三	19 十四
20 十五	21 十六	22 十七	23 处暑	24 十九	25 二十	26 廿一
27 廿二	28 廿三	29 廿四	30 廿五	31 廿六		

3

一	二	三	四	五	六	日
			1 十九	2 二十	3 廿一	4 廿二
5 惊蛰	6 廿四	7 廿五	8 廿六	9 廿七	10 廿八	11 廿九
12 二月	13 初二	14 初三	15 初四	16 初五	17 初六	18 初七
19 初八	20 春分	21 初十	22 十一	23 十二	24 十三	25 十四
26 十五	27 十六	28 十七	29 十八	30 十九	31 二十	

9

一	二	三	四	五	六	日
					1 廿七	2 廿八
3 廿九	4 三十	5 八月	6 初二	7 初三	8 白露	9 初五
10 初六	11 初七	12 初八	13 初九	14 初十	15 十一	16 十二
17 十三	18 十四	19 十五	20 十六	21 十七	22 十八	23 秋分
24 二十	25 廿一	26 廿二	27 廿三	28 廿四	29 廿五	30 廿六

4

一	二	三	四	五	六	日
						1 廿一
2 廿二	3 廿三	4 廿四	5 清明	6 廿六	7 廿七	8 廿八
9 廿九	10 三十	11 三月	12 初二	13 初三	14 初四	15 初五
16 初六	17 初七	18 初八	19 初九	20 谷雨	21 十一	22 十二
23 十三	24 十四	25 十五	26 十六	27 十七	28 十八	29 十九
30 二十						

10

一	二	三	四	五	六	日
1 廿七	2 廿八	3 廿九	4 九月	5 初二	6 初三	7 初四
8 寒露	9 初六	10 初七	11 初八	12 初九	13 初十	14 十一
15 十二	16 十三	17 十四	18 十五	19 十六	20 十七	21 十八
22 十九	23 霜降	24 廿一	25 廿二	26 廿三	27 廿四	28 廿五
29 廿六	30 廿七	31 廿八				

5

一	二	三	四	五	六	日
	1 廿一	2 廿二	3 廿三	4 廿四	5 立夏	6 廿六
7 廿七	8 廿八	9 廿九	10 四月	11 初二	12 初三	13 初四
14 初五	15 初六	16 初七	17 初八	18 初九	19 初十	20 十一
21 小满	22 十三	23 十四	24 十五	25 十六	26 十七	27 十八
28 十九	29 二十	30 廿一	31 廿二			

11

一	二	三	四	五	六	日
			1 廿九	2 三十	3 十月	4 初二
5 初三	6 初四	7 立冬	8 初六	9 初七	10 初八	11 初九
12 初十	13 十一	14 十二	15 十三	16 十四	17 十五	18 十六
19 十七	20 十八	21 十九	22 小雪	23 廿一	24 廿二	25 廿三
26 廿四	27 廿五	28 廿六	29 廿七	30 廿八		

6

一	二	三	四	五	六	日
				1 廿三	2 廿四	3 廿五
4 廿六	5 廿七	6 芒种	7 廿九	8 三十	9 五月	10 初二
11 初三	12 初四	13 初五	14 初六	15 初七	16 初八	17 初九
18 初十	19 十一	20 十二	21 夏至	22 十四	23 十五	24 十六
25 十七	26 十八	27 十九	28 二十	29 廿一	30 廿二	

12

一	二	三	四	五	六	日
					1 廿九	2 十一月
3 初二	4 初三	5 初四	6 初五	7 大雪	8 初七	9 初八
10 初九	11 初十	12 十一	13 十二	14 十三	15 十四	16 十五
17 十六	18 十七	19 十八	20 十九	21 二十	22 冬至	23 廿二
24 廿三	25 廿四	26 廿五	27 廿六	28 廿七	29 廿八	30 廿九
31 三十						

1957年（丁酉 鸡年 1月31日始 闰八月）

1

一	二	三	四	五	六	日
	1 十二月	2 初二	3 初三	4 初四	5 小寒	6 初六
7 初七	8 初八	9 初九	10 初十	11 十一	12 十二	13 十三
14 十四	15 十五	16 十六	17 十七	18 十八	19 十九	20 大寒
21 廿一	22 廿二	23 廿三	24 廿四	25 廿五	26 廿六	27 廿七
28 廿八	29 廿九	30 三十	31 正月			

2

一	二	三	四	五	六	日
				1 初二	2 初三	3 初四
4 立春	5 初六	6 初七	7 初八	8 初九	9 初十	10 十一
11 十二	12 十三	13 十四	14 十五	15 十六	16 十七	17 十八
18 十九	19 雨水	20 廿一	21 廿二	22 廿三	23 廿四	24 廿五
25 廿六	26 廿七	27 廿八	28 廿九			

3

一	二	三	四	五	六	日
				1 三十	2 二月	3 初二
4 初三	5 初四	6 惊蛰	7 初六	8 初七	9 初八	10 初九
11 初十	12 十一	13 十二	14 十三	15 十四	16 十五	17 十六
18 十七	19 十八	20 十九	21 春分	22 廿一	23 廿二	24 廿三
25 廿四	26 廿五	27 廿六	28 廿七	29 廿八	30 廿九	31 三月

4

一	二	三	四	五	六	日
1 初二	2 初三	3 初四	4 初五	5 清明	6 初七	7 初八
8 初九	9 初十	10 十一	11 十二	12 十三	13 十四	14 十五
15 十六	16 十七	17 十八	18 十九	19 二十	20 谷雨	21 廿二
22 廿三	23 廿四	24 廿五	25 廿六	26 廿七	27 廿八	28 廿九
29 三十	30 四月					

5

一	二	三	四	五	六	日
		1 初二	2 初三	3 初四	4 初五	5 初六
6 立夏	7 初八	8 初九	9 初十	10 十一	11 十二	12 十三
13 十四	14 十五	15 十六	16 十七	17 十八	18 十九	19 二十
20 廿一	21 小满	22 廿三	23 廿四	24 廿五	25 廿六	26 廿七
27 廿八	28 廿九	29 五月	30 初二	31 初三		

6

一	二	三	四	五	六	日
					1 初四	2 初五
3 初六	4 初七	5 初八	6 芒种	7 初十	8 十一	9 十二
10 十三	11 十四	12 十五	13 十六	14 十七	15 十八	16 十九
17 二十	18 廿一	19 廿二	20 廿三	21 廿四	22 夏至	23 廿六
24 廿七	25 廿八	26 廿九	27 三十	28 六月	29 初二	30 初三

7

一	二	三	四	五	六	日
1 初四	2 初五	3 初六	4 初七	5 初八	6 初九	7 小暑
8 十一	9 十二	10 十三	11 十四	12 十五	13 十六	14 十七
15 十八	16 十九	17 二十	18 廿一	19 廿二	20 廿三	21 廿四
22 廿五	23 大暑	24 廿七	25 廿八	26 廿九	27 七月	28 初二
29 初三	30 初四	31 初五				

8

一	二	三	四	五	六	日
			1 初六	2 初七	3 初八	4 初九
5 初十	6 十一	7 十二	8 立秋	9 十四	10 十五	11 十六
12 十七	13 十八	14 十九	15 二十	16 廿一	17 廿二	18 廿三
19 廿四	20 廿五	21 廿六	22 廿七	23 处暑	24 廿九	25 八月
26 初二	27 初三	28 初四	29 初五	30 初六	31 初七	

9

一	二	三	四	五	六	日
						1 初八
2 初九	3 初十	4 十一	5 十二	6 十三	7 十四	8 白露
9 十六	10 十七	11 十八	12 十九	13 二十	14 廿一	15 廿二
16 廿三	17 廿四	18 廿五	19 廿六	20 廿七	21 廿八	22 廿九
23 秋分	24 八月	25 初二	26 初三	27 初四	28 初五	29 初六
30 初七						

10

一	二	三	四	五	六	日
	1 初八	2 初九	3 初十	4 十一	5 十二	6 十三
7 十四	8 寒露	9 十六	10 十七	11 十八	12 十九	13 二十
14 廿一	15 廿二	16 廿三	17 廿四	18 廿五	19 廿六	20 廿七
21 廿八	22 廿九	23 九月	24 霜降	25 初三	26 初四	27 初五
28 初六	29 初七	30 初八	31 初九			

11

一	二	三	四	五	六	日
				1 初十	2 十一	3 十二
4 十三	5 十四	6 十五	7 十六	8 立冬	9 十八	10 十九
11 二十	12 廿一	13 廿二	14 廿三	15 廿四	16 廿五	17 廿六
18 廿七	19 廿八	20 廿九	21 三十	22 十月 小雪	23 初二	24 初三
25 初四	26 初五	27 初六	28 初七	29 初八	30 初九	

12

一	二	三	四	五	六	日
						1 初十
2 十一	3 十二	4 十三	5 十四	6 十五	7 大雪	8 十七
9 十八	10 十九	11 二十	12 廿一	13 廿二	14 廿三	15 廿四
16 廿五	17 廿六	18 廿七	19 廿八	20 廿九	21 十一月	22 冬至
23 初三	24 初四	25 初五	26 初六	27 初七	28 初八	29 初九
30 初十	31 十一					

养生月历

1958年(戊戌　狗年　2月18日始)

1

一	二	三	四	五	六	日
		1十二	2十三	3十四	4十五	5十六
6小寒	7十八	8十九	9二十	10廿一	11廿二	12廿三
13廿四	14廿五	15廿六	16廿七	17廿八	18廿九	19三十
20十二月 大寒	21初二	22初三	23初四	24初五	25初六	26初七
27初八	28初九	29初十	30十一	31十二		

2

一	二	三	四	五	六	日
					1十三	2十四
3十五	4立春	5十七	6十八	7十九	8二十	9廿一
10廿二	11廿三	12廿四	13廿五	14廿六	15廿七	16廿八
17廿九	18正月	19雨水	20初三	21初四	22初五	23初六
24初七	25初八	26初九	27初十	28十一		

3

一	二	三	四	五	六	日
					1十二	2十三
3十四	4十五	5十六	6惊蛰	7十八	8十九	9二十
10廿一	11廿二	12廿三	13廿四	14廿五	15廿六	16廿七
17廿八	18廿九	19三十	20二月	21春分	22初三	23初四
24初五	25初六	26初七	27初八	28初九	29初十	30十一
31十二						

4

一	二	三	四	五	六	日
	1十三	2十四	3十五	4十六	5清明	6十八
7十九	8二十	9廿一	10廿二	11廿三	12廿四	13廿五
14廿六	15廿七	16廿八	17廿九	18三十	19三月	20谷雨
21初三	22初四	23初五	24初六	25初七	26初八	27初九
28初十	29十一	30十二				

5

一	二	三	四	五	六	日
			1十三	2十四	3十五	4十六
5十七	6立夏	7十九	8二十	9廿一	10廿二	11廿三
12廿四	13廿五	14廿六	15廿七	16廿八	17廿九	18三十
19四月	20初二	21小满	22初四	23初五	24初六	25初七
26初八	27初九	28初十	29十一	30十二	31十三	

6

一	二	三	四	五	六	日
						1十四
2十五	3十六	4十七	5十八	6芒种	7二十	8廿一
9廿二	10廿三	11廿四	12廿五	13廿六	14廿七	15廿八
16廿九	17五月	18初二	19初三	20初四	21初五	22夏至
23初七	24初八	25初九	26初十	27十一	28十二	29十三
30十四						

7

一	二	三	四	五	六	日
	1十五	2十六	3十七	4十八	5十九	6二十
7小暑	8廿二	9廿三	10廿四	11廿五	12廿六	13廿七
14廿八	15廿九	16三十	17六月	18初二	19初三	20初四
21初五	22初六	23大暑	24初八	25初九	26初十	27十一
28十二	29十三	30十四	31十五			

8

一	二	三	四	五	六	日
				1十六	2十七	3十八
4十九	5二十	6廿一	7廿二	8立秋	9廿四	10廿五
11廿六	12廿七	13廿八	14廿九	15七月	16初二	17初三
18初四	19初五	20初六	21初七	22初八	23处暑	24初十
25十一	26十二	27十三	28十四	29十五	30十六	31十七

9

一	二	三	四	五	六	日
1十八	2十九	3二十	4廿一	5廿二	6廿三	7廿四
8白露	9廿六	10廿七	11廿八	12廿九	13八月	14初二
15初三	16初四	17初五	18初六	19初七	20初八	21初九
22初十	23秋分	24十二	25十三	26十四	27十五	28十六
29十七	30十八					

10

一	二	三	四	五	六	日
		1十九	2二十	3廿一	4廿二	5廿三
6廿四	7廿五	8廿六	9寒露	10廿八	11廿九	12三十
13九月	14初二	15初三	16初四	17初五	18初六	19初七
20初八	21初九	22初十	23十一	24霜降	25十三	26十四
27十五	28十六	29十七	30十八	31十九		

11

一	二	三	四	五	六	日
					1二十	2廿一
3廿二	4廿三	5廿四	6廿五	7廿六	8立冬	9廿八
10廿九	11十月	12初二	13初三	14初四	15初五	16初六
17初七	18初八	19初九	20初十	21十一	22十二	23小雪
24十四	25十五	26十六	27十七	28十八	29十九	30二十

12

一	二	三	四	五	六	日
1廿一	2廿二	3廿三	4廿四	5廿五	6廿六	7大雪
8廿八	9廿九	10三十	11十一月	12初二	13初三	14初四
15初五	16初六	17初七	18初八	19初九	20初十	21十一
22冬至	23十三	24十四	25十五	26十六	27十七	28十八
29十九	30二十	31廿一				

1959 年（己亥　猪年　2 月 8 日始）

1

一	二	三	四	五	六	日
			1 廿二	2 廿三	3 廿四	4 廿五
5 廿六	6 小寒	7 廿八	8 廿九	9 十二月	10 初二	11 初三
12 初四	13 初五	14 初六	15 初七	16 初八	17 初九	18 初十
19 十一	20 十二	21 大寒	22 十四	23 十五	24 十六	25 十七
26 十八	27 十九	28 二十	29 廿一	30 廿二	31 廿三	

2

一	二	三	四	五	六	日
						1 廿四
2 廿五	3 廿六	4 立春	5 廿八	6 廿九	7 三十	8 正月
9 初二	10 初三	11 初四	12 初五	13 初六	14 初七	15 初八
16 初九	17 初十	18 十一	19 雨水	20 十三	21 十四	22 十五
23 十六	24 十七	25 十八	26 十九	27 二十	28 廿一	

3

一	二	三	四	五	六	日
						1 廿二
2 廿三	3 廿四	4 廿五	5 廿六	6 惊蛰	7 廿八	8 廿九
9 二月	10 初二	11 初三	12 初四	13 初五	14 初六	15 初七
16 初八	17 初九	18 初十	19 十一	20 十二	21 春分	22 十四
23 十五	24 十六	25 十七	26 十八	27 十九	28 二十	29 廿一
30 廿二	31 廿三					

4

一	二	三	四	五	六	日
		1 廿四	2 廿五	3 廿六	4 廿七	5 清明
6 廿九	7 三十	8 三月	9 初二	10 初三	11 初四	12 初五
13 初六	14 初七	15 初八	16 初九	17 初十	18 十一	19 十二
20 十三	21 谷雨	22 十五	23 十六	24 十七	25 十八	26 十九
27 二十	28 廿一	29 廿二	30 廿三			

5

一	二	三	四	五	六	日
				1 廿四	2 廿五	3 廿六
4 廿七	5 廿八	6 立夏	7 三十	8 四月	9 初二	10 初三
11 初四	12 初五	13 初六	14 初七	15 初八	16 初九	17 初十
18 十一	19 十二	20 十三	21 十四	22 小满	23 十六	24 十七
25 十八	26 十九	27 二十	28 廿一	29 廿二	30 廿三	31 廿四

6

一	二	三	四	五	六	日
1 廿五	2 廿六	3 廿七	4 廿八	5 廿九	6 五月 芒种	7 初二
8 初三	9 初四	10 初五	11 初六	12 初七	13 初八	14 初九
15 初十	16 十一	17 十二	18 十三	19 十四	20 十五	21 十六
22 夏至	23 十八	24 十九	25 二十	26 廿一	27 廿二	28 廿三
29 廿四	30 廿五					

7

一	二	三	四	五	六	日
		1 廿六	2 廿七	3 廿八	4 廿九	5 三十
6 六月	7 初二	8 小暑	9 初四	10 初五	11 初六	12 初七
13 初八	14 初九	15 初十	16 十一	17 十二	18 十三	19 十四
20 十五	21 十六	22 十七	23 大暑	24 十九	25 二十	26 廿一
27 廿二	28 廿三	29 廿四	30 廿五	31 廿六		

8

一	二	三	四	五	六	日
					1 廿七	2 廿八
3 廿九	4 七月	5 初二	6 初三	7 初四	8 立秋	9 初六
10 初七	11 初八	12 初九	13 初十	14 十一	15 十二	16 十三
17 十四	18 十五	19 十六	20 十七	21 十八	22 十九	23 二十
24 处暑	25 廿二	26 廿三	27 廿四	28 廿五	29 廿六	30 廿七
31 廿八						

9

一	二	三	四	五	六	日
	1 廿九	2 三十	3 八月	4 初二	5 初三	6 初四
7 初五	8 白露	9 初七	10 初八	11 初九	12 初十	13 十一
14 十二	15 十三	16 十四	17 十五	18 十六	19 十七	20 十八
21 十九	22 二十	23 廿一	24 秋分	25 廿三	26 廿四	27 廿五
28 廿六	29 廿七	30 廿八				

10

一	二	三	四	五	六	日
			1 廿九	2 九月	3 初二	4 初三
5 初四	6 初五	7 初六	8 初七	9 寒露	10 初九	11 初十
12 十一	13 十二	14 十三	15 十四	16 十五	17 十六	18 十七
19 十八	20 十九	21 二十	22 廿一	23 廿二	24 霜降	25 廿四
26 廿五	27 廿六	28 廿七	29 廿八	30 廿九	31 三十	

11

一	二	三	四	五	六	日
						1 十月
2 初二	3 初三	4 初四	5 初五	6 初六	7 初七	8 立冬
9 初九	10 初十	11 十一	12 十二	13 十三	14 十四	15 十五
16 十六	17 十七	18 十八	19 十九	20 二十	21 廿一	22 廿二
23 小雪	24 廿四	25 廿五	26 廿六	27 廿七	28 廿八	29 廿九
30 十一月						

12

一	二	三	四	五	六	日
	1 初二	2 初三	3 初四	4 初五	5 初六	6 初七
7 初八	8 大雪	9 初十	10 十一	11 十二	12 十三	13 十四
14 十五	15 十六	16 十七	17 十八	18 十九	19 二十	20 廿一
21 廿二	22 冬至	23 廿四	24 廿五	25 廿六	26 廿七	27 廿八
28 廿九	29 三十	30 十二月	31 初二			

养生月历

1960年（庚子　鼠年　1月28日始　闰六月）

1

一	二	三	四	五	六	日
				1 初三	2 初四	3 初五
4 初六	5 初七	6 小寒	7 初九	8 初十	9 十一	10 十二
11 十三	12 十四	13 十五	14 十六	15 十七	16 十八	17 十九
18 二十	19 廿一	20 廿二	21 大寒	22 廿四	23 廿五	24 廿六
25 廿七	26 廿八	27 廿九	28 正月	29 初二	30 初三	31 初四

2

一	二	三	四	五	六	日
1 初五	2 初六	3 初七	4 初八	5 立春	6 初十	7 十一
8 十二	9 十三	10 十四	11 十五	12 十六	13 十七	14 十八
15 十九	16 二十	17 廿一	18 廿二	19 雨水	20 廿四	21 廿五
22 廿六	23 廿七	24 廿八	25 廿九	26 三十	27 二月	28 初二
29 初三						

3

一	二	三	四	五	六	日
	1 初四	2 初五	3 初六	4 初七	5 惊蛰	6 初九
7 初十	8 十一	9 十二	10 十三	11 十四	12 十五	13 十六
14 十七	15 十八	16 十九	17 二十	18 廿一	19 廿二	20 春分
21 廿四	22 廿五	23 廿六	24 廿七	25 廿八	26 廿九	27 三月
28 初二	29 初三	30 初四	31 初五			

4

一	二	三	四	五	六	日
				1 初六	2 初七	3 初八
4 初九	5 清明	6 十一	7 十二	8 十三	9 十四	10 十五
11 十六	12 十七	13 十八	14 十九	15 二十	16 廿一	17 廿二
18 廿三	19 廿四	20 谷雨	21 廿六	22 廿七	23 廿八	24 廿九
25 三十	26 四月	27 初二	28 初三	29 初四	30 初五	

5

一	二	三	四	五	六	日
						1 初六
2 初七	3 初八	4 初九	5 立夏	6 十一	7 十二	8 十三
9 十四	10 十五	11 十六	12 十七	13 十八	14 十九	15 二十
16 廿一	17 廿二	18 廿三	19 廿四	20 廿五	21 小满	22 廿七
23 廿八	24 廿九	25 五月	26 初二	27 初三	28 初四	29 初五
30 初六	31 初七					

6

一	二	三	四	五	六	日
		1 初八	2 初九	3 初十	4 十一	5 十二
6 芒种	7 十四	8 十五	9 十六	10 十七	11 十八	12 十九
13 二十	14 廿一	15 廿二	16 廿三	17 廿四	18 廿五	19 廿六
20 廿七	21 夏至	22 廿九	23 三十	24 六月	25 初二	26 初三
27 初四	28 初五	29 初六	30 初七			

7

一	二	三	四	五	六	日
				1 初八	2 初九	3 初十
4 十一	5 十二	6 十三	7 小暑	8 十五	9 十六	10 十七
11 十八	12 十九	13 二十	14 廿一	15 廿二	16 廿三	17 廿四
18 廿五	19 廿六	20 廿七	21 廿八	22 廿九	23 大暑	24 六月
25 初二	26 初三	27 初四	28 初五	29 初六	30 初七	31 初八

8

一	二	三	四	五	六	日
1 初九	2 初十	3 十一	4 十二	5 十三	6 十四	7 立秋
8 十六	9 十七	10 十八	11 十九	12 二十	13 廿一	14 廿二
15 廿三	16 廿四	17 廿五	18 廿六	19 廿七	20 廿八	21 廿九
22 七月	23 处暑	24 初三	25 初四	26 初五	27 初六	28 初七
29 初八	30 初九	31 初十				

9

一	二	三	四	五	六	日
			1 十一	2 十二	3 十三	4 十四
5 十五	6 十六	7 白露	8 十八	9 十九	10 二十	11 廿一
12 廿二	13 廿三	14 廿四	15 廿五	16 廿六	17 廿七	18 廿八
19 廿九	20 三十	21 八月	22 初二	23 秋分	24 初四	25 初五
26 初六	27 初七	28 初八	29 初九	30 初十		

10

一	二	三	四	五	六	日
					1 十一	2 十二
3 十三	4 十四	5 十五	6 十六	7 十七	8 寒露	9 十九
10 二十	11 廿一	12 廿二	13 廿三	14 廿四	15 廿五	16 廿六
17 廿七	18 廿八	19 廿九	20 九月	21 初二	22 初三	23 霜降
24 初五	25 初六	26 初七	27 初八	28 初九	29 初十	30 十一
31 十二						

11

一	二	三	四	五	六	日
	1 十三	2 十四	3 十五	4 十六	5 十七	6 十八
7 立冬	8 二十	9 廿一	10 廿二	11 廿三	12 廿四	13 廿五
14 廿六	15 廿七	16 廿八	17 廿九	18 三十	19 十月	20 初二
21 初三	22 小雪	23 初五	24 初六	25 初七	26 初八	27 初九
28 初十	29 十一	30 十二				

12

一	二	三	四	五	六	日
			1 十三	2 十四	3 十五	4 十六
5 十七	6 十八	7 大雪	8 二十	9 廿一	10 廿二	11 廿三
12 廿四	13 廿五	14 廿六	15 廿七	16 廿八	17 廿九	18 十一月
19 初二	20 初三	21 初四	22 冬至	23 初六	24 初七	25 初八
26 初九	27 初十	28 十一	29 十二	30 十三	31 十四	

1961年（辛丑 牛年 2月15日始）

1月

一	二	三	四	五	六	日
						1十五
2十六	3十七	4十八	5小寒	6二十	7廿一	8廿二
9廿三	10廿四	11廿五	12廿六	13廿七	14廿八	15廿九
16三十	17十二月	18初二	19初三	20大寒	21初五	22初六
23初七	24初八	25初九	26初十	27十一	28十二	29十三
30十四	31十五					

7月

一	二	三	四	五	六	日
					1十九	2二十
3廿一	4廿二	5廿三	6廿四	7小暑	8廿六	9廿七
10廿八	11廿九	12三十	13六月	14初二	15初三	16初四
17初五	18初六	19初七	20初八	21初九	22初十	23大暑
24十二	25十三	26十四	27十五	28十六	29十七	30十八
31十九						

2月

一	二	三	四	五	六	日
		1十六	2十七	3十八	4立春	5二十
6廿一	7廿二	8廿三	9廿四	10廿五	11廿六	12廿七
13廿八	14廿九	15正月	16初二	17初三	18初四	19雨水
20初六	21初七	22初八	23初九	24初十	25十一	26十二
27十三	28十四					

8月

一	二	三	四	五	六	日
	1二十	2廿一	3廿二	4廿三	5廿四	6廿五
7廿六	8立秋	9廿八	10廿九	11七月	12初二	13初三
14初四	15初五	16初六	17初七	18初八	19初九	20初十
21十一	22十二	23处暑	24十四	25十五	26十六	27十七
28十八	29十九	30二十	31廿一			

3月

一	二	三	四	五	六	日
		1十五	2十六	3十七	4十八	5十九
6惊蛰	7廿一	8廿二	9廿三	10廿四	11廿五	12廿六
13廿七	14廿八	15廿九	16三十	17二月	18初二	19初三
20初四	21春分	22初六	23初七	24初八	25初九	26初十
27十一	28十二	29十三	30十四	31十五		

9月

一	二	三	四	五	六	日
				1廿二	2廿三	3廿四
4廿五	5廿六	6廿七	7廿八	8白露	9三十	10八月
11初二	12初三	13初四	14初五	15初六	16初七	17初八
18初九	19初十	20十一	21十二	22十三	23秋分	24十五
25十六	26十七	27十八	28十九	29二十	30廿一	

4月

一	二	三	四	五	六	日
					1十六	2十七
3十八	4十九	5清明	6廿一	7廿二	8廿三	9廿四
10廿五	11廿六	12廿七	13廿八	14廿九	15三月	16初二
17初三	18初四	19初五	20谷雨	21初七	22初八	23初九
24初十	25十一	26十二	27十三	28十四	29十五	30十六

10月

一	二	三	四	五	六	日
						1廿二
2廿三	3廿四	4廿五	5廿六	6廿七	7廿八	8寒露
9三十	10九月	11初二	12初三	13初四	14初五	15初六
16初七	17初八	18初九	19初十	20十一	21十二	22十三
23霜降	24十五	25十六	26十七	27十八	28十九	29二十
30廿一	31廿二					

5月

一	二	三	四	五	六	日
1十七	2十八	3十九	4二十	5廿一	6立夏	7廿三
8廿四	9廿五	10廿六	11廿七	12廿八	13廿九	14三十
15四月	16初二	17初三	18初四	19初五	20初六	21小满
22初八	23初九	24初十	25十一	26十二	27十三	28十四
29十五	30十六	31十七				

11月

一	二	三	四	五	六	日
		1廿三	2廿四	3廿五	4廿六	5廿七
6廿八	7立冬	8十月	9初二	10初三	11初四	12初五
13初六	14初七	15初八	16初九	17初十	18十一	19十二
20十三	21十四	22小雪	23十六	24十七	25十八	26十九
27二十	28廿一	29廿二	30廿三			

6月

一	二	三	四	五	六	日
			1十八	2十九	3二十	4廿一
5廿二	6芒种	7廿四	8廿五	9廿六	10廿七	11廿八
12廿九	13五月	14初二	15初三	16初四	17初五	18初六
19初七	20初八	21夏至	22初十	23十一	24十二	25十三
26十四	27十五	28十六	29十七	30十八		

12月

一	二	三	四	五	六	日
				1廿四	2廿五	3廿六
4廿七	5廿八	6廿九	7大雪	8十一月	9初二	10初三
11初四	12初五	13初六	14初七	15初八	16初九	17初十
18十一	19十二	20十三	21十四	22冬至	23十六	24十七
25十八	26十九	27二十	28廿一	29廿二	30廿三	31廿四

1962年（壬寅　虎年　2月5日始）

1月

一	二	三	四	五	六	日
1 廿五	2 廿六	3 廿七	4 廿八	5 廿九	6 十二月 小寒	7 初二
8 初三	9 初四	10 初五	11 初六	12 初七	13 初八	14 初九
15 初十	16 十一	17 十二	18 十三	19 十四	20 大寒	21 十六
22 十七	23 十八	24 十九	25 二十	26 廿一	27 廿二	28 廿三
29 廿四	30 廿五	31 廿六				

2月

一	二	三	四	五	六	日
			1 廿七	2 廿八	3 廿九	4 立春
5 正月	6 初二	7 初三	8 初四	9 初五	10 初六	11 初七
12 初八	13 初九	14 初十	15 十一	16 十二	17 十三	18 十四
19 雨水	20 十六	21 十七	22 十八	23 十九	24 二十	25 廿一
26 廿二	27 廿三	28 廿四				

3月

一	二	三	四	五	六	日
			1 廿五	2 廿六	3 廿七	4 廿八
5 廿九	6 二月 惊蛰	7 初二	8 初三	9 初四	10 初五	11 初六
12 初七	13 初八	14 初九	15 初十	16 十一	17 十二	18 十三
19 十四	20 十五	21 春分	22 十七	23 十八	24 十九	25 二十
26 廿一	27 廿二	28 廿三	29 廿四	30 廿五	31 廿六	

4月

一	二	三	四	五	六	日
						1 廿七
2 廿八	3 廿九	4 三十	5 三月 清明	6 初二	7 初三	8 初四
9 初五	10 初六	11 初七	12 初八	13 初九	14 初十	15 十一
16 十二	17 十三	18 十四	19 十五	20 谷雨	21 十七	22 十八
23 十九	24 二十	25 廿一	26 廿二	27 廿三	28 廿四	29 廿五
30 廿六						

5月

一	二	三	四	五	六	日
	1 廿七	2 廿八	3 廿九	4 四月	5 初二	6 立夏
7 初四	8 初五	9 初六	10 初七	11 初八	12 初九	13 初十
14 十一	15 十二	16 十三	17 十四	18 十五	19 十六	20 十七
21 小满	22 十九	23 二十	24 廿一	25 廿二	26 廿三	27 廿四
28 廿五	29 廿六	30 廿七	31 廿八			

6月

一	二	三	四	五	六	日
				1 廿九	2 五月	3 初二
4 初三	5 初四	6 芒种	7 初六	8 初七	9 初八	10 初九
11 初十	12 十一	13 十二	14 十三	15 十四	16 十五	17 十六
18 十七	19 十八	20 十九	21 二十	22 夏至	23 廿二	24 廿三
25 廿四	26 廿五	27 廿六	28 廿七	29 廿八	30 廿九	

7月

一	二	三	四	五	六	日
						1 三十
2 六月	3 初二	4 初三	5 初四	6 初五	7 小暑	8 初七
9 初八	10 初九	11 初十	12 十一	13 十二	14 十三	15 十四
16 十五	17 十六	18 十七	19 十八	20 十九	21 二十	22 廿一
23 大暑	24 廿三	25 廿四	26 廿五	27 廿六	28 廿七	29 廿八
30 廿九	31 七月					

8月

一	二	三	四	五	六	日
		1 初二	2 初三	3 初四	4 初五	5 初六
6 初七	7 初八	8 立秋	9 初十	10 十一	11 十二	12 十三
13 十四	14 十五	15 十六	16 十七	17 十八	18 十九	19 二十
20 廿一	21 廿二	22 廿三	23 处暑	24 廿五	25 廿六	26 廿七
27 廿八	28 廿九	29 三十	30 八月	31 初二		

9月

一	二	三	四	五	六	日
					1 初三	2 初四
3 初五	4 初六	5 初七	6 初八	7 初九	8 白露	9 十一
10 十二	11 十三	12 十四	13 十五	14 十六	15 十七	16 十八
17 十九	18 二十	19 廿一	20 廿二	21 廿三	22 廿四	23 秋分
24 廿六	25 廿七	26 廿八	27 廿九	28 三十	29 九月	30 初二

10月

一	二	三	四	五	六	日
1 初三	2 初四	3 初五	4 初六	5 初七	6 初八	7 初九
8 初十	9 寒露	10 十二	11 十三	12 十四	13 十五	14 十六
15 十七	16 十八	17 十九	18 二十	19 廿一	20 廿二	21 廿三
22 廿四	23 廿五	24 霜降	25 廿七	26 廿八	27 廿九	28 十月
29 初二	30 初三	31 初四				

11月

一	二	三	四	五	六	日
			1 初五	2 初六	3 初七	4 初八
5 初九	6 初十	7 十一	8 立冬	9 十三	10 十四	11 十五
12 十六	13 十七	14 十八	15 十九	16 二十	17 廿一	18 廿二
19 廿三	20 廿四	21 廿五	22 廿六	23 小雪	24 廿八	25 廿九
26 三十	27 十一月	28 初二	29 初三	30 初四		

12月

一	二	三	四	五	六	日
					1 初五	2 初六
3 初七	4 初八	5 初九	6 初十	7 大雪	8 十二	9 十三
10 十四	11 十五	12 十六	13 十七	14 十八	15 十九	16 二十
17 廿一	18 廿二	19 廿三	20 廿四	21 廿五	22 冬至	23 廿七
24 廿八	25 廿九	26 三十	27 十二月	28 初二	29 初三	30 初四
31 初五						

1963年（癸卯 兔年 1月25日始 闰四月）

1

一	二	三	四	五	六	日
	1 初六	2 初七	3 初八	4 初九	5 初十	6 小寒
7 十二	8 十三	9 十四	10 十五	11 十六	12 十七	13 十八
14 十九	15 二十	16 廿一	17 廿二	18 廿三	19 廿四	20 廿五
21 大寒	22 廿七	23 廿八	24 廿九	25 正月	26 初二	27 初三
28 初四	29 初五	30 初六	31 初七			

2

一	二	三	四	五	六	日
				1 初八	2 初九	3 初十
4 立春	5 十二	6 十三	7 十四	8 十五	9 十六	10 十七
11 十八	12 十九	13 二十	14 廿一	15 廿二	16 廿三	17 廿四
18 廿五	19 雨水	20 廿七	21 廿八	22 廿九	23 三十	24 二月
25 初二	26 初三	27 初四	28 初五			

3

一	二	三	四	五	六	日
				1 初六	2 初七	3 初八
4 初九	5 初十	6 惊蛰	7 十二	8 十三	9 十四	10 十五
11 十六	12 十七	13 十八	14 十九	15 二十	16 廿一	17 廿二
18 廿三	19 廿四	20 廿五	21 春分	22 廿七	23 廿八	24 廿九
25 三月	26 初二	27 初三	28 初四	29 初五	30 初六	31 初七

4

一	二	三	四	五	六	日
1 初八	2 初九	3 初十	4 十一	5 清明	6 十三	7 十四
8 十五	9 十六	10 十七	11 十八	12 十九	13 二十	14 廿一
15 廿二	16 廿三	17 廿四	18 廿五	19 廿六	20 廿七	21 谷雨
22 廿九	23 三十	24 四月	25 初二	26 初三	27 初四	28 初五
29 初六	30 初七					

5

一	二	三	四	五	六	日
		1 初八	2 初九	3 初十	4 十一	5 十二
6 立夏	7 十四	8 十五	9 十六	10 十七	11 十八	12 十九
13 二十	14 廿一	15 廿二	16 廿三	17 廿四	18 廿五	19 廿六
20 廿七	21 廿八	22 小满	23 四月	24 初二	25 初三	26 初四
27 初五	28 初六	29 初七	30 初八	31 初九		

6

一	二	三	四	五	六	日
					1 初十	2 十一
3 十二	4 十三	5 十四	6 芒种	7 十六	8 十七	9 十八
10 十九	11 二十	12 廿一	13 廿二	14 廿三	15 廿四	16 廿五
17 廿六	18 廿七	19 廿八	20 廿九	21 五月	22 夏至	23 初三
24 初四	25 初五	26 初六	27 初七	28 初八	29 初九	30 初十

7

一	二	三	四	五	六	日
1 十一	2 十二	3 十三	4 十四	5 十五	6 十六	7 十七
8 小暑	9 十九	10 二十	11 廿一	12 廿二	13 廿三	14 廿四
15 廿五	16 廿六	17 廿七	18 廿八	19 廿九	20 三十	21 六月
22 初二	23 大暑	24 初四	25 初五	26 初六	27 初七	28 初八
29 初九	30 初十	31 十一				

8

一	二	三	四	五	六	日
			1 十二	2 十三	3 十四	4 十五
5 十六	6 十七	7 十八	8 立秋	9 二十	10 廿一	11 廿二
12 廿三	13 廿四	14 廿五	15 廿六	16 廿七	17 廿八	18 廿九
19 七月	20 初二	21 初三	22 初四	23 初五	24 处暑	25 初七
26 初八	27 初九	28 初十	29 十一	30 十二	31 十三	

9

一	二	三	四	五	六	日
						1 十四
2 十五	3 十六	4 十七	5 十八	6 十九	7 二十	8 白露
9 廿二	10 廿三	11 廿四	12 廿五	13 廿六	14 廿七	15 廿八
16 廿九	17 三十	18 八月	19 初二	20 初三	21 初四	22 初五
23 初六	24 秋分	25 初八	26 初九	27 初十	28 十一	29 十二
30 十三						

10

一	二	三	四	五	六	日
	1 十四	2 十五	3 十六	4 十七	5 十八	6 十九
7 二十	8 廿一	9 寒露	10 廿三	11 廿四	12 廿五	13 廿六
14 廿七	15 廿八	16 廿九	17 九月	18 初二	19 初三	20 初四
21 初五	22 初六	23 初七	24 霜降	25 初九	26 初十	27 十一
28 十二	29 十三	30 十四	31 十五			

11

一	二	三	四	五	六	日
				1 十六	2 十七	3 十八
4 十九	5 二十	6 廿一	7 廿二	8 立冬	9 廿四	10 廿五
11 廿六	12 廿七	13 廿八	14 廿九	15 三十	16 十月	17 初二
18 初三	19 初四	20 初五	21 初六	22 初七	23 小雪	24 初九
25 初十	26 十一	27 十二	28 十三	29 十四	30 十五	

12

一	二	三	四	五	六	日
						1 十六
2 十七	3 十八	4 十九	5 二十	6 廿一	7 廿二	8 大雪
9 廿四	10 廿五	11 廿六	12 廿七	13 廿八	14 廿九	15 三十
16 十一月	17 初二	18 初三	19 初四	20 初五	21 初六	22 冬至
23 初八	24 初九	25 初十	26 十一	27 十二	28 十三	29 十四
30 十五	31 十六					

养生月历

1964年（甲辰　龙年　2月13日始）

1

一	二	三	四	五	六	日
		1 十七	2 十八	3 十九	4 二十	5 廿一
6 小寒	7 廿三	8 廿四	9 廿五	10 廿六	11 廿七	12 廿八
13 廿九	14 三十	15 十二月	16 初二	17 初三	18 初四	19 初五
20 初六	21 大寒	22 初八	23 初九	24 初十	25 十一	26 十二
27 十三	28 十四	29 十五	30 十六	31 十七		

2

一	二	三	四	五	六	日
					1 十八	2 十九
3 二十	4 廿一	5 立春	6 廿三	7 廿四	8 廿五	9 廿六
10 廿七	11 廿八	12 廿九	13 正月	14 初二	15 初三	16 初四
17 初五	18 初六	19 雨水	20 初八	21 初九	22 初十	23 十一
24 十二	25 十三	26 十四	27 十五	28 十六	29 十七	

3

一	二	三	四	五	六	日
						1 十八
2 十九	3 二十	4 廿一	5 惊蛰	6 廿三	7 廿四	8 廿五
9 廿六	10 廿七	11 廿八	12 廿九	13 三十	14 二月	15 初二
16 初三	17 初四	18 初五	19 初六	20 春分	21 初八	22 初九
23 初十	24 十一	25 十二	26 十三	27 十四	28 十五	29 十六
30 十七	31 十八					

4

一	二	三	四	五	六	日
		1 十九	2 二十	3 廿一	4 廿二	5 清明
6 廿四	7 廿五	8 廿六	9 廿七	10 廿八	11 廿九	12 三月
13 初二	14 初三	15 初四	16 初五	17 初六	18 初七	19 初八
20 谷雨	21 初十	22 十一	23 十二	24 十三	25 十四	26 十五
27 十六	28 十七	29 十八	30 十九			

5

一	二	三	四	五	六	日
				1 二十	2 廿一	3 廿二
4 廿三	5 立夏	6 廿五	7 廿六	8 廿七	9 廿八	10 廿九
11 三十	12 四月	13 初二	14 初三	15 初四	16 初五	17 初六
18 初七	19 初八	20 初九	21 小满	22 十一	23 十二	24 十三
25 十四	26 十五	27 十六	28 十七	29 十八	30 十九	31 二十

6

一	二	三	四	五	六	日
1 廿一	2 廿二	3 廿三	4 廿四	5 廿五	6 芒种	7 廿七
8 廿八	9 廿九	10 五月	11 初二	12 初三	13 初四	14 初五
15 初六	16 初七	17 初八	18 初九	19 初十	20 十一	21 夏至
22 十三	23 十四	24 十五	25 十六	26 十七	27 十八	28 十九
29 二十	30 廿一					

7

一	二	三	四	五	六	日
		1 廿二	2 廿三	3 廿四	4 廿五	5 廿六
6 廿七	7 小暑	8 廿九	9 六月	10 初二	11 初三	12 初四
13 初五	14 初六	15 初七	16 初八	17 初九	18 初十	19 十一
20 十二	21 十三	22 十四	23 大暑	24 十六	25 十七	26 十八
27 十九	28 二十	29 廿一	30 廿二	31 廿三		

8

一	二	三	四	五	六	日
					1 廿四	2 廿五
3 廿六	4 廿七	5 廿八	6 廿九	7 立秋	8 七月	9 初二
10 初三	11 初四	12 初五	13 初六	14 初七	15 初八	16 初九
17 初十	18 十一	19 十二	20 十三	21 十四	22 十五	23 处暑
24 十七	25 十八	26 十九	27 二十	28 廿一	29 廿二	30 廿三
31 廿四						

9

一	二	三	四	五	六	日
	1 廿五	2 廿六	3 廿七	4 廿八	5 廿九	6 八月
7 白露	8 初三	9 初四	10 初五	11 初六	12 初七	13 初八
14 初九	15 初十	16 十一	17 十二	18 十三	19 十四	20 十五
21 十六	22 十七	23 秋分	24 十九	25 二十	26 廿一	27 廿二
28 廿三	29 廿四	30 廿五				

10

一	二	三	四	五	六	日
			1 廿六	2 廿七	3 廿八	4 廿九
5 三十	6 九月	7 初二	8 寒露	9 初四	10 初五	11 初六
12 初七	13 初八	14 初九	15 初十	16 十一	17 十二	18 十三
19 十四	20 十五	21 十六	22 十七	23 霜降	24 十九	25 二十
26 廿一	27 廿二	28 廿三	29 廿四	30 廿五	31 廿六	

11

一	二	三	四	五	六	日
						1 廿七
2 廿八	3 廿九	4 十月	5 初二	6 初三	7 立冬	8 初五
9 初六	10 初七	11 初八	12 初九	13 初十	14 十一	15 十二
16 十三	17 十四	18 十五	19 十六	20 十七	21 十八	22 小雪
23 二十	24 廿一	25 廿二	26 廿三	27 廿四	28 廿五	29 廿六
30 廿七						

12

一	二	三	四	五	六	日
	1 廿八	2 廿九	3 三十	4 十一月	5 初二	6 初三
7 大雪	8 初五	9 初六	10 初七	11 初八	12 初九	13 初十
14 十一	15 十二	16 十三	17 十四	18 十五	19 十六	20 十七
21 十八	22 冬至	23 二十	24 廿一	25 廿二	26 廿三	27 廿四
28 廿五	29 廿六	30 廿七	31 廿八			

1965年（乙巳 蛇年 2月2日始）

1月

一	二	三	四	五	六	日
				1 廿九	2 三十	3 十二月
4 初二	5 小寒	6 初四	7 初五	8 初六	9 初七	10 初八
11 初九	12 初十	13 十一	14 十二	15 十三	16 十四	17 十五
18 十六	19 十七	20 大寒	21 十九	22 二十	23 廿一	24 廿二
25 廿三	26 廿四	27 廿五	28 廿六	29 廿七	30 廿八	31 廿九

2月

一	二	三	四	五	六	日
1 三十	2 正月	3 初二	4 立春	5 初四	6 初五	7 初六
8 初七	9 初八	10 初九	11 初十	12 十一	13 十二	14 十三
15 十四	16 十五	17 十六	18 十七	19 雨水	20 十九	21 二十
22 廿一	23 廿二	24 廿三	25 廿四	26 廿五	27 廿六	28 廿七

3月

一	二	三	四	五	六	日
1 廿八	2 廿九	3 二月	4 初二	5 初三	6 惊蛰	7 初五
8 初六	9 初七	10 初八	11 初九	12 初十	13 十一	14 十二
15 十三	16 十四	17 十五	18 十六	19 十七	20 十八	21 春分
22 二十	23 廿一	24 廿二	25 廿三	26 廿四	27 廿五	28 廿六
29 廿七	30 廿八	31 廿九				

4月

一	二	三	四	五	六	日
			1 三十	2 三月	3 初二	4 初三
5 清明	6 初五	7 初六	8 初七	9 初八	10 初九	11 初十
12 十一	13 十二	14 十三	15 十四	16 十五	17 十六	18 十七
19 十八	20 谷雨	21 二十	22 廿一	23 廿二	24 廿三	25 廿四
26 廿五	27 廿六	28 廿七	29 廿八	30 廿九		

5月

一	二	三	四	五	六	日
					1 四月	2 初二
3 初三	4 初四	5 初五	6 立夏	7 初七	8 初八	9 初九
10 初十	11 十一	12 十二	13 十三	14 十四	15 十五	16 十六
17 十七	18 十八	19 十九	20 二十	21 小满	22 廿二	23 廿三
24 廿四	25 廿五	26 廿六	27 廿七	28 廿八	29 廿九	30 三十
31 五月						

6月

一	二	三	四	五	六	日
	1 初二	2 初三	3 初四	4 初五	5 初六	6 芒种
7 初八	8 初九	9 初十	10 十一	11 十二	12 十三	13 十四
14 十五	15 十六	16 十七	17 十八	18 十九	19 二十	20 廿一
21 夏至	22 廿三	23 廿四	24 廿五	25 廿六	26 廿七	27 廿八
28 廿九	29 六月	30 初二				

7月

一	二	三	四	五	六	日
			1 初三	2 初四	3 初五	4 初六
5 初七	6 初八	7 小暑	8 初十	9 十一	10 十二	11 十三
12 十四	13 十五	14 十六	15 十七	16 十八	17 十九	18 二十
19 廿一	20 廿二	21 廿三	22 廿四	23 大暑	24 廿六	25 廿七
26 廿八	27 廿九	28 七月	29 初二	30 初三	31 初四	

8月

一	二	三	四	五	六	日
						1 初五
2 初六	3 初七	4 初八	5 初九	6 初十	7 十一	8 立秋
9 十三	10 十四	11 十五	12 十六	13 十七	14 十八	15 十九
16 二十	17 廿一	18 廿二	19 廿三	20 廿四	21 廿五	22 廿六
23 处暑	24 廿八	25 廿九	26 三十	27 八月	28 初二	29 初三
30 初四	31 初五					

9月

一	二	三	四	五	六	日
		1 初六	2 初七	3 初八	4 初九	5 初十
6 十一	7 十二	8 白露	9 十四	10 十五	11 十六	12 十七
13 十八	14 十九	15 二十	16 廿一	17 廿二	18 廿三	19 廿四
20 廿五	21 廿六	22 廿七	23 秋分	24 廿九	25 九月	26 初二
27 初三	28 初四	29 初五	30 初六			

10月

一	二	三	四	五	六	日
				1 初七	2 初八	3 初九
4 初十	5 十一	6 十二	7 十三	8 寒露	9 十五	10 十六
11 十七	12 十八	13 十九	14 二十	15 廿一	16 廿二	17 廿三
18 廿四	19 廿五	20 廿六	21 廿七	22 廿八	23 霜降	24 十月
25 初二	26 初三	27 初四	28 初五	29 初六	30 初七	31 初八

11月

一	二	三	四	五	六	日
1 初九	2 初十	3 十一	4 十二	5 十三	6 十四	7 立冬
8 十六	9 十七	10 十八	11 十九	12 二十	13 廿一	14 廿二
15 廿三	16 廿四	17 廿五	18 廿六	19 廿七	20 廿八	21 廿九
22 小雪	23 十一月	24 初二	25 初三	26 初四	27 初五	28 初六
29 初七	30 初八					

12月

一	二	三	四	五	六	日
		1 初九	2 初十	3 十一	4 十二	5 十三
6 十四	7 大雪	8 十六	9 十七	10 十八	11 十九	12 二十
13 廿一	14 廿二	15 廿三	16 廿四	17 廿五	18 廿六	19 廿七
20 廿八	21 廿九	22 冬至	23 十二月	24 初二	25 初三	26 初四
27 初五	28 初六	29 初七	30 初八	31 初九		

1966 年（丙午　马年　1 月 21 日始　闰三月）

1

一	二	三	四	五	六	日
					1 初十	2 十一
3 十二	4 十三	5 十四	6 小寒	7 十六	8 十七	9 十八
10 十九	11 二十	12 廿一	13 廿二	14 廿三	15 廿四	16 廿五
17 廿六	18 廿七	19 廿八	20 大寒	21 正月	22 初二	23 初三
24 初四	25 初五	26 初六	27 初七	28 初八	29 初九	30 初十
31 十一						

2

一	二	三	四	五	六	日
	1 十二	2 十三	3 十四	4 立春	5 十六	6 十七
7 十八	8 十九	9 二十	10 廿一	11 廿二	12 廿三	13 廿四
14 廿五	15 廿六	16 廿七	17 廿八	18 廿九	19 雨水	20 二月
21 初二	22 初三	23 初四	24 初五	25 初六	26 初七	27 初八
28 初九						

3

一	二	三	四	五	六	日
	1 初十	2 十一	3 十二	4 十三	5 十四	6 惊蛰
7 十六	8 十七	9 十八	10 十九	11 二十	12 廿一	13 廿二
14 廿三	15 廿四	16 廿五	17 廿六	18 廿七	19 廿八	20 廿九
21 春分	22 三月	23 初二	24 初三	25 初四	26 初五	27 初六
28 初七	29 初八	30 初九	31 初十			

4

一	二	三	四	五	六	日
				1 十一	2 十二	3 十三
4 十四	5 清明	6 十六	7 十七	8 十八	9 十九	10 二十
11 廿一	12 廿二	13 廿三	14 廿四	15 廿五	16 廿六	17 廿七
18 廿八	19 廿九	20 谷雨	21 三月	22 初二	23 初三	24 初四
25 初五	26 初六	27 初七	28 初八	29 初九	30 初十	

5

一	二	三	四	五	六	日
						1 十一
2 十二	3 十三	4 十四	5 十五	6 立夏	7 十七	8 十八
9 十九	10 二十	11 廿一	12 廿二	13 廿三	14 廿四	15 廿五
16 廿六	17 廿七	18 廿八	19 廿九	20 四月	21 小满	22 初三
23 初四	24 初五	25 初六	26 初七	27 初八	28 初九	29 初十
30 十一	31 十二					

6

一	二	三	四	五	六	日
		1 十三	2 十四	3 十五	4 十六	5 十七
6 芒种	7 十九	8 二十	9 廿一	10 廿二	11 廿三	12 廿四
13 廿五	14 廿六	15 廿七	16 廿八	17 廿九	18 三十	19 五月
20 初二	21 初三	22 夏至	23 初五	24 初六	25 初七	26 初八
27 初九	28 初十	29 十一	30 十二			

7

一	二	三	四	五	六	日
				1 十三	2 十四	3 十五
4 十六	5 十七	6 十八	7 小暑	8 二十	9 廿一	10 廿二
11 廿三	12 廿四	13 廿五	14 廿六	15 廿七	16 廿八	17 廿九
18 六月	19 初二	20 初三	21 初四	22 初五	23 大暑	24 初七
25 初八	26 初九	27 初十	28 十一	29 十二	30 十三	31 十四

8

一	二	三	四	五	六	日
1 十五	2 十六	3 十七	4 十八	5 十九	6 二十	7 廿一
8 立秋	9 廿三	10 廿四	11 廿五	12 廿六	13 廿七	14 廿八
15 廿九	16 七月	17 初二	18 初三	19 初四	20 初五	21 初六
22 初七	23 处暑	24 初九	25 初十	26 十一	27 十二	28 十三
29 十四	30 十五	31 十六				

9

一	二	三	四	五	六	日
			1 十七	2 十八	3 十九	4 二十
5 廿一	6 廿二	7 廿三	8 白露	9 廿五	10 廿六	11 廿七
12 廿八	13 廿九	14 三十	15 八月	16 初二	17 初三	18 初四
19 初五	20 初六	21 初七	22 初八	23 秋分	24 初十	25 十一
26 十二	27 十三	28 十四	29 十五	30 十六		

10

一	二	三	四	五	六	日
					1 十七	2 十八
3 十九	4 二十	5 廿一	6 廿二	7 廿三	8 廿四	9 寒露
10 廿六	11 廿七	12 廿八	13 廿九	14 九月	15 初二	16 初三
17 初四	18 初五	19 初六	20 初七	21 初八	22 初九	23 初十
24 霜降	25 十二	26 十三	27 十四	28 十五	29 十六	30 十七
31 十八						

11

一	二	三	四	五	六	日
	1 十九	2 二十	3 廿一	4 廿二	5 廿三	6 廿四
7 廿五	8 立冬	9 廿七	10 廿八	11 廿九	12 十月	13 初二
14 初三	15 初四	16 初五	17 初六	18 初七	19 初八	20 初九
21 初十	22 十一	23 小雪	24 十三	25 十四	26 十五	27 十六
28 十七	29 十八	30 十九				

12

一	二	三	四	五	六	日
			1 二十	2 廿一	3 廿二	4 廿三
5 廿四	6 廿五	7 大雪	8 廿七	9 廿八	10 廿九	11 三十
12 十一月	13 初二	14 初三	15 初四	16 初五	17 初六	18 初七
19 初八	20 初九	21 初十	22 冬至	23 十二	24 十三	25 十四
26 十五	27 十六	28 十七	29 十八	30 十九	31 二十	

1967年（丁未 羊年 2月9日始）

1

一	二	三	四	五	六	日
						1 廿一
2 廿二	3 廿三	4 廿四	5 廿五	6 小寒	7 廿七	8 廿八
9 廿九	10 三十	11 十二月	12 初二	13 初三	14 初四	15 初五
16 初六	17 初七	18 初八	19 初九	20 初十	21 大寒	22 十二
23 十三	24 十四	25 十五	26 十六	27 十七	28 十八	29 十九
30 二十	31 廿一					

2

一	二	三	四	五	六	日
		1 廿二	2 廿三	3 廿四	4 立春	5 廿六
6 廿七	7 廿八	8 廿九	9 正月	10 初二	11 初三	12 初四
13 初五	14 初六	15 初七	16 初八	17 初九	18 初十	19 雨水
20 十二	21 十三	22 十四	23 十五	24 十六	25 十七	26 十八
27 十九	28 二十					

3

一	二	三	四	五	六	日
		1 廿一	2 廿二	3 廿三	4 廿四	5 廿五
6 惊蛰	7 廿七	8 廿八	9 廿九	10 三十	11 二月	12 初二
13 初三	14 初四	15 初五	16 初六	17 初七	18 初八	19 初九
20 初十	21 春分	22 十二	23 十三	24 十四	25 十五	26 十六
27 十七	28 十八	29 十九	30 二十	31 廿一		

4

一	二	三	四	五	六	日
					1 廿二	2 廿三
3 廿四	4 廿五	5 清明	6 廿七	7 廿八	8 廿九	9 三十
10 三月	11 初二	12 初三	13 初四	14 初五	15 初六	16 初七
17 初八	18 初九	19 初十	20 十一	21 谷雨	22 十三	23 十四
24 十五	25 十六	26 十七	27 十八	28 十九	29 二十	30 廿一

5

一	二	三	四	五	六	日
1 廿二	2 廿三	3 廿四	4 廿五	5 廿六	6 立夏	7 廿八
8 廿九	9 四月	10 初二	11 初三	12 初四	13 初五	14 初六
15 初七	16 初八	17 初九	18 初十	19 十一	20 十二	21 十三
22 小满	23 十五	24 十六	25 十七	26 十八	27 十九	28 二十
29 廿一	30 廿二	31 廿三				

6

一	二	三	四	五	六	日
			1 廿四	2 廿五	3 廿六	4 廿七
5 廿八	6 芒种	7 三十	8 五月	9 初二	10 初三	11 初四
12 初五	13 初六	14 初七	15 初八	16 初九	17 初十	18 十一
19 十二	20 十三	21 十四	22 夏至	23 十六	24 十七	25 十八
26 十九	27 二十	28 廿一	29 廿二	30 廿三		

7

一	二	三	四	五	六	日
					1 廿四	2 廿五
3 廿六	4 廿七	5 廿八	6 廿九	7 三十	8 小暑 六月	9 初二
10 初三	11 初四	12 初五	13 初六	14 初七	15 初八	16 初九
17 初十	18 十一	19 十二	20 十三	21 十四	22 十五	23 大暑
24 十七	25 十八	26 十九	27 二十	28 廿一	29 廿二	30 廿三
31 廿四						

8

一	二	三	四	五	六	日
	1 廿五	2 廿六	3 廿七	4 廿八	5 廿九	6 七月
7 初二	8 立秋	9 初四	10 初五	11 初六	12 初七	13 初八
14 初九	15 初十	16 十一	17 十二	18 十三	19 十四	20 十五
21 十六	22 十七	23 十八	24 处暑	25 二十	26 廿一	27 廿二
28 廿三	29 廿四	30 廿五	31 廿六			

9

一	二	三	四	五	六	日
				1 廿七	2 廿八	3 廿九
4 八月	5 初二	6 初三	7 初四	8 白露	9 初六	10 初七
11 初八	12 初九	13 初十	14 十一	15 十二	16 十三	17 十四
18 十五	19 十六	20 十七	21 十八	22 十九	23 二十	24 秋分
25 廿二	26 廿三	27 廿四	28 廿五	29 廿六	30 廿七	

10

一	二	三	四	五	六	日
						1 廿八
2 廿九	3 三十	4 九月	5 初二	6 初三	7 初四	8 初五
9 寒露	10 初七	11 初八	12 初九	13 初十	14 十一	15 十二
16 十三	17 十四	18 十五	19 十六	20 十七	21 十八	22 十九
23 二十	24 霜降	25 廿二	26 廿三	27 廿四	28 廿五	29 廿六
30 廿七	31 廿八					

11

一	二	三	四	五	六	日
		1 廿九	2 十月	3 初二	4 初三	5 初四
6 初五	7 初六	8 立冬	9 初八	10 初九	11 初十	12 十一
13 十二	14 十三	15 十四	16 十五	17 十六	18 十七	19 十八
20 十九	21 二十	22 廿一	23 小雪	24 廿三	25 廿四	26 廿五
27 廿六	28 廿七	29 廿八	30 廿九			

12

一	二	三	四	五	六	日
				1 三十	2 十一月	3 初二
4 初三	5 初四	6 初五	7 初六	8 大雪	9 初八	10 初九
11 初十	12 十一	13 十二	14 十三	15 十四	16 十五	17 十六
18 十七	19 十八	20 十九	21 二十	22 冬至	23 廿二	24 廿三
25 廿四	26 廿五	27 廿六	28 廿七	29 廿八	30 廿九	31 十二月

1968 年(戊申 猴年 1月30日始 闰七月)

养生月历

一	二	三	四	五	六	日
1初二	2初三	3初四	4初五	5初六	6小寒	7初八
8初九	9初十	10十一	11十二	12十三	13十四	14十五
15十六	16十七	17十八	18十九	19二十	20廿一	21大寒
22廿三	23廿四	24廿五	25廿六	26廿七	27廿八	28廿九
29三十	30正月	31初二				

一	二	三	四	五	六	日
			1初三	2初四	3初五	4初六
5立春	6初八	7初九	8初十	9十一	10十二	11十三
12十四	13十五	14十六	15十七	16十八	17十九	18二十
19雨水	20廿二	21廿三	22廿四	23廿五	24廿六	25廿七
26廿八	27廿九	28二月	29初二			

一	二	三	四	五	六	日
				1初三	2初四	3初五
4初六	5惊蛰	6初八	7初九	8初十	9十一	10十二
11十三	12十四	13十五	14十六	15十七	16十八	17十九
18二十	19廿一	20春分	21廿三	22廿四	23廿五	24廿六
25廿七	26廿八	27廿九	28三十	29三月	30初二	31初三

一	二	三	四	五	六	日
1初四	2初五	3初六	4初七	5清明	6初九	7初十
8十一	9十二	10十三	11十四	12十五	13十六	14十七
15十八	16十九	17二十	18廿一	19廿二	20谷雨	21廿四
22廿五	23廿六	24廿七	25廿八	26廿九	27四月	28初二
29初三	30初四					

一	二	三	四	五	六	日
		1初五	2初六	3初七	4初八	5立夏
6初十	7十一	8十二	9十三	10十四	11十五	12十六
13十七	14十八	15十九	16二十	17廿一	18廿二	19廿三
20廿四	21小满	22廿六	23廿七	24廿八	25廿九	26三十
27五月	28初二	29初三	30初四	31初五		

一	二	三	四	五	六	日
					1初六	2初七
3初八	4初九	5芒种	6十一	7十二	8十三	9十四
10十五	11十六	12十七	13十八	14十九	15二十	16廿一
17廿二	18廿三	19廿四	20廿五	21夏至	22廿七	23廿八
24廿九	25三十	26六月	27初二	28初三	29初四	30初五

一	二	三	四	五	六	日
1初六	2初七	3初八	4初九	5初十	6十一	7小暑
8十三	9十四	10十五	11十六	12十七	13十八	14十九
15二十	16廿一	17廿二	18廿三	19廿四	20廿五	21廿六
22廿七	23大暑	24廿九	25七月	26初二	27初三	28初四
29初五	30初六	31初七				

一	二	三	四	五	六	日
			1初八	2初九	3初十	4十一
5十二	6十三	7立秋	8十五	9十六	10十七	11十八
12十九	13二十	14廿一	15廿二	16廿三	17廿四	18廿五
19廿六	20廿七	21廿八	22廿九	23处暑	24七月	25初二
26初三	27初四	28初五	29初六	30初七	31初八	

一	二	三	四	五	六	日
						1初九
2初十	3十一	4十二	5十三	6十四	7白露	8十六
9十七	10十八	11十九	12二十	13廿一	14廿二	15廿三
16廿四	17廿五	18廿六	19廿七	20廿八	21廿九	22八月
23秋分	24初三	25初四	26初五	27初六	28初七	29初八
30初九						

一	二	三	四	五	六	日
	1初十	2十一	3十二	4十三	5十四	6十五
7十六	8寒露	9十八	10十九	11二十	12廿一	13廿二
14廿三	15廿四	16廿五	17廿六	18廿七	19廿八	20廿九
21三十	22九月	23霜降	24初三	25初四	26初五	27初六
28初七	29初八	30初九	31初十			

一	二	三	四	五	六	日
				1十一	2十二	3十三
4十四	5十五	6十六	7立冬	8十八	9十九	10二十
11廿一	12廿二	13廿三	14廿四	15廿五	16廿六	17廿七
18廿八	19廿九	20十月	21初二	22小雪	23初四	24初五
25初六	26初七	27初八	28初九	29初十	30十一	

一	二	三	四	五	六	日
						1十二
2十三	3十四	4十五	5十六	6十七	7大雪	8十九
9二十	10廿一	11廿二	12廿三	13廿四	14廿五	15廿六
16廿七	17廿八	18廿九	19三十	20十一月	21初二	22冬至
23初四	24初五	25初六	26初七	27初八	28初九	29初十
30十一	31十二					

1969年（己酉 鸡年 2月17日始）

1

一	二	三	四	五	六	日
		1 十三	2 十四	3 十五	4 十六	5 小寒
6 十八	7 十九	8 二十	9 廿一	10 廿二	11 廿三	12 廿四
13 廿五	14 廿六	15 廿七	16 廿八	17 廿九	18 十二月	19 初二
20 大寒	21 初四	22 初五	23 初六	24 初七	25 初八	26 初九
27 初十	28 十一	29 十二	30 十三	31 十四		

2

一	二	三	四	五	六	日
					1 十五	2 十六
3 十七	4 立春	5 十九	6 二十	7 廿一	8 廿二	9 廿三
10 廿四	11 廿五	12 廿六	13 廿七	14 廿八	15 廿九	16 三十
17 正月	18 初二	19 雨水	20 初四	21 初五	22 初六	23 初七
24 初八	25 初九	26 初十	27 十一	28 十二		

3

一	二	三	四	五	六	日
					1 十三	2 十四
3 十五	4 十六	5 十七	6 惊蛰	7 十九	8 二十	9 廿一
10 廿二	11 廿三	12 廿四	13 廿五	14 廿六	15 廿七	16 廿八
17 廿九	18 二月	19 初二	20 初三	21 春分	22 初五	23 初六
24 初七	25 初八	26 初九	27 初十	28 十一	29 十二	30 十三
31 十四						

4

一	二	三	四	五	六	日
	1 十五	2 十六	3 十七	4 十八	5 清明	6 二十
7 廿一	8 廿二	9 廿三	10 廿四	11 廿五	12 廿六	13 廿七
14 廿八	15 廿九	16 三十	17 三月	18 初二	19 初三	20 谷雨
21 初五	22 初六	23 初七	24 初八	25 初九	26 初十	27 十一
28 十二	29 十三	30 十四				

5

一	二	三	四	五	六	日
			1 十五	2 十六	3 十七	4 十八
5 十九	6 立夏	7 廿一	8 廿二	9 廿三	10 廿四	11 廿五
12 廿六	13 廿七	14 廿八	15 廿九	16 四月	17 初二	18 初三
19 初四	20 初五	21 小满	22 初七	23 初八	24 初九	25 初十
26 十一	27 十二	28 十三	29 十四	30 十五	31 十六	

6

一	二	三	四	五	六	日
						1 十七
2 十八	3 十九	4 二十	5 廿一	6 芒种	7 廿三	8 廿四
9 廿五	10 廿六	11 廿七	12 廿八	13 廿九	14 三十	15 五月
16 初二	17 初三	18 初四	19 初五	20 初六	21 夏至	22 初八
23 初九	24 初十	25 十一	26 十二	27 十三	28 十四	29 十五
30 十六						

7

一	二	三	四	五	六	日
	1 十七	2 十八	3 十九	4 二十	5 廿一	6 廿二
7 小暑	8 廿四	9 廿五	10 廿六	11 廿七	12 廿八	13 廿九
14 六月	15 初二	16 初三	17 初四	18 初五	19 初六	20 初七
21 初八	22 初九	23 大暑	24 十一	25 十二	26 十三	27 十四
28 十五	29 十六	30 十七	31 十八			

8

一	二	三	四	五	六	日
				1 十九	2 二十	3 廿一
4 廿二	5 廿三	6 廿四	7 廿五	8 立秋	9 廿七	10 廿八
11 廿九	12 三十	13 七月	14 初二	15 初三	16 初四	17 初五
18 初六	19 初七	20 初八	21 初九	22 初十	23 处暑	24 十二
25 十三	26 十四	27 十五	28 十六	29 十七	30 十八	31 十九

9

一	二	三	四	五	六	日
1 二十	2 廿一	3 廿二	4 廿三	5 廿四	6 廿五	7 廿六
8 白露	9 廿八	10 廿九	11 三十	12 八月	13 初二	14 初三
15 初四	16 初五	17 初六	18 初七	19 初八	20 初九	21 初十
22 十一	23 秋分	24 十三	25 十四	26 十五	27 十六	28 十七
29 十八	30 十九					

10

一	二	三	四	五	六	日
		1 二十	2 廿一	3 廿二	4 廿三	5 廿四
6 廿五	7 廿六	8 寒露	9 廿八	10 廿九	11 九月	12 初二
13 初三	14 初四	15 初五	16 初六	17 初七	18 初八	19 初九
20 初十	21 十一	22 十二	23 霜降	24 十四	25 十五	26 十六
27 十七	28 十八	29 十九	30 二十	31 廿一		

11

一	二	三	四	五	六	日
					1 廿二	2 廿三
3 廿四	4 廿五	5 廿六	6 廿七	7 立冬	8 廿九	9 三十
10 十月	11 初二	12 初三	13 初四	14 初五	15 初六	16 初七
17 初八	18 初九	19 初十	20 十一	21 十二	22 小雪	23 十四
24 十五	25 十六	26 十七	27 十八	28 十九	29 二十	30 廿一

12

一	二	三	四	五	六	日
1 廿二	2 廿三	3 廿四	4 廿五	5 廿六	6 廿七	7 大雪
8 廿九	9 十一月	10 初二	11 初三	12 初四	13 初五	14 初六
15 初七	16 初八	17 初九	18 初十	19 十一	20 十二	21 十三
22 冬至	23 十五	24 十六	25 十七	26 十八	27 十九	28 二十
29 廿一	30 廿二	31 廿三				

1970 年(庚戌　狗年　2 月 6 日始)

养生月历

1

一	二	三	四	五	六	日
			1 廿四	2 廿五	3 廿六	4 廿七
5 廿八	6 小寒	7 三十	8 十二月	9 初二	10 初三	11 初四
12 初五	13 初六	14 初七	15 初八	16 初九	17 初十	18 十一
19 十二	20 大寒	21 十四	22 十五	23 十六	24 十七	25 十八
26 十九	27 二十	28 廿一	29 廿二	30 廿三	31 廿四	

2

一	二	三	四	五	六	日
						1 廿五
2 廿六	3 廿七	4 立春	5 廿九	6 正月	7 初二	8 初三
9 初四	10 初五	11 初六	12 初七	13 初八	14 初九	15 初十
16 十一	17 十二	18 十三	19 雨水	20 十五	21 十六	22 十七
23 十八	24 十九	25 二十	26 廿一	27 廿二	28 廿三	

3

一	二	三	四	五	六	日
						1 廿四
2 廿五	3 廿六	4 廿七	5 廿八	6 惊蛰	7 三十	8 二月
9 初二	10 初三	11 初四	12 初五	13 初六	14 初七	15 初八
16 初九	17 初十	18 十一	19 十二	20 十三	21 春分	22 十五
23 十六	24 十七	25 十八	26 十九	27 二十	28 廿一	29 廿二
30 廿三	31 廿四					

4

一	二	三	四	五	六	日
		1 廿五	2 廿六	3 廿七	4 廿八	5 清明
6 三月	7 初二	8 初三	9 初四	10 初五	11 初六	12 初七
13 初八	14 初九	15 初十	16 十一	17 十二	18 十三	19 十四
20 谷雨	21 十六	22 十七	23 十八	24 十九	25 二十	26 廿一
27 廿二	28 廿三	29 廿四	30 廿五			

5

一	二	三	四	五	六	日
				1 廿六	2 廿七	3 廿八
4 廿九	5 四月	6 立夏	7 初三	8 初四	9 初五	10 初六
11 初七	12 初八	13 初九	14 初十	15 十一	16 十二	17 十三
18 十四	19 十五	20 十六	21 小满	22 十八	23 十九	24 二十
25 廿一	26 廿二	27 廿三	28 廿四	29 廿五	30 廿六	31 廿七

6

一	二	三	四	五	六	日
1 廿八	2 廿九	3 三十	4 五月	5 初二	6 芒种	7 初四
8 初五	9 初六	10 初七	11 初八	12 初九	13 初十	14 十一
15 十二	16 十三	17 十四	18 十五	19 十六	20 十七	21 十八
22 夏至	23 二十	24 廿一	25 廿二	26 廿三	27 廿四	28 廿五
29 廿六	30 廿七					

7

一	二	三	四	五	六	日
		1 廿八	2 廿九	3 六月	4 初二	5 初三
6 初四	7 小暑	8 初六	9 初七	10 初八	11 初九	12 初十
13 十一	14 十二	15 十三	16 十四	17 十五	18 十六	19 十七
20 十八	21 十九	22 二十	23 大暑	24 廿二	25 廿三	26 廿四
27 廿五	28 廿六	29 廿七	30 廿八	31 廿九		

8

一	二	三	四	五	六	日
					1 三十	2 七月
3 初二	4 初三	5 初四	6 初五	7 初六	8 立秋	9 初八
10 初九	11 初十	12 十一	13 十二	14 十三	15 十四	16 十五
17 十六	18 十七	19 十八	20 十九	21 二十	22 廿一	23 处暑
24 廿三	25 廿四	26 廿五	27 廿六	28 廿七	29 廿八	30 廿九
31 三十						

9

一	二	三	四	五	六	日
	1 八月	2 初二	3 初三	4 初四	5 初五	6 初六
7 初七	8 白露	9 初九	10 初十	11 十一	12 十二	13 十三
14 十四	15 十五	16 十六	17 十七	18 十八	19 十九	20 二十
21 廿一	22 廿二	23 秋分	24 廿四	25 廿五	26 廿六	27 廿七
28 廿八	29 廿九	30 九月				

10

一	二	三	四	五	六	日
			1 初二	2 初三	3 初四	4 初五
5 初六	6 初七	7 初八	8 初九	9 寒露	10 十一	11 十二
12 十三	13 十四	14 十五	15 十六	16 十七	17 十八	18 十九
19 二十	20 廿一	21 廿二	22 廿三	23 廿四	24 霜降	25 廿六
26 廿七	27 廿八	28 廿九	29 三十	30 十月	31 初二	

11

一	二	三	四	五	六	日
						1 初三
2 初四	3 初五	4 初六	5 初七	6 初八	7 初九	8 立冬
9 十一	10 十二	11 十三	12 十四	13 十五	14 十六	15 十七
16 十八	17 十九	18 二十	19 廿一	20 廿二	21 廿三	22 廿四
23 小雪	24 廿六	25 廿七	26 廿八	27 廿九	28 三十	29 十一月
30 初二						

12

一	二	三	四	五	六	日
	1 初三	2 初四	3 初五	4 初六	5 初七	6 初八
7 大雪	8 初十	9 十一	10 十二	11 十三	12 十四	13 十五
14 十六	15 十七	16 十八	17 十九	18 二十	19 廿一	20 廿二
21 廿三	22 冬至	23 廿五	24 廿六	25 廿七	26 廿八	27 廿九
28 十二月	29 初二	30 初三	31 初四			

1971年（辛亥 猪年 1月27日始 闰五月）

1

一	二	三	四	五	六	日
				1初五	2初六	3初七
4初八	5初九	6小寒	7十一	8十二	9十三	10十四
11十五	12十六	13十七	14十八	15十九	16二十	17廿一
18廿二	19廿三	20廿四	21大寒	22廿六	23廿七	24廿八
25廿九	26三十	27正月	28初二	29初三	30初四	31初五

2

一	二	三	四	五	六	日
1初六	2初七	3初八	4立春	5初十	6十一	7十二
8十三	9十四	10十五	11十六	12十七	13十八	14十九
15二十	16廿一	17廿二	18廿三	19雨水	20廿五	21廿六
22廿七	23廿八	24廿九	25二月	26初二	27初三	28初四

3

一	二	三	四	五	六	日
1初五	2初六	3初七	4初八	5初九	6惊蛰	7十一
8十二	9十三	10十四	11十五	12十六	13十七	14十八
15十九	16二十	17廿一	18廿二	19廿三	20廿四	21春分
22廿六	23廿七	24廿八	25廿九	26三十	27三月	28初二
29初三	30初四	31初五				

4

一	二	三	四	五	六	日
			1初六	2初七	3初八	4初九
5清明	6十一	7十二	8十三	9十四	10十五	11十六
12十七	13十八	14十九	15二十	16廿一	17廿二	18廿三
19廿四	20廿五	21谷雨	22廿七	23廿八	24廿九	25四月
26初二	27初三	28初四	29初五	30初六		

5

一	二	三	四	五	六	日
					1初七	2初八
3初九	4初十	5十一	6立夏	7十三	8十四	9十五
10十六	11十七	12十八	13十九	14二十	15廿一	16廿二
17廿三	18廿四	19廿五	20廿六	21廿七	22小满	23廿九
24五月	25初二	26初三	27初四	28初五	29初六	30初七
31初八						

6

一	二	三	四	五	六	日
	1初九	2初十	3十一	4十二	5十三	6芒种
7十五	8十六	9十七	10十八	11十九	12二十	13廿一
14廿二	15廿三	16廿四	17廿五	18廿六	19廿七	20廿八
21廿九	22夏至	23五月	24初二	25初三	26初四	27初五
28初六	29初七	30初八				

7

一	二	三	四	五	六	日
			1初九	2初十	3十一	4十二
5十三	6十四	7十五	8小暑	9十七	10十八	11十九
12二十	13廿一	14廿二	15廿三	16廿四	17廿五	18廿六
19廿七	20廿八	21廿九	22六月	23大暑	24初三	25初四
26初五	27初六	28初七	29初八	30初九	31初十	

8

一	二	三	四	五	六	日
						1十一
2十二	3十三	4十四	5十五	6十六	7十七	8立秋
9十九	10二十	11廿一	12廿二	13廿三	14廿四	15廿五
16廿六	17廿七	18廿八	19廿九	20三十	21七月	22初二
23初三	24处暑	25初五	26初六	27初七	28初八	29初九
30初十	31十一					

9

一	二	三	四	五	六	日
		1十二	2十三	3十四	4十五	5十六
6十七	7十八	8白露	9二十	10廿一	11廿二	12廿三
13廿四	14廿五	15廿六	16廿七	17廿八	18廿九	19八月
20初二	21初三	22初四	23初五	24秋分	25初七	26初八
27初九	28初十	29十一	30十二			

10

一	二	三	四	五	六	日
				1十三	2十四	3十五
4十六	5十七	6十八	7十九	8二十	9寒露	10廿二
11廿三	12廿四	13廿五	14廿六	15廿七	16廿八	17廿九
18三十	19九月	20初二	21初三	22初四	23初五	24霜降
25初七	26初八	27初九	28初十	29十一	30十二	31十三

11

一	二	三	四	五	六	日
1十四	2十五	3十六	4十七	5十八	6十九	7二十
8立冬	9廿二	10廿三	11廿四	12廿五	13廿六	14廿七
15廿八	16廿九	17三十	18十月	19初二	20初三	21初四
22初五	23小雪	24初七	25初八	26初九	27初十	28十一
29十二	30十三					

12

一	二	三	四	五	六	日
		1十四	2十五	3十六	4十七	5十八
6十九	7二十	8大雪	9廿二	10廿三	11廿四	12廿五
13廿六	14廿七	15廿八	16廿九	17三十	18十一月	19初二
20初三	21初四	22冬至	23初六	24初七	25初八	26初九
27初十	28十一	29十二	30十三	31十四		

1972年(壬子　鼠年　2月15日始)

1

一	二	三	四	五	六	日
					1 十五	2 十六
3 十七	4 十八	5 十九	6 小寒	7 廿一	8 廿二	9 廿三
10 廿四	11 廿五	12 廿六	13 廿七	14 廿八	15 廿九	16 十二月
17 初二	18 初三	19 初四	20 初五	21 大寒	22 初七	23 初八
24 初九	25 初十	26 十一	27 十二	28 十三	29 十四	30 十五
31 十六						

2

一	二	三	四	五	六	日
	1 十七	2 十八	3 十九	4 二十	5 立春	6 廿二
7 廿三	8 廿四	9 廿五	10 廿六	11 廿七	12 廿八	13 廿九
14 三十	15 正月	16 初二	17 初三	18 初四	19 雨水	20 初六
21 初七	22 初八	23 初九	24 初十	25 十一	26 十二	27 十三
28 十四	29 十五					

3

一	二	三	四	五	六	日
		1 十六	2 十七	3 十八	4 十九	5 惊蛰
6 廿一	7 廿二	8 廿三	9 廿四	10 廿五	11 廿六	12 廿七
13 廿八	14 廿九	15 二月	16 初二	17 初三	18 初四	19 初五
20 春分	21 初七	22 初八	23 初九	24 初十	25 十一	26 十二
27 十三	28 十四	29 十五	30 十六	31 十七		

4

一	二	三	四	五	六	日
					1 十八	2 十九
3 二十	4 廿一	5 清明	6 廿三	7 廿四	8 廿五	9 廿六
10 廿七	11 廿八	12 廿九	13 三十	14 三月	15 初二	16 初三
17 初四	18 初五	19 初六	20 谷雨	21 初八	22 初九	23 初十
24 十一	25 十二	26 十三	27 十四	28 十五	29 十六	30 十七

5

一	二	三	四	五	六	日
1 十八	2 十九	3 二十	4 廿一	5 立夏	6 廿三	7 廿四
8 廿五	9 廿六	10 廿七	11 廿八	12 廿九	13 四月	14 初二
15 初三	16 初四	17 初五	18 初六	19 初七	20 初八	21 小满
22 初十	23 十一	24 十二	25 十三	26 十四	27 十五	28 十六
29 十七	30 十八	31 十九				

6

一	二	三	四	五	六	日
			1 二十	2 廿一	3 廿二	4 廿三
5 芒种	6 廿五	7 廿六	8 廿七	9 廿八	10 廿九	11 五月
12 初二	13 初三	14 初四	15 初五	16 初六	17 初七	18 初八
19 初九	20 初十	21 夏至	22 十二	23 十三	24 十四	25 十五
26 十六	27 十七	28 十八	29 十九	30 二十		

7

一	二	三	四	五	六	日
					1 廿一	2 廿二
3 廿三	4 廿四	5 廿五	6 廿六	7 小暑	8 廿八	9 廿九
10 三十	11 六月	12 初二	13 初三	14 初四	15 初五	16 初六
17 初七	18 初八	19 初九	20 初十	21 十一	22 十二	23 大暑
24 十四	25 十五	26 十六	27 十七	28 十八	29 十九	30 二十
31 廿一						

8

一	二	三	四	五	六	日
	1 廿二	2 廿三	3 廿四	4 廿五	5 廿六	6 廿七
7 立秋	8 廿九	9 七月	10 初二	11 初三	12 初四	13 初五
14 初六	15 初七	16 初八	17 初九	18 初十	19 十一	20 十二
21 十三	22 十四	23 处暑	24 十六	25 十七	26 十八	27 十九
28 二十	29 廿一	30 廿二	31 廿三			

9

一	二	三	四	五	六	日
				1 廿四	2 廿五	3 廿六
4 廿七	5 廿八	6 廿九	7 白露	8 八月	9 初二	10 初三
11 初四	12 初五	13 初六	14 初七	15 初八	16 初九	17 初十
18 十一	19 十二	20 十三	21 十四	22 十五	23 秋分	24 十七
25 十八	26 十九	27 二十	28 廿一	29 廿二	30 廿三	

10

一	二	三	四	五	六	日
						1 廿四
2 廿五	3 廿六	4 廿七	5 廿八	6 廿九	7 九月	8 寒露
9 初三	10 初四	11 初五	12 初六	13 初七	14 初八	15 初九
16 初十	17 十一	18 十二	19 十三	20 十四	21 十五	22 十六
23 霜降	24 十八	25 十九	26 二十	27 廿一	28 廿二	29 廿三
30 廿四	31 廿五					

11

一	二	三	四	五	六	日
		1 廿六	2 廿七	3 廿八	4 廿九	5 三十
6 十月	7 立冬	8 初三	9 初四	10 初五	11 初六	12 初七
13 初八	14 初九	15 初十	16 十一	17 十二	18 十三	19 十四
20 十五	21 十六	22 小雪	23 十八	24 十九	25 二十	26 廿一
27 廿二	28 廿三	29 廿四	30 廿五			

12

一	二	三	四	五	六	日
				1 廿六	2 廿七	3 廿八
4 廿九	5 三十	6 十一月	7 大雪	8 初三	9 初四	10 初五
11 初六	12 初七	13 初八	14 初九	15 初十	16 十一	17 十二
18 十三	19 十四	20 十五	21 十六	22 冬至	23 十八	24 十九
25 二十	26 廿一	27 廿二	28 廿三	29 廿四	30 廿五	31 廿六

1973年（癸丑　牛年　2月3日始）

1

一	二	三	四	五	六	日
1 廿七	2 廿八	3 廿九	4 十二月	5 小寒	6 初三	7 初四
8 初五	9 初六	10 初七	11 初八	12 初九	13 初十	14 十一
15 十二	16 十三	17 十四	18 十五	19 十六	20 大寒	21 十八
22 十九	23 二十	24 廿一	25 廿二	26 廿三	27 廿四	28 廿五
29 廿六	30 廿七	31 廿八				

2

一	二	三	四	五	六	日
			1 廿九	2 三十	3 正月	4 立春
5 初三	6 初四	7 初五	8 初六	9 初七	10 初八	11 初九
12 初十	13 十一	14 十二	15 十三	16 十四	17 十五	18 十六
19 雨水	20 十八	21 十九	22 二十	23 廿一	24 廿二	25 廿三
26 廿四	27 廿五	28 廿六				

3

一	二	三	四	五	六	日
			1 廿七	2 廿八	3 廿九	4 三十
5 二月	6 惊蛰	7 初三	8 初四	9 初五	10 初六	11 初七
12 初八	13 初九	14 初十	15 十一	16 十二	17 十三	18 十四
19 十五	20 十六	21 春分	22 十八	23 十九	24 二十	25 廿一
26 廿二	27 廿三	28 廿四	29 廿五	30 廿六	31 廿七	

4

一	二	三	四	五	六	日
						1 廿八
2 廿九	3 三月	4 初二	5 清明	6 初四	7 初五	8 初六
9 初七	10 初八	11 初九	12 初十	13 十一	14 十二	15 十三
16 十四	17 十五	18 十六	19 十七	20 谷雨	21 十九	22 二十
23 廿一	24 廿二	25 廿三	26 廿四	27 廿五	28 廿六	29 廿七
30 廿八						

5

一	二	三	四	五	六	日
	1 廿九	2 三十	3 四月	4 初二	5 立夏	6 初四
7 初五	8 初六	9 初七	10 初八	11 初九	12 初十	13 十一
14 十二	15 十三	16 十四	17 十五	18 十六	19 十七	20 十八
21 小满	22 二十	23 廿一	24 廿二	25 廿三	26 廿四	27 廿五
28 廿六	29 廿七	30 廿八	31 廿九			

6

一	二	三	四	五	六	日
				1 五月	2 初二	3 初三
4 初四	5 初五	6 芒种	7 初七	8 初八	9 初九	10 初十
11 十一	12 十二	13 十三	14 十四	15 十五	16 十六	17 十七
18 十八	19 十九	20 二十	21 夏至	22 廿二	23 廿三	24 廿四
25 廿五	26 廿六	27 廿七	28 廿八	29 廿九	30 六月	

7

一	二	三	四	五	六	日
						1 初二
2 初三	3 初四	4 初五	5 初六	6 初七	7 小暑	8 初九
9 初十	10 十一	11 十二	12 十三	13 十四	14 十五	15 十六
16 十七	17 十八	18 十九	19 二十	20 廿一	21 廿二	22 廿三
23 大暑	24 廿五	25 廿六	26 廿七	27 廿八	28 廿九	29 三十
30 七月	31 初二					

8

一	二	三	四	五	六	日
		1 初三	2 初四	3 初五	4 初六	5 初七
6 初八	7 初九	8 立秋	9 十一	10 十二	11 十三	12 十四
13 十五	14 十六	15 十七	16 十八	17 十九	18 二十	19 廿一
20 廿二	21 廿三	22 廿四	23 处暑	24 廿六	25 廿七	26 廿八
27 廿九	28 八月	29 初二	30 初三	31 初四		

9

一	二	三	四	五	六	日
					1 初五	2 初六
3 初七	4 初八	5 初九	6 初十	7 十一	8 白露	9 十三
10 十四	11 十五	12 十六	13 十七	14 十八	15 十九	16 二十
17 廿一	18 廿二	19 廿三	20 廿四	21 廿五	22 廿六	23 秋分
24 廿八	25 廿九	26 九月	27 初二	28 初三	29 初四	30 初五

10

一	二	三	四	五	六	日
1 初六	2 初七	3 初八	4 初九	5 初十	6 十一	7 十二
8 寒露	9 十四	10 十五	11 十六	12 十七	13 十八	14 十九
15 二十	16 廿一	17 廿二	18 廿三	19 廿四	20 廿五	21 廿六
22 廿七	23 霜降	24 廿九	25 三十	26 十月	27 初二	28 初三
29 初四	30 初五	31 初六				

11

一	二	三	四	五	六	日
			1 初七	2 初八	3 初九	4 初十
5 十一	6 十二	7 立冬	8 十四	9 十五	10 十六	11 十七
12 十八	13 十九	14 二十	15 廿一	16 廿二	17 廿三	18 廿四
19 廿五	20 廿六	21 廿七	22 小雪	23 廿九	24 三十	25 十一月
26 初二	27 初三	28 初四	29 初五	30 初六		

12

一	二	三	四	五	六	日
					1 初七	2 初八
3 初九	4 初十	5 十一	6 十二	7 大雪	8 十四	9 十五
10 十六	11 十七	12 十八	13 十九	14 二十	15 廿一	16 廿二
17 廿三	18 廿四	19 廿五	20 廿六	21 廿七	22 冬至	23 廿九
24 十二月	25 初二	26 初三	27 初四	28 初五	29 初六	30 初七
31 初八						

1974年（甲寅　虎年　1月23日始　闰四月）

一	二	三	四	五	六	日
	1 初九	2 初十	3 十一	4 十二	5 十三	6 小寒
7 十五	8 十六	9 十七	10 十八	11 十九	12 二十	13 廿一
14 廿二	15 廿三	16 廿四	17 廿五	18 廿六	19 廿七	20 大寒
21 廿九	22 三十	23 正月	24 初二	25 初三	26 初四	27 初五
28 初六	29 初七	30 初八	31 初九			

一	二	三	四	五	六	日
				1 初十	2 十一	3 十二
4 立春	5 十四	6 十五	7 十六	8 十七	9 十八	10 十九
11 二十	12 廿一	13 廿二	14 廿三	15 廿四	16 廿五	17 廿六
18 廿七	19 雨水	20 廿九	21 三十	22 二月	23 初二	24 初三
25 初四	26 初五	27 初六	28 初七			

一	二	三	四	五	六	日
				1 初八	2 初九	3 初十
4 十一	5 十二	6 惊蛰	7 十四	8 十五	9 十六	10 十七
11 十八	12 十九	13 二十	14 廿一	15 廿二	16 廿三	17 廿四
18 廿五	19 廿六	20 廿七	21 春分	22 廿九	23 三十	24 三月
25 初二	26 初三	27 初四	28 初五	29 初六	30 初七	31 初八

一	二	三	四	五	六	日
1 初九	2 初十	3 十一	4 十二	5 清明	6 十四	7 十五
8 十六	9 十七	10 十八	11 十九	12 二十	13 廿一	14 廿二
15 廿三	16 廿四	17 廿五	18 廿六	19 廿七	20 谷雨	21 廿九
22 四月	23 初二	24 初三	25 初四	26 初五	27 初六	28 初七
29 初八	30 初九					

一	二	三	四	五	六	日
		1 初十	2 十一	3 十二	4 十三	5 十四
6 立夏	7 十六	8 十七	9 十八	10 十九	11 二十	12 廿一
13 廿二	14 廿三	15 廿四	16 廿五	17 廿六	18 廿七	19 廿八
20 廿九	21 小满	22 四月	23 初二	24 初三	25 初四	26 初五
27 初六	28 初七	29 初八	30 初九	31 初十		

一	二	三	四	五	六	日
					1 十一	2 十二
3 十三	4 十四	5 十五	6 芒种	7 十七	8 十八	9 十九
10 二十	11 廿一	12 廿二	13 廿三	14 廿四	15 廿五	16 廿六
17 廿七	18 廿八	19 廿九	20 五月	21 初二	22 夏至	23 初四
24 初五	25 初六	26 初七	27 初八	28 初九	29 初十	30 十一

一	二	三	四	五	六	日
1 十二	2 十三	3 十四	4 十五	5 十六	6 十七	7 小暑
8 十九	9 二十	10 廿一	11 廿二	12 廿三	13 廿四	14 廿五
15 廿六	16 廿七	17 廿八	18 廿九	19 六月	20 初二	21 初三
22 初四	23 大暑	24 初六	25 初七	26 初八	27 初九	28 初十
29 十一	30 十二	31 十三				

一	二	三	四	五	六	日
			1 十四	2 十五	3 十六	4 十七
5 十八	6 十九	7 二十	8 立秋	9 廿二	10 廿三	11 廿四
12 廿五	13 廿六	14 廿七	15 廿八	16 廿九	17 三十	18 七月
19 初二	20 初三	21 初四	22 初五	23 处暑	24 初七	25 初八
26 初九	27 初十	28 十一	29 十二	30 十三	31 十四	

一	二	三	四	五	六	日
						1 十五
2 十六	3 十七	4 十八	5 十九	6 二十	7 廿一	8 白露
9 廿三	10 廿四	11 廿五	12 廿六	13 廿七	14 廿八	15 廿九
16 八月	17 初二	18 初三	19 初四	20 初五	21 初六	22 初七
23 秋分	24 初九	25 初十	26 十一	27 十二	28 十三	29 十四
30 十五						

一	二	三	四	五	六	日
	1 十六	2 十七	3 十八	4 十九	5 二十	6 廿一
7 廿二	8 廿三	9 寒露	10 廿五	11 廿六	12 廿七	13 廿八
14 廿九	15 九月	16 初二	17 初三	18 初四	19 初五	20 初六
21 初七	22 初八	23 初九	24 霜降	25 十一	26 十二	27 十三
28 十四	29 十五	30 十六	31 十七			

一	二	三	四	五	六	日
				1 十八	2 十九	3 二十
4 廿一	5 廿二	6 廿三	7 廿四	8 立冬	9 廿六	10 廿七
11 廿八	12 廿九	13 三十	14 十月	15 初二	16 初三	17 初四
18 初五	19 初六	20 初七	21 初八	22 初九	23 小雪	24 十一
25 十二	26 十三	27 十四	28 十五	29 十六	30 十七	

一	二	三	四	五	六	日
						1 十八
2 十九	3 二十	4 廿一	5 廿二	6 廿三	7 大雪	8 廿五
9 廿六	10 廿七	11 廿八	12 廿九	13 三十	14 十一月	15 初二
16 初三	17 初四	18 初五	19 初六	20 初七	21 初八	22 冬至
23 初十	24 十一	25 十二	26 十三	27 十四	28 十五	29 十六
30 十七	31 十八					

1975年（乙卯　兔年　2月11日始）

1

一	二	三	四	五	六	日
		1十九	2二十	3廿一	4廿二	5廿三
6小寒	7廿五	8廿六	9廿七	10廿八	11廿九	12十二月
13初二	14初三	15初四	16初五	17初六	18初七	19初八
20初九	21大寒	22十一	23十二	24十三	25十四	26十五
27十六	28十七	29十八	30十九	31二十		

2

一	二	三	四	五	六	日
					1廿一	2廿二
3廿三	4立春	5廿五	6廿六	7廿七	8廿八	9廿九
10三十	11正月	12初二	13初三	14初四	15初五	16初六
17初七	18初八	19雨水	20初十	21十一	22十二	23十三
24十四	25十五	26十六	27十七	28十八		

3

一	二	三	四	五	六	日
					1十九	2二十
3廿一	4廿二	5廿三	6惊蛰	7廿五	8廿六	9廿七
10廿八	11廿九	12三十	13二月	14初二	15初三	16初四
17初五	18初六	19初七	20初八	21春分	22初十	23十一
24十二	25十三	26十四	27十五	28十六	29十七	30十八
31十九						

4

一	二	三	四	五	六	日
	1二十	2廿一	3廿二	4廿三	5清明	6廿五
7廿六	8廿七	9廿八	10廿九	11三十	12三月	13初二
14初三	15初四	16初五	17初六	18初七	19初八	20初九
21谷雨	22十一	23十二	24十三	25十四	26十五	27十六
28十七	29十八	30十九				

5

一	二	三	四	五	六	日
			1二十	2廿一	3廿二	4廿三
5廿四	6立夏	7廿六	8廿七	9廿八	10廿九	11四月
12初二	13初三	14初四	15初五	16初六	17初七	18初八
19初九	20初十	21十一	22小满	23十三	24十四	25十五
26十六	27十七	28十八	29十九	30二十	31廿一	

6

一	二	三	四	五	六	日
						1廿二
2廿三	3廿四	4廿五	5廿六	6芒种	7廿八	8廿九
9三十	10五月	11初二	12初三	13初四	14初五	15初六
16初七	17初八	18初九	19初十	20十一	21十二	22夏至
23十四	24十五	25十六	26十七	27十八	28十九	29二十
30廿一						

7

一	二	三	四	五	六	日
	1廿二	2廿三	3廿四	4廿五	5廿六	6廿七
7廿八	8小暑	9六月	10初二	11初三	12初四	13初五
14初六	15初七	16初八	17初九	18初十	19十一	20十二
21十三	22十四	23大暑	24十六	25十七	26十八	27十九
28二十	29廿一	30廿二	31廿三			

8

一	二	三	四	五	六	日
				1廿四	2廿五	3廿六
4廿七	5廿八	6廿九	7七月	8立秋	9初三	10初四
11初五	12初六	13初七	14初八	15初九	16初十	17十一
18十二	19十三	20十四	21十五	22十六	23十七	24处暑
25十九	26二十	27廿一	28廿二	29廿三	30廿四	31廿五

9

一	二	三	四	五	六	日
1廿六	2廿七	3廿八	4廿九	5三十	6八月	7初二
8白露	9初四	10初五	11初六	12初七	13初八	14初九
15初十	16十一	17十二	18十三	19十四	20十五	21十六
22十七	23秋分	24十九	25二十	26廿一	27廿二	28廿三
29廿四	30廿五					

10

一	二	三	四	五	六	日
		1廿六	2廿七	3廿八	4廿九	5九月
6初二	7初三	8初四	9寒露	10初六	11初七	12初八
13初九	14初十	15十一	16十二	17十三	18十四	19十五
20十六	21十七	22十八	23十九	24霜降	25廿一	26廿二
27廿三	28廿四	29廿五	30廿六	31廿七		

11

一	二	三	四	五	六	日
					1廿八	2廿九
3十月	4初二	5初三	6初四	7初五	8立冬	9初七
10初八	11初九	12初十	13十一	14十二	15十三	16十四
17十五	18十六	19十七	20十八	21十九	22二十	23小雪
24廿二	25廿三	26廿四	27廿五	28廿六	29廿七	30廿八

12

一	二	三	四	五	六	日
1廿九	2三十	3十一月	4初二	5初三	6初四	7初五
8大雪	9初七	10初八	11初九	12初十	13十一	14十二
15十三	16十四	17十五	18十六	19十七	20十八	21十九
22冬至	23廿一	24廿二	25廿三	26廿四	27廿五	28廿六
29廿七	30廿八	31廿九				

1976年（丙辰　龙年　1月31日始　闰八月）

养生月历

1

一	二	三	四	五	六	日
			1 十二月	2 初二	3 初三	4 初四
5 初五	6 小寒	7 初七	8 初八	9 初九	10 初十	11 十一
12 十二	13 十三	14 十四	15 十五	16 十六	17 十七	18 十八
19 十九	20 二十	21 大寒	22 廿二	23 廿三	24 廿四	25 廿五
26 廿六	27 廿七	28 廿八	29 廿九	30 三十	31 正月	

2

一	二	三	四	五	六	日
						1 初二
2 初三	3 初四	4 初五	5 立春	6 初七	7 初八	8 初九
9 初十	10 十一	11 十二	12 十三	13 十四	14 十五	15 十六
16 十七	17 十八	18 十九	19 雨水	20 廿一	21 廿二	22 廿三
23 廿四	24 廿五	25 廿六	26 廿七	27 廿八	28 廿九	29 三十

3

一	二	三	四	五	六	日
1 二月	2 初二	3 初三	4 初四	5 惊蛰	6 初六	7 初七
8 初八	9 初九	10 初十	11 十一	12 十二	13 十三	14 十四
15 十五	16 十六	17 十七	18 十八	19 十九	20 春分	21 廿一
22 廿二	23 廿三	24 廿四	25 廿五	26 廿六	27 廿七	28 廿八
29 廿九	30 三十	31 三月				

4

一	二	三	四	五	六	日
			1 初二	2 初三	3 初四	4 清明
5 初六	6 初七	7 初八	8 初九	9 初十	10 十一	11 十二
12 十三	13 十四	14 十五	15 十六	16 十七	17 十八	18 十九
19 二十	20 谷雨	21 廿二	22 廿三	23 廿四	24 廿五	25 廿六
26 廿七	27 廿八	28 廿九	29 四月	30 初二		

5

一	二	三	四	五	六	日
					1 初三	2 初四
3 初五	4 初六	5 立夏	6 初八	7 初九	8 初十	9 十一
10 十二	11 十三	12 十四	13 十五	14 十六	15 十七	16 十八
17 十九	18 二十	19 廿一	20 廿二	21 小满	22 廿四	23 廿五
24 廿六	25 廿七	26 廿八	27 廿九	28 三十	29 五月	30 初二
31 初三						

6

一	二	三	四	五	六	日
	1 初四	2 初五	3 初六	4 初七	5 芒种	6 初九
7 初十	8 十一	9 十二	10 十三	11 十四	12 十五	13 十六
14 十七	15 十八	16 十九	17 二十	18 廿一	19 廿二	20 廿三
21 夏至	22 廿五	23 廿六	24 廿七	25 廿八	26 廿九	27 六月
28 初二	29 初三	30 初四				

7

一	二	三	四	五	六	日
			1 初五	2 初六	3 初七	4 初八
5 初九	6 初十	7 小暑	8 十二	9 十三	10 十四	11 十五
12 十六	13 十七	14 十八	15 十九	16 二十	17 廿一	18 廿二
19 廿三	20 廿四	21 廿五	22 廿六	23 大暑	24 廿八	25 廿九
26 三十	27 七月	28 初二	29 初三	30 初四	31 初五	

8

一	二	三	四	五	六	日
						1 初六
2 初七	3 初八	4 初九	5 初十	6 十一	7 立秋	8 十三
9 十四	10 十五	11 十六	12 十七	13 十八	14 十九	15 二十
16 廿一	17 廿二	18 廿三	19 廿四	20 廿五	21 廿六	22 廿七
23 处暑	24 廿九	25 八月	26 初二	27 初三	28 初四	29 初五
30 初六	31 初七					

9

一	二	三	四	五	六	日
		1 初八	2 初九	3 初十	4 十一	5 十二
6 十三	7 白露	8 十五	9 十六	10 十七	11 十八	12 十九
13 二十	14 廿一	15 廿二	16 廿三	17 廿四	18 廿五	19 廿六
20 廿七	21 廿八	22 廿九	23 秋分	24 八月	25 初二	26 初三
27 初四	28 初五	29 初六	30 初七			

10

一	二	三	四	五	六	日
				1 初八	2 初九	3 初十
4 十一	5 十二	6 十三	7 十四	8 寒露	9 十六	10 十七
11 十八	12 十九	13 二十	14 廿一	15 廿二	16 廿三	17 廿四
18 廿五	19 廿六	20 廿七	21 廿八	22 廿九	23 九月 霜降	24 初二
25 初三	26 初四	27 初五	28 初六	29 初七	30 初八	31 初九

11

一	二	三	四	五	六	日
1 初十	2 十一	3 十二	4 十三	5 十四	6 十五	7 立冬
8 十七	9 十八	10 十九	11 二十	12 廿一	13 廿二	14 廿三
15 廿四	16 廿五	17 廿六	18 廿七	19 廿八	20 廿九	21 十月
22 小雪	23 初三	24 初四	25 初五	26 初六	27 初七	28 初八
29 初九	30 初十					

12

一	二	三	四	五	六	日
		1 十一	2 十二	3 十三	4 十四	5 十五
6 十六	7 大雪	8 十八	9 十九	10 二十	11 廿一	12 廿二
13 廿三	14 廿四	15 廿五	16 廿六	17 廿七	18 廿八	19 廿九
20 三十	21 十一月	22 冬至	23 初三	24 初四	25 初五	26 初六
27 初七	28 初八	29 初九	30 初十	31 十一		

1977年（丁巳 蛇年 2月18日始）

1月

一	二	三	四	五	六	日
					1十二	2十三
3十四	4十五	5小寒	6十七	7十八	8十九	9二十
10廿一	11廿二	12廿三	13廿四	14廿五	15廿六	16廿七
17廿八	18廿九	19十二月	20大寒	21初三	22初四	23初五
24初六	25初七	26初八	27初九	28初十	29十一	30十二
31十三						

2月

一	二	三	四	五	六	日
	1十四	2十五	3十六	4立春	5十八	6十九
7二十	8廿一	9廿二	10廿三	11廿四	12廿五	13廿六
14廿七	15廿八	16廿九	17三十	18正月	19雨水	20初三
21初四	22初五	23初六	24初七	25初八	26初九	27初十
28十一						

3月

一	二	三	四	五	六	日
	1十二	2十三	3十四	4十五	5十六	6惊蛰
7十八	8十九	9二十	10廿一	11廿二	12廿三	13廿四
14廿五	15廿六	16廿七	17廿八	18廿九	19三十	20二月
21春分	22初三	23初四	24初五	25初六	26初七	27初八
28初九	29初十	30十一	31十二			

4月

一	二	三	四	五	六	日
				1十三	2十四	3十五
4十六	5清明	6十八	7十九	8二十	9廿一	10廿二
11廿三	12廿四	13廿五	14廿六	15廿七	16廿八	17廿九
18三月	19初二	20谷雨	21初四	22初五	23初六	24初七
25初八	26初九	27初十	28十一	29十二	30十三	

5月

一	二	三	四	五	六	日
						1十四
2十五	3十六	4十七	5立夏	6十九	7二十	8廿一
9廿二	10廿三	11廿四	12廿五	13廿六	14廿七	15廿八
16廿九	17三十	18四月	19初二	20初三	21小满	22初五
23初六	24初七	25初八	26初九	27初十	28十一	29十二
30十三	31十四					

6月

一	二	三	四	五	六	日
		1十五	2十六	3十七	4十八	5十九
6芒种	7廿一	8廿二	9廿三	10廿四	11廿五	12廿六
13廿七	14廿八	15廿九	16三十	17五月	18初二	19初三
20初四	21夏至	22初六	23初七	24初八	25初九	26初十
27十一	28十二	29十三	30十四			

7月

一	二	三	四	五	六	日
				1十五	2十六	3十七
4十八	5十九	6二十	7小暑	8廿二	9廿三	10廿四
11廿五	12廿六	13廿七	14廿八	15廿九	16六月	17初二
18初三	19初四	20初五	21初六	22初七	23大暑	24初九
25初十	26十一	27十二	28十三	29十四	30十五	31十六

8月

一	二	三	四	五	六	日
1十七	2十八	3十九	4二十	5廿一	6廿二	7立秋
8廿四	9廿五	10廿六	11廿七	12廿八	13廿九	14三十
15七月	16初二	17初三	18初四	19初五	20初六	21初七
22初八	23处暑	24初十	25十一	26十二	27十三	28十四
29十五	30十六	31十七				

9月

一	二	三	四	五	六	日
			1十八	2十九	3二十	4廿一
5廿二	6廿三	7廿四	8白露	9廿六	10廿七	11廿八
12廿九	13八月	14初二	15初三	16初四	17初五	18初六
19初七	20初八	21初九	22初十	23秋分	24十二	25十三
26十四	27十五	28十六	29十七	30十八		

10月

一	二	三	四	五	六	日
					1十九	2二十
3廿一	4廿二	5廿三	6廿四	7廿五	8寒露	9廿七
10廿八	11廿九	12三十	13九月	14初二	15初三	16初四
17初五	18初六	19初七	20初八	21初九	22初十	23霜降
24十二	25十三	26十四	27十五	28十六	29十七	30十八
31十九						

11月

一	二	三	四	五	六	日
	1二十	2廿一	3廿二	4廿三	5廿四	6廿五
7立冬	8廿七	9廿八	10廿九	11十月	12初二	13初三
14初四	15初五	16初六	17初七	18初八	19初九	20初十
21十一	22小雪	23十三	24十四	25十五	26十六	27十七
28十八	29十九	30二十				

12月

一	二	三	四	五	六	日
			1廿一	2廿二	3廿三	4廿四
5廿五	6廿六	7大雪	8廿八	9廿九	10三十	11十一月
12初二	13初三	14初四	15初五	16初六	17初七	18初八
19初九	20初十	21十一	22冬至	23十三	24十四	25十五
26十六	27十七	28十八	29十九	30二十	31廿一	

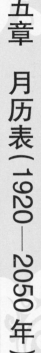

养生月历

1978年(戊午　马年　2月7日始)

1

一	二	三	四	五	六	日
						1 廿二
2 廿三	3 廿四	4 廿五	5 廿六	6 小寒	7 廿八	8 廿九
9 十二月	10 初二	11 初三	12 初四	13 初五	14 初六	15 初七
16 初八	17 初九	18 初十	19 十一	20 大寒	21 十三	22 十四
23 十五	24 十六	25 十七	26 十八	27 十九	28 二十	29 廿一
30 廿二	31 廿三					

2

一	二	三	四	五	六	日
		1 廿四	2 廿五	3 廿六	4 立春	5 廿八
6 廿九	7 正月	8 初二	9 初三	10 初四	11 初五	12 初六
13 初七	14 初八	15 初九	16 初十	17 十一	18 十二	19 雨水
20 十四	21 十五	22 十六	23 十七	24 十八	25 十九	26 二十
27 廿一	28 廿二					

3

一	二	三	四	五	六	日
		1 廿三	2 廿四	3 廿五	4 廿六	5 廿七
6 惊蛰	7 廿九	8 三十	9 二月	10 初二	11 初三	12 初四
13 初五	14 初六	15 初七	16 初八	17 初九	18 初十	19 十一
20 十二	21 春分	22 十四	23 十五	24 十六	25 十七	26 十八
27 十九	28 二十	29 廿一	30 廿二	31 廿三		

4

一	二	三	四	五	六	日
					1 廿四	2 廿五
3 廿六	4 廿七	5 清明	6 廿九	7 三月	8 初二	9 初三
10 初四	11 初五	12 初六	13 初七	14 初八	15 初九	16 初十
17 十一	18 十二	19 十三	20 谷雨	21 十五	22 十六	23 十七
24 十八	25 十九	26 二十	27 廿一	28 廿二	29 廿三	30 廿四

5

一	二	三	四	五	六	日
1 廿五	2 廿六	3 廿七	4 廿八	5 廿九	6 立夏	7 四月
8 初二	9 初三	10 初四	11 初五	12 初六	13 初七	14 初八
15 初九	16 初十	17 十一	18 十二	19 十三	20 十四	21 小满
22 十六	23 十七	24 十八	25 十九	26 二十	27 廿一	28 廿二
29 廿三	30 廿四	31 廿五				

6

一	二	三	四	五	六	日
			1 廿六	2 廿七	3 廿八	4 廿九
5 三十	6 五月 芒种	7 初二	8 初三	9 初四	10 初五	11 初六
12 初七	13 初八	14 初九	15 初十	16 十一	17 十二	18 十三
19 十四	20 十五	21 十六	22 夏至	23 十八	24 十九	25 二十
26 廿一	27 廿二	28 廿三	29 廿四	30 廿五		

7

一	二	三	四	五	六	日
					1 廿六	2 廿七
3 廿八	4 廿九	5 六月	6 初二	7 小暑	8 初四	9 初五
10 初六	11 初七	12 初八	13 初九	14 初十	15 十一	16 十二
17 十三	18 十四	19 十五	20 十六	21 十七	22 十八	23 大暑
24 二十	25 廿一	26 廿二	27 廿三	28 廿四	29 廿五	30 廿六
31 廿七						

8

一	二	三	四	五	六	日
	1 廿八	2 廿九	3 三十	4 七月	5 初二	6 初三
7 初四	8 立秋	9 初六	10 初七	11 初八	12 初九	13 初十
14 十一	15 十二	16 十三	17 十四	18 十五	19 十六	20 十七
21 十八	22 十九	23 处暑	24 廿一	25 廿二	26 廿三	27 廿四
28 廿五	29 廿六	30 廿七	31 廿八			

9

一	二	三	四	五	六	日
				1 廿九	2 三十	3 八月
4 初二	5 初三	6 初四	7 初五	8 白露	9 初七	10 初八
11 初九	12 初十	13 十一	14 十二	15 十三	16 十四	17 十五
18 十六	19 十七	20 十八	21 十九	22 二十	23 秋分	24 廿二
25 廿三	26 廿四	27 廿五	28 廿六	29 廿七	30 廿八	

10

一	二	三	四	五	六	日
						1 廿九
2 九月	3 初二	4 初三	5 初四	6 初五	7 初六	8 寒露
9 初八	10 初九	11 初十	12 十一	13 十二	14 十三	15 十四
16 十五	17 十六	18 十七	19 十八	20 十九	21 二十	22 廿一
23 廿二	24 霜降	25 廿四	26 廿五	27 廿六	28 廿七	29 廿八
30 廿九	31 三十					

11

一	二	三	四	五	六	日
		1 十月	2 初二	3 初三	4 初四	5 初五
6 初六	7 初七	8 立冬	9 初九	10 初十	11 十一	12 十二
13 十三	14 十四	15 十五	16 十六	17 十七	18 十八	19 十九
20 二十	21 廿一	22 廿二	23 小雪	24 廿四	25 廿五	26 廿六
27 廿七	28 廿八	29 廿九	30 十一月			

12

一	二	三	四	五	六	日
				1 初二	2 初三	3 初四
4 初五	5 初六	6 初七	7 大雪	8 初九	9 初十	10 十一
11 十二	12 十三	13 十四	14 十五	15 十六	16 十七	17 十八
18 十九	19 二十	20 廿一	21 廿二	22 冬至	23 廿四	24 廿五
25 廿六	26 廿七	27 廿八	28 廿九	29 三十	30 十二月	31 初二

1979年（己未 羊年 1月28日始 闰六月）

1

一	二	三	四	五	六	日
1 初三	2 初四	3 初五	4 初六	5 初七	6 小寒	7 初九
8 初十	9 十一	10 十二	11 十三	12 十四	13 十五	14 十六
15 十七	16 十八	17 十九	18 二十	19 廿一	20 廿二	21 大寒
22 廿四	23 廿五	24 廿六	25 廿七	26 廿八	27 廿九	28 正月
29 初二	30 初三	31 初四				

2

一	二	三	四	五	六	日
			1 初五	2 初六	3 初七	4 立春
5 初九	6 初十	7 十一	8 十二	9 十三	10 十四	11 十五
12 十六	13 十七	14 十八	15 十九	16 二十	17 廿一	18 廿二
19 雨水	20 廿四	21 廿五	22 廿六	23 廿七	24 廿八	25 廿九
26 三十	27 二月	28 初二				

3

一	二	三	四	五	六	日
			1 初三	2 初四	3 初五	4 初六
5 初七	6 惊蛰	7 初九	8 初十	9 十一	10 十二	11 十三
12 十四	13 十五	14 十六	15 十七	16 十八	17 十九	18 二十
19 廿一	20 廿二	21 春分	22 廿四	23 廿五	24 廿六	25 廿七
26 廿八	27 廿九	28 三月	29 初二	30 初三	31 初四	

4

一	二	三	四	五	六	日
						1 初五
2 初六	3 初七	4 初八	5 清明	6 初十	7 十一	8 十二
9 十三	10 十四	11 十五	12 十六	13 十七	14 十八	15 十九
16 二十	17 廿一	18 廿二	19 廿三	20 廿四	21 谷雨	22 廿六
23 廿七	24 廿八	25 廿九	26 四月	27 初二	28 初三	29 初四
30 初五						

5

一	二	三	四	五	六	日
	1 初六	2 初七	3 初八	4 初九	5 初十	6 立夏
7 十二	8 十三	9 十四	10 十五	11 十六	12 十七	13 十八
14 十九	15 二十	16 廿一	17 廿二	18 廿三	19 廿四	20 廿五
21 小满	22 廿七	23 廿八	24 廿九	25 三十	26 五月	27 初二
28 初三	29 初四	30 初五	31 初六			

6

一	二	三	四	五	六	日
				1 初七	2 初八	3 初九
4 初十	5 十一	6 芒种	7 十三	8 十四	9 十五	10 十六
11 十七	12 十八	13 十九	14 二十	15 廿一	16 廿二	17 廿三
18 廿四	19 廿五	20 廿六	21 廿七	22 夏至	23 廿九	24 六月
25 初二	26 初三	27 初四	28 初五	29 初六	30 初七	

7

一	二	三	四	五	六	日
						1 初八
2 初九	3 初十	4 十一	5 十二	6 十三	7 十四	8 小暑
9 十六	10 十七	11 十八	12 十九	13 二十	14 廿一	15 廿二
16 廿三	17 廿四	18 廿五	19 廿六	20 廿七	21 廿八	22 廿九
23 大暑	24 六月	25 初二	26 初三	27 初四	28 初五	29 初六
30 初七	31 初八					

8

一	二	三	四	五	六	日
		1 初九	2 初十	3 十一	4 十二	5 十三
6 十四	7 十五	8 立秋	9 十七	10 十八	11 十九	12 二十
13 廿一	14 廿二	15 廿三	16 廿四	17 廿五	18 廿六	19 廿七
20 廿八	21 廿九	22 三十	23 七月	24 处暑	25 初三	26 初四
27 初五	28 初六	29 初七	30 初八	31 初九		

9

一	二	三	四	五	六	日
					1 初十	2 十一
3 十二	4 十三	5 十四	6 十五	7 十六	8 白露	9 十八
10 十九	11 二十	12 廿一	13 廿二	14 廿三	15 廿四	16 廿五
17 廿六	18 廿七	19 廿八	20 廿九	21 八月	22 初二	23 秋分
24 初四	25 初五	26 初六	27 初七	28 初八	29 初九	30 初十

10

一	二	三	四	五	六	日
1 十一	2 十二	3 十三	4 十四	5 十五	6 十六	7 十七
8 十八	9 寒露	10 二十	11 廿一	12 廿二	13 廿三	14 廿四
15 廿五	16 廿六	17 廿七	18 廿八	19 廿九	20 三十	21 九月
22 初二	23 初三	24 霜降	25 初五	26 初六	27 初七	28 初八
29 初九	30 初十	31 十一				

11

一	二	三	四	五	六	日
			1 十二	2 十三	3 十四	4 十五
5 十六	6 十七	7 十八	8 立冬	9 二十	10 廿一	11 廿二
12 廿三	13 廿四	14 廿五	15 廿六	16 廿七	17 廿八	18 廿九
19 三十	20 十月	21 初二	22 初三	23 小雪	24 初五	25 初六
26 初七	27 初八	28 初九	29 初十	30 十一		

12

一	二	三	四	五	六	日
					1 十二	2 十三
3 十四	4 十五	5 十六	6 十七	7 十八	8 大雪	9 二十
10 廿一	11 廿二	12 廿三	13 廿四	14 廿五	15 廿六	16 廿七
17 廿八	18 廿九	19 十一月	20 初二	21 初三	22 冬至	23 初五
24 初六	25 初七	26 初八	27 初九	28 初十	29 十一	30 十二
31 十三						

1980年(庚申　猴年　2月16日始)

1

一	二	三	四	五	六	日
	1 十四	2 十五	3 十六	4 十七	5 十八	6 小寒
7 二十	8 廿一	9 廿二	10 廿三	11 廿四	12 廿五	13 廿六
14 廿七	15 廿八	16 廿九	17 三十	18 十二月	19 初二	20 初三
21 大寒	22 初五	23 初六	24 初七	25 初八	26 初九	27 初十
28 十一	29 十二	30 十三	31 十四			

2

一	二	三	四	五	六	日
				1 十五	2 十六	3 十七
4 十八	5 立春	6 二十	7 廿一	8 廿二	9 廿三	10 廿四
11 廿五	12 廿六	13 廿七	14 廿八	15 廿九	16 正月	17 初二
18 初三	19 雨水	20 初五	21 初六	22 初七	23 初八	24 初九
25 初十	26 十一	27 十二	28 十三	28 十四		

3

一	二	三	四	五	六	日
					1 十五	2 十六
3 十七	4 十八	5 惊蛰	6 二十	7 廿一	8 廿二	9 廿三
10 廿四	11 廿五	12 廿六	13 廿七	14 廿八	15 廿九	16 三十
17 二月	18 初二	19 初三	20 春分	21 初五	22 初六	23 初七
24 初八	25 初九	26 初十	27 十一	28 十二	29 十三	30 十四
31 十五						

4

一	二	三	四	五	六	日
	1 十六	2 十七	3 十八	4 清明	5 二十	6 廿一
7 廿二	8 廿三	9 廿四	10 廿五	11 廿六	12 廿七	13 廿八
14 廿九	15 三月	16 初二	17 初三	18 初四	19 初五	20 谷雨
21 初七	22 初八	23 初九	24 初十	25 十一	26 十二	27 十三
28 十四	29 十五	30 十六				

5

一	二	三	四	五	六	日
			1 十七	2 十八	3 十九	4 二十
5 立夏	6 廿二	7 廿三	8 廿四	9 廿五	10 廿六	11 廿七
12 廿八	13 廿九	14 四月	15 初二	16 初三	17 初四	18 初五
19 初六	20 初七	21 小满	22 初九	23 初十	24 十一	25 十二
26 十三	27 十四	28 十五	29 十六	30 十七	31 十八	

6

一	二	三	四	五	六	日
						1 十九
2 二十	3 廿一	4 廿二	5 芒种	6 廿四	7 廿五	8 廿六
9 廿七	10 廿八	11 廿九	12 三十	13 五月	14 初二	15 初三
16 初四	17 初五	18 初六	19 初七	20 初八	21 夏至	22 初十
23 十一	24 十二	25 十三	26 十四	27 十五	28 十六	29 十七
30 十八						

7

一	二	三	四	五	六	日
	1 十九	2 二十	3 廿一	4 廿二	5 廿三	6 廿四
7 小暑	8 廿六	9 廿七	10 廿八	11 廿九	12 六月	13 初二
14 初三	15 初四	16 初五	17 初六	18 初七	19 初八	20 初九
21 初十	22 十一	23 大暑	24 十三	25 十四	26 十五	27 十六
28 十七	29 十八	30 十九	31 二十			

8

一	二	三	四	五	六	日
				1 廿一	2 廿二	3 廿三
4 廿四	5 廿五	6 廿六	7 立秋	8 廿八	9 廿九	10 三十
11 七月	12 初二	13 初三	14 初四	15 初五	16 初六	17 初七
18 初八	19 初九	20 初十	21 十一	22 十二	23 处暑	24 十四
25 十五	26 十六	27 十七	28 十八	29 十九	30 二十	31 廿一

9

一	二	三	四	五	六	日
1 廿二	2 廿三	3 廿四	4 廿五	5 廿六	6 廿七	7 白露
8 廿九	9 八月	10 初二	11 初三	12 初四	13 初五	14 初六
15 初七	16 初八	17 初九	18 初十	19 十一	20 十二	21 十三
22 十四	23 秋分	24 十六	25 十七	26 十八	27 十九	28 二十
29 廿一	30 廿二					

10

一	二	三	四	五	六	日
		1 廿三	2 廿四	3 廿五	4 廿六	5 廿七
6 廿八	7 廿九	8 寒露	9 九月	10 初二	11 初三	12 初四
13 初五	14 初六	15 初七	16 初八	17 初九	18 初十	19 十一
20 十二	21 十三	22 十四	23 霜降	24 十六	25 十七	26 十八
27 十九	28 二十	29 廿一	30 廿二	31 廿三		

11

一	二	三	四	五	六	日
					1 廿四	2 廿五
3 廿六	4 廿七	5 廿八	6 廿九	7 立冬	8 十月	9 初二
10 初三	11 初四	12 初五	13 初六	14 初七	15 初八	16 初九
17 初十	18 十一	19 十二	20 十三	21 十四	22 小雪	23 十六
24 十七	25 十八	26 十九	27 二十	28 廿一	29 廿二	30 廿三

12

一	二	三	四	五	六	日
1 廿四	2 廿五	3 廿六	4 廿七	5 廿八	6 廿九	7 十一月 大雪
8 初二	9 初三	10 初四	11 初五	12 初六	13 初七	14 初八
15 初九	16 初十	17 十一	18 十二	19 十三	20 十四	21 十五
22 冬至	23 十七	24 十八	25 十九	26 二十	27 廿一	28 廿二
29 廿三	30 廿四	31 廿五				

1981年（辛酉　鸡年　2月5日始）

1

一	二	三	四	五	六	日
			1 廿六	2 廿七	3 廿八	4 廿九
5 小寒	6 十二月	7 初二	8 初三	9 初四	10 初五	11 初六
12 初七	13 初八	14 初九	15 初十	16 十一	17 十二	18 十三
19 十四	20 大寒	21 十六	22 十七	23 十八	24 十九	25 二十
26 廿一	27 廿二	28 廿三	29 廿四	30 廿五	31 廿六	

2

一	二	三	四	五	六	日
						1 廿七
2 廿八	3 廿九	4 立春	5 正月	6 初二	7 初三	8 初四
9 初五	10 初六	11 初七	12 初八	13 初九	14 初十	15 十一
16 十二	17 十三	18 十四	19 雨水	20 十六	21 十七	22 十八
23 十九	24 二十	25 廿一	26 廿二	27 廿三	28 廿四	

3

一	二	三	四	五	六	日
						1 廿五
2 廿六	3 廿七	4 廿八	5 廿九	6 二月 惊蛰	7 初二	8 初三
9 初四	10 初五	11 初六	12 初七	13 初八	14 初九	15 初十
16 十一	17 十二	18 十三	19 十四	20 十五	21 春分	22 十七
23 十八	24 十九	25 二十	26 廿一	27 廿二	28 廿三	29 廿四
30 廿五	31 廿六					

4

一	二	三	四	五	六	日
		1 廿七	2 廿八	3 廿九	4 三十	5 三月 清明
6 初二	7 初三	8 初四	9 初五	10 初六	11 初七	12 初八
13 初九	14 初十	15 十一	16 十二	17 十三	18 十四	19 十五
20 谷雨	21 十七	22 十八	23 十九	24 二十	25 廿一	26 廿二
27 廿三	28 廿四	29 廿五	30 廿六			

5

一	二	三	四	五	六	日
				1 廿七	2 廿八	3 廿九
4 四月	5 立夏	6 初三	7 初四	8 初五	9 初六	10 初七
11 初八	12 初九	13 初十	14 十一	15 十二	16 十三	17 十四
18 十五	19 十六	20 十七	21 小满	22 十九	23 二十	24 廿一
25 廿二	26 廿三	27 廿四	28 廿五	29 廿六	30 廿七	31 廿八

6

一	二	三	四	五	六	日
1 廿九	2 五月	3 初二	4 初三	5 初四	6 芒种	7 初六
8 初七	9 初八	10 初九	11 初十	12 十一	13 十二	14 十三
15 十四	16 十五	17 十六	18 十七	19 十八	20 十九	21 夏至
22 廿一	23 廿二	24 廿三	25 廿四	26 廿五	27 廿六	28 廿七
29 廿八	30 廿九					

7

一	二	三	四	五	六	日
		1 三十	2 六月	3 初二	4 初三	5 初四
6 初五	7 小暑	8 初七	9 初八	10 初九	11 初十	12 十一
13 十二	14 十三	15 十四	16 十五	17 十六	18 十七	19 十八
20 十九	21 二十	22 廿一	23 大暑	24 廿三	25 廿四	26 廿五
27 廿六	28 廿七	29 廿八	30 廿九	31 七月		

8

一	二	三	四	五	六	日
					1 初二	2 初三
3 初四	4 初五	5 初六	6 初七	7 立秋	8 初九	9 初十
10 十一	11 十二	12 十三	13 十四	14 十五	15 十六	16 十七
17 十八	18 十九	19 二十	20 廿一	21 廿二	22 廿三	23 处暑
24 廿五	25 廿六	26 廿七	27 廿八	28 廿九	29 八月	30 初二
31 初三						

9

一	二	三	四	五	六	日
	1 初四	2 初五	3 初六	4 初七	5 初八	6 初九
7 初十	8 白露	9 十二	10 十三	11 十四	12 十五	13 十六
14 十七	15 十八	16 十九	17 二十	18 廿一	19 廿二	20 廿三
21 廿四	22 廿五	23 秋分	24 廿七	25 廿八	26 廿九	27 三十
28 九月	29 初二	30 初三				

10

一	二	三	四	五	六	日
			1 初四	2 初五	3 初六	4 初七
5 初八	6 初九	7 初十	8 寒露	9 十二	10 十三	11 十四
12 十五	13 十六	14 十七	15 十八	16 十九	17 二十	18 廿一
19 廿二	20 廿三	21 廿四	22 廿五	23 霜降	24 廿七	25 廿八
26 廿九	27 三十	28 十月	29 初二	30 初三	31 初四	

11

一	二	三	四	五	六	日
						1 初五
2 初六	3 初七	4 初八	5 初九	6 初十	7 立冬	8 十二
9 十三	10 十四	11 十五	12 十六	13 十七	14 十八	15 十九
16 二十	17 廿一	18 廿二	19 廿三	20 廿四	21 廿五	22 小雪
23 廿七	24 廿八	25 廿九	26 十一月	27 初二	28 初三	29 初四
30 初五						

12

一	二	三	四	五	六	日
	1 初六	2 初七	3 初八	4 初九	5 初十	6 十一
7 大雪	8 十三	9 十四	10 十五	11 十六	12 十七	13 十八
14 十九	15 二十	16 廿一	17 廿二	18 廿三	19 廿四	20 廿五
21 廿六	22 冬至	23 廿八	24 廿九	25 三十	26 十二月	27 初二
28 初三	29 初四	30 初五	31 初六			

1982年（壬戌　狗年　1月25日始　闰四月）

养生月历

1

一	二	三	四	五	六	日
				1初七	2初八	3初九
4初十	5十一	6小寒	7十三	8十四	9十五	10十六
11十七	12十八	13十九	14二十	15廿一	16廿二	17廿三
18廿四	19廿五	20大寒	21廿七	22廿八	23廿九	24三十
25正月	26初二	27初三	28初四	29初五	30初六	31初七

2

一	二	三	四	五	六	日
1初八	2初九	3初十	4立春	5十二	6十三	7十四
8十五	9十六	10十七	11十八	12十九	13二十	14廿一
15廿二	16廿三	17廿四	18廿五	19雨水	20廿七	21廿八
22廿九	23三十	24二月	25初二	26初三	27初四	28初五

3

一	二	三	四	五	六	日
1初六	2初七	3初八	4初九	5初十	6惊蛰	7十二
8十三	9十四	10十五	11十六	12十七	13十八	14十九
15二十	16廿一	17廿二	18廿三	19廿四	20廿五	21春分
22廿七	23廿八	24廿九	25三月	26初二	27初三	28初四
29初五	30初六	31初七				

4

一	二	三	四	五	六	日
			1初八	2初九	3初十	4十一
5清明	6十三	7十四	8十五	9十六	10十七	11十八
12十九	13二十	14廿一	15廿二	16廿三	17廿四	18廿五
19廿六	20谷雨	21廿八	22廿九	23三十	24四月	25初二
26初三	27初四	28初五	29初六	30初七		

5

一	二	三	四	五	六	日
					1初八	2初九
3初十	4十一	5十二	6立夏	7十四	8十五	9十六
10十七	11十八	12十九	13二十	14廿一	15廿二	16廿三
17廿四	18廿五	19廿六	20廿七	21小满	22廿九	23四月
24初二	25初三	26初四	27初五	28初六	29初七	30初八
31初九						

6

一	二	三	四	五	六	日
	1初十	2十一	3十二	4十三	5十四	6芒种
7十六	8十七	9十八	10十九	11二十	12廿一	13廿二
14廿三	15廿四	16廿五	17廿六	18廿七	19廿八	20廿九
21五月	22夏至	23初三	24初四	25初五	26初六	27初七
28初八	29初九	30初十				

7

一	二	三	四	五	六	日
			1十一	2十二	3十三	4十四
5十五	6十六	7小暑	8十八	9十九	10二十	11廿一
12廿二	13廿三	14廿四	15廿五	16廿六	17廿七	18廿八
19廿九	20三十	21六月	22初二	23大暑	24初四	25初五
26初六	27初七	28初八	29初九	30初十	31十一	

8

一	二	三	四	五	六	日
						1十二
2十三	3十四	4十五	5十六	6十七	7十八	8立秋
9二十	10廿一	11廿二	12廿三	13廿四	14廿五	15廿六
16廿七	17廿八	18廿九	19七月	20初二	21初三	22初四
23处暑	24初六	25初七	26初八	27初九	28初十	29十一
30十二	31十三					

9

一	二	三	四	五	六	日
		1十四	2十五	3十六	4十七	5十八
6十九	7二十	8白露	9廿二	10廿三	11廿四	12廿五
13廿六	14廿七	15廿八	16廿九	17八月	18初二	19初三
20初四	21初五	22初六	23秋分	24初八	25初九	26初十
27十一	28十二	29十三	30十四			

10

一	二	三	四	五	六	日
				1十五	2十六	3十七
4十八	5十九	6二十	7廿一	8寒露	9廿三	10廿四
11廿五	12廿六	13廿七	14廿八	15廿九	16三十	17九月
18初二	19初三	20初四	21初五	22初六	23初七	24霜降
25初九	26初十	27十一	28十二	29十三	30十四	31十五

11

一	二	三	四	五	六	日
1十六	2十七	3十八	4十九	5二十	6廿一	7廿二
8立冬	9廿四	10廿五	11廿六	12廿七	13廿八	14廿九
15十月	16初二	17初三	18初四	19初五	20初六	21初七
22小雪	23初九	24初十	25十一	26十二	27十三	28十四
29十五	30十六					

12

一	二	三	四	五	六	日
		1十七	2十八	3十九	4二十	5廿一
6廿二	7大雪	8廿四	9廿五	10廿六	11廿七	12廿八
13廿九	14三十	15十一月	16初二	17初三	18初四	19初五
20初六	21初七	22冬至	23初九	24初十	25十一	26十二
27十三	28十四	29十五	30十六	31十七		

1983年（癸亥 猪年 2月13日始）

1

一	二	三	四	五	六	日
					1 十八	2 十九
3 二十	4 廿一	5 廿二	6 小寒	7 廿四	8 廿五	9 廿六
10 廿七	11 廿八	12 廿九	13 三十	14 十二月	15 初二	16 初三
17 初四	18 初五	19 初六	20 大寒	21 初八	22 初九	23 初十
24 十一	25 十二	26 十三	27 十四	28 十五	29 十六	30 十七
31 十八						

2

一	二	三	四	五	六	日
	1 十九	2 二十	3 廿一	4 立春	5 廿三	6 廿四
7 廿五	8 廿六	9 廿七	10 廿八	11 廿九	12 三十	13 正月
14 初二	15 初三	16 初四	17 初五	18 初六	19 雨水	20 初八
21 初九	22 初十	23 十一	24 十二	25 十三	26 十四	27 十五
28 十六						

3

一	二	三	四	五	六	日
	1 十七	2 十八	3 十九	4 二十	5 廿一	6 惊蛰
7 廿三	8 廿四	9 廿五	10 廿六	11 廿七	12 廿八	13 廿九
14 三十	15 二月	16 初二	17 初三	18 初四	19 初五	20 初六
21 春分	22 初八	23 初九	24 初十	25 十一	26 十二	27 十三
28 十四	29 十五	30 十六	31 十七			

4

一	二	三	四	五	六	日
				1 十八	2 十九	3 二十
4 廿一	5 清明	6 廿三	7 廿四	8 廿五	9 廿六	10 廿七
11 廿八	12 廿九	13 三月	14 初二	15 初三	16 初四	17 初五
18 初六	19 初七	20 谷雨	21 初九	22 初十	23 十一	24 十二
25 十三	26 十四	27 十五	28 十六	29 十七	30 十八	

5

一	二	三	四	五	六	日
						1 十九
2 二十	3 廿一	4 廿二	5 廿三	6 立夏	7 廿五	8 廿六
9 廿七	10 廿八	11 廿九	12 三十	13 四月	14 初二	15 初三
16 初四	17 初五	18 初六	19 初七	20 初八	21 小满	22 初十
23 十一	24 十二	25 十三	26 十四	27 十五	28 十六	29 十七
30 十八	31 十九					

6

一	二	三	四	五	六	日
		1 二十	2 廿一	3 廿二	4 廿三	5 廿四
6 芒种	7 廿六	8 廿七	9 廿八	10 廿九	11 五月	12 初二
13 初三	14 初四	15 初五	16 初六	17 初七	18 初八	19 初九
20 初十	21 十一	22 夏至	23 十三	24 十四	25 十五	26 十六
27 十七	28 十八	29 十九	30 二十			

7

一	二	三	四	五	六	日
				1 廿一	2 廿二	3 廿三
4 廿四	5 廿五	6 廿六	7 廿七	8 小暑	9 廿九	10 六月
11 初二	12 初三	13 初四	14 初五	15 初六	16 初七	17 初八
18 初九	19 初十	20 十一	21 十二	22 十三	23 大暑	24 十五
25 十六	26 十七	27 十八	28 十九	29 二十	30 廿一	31 廿二

8

一	二	三	四	五	六	日
1 廿三	2 廿四	3 廿五	4 廿六	5 廿七	6 廿八	7 廿九
8 立秋	9 七月	10 初二	11 初三	12 初四	13 初五	14 初六
15 初七	16 初八	17 初九	18 初十	19 十一	20 十二	21 十三
22 十四	23 十五	24 处暑	25 十七	26 十八	27 十九	28 二十
29 廿一	30 廿二	31 廿三				

9

一	二	三	四	五	六	日
			1 廿四	2 廿五	3 廿六	4 廿七
5 廿八	6 廿九	7 八月	8 白露	9 初三	10 初四	11 初五
12 初六	13 初七	14 初八	15 初九	16 初十	17 十一	18 十二
19 十三	20 十四	21 十五	22 十六	23 秋分	24 十八	25 十九
26 二十	27 廿一	28 廿二	29 廿三	30 廿四		

10

一	二	三	四	五	六	日
					1 廿五	2 廿六
3 廿七	4 廿八	5 廿九	6 九月	7 初二	8 初三	9 寒露
10 初五	11 初六	12 初七	13 初八	14 初九	15 初十	16 十一
17 十二	18 十三	19 十四	20 十五	21 十六	22 十七	23 十八
24 霜降	25 二十	26 廿一	27 廿二	28 廿三	29 廿四	30 廿五
31 廿六						

11

一	二	三	四	五	六	日
	1 廿七	2 廿八	3 廿九	4 三十	5 十月	6 初二
7 初三	8 立冬	9 初五	10 初六	11 初七	12 初八	13 初九
14 初十	15 十一	16 十二	17 十三	18 十四	19 十五	20 十六
21 十七	22 十八	23 小雪	24 二十	25 廿一	26 廿二	27 廿三
28 廿四	29 廿五	30 廿六				

12

一	二	三	四	五	六	日
			1 廿七	2 廿八	3 廿九	4 十一月
5 初二	6 初三	7 初四	8 大雪	9 初六	10 初七	11 初八
12 初九	13 初十	14 十一	15 十二	16 十三	17 十四	18 十五
19 十六	20 十七	21 十八	22 冬至	23 二十	24 廿一	25 廿二
26 廿三	27 廿四	28 廿五	29 廿六	30 廿七	31 廿八	

养生月历

1984年(甲子　鼠年　2月2日始　闰十月)

1

一	二	三	四	五	六	日
						1 廿九
2 三十	3 十二月	4 初二	5 初三	6 小寒	7 初五	8 初六
9 初七	10 初八	11 初九	12 初十	13 十一	14 十二	15 十三
16 十四	17 十五	18 十六	19 十七	20 十八	21 大寒	22 二十
23 廿一	24 廿二	25 廿三	26 廿四	27 廿五	28 廿六	29 廿七
30 廿八	31 廿九					

2

一	二	三	四	五	六	日
		1 三十	2 正月	3 初二	4 立春	5 初四
6 初五	7 初六	8 初七	9 初八	10 初九	11 初十	12 十一
13 十二	14 十三	15 十四	16 十五	17 十六	18 十七	19 雨水
20 十九	21 二十	22 廿一	23 廿二	24 廿三	25 廿四	26 廿五
27 廿六	28 廿七	29 廿八				

3

一	二	三	四	五	六	日
			1 廿九	2 三十	3 二月	4 初二
5 惊蛰	6 初四	7 初五	8 初六	9 初七	10 初八	11 初九
12 初十	13 十一	14 十二	15 十三	16 十四	17 十五	18 十六
19 十七	20 春分	21 十九	22 二十	23 廿一	24 廿二	25 廿三
26 廿四	27 廿五	28 廿六	29 廿七	30 廿八	31 廿九	

4

一	二	三	四	五	六	日
						1 三月
2 初二	3 初三	4 清明	5 初五	6 初六	7 初七	8 初八
9 初九	10 初十	11 十一	12 十二	13 十三	14 十四	15 十五
16 十六	17 十七	18 十八	19 十九	20 谷雨	21 廿一	22 廿二
23 廿三	24 廿四	25 廿五	26 廿六	27 廿七	28 廿八	29 廿九
30 三十						

5

一	二	三	四	五	六	日
	1 四月	2 初二	3 初三	4 初四	5 立夏	6 初六
7 初七	8 初八	9 初九	10 初十	11 十一	12 十二	13 十三
14 十四	15 十五	16 十六	17 十七	18 十八	19 十九	20 二十
21 小满	22 廿二	23 廿三	24 廿四	25 廿五	26 廿六	27 廿七
28 廿八	29 廿九	30 三十	31 五月			

6

一	二	三	四	五	六	日
				1 初二	2 初三	3 初四
4 初五	5 芒种	6 初七	7 初八	8 初九	9 初十	10 十一
11 十二	12 十三	13 十四	14 十五	15 十六	16 十七	17 十八
18 十九	19 二十	20 廿一	21 夏至	22 廿三	23 廿四	24 廿五
25 廿六	26 廿七	27 廿八	28 廿九	29 六月	30 初二	

7

一	二	三	四	五	六	日
						1 初三
2 初四	3 初五	4 初六	5 初七	6 初八	7 小暑	8 初十
9 十一	10 十二	11 十三	12 十四	13 十五	14 十六	15 十七
16 十八	17 十九	18 二十	19 廿一	20 廿二	21 廿三	22 大暑
23 廿五	24 廿六	25 廿七	26 廿八	27 廿九	28 七月	29 初二
30 初三	31 初四					

8

一	二	三	四	五	六	日
		1 初五	2 初六	3 初七	4 初八	5 初九
6 初十	7 立秋	8 十二	9 十三	10 十四	11 十五	12 十六
13 十七	14 十八	15 十九	16 二十	17 廿一	18 廿二	19 廿三
20 廿四	21 廿五	22 廿六	23 处暑	24 廿八	25 廿九	26 三十
27 八月	28 初二	29 初三	30 初四	31 初五		

9

一	二	三	四	五	六	日
					1 初六	2 初七
3 初八	4 初九	5 初十	6 十一	7 白露	8 十三	9 十四
10 十五	11 十六	12 十七	13 十八	14 十九	15 二十	16 廿一
17 廿二	18 廿三	19 廿四	20 廿五	21 廿六	22 廿七	23 秋分
24 廿九	25 九月	26 初二	27 初三	28 初四	29 初五	30 初六

10

一	二	三	四	五	六	日
1 初七	2 初八	3 初九	4 初十	5 十一	6 十二	7 十三
8 寒露	9 十五	10 十六	11 十七	12 十八	13 十九	14 二十
15 廿一	16 廿二	17 廿三	18 廿四	19 廿五	20 廿六	21 廿七
22 廿八	23 霜降	24 十月	25 初二	26 初三	27 初四	28 初五
29 初六	30 初七	31 初八				

11

一	二	三	四	五	六	日
			1 初九	2 初十	3 十一	4 十二
5 十三	6 十四	7 立冬	8 十六	9 十七	10 十八	11 十九
12 二十	13 廿一	14 廿二	15 廿三	16 廿四	17 廿五	18 廿六
19 廿七	20 廿八	21 廿九	22 小雪	23 十月	24 初二	25 初三
26 初四	27 初五	28 初六	29 初七	30 初八		

12

一	二	三	四	五	六	日
					1 初九	2 初十
3 十一	4 十二	5 十三	6 十四	7 大雪	8 十六	9 十七
10 十八	11 十九	12 二十	13 廿一	14 廿二	15 廿三	16 廿四
17 廿五	18 廿六	19 廿七	20 廿八	21 廿九	22 十一月 冬至	23 初二
24 初三	25 初四	26 初五	27 初六	28 初七	29 初八	30 初九
31 初十						

1985年（乙丑　牛年　2月20日始）

1

一	二	三	四	五	六	日
	1 十一	2 十二	3 十三	4 十四	5 小寒	6 十六
7 十七	8 十八	9 十九	10 二十	11 廿一	12 廿二	13 廿三
14 廿四	15 廿五	16 廿六	17 廿七	18 廿八	19 廿九	20 大寒
21 十二月	22 初二	23 初三	24 初四	25 初五	26 初六	27 初七
28 初八	29 初九	30 初十	31 十一			

2

一	二	三	四	五	六	日
				1 十二	2 十三	3 十四
4 立春	5 十六	6 十七	7 十八	8 十九	9 二十	10 廿一
11 廿二	12 廿三	13 廿四	14 廿五	15 廿六	16 廿七	17 廿八
18 廿九	19 雨水	20 正月	21 初二	22 初三	23 初四	24 初五
25 初六	26 初七	27 初八	28 初九			

3

一	二	三	四	五	六	日
				1 初十	2 十一	3 十二
4 十三	5 惊蛰	6 十五	7 十六	8 十七	9 十八	10 十九
11 二十	12 廿一	13 廿二	14 廿三	15 廿四	16 廿五	17 廿六
18 廿七	19 廿八	20 廿九	21 二月 春分	22 初二	23 初三	24 初四
25 初五	26 初六	27 初七	28 初八	29 初九	30 初十	31 十一

4

一	二	三	四	五	六	日
1 十二	2 十三	3 十四	4 十五	5 清明	6 十七	7 十八
8 十九	9 二十	10 廿一	11 廿二	12 廿三	13 廿四	14 廿五
15 廿六	16 廿七	17 廿八	18 廿九	19 三十	20 三月 谷雨	21 初二
22 初三	23 初四	24 初五	25 初六	26 初七	27 初八	28 初九
29 初十	30 十一					

5

一	二	三	四	五	六	日
		1 十二	2 十三	3 十四	4 十五	5 立夏
6 十七	7 十八	8 十九	9 二十	10 廿一	11 廿二	12 廿三
13 廿四	14 廿五	15 廿六	16 廿七	17 廿八	18 廿九	19 三十
20 四月	21 小满	22 初三	23 初四	24 初五	25 初六	26 初七
27 初八	28 初九	29 初十	30 十一	31 十二		

6

一	二	三	四	五	六	日
					1 十三	2 十四
3 十五	4 十六	5 十七	6 芒种	7 十九	8 二十	9 廿一
10 廿二	11 廿三	12 廿四	13 廿五	14 廿六	15 廿七	16 廿八
17 廿九	18 五月	19 初二	20 初三	21 夏至	22 初五	23 初六
24 初七	25 初八	26 初九	27 初十	28 十一	29 十二	30 十三

7

一	二	三	四	五	六	日
1 十四	2 十五	3 十六	4 十七	5 十八	6 十九	7 小暑
8 廿一	9 廿二	10 廿三	11 廿四	12 廿五	13 廿六	14 廿七
15 廿八	16 廿九	17 三十	18 六月	19 初二	20 初三	21 初四
22 初五	23 大暑	24 初七	25 初八	26 初九	27 初十	28 十一
29 十二	30 十三	31 十四				

8

一	二	三	四	五	六	日
			1 十五	2 十六	3 十七	4 十八
5 十九	6 二十	7 立秋	8 廿二	9 廿三	10 廿四	11 廿五
12 廿六	13 廿七	14 廿八	15 廿九	16 七月	17 初二	18 初三
19 初四	20 初五	21 初六	22 初七	23 处暑	24 初九	25 初十
26 十一	27 十二	28 十三	29 十四	30 十五	31 十六	

9

一	二	三	四	五	六	日
						1 十七
2 十八	3 十九	4 二十	5 廿一	6 廿二	7 廿三	8 白露
9 廿五	10 廿六	11 廿七	12 廿八	13 廿九	14 三十	15 八月
16 初二	17 初三	18 初四	19 初五	20 初六	21 初七	22 初八
23 秋分	24 初十	25 十一	26 十二	27 十三	28 十四	29 十五
30 十六						

10

一	二	三	四	五	六	日
	1 十七	2 十八	3 十九	4 二十	5 廿一	6 廿二
7 廿三	8 寒露	9 廿五	10 廿六	11 廿七	12 廿八	13 廿九
14 九月	15 初二	16 初三	17 初四	18 初五	19 初六	20 初七
21 初八	22 初九	23 霜降	24 十一	25 十二	26 十三	27 十四
28 十五	29 十六	30 十七	31 十八			

11

一	二	三	四	五	六	日
				1 十九	2 二十	3 廿一
4 廿二	5 廿三	6 廿四	7 立冬	8 廿六	9 廿七	10 廿八
11 廿九	12 十月	13 初二	14 初三	15 初四	16 初五	17 初六
18 初七	19 初八	20 初九	21 初十	22 小雪	23 十二	24 十三
25 十四	26 十五	27 十六	28 十七	29 十八	30 十九	

12

一	二	三	四	五	六	日
						1 二十
2 廿一	3 廿二	4 廿三	5 廿四	6 廿五	7 大雪	8 廿七
9 廿八	10 廿九	11 三十	12 十一月	13 初二	14 初三	15 初四
16 初五	17 初六	18 初七	19 初八	20 初九	21 初十	22 冬至
23 十二	24 十三	25 十四	26 十五	27 十六	28 十七	29 十八
30 十九	31 二十					

1986年（丙寅　虎年　2月9日始）

一	二	三	四	五	六	日
		1廿一	2廿二	3廿三	4廿四	5小寒
6廿六	7廿七	8廿八	9廿九	10十二月	11初二	12初三
13初四	14初五	15初六	16初七	17初八	18初九	19初十
20大寒	21十二	22十三	23十四	24十五	25十六	26十七
27十八	28十九	29二十	30廿一	31廿二		

一	二	三	四	五	六	日
	1廿五	2廿六	3廿七	4廿八	5廿九	6三十
7六月小暑	8初二	9初三	10初四	11初五	12初六	13初七
14初八	15初九	16初十	17十一	18十二	19十三	20十四
21十五	22十六	23大暑	24十八	25十九	26二十	27廿一
28廿二	29廿三	30廿四	31廿五			

一	二	三	四	五	六	日
					1廿三	2廿四
3廿五	4立春	5廿七	6廿八	7廿九	8三十	9正月
10初二	11初三	12初四	13初五	14初六	15初七	16初八
17初九	18初十	19雨水	20十二	21十三	22十四	23十五
24十六	25十七	26十八	27十九	28二十		

一	二	三	四	五	六	日
				1廿六	2廿七	3廿八
4廿九	5三十	6七月	7初二	8立秋	9初四	10初五
11初六	12初七	13初八	14初九	15初十	16十一	17十二
18十三	19十四	20十五	21十六	22十七	23处暑	24十九
25二十	26廿一	27廿二	28廿三	29廿四	30廿五	31廿六

一	二	三	四	五	六	日
					1廿一	2廿二
3廿三	4廿四	5廿五	6惊蛰	7廿七	8廿八	9廿九
10二月	11初二	12初三	13初四	14初五	15初六	16初七
17初八	18初九	19初十	20十一	21春分	22十三	23十四
24十五	25十六	26十七	27十八	28十九	29二十	30廿一
31廿二						

一	二	三	四	五	六	日
1廿七	2廿八	3廿九	4八月	5初二	6初三	7初四
8白露	9初六	10初七	11初八	12初九	13初十	14十一
15十二	16十三	17十四	18十五	19十六	20十七	21十八
22十九	23秋分	24廿一	25廿二	26廿三	27廿四	28廿五
29廿六	30廿七					

一	二	三	四	五	六	日
	1廿三	2廿四	3廿五	4廿六	5清明	6廿八
7廿九	8三十	9三月	10初二	11初三	12初四	13初五
14初六	15初七	16初八	17初九	18初十	19十一	20谷雨
21十三	22十四	23十五	24十六	25十七	26十八	27十九
28二十	29廿一	30廿二				

一	二	三	四	五	六	日
		1廿八	2廿九	3三十	4九月	5初二
6初三	7初四	8寒露	9初六	10初七	11初八	12初九
13初十	14十一	15十二	16十三	17十四	18十五	19十六
20十七	21十八	22十九	23二十	24霜降	25廿二	26廿三
27廿四	28廿五	29廿六	30廿七	31廿八		

一	二	三	四	五	六	日
			1廿三	2廿四	3廿五	4廿六
5廿七	6立夏	7廿九	8三十	9四月	10初二	11初三
12初四	13初五	14初六	15初七	16初八	17初九	18初十
19十一	20十二	21小满	22十四	23十五	24十六	25十七
26十八	27十九	28二十	29廿一	30廿二	31廿三	

一	二	三	四	五	六	日
					1廿九	2十月
3初二	4初三	5初四	6初五	7初六	8立冬	9初八
10初九	11初十	12十一	13十二	14十三	15十四	16十五
17十六	18十七	19十八	20十九	21二十	22小雪	23廿二
24廿三	25廿四	26廿五	27廿六	28廿七	29廿八	30廿九

一	二	三	四	五	六	日
						1廿四
2廿五	3廿六	4廿七	5廿八	6芒种	7五月	8初二
9初三	10初四	11初五	12初六	13初七	14初八	15初九
16初十	17十一	18十二	19十三	20十四	21十五	22夏至
23十七	24十八	25十九	26二十	27廿一	28廿二	29廿三
30廿四						

一	二	三	四	五	六	日
1三十	2十一月	3初二	4初三	5初四	6初五	7大雪
8初七	9初八	10初九	11初十	12十一	13十二	14十三
15十四	16十五	17十六	18十七	19十八	20十九	21二十
22冬至	23廿二	24廿三	25廿四	26廿五	27廿六	28廿七
29廿八	30廿九	31十二月				

1987年（丁卯 兔年 1月29日始 闰六月）

1

一	二	三	四	五	六	日
			1 初二	2 初三	3 初四	4 初五
5 初六	6 小寒	7 初八	8 初九	9 初十	10 十一	11 十二
12 十三	13 十四	14 十五	15 十六	16 十七	17 十八	18 十九
19 二十	20 大寒	21 廿二	22 廿三	23 廿四	24 廿五	25 廿六
26 廿七	27 廿八	28 廿九	29 正月	30 初二	31 初三	

2

一	二	三	四	五	六	日
						1 初四
2 初五	3 初六	4 立春	5 初八	6 初九	7 初十	8 十一
9 十二	10 十三	11 十四	12 十五	13 十六	14 十七	15 十八
16 十九	17 二十	18 廿一	19 雨水	20 廿三	21 廿四	22 廿五
23 廿六	24 廿七	25 廿八	26 廿九	27 三十	28 二月	

3

一	二	三	四	五	六	日
						1 初二
2 初三	3 初四	4 初五	5 初六	6 惊蛰	7 初八	8 初九
9 初十	10 十一	11 十二	12 十三	13 十四	14 十五	15 十六
16 十七	17 十八	18 十九	19 二十	20 廿一	21 春分	22 廿三
23 廿四	24 廿五	25 廿六	26 廿七	27 廿八	28 廿九	29 三月
30 初二	31 初三					

4

一	二	三	四	五	六	日
		1 初四	2 初五	3 初六	4 初七	5 清明
6 初九	7 初十	8 十一	9 十二	10 十三	11 十四	12 十五
13 十六	14 十七	15 十八	16 十九	17 二十	18 廿一	19 廿二
20 谷雨	21 廿四	22 廿五	23 廿六	24 廿七	25 廿八	26 廿九
27 三十	28 四月	29 初二	30 初三			

5

一	二	三	四	五	六	日
				1 初四	2 初五	3 初六
4 初七	5 初八	6 立夏	7 初十	8 十一	9 十二	10 十三
11 十四	12 十五	13 十六	14 十七	15 十八	16 十九	17 二十
18 廿一	19 廿二	20 廿三	21 小满	22 廿五	23 廿六	24 廿七
25 廿八	26 廿九	27 五月	28 初二	29 初三	30 初四	31 初五

6

一	二	三	四	五	六	日
1 初六	2 初七	3 初八	4 初九	5 初十	6 芒种	7 十二
8 十三	9 十四	10 十五	11 十六	12 十七	13 十八	14 十九
15 二十	16 廿一	17 廿二	18 廿三	19 廿四	20 廿五	21 廿六
22 夏至	23 廿八	24 廿九	25 三十	26 六月	27 初二	28 初三
29 初四	30 初五					

7

一	二	三	四	五	六	日
		1 初六	2 初七	3 初八	4 初九	5 初十
6 十一	7 小暑	8 十三	9 十四	10 十五	11 十六	12 十七
13 十八	14 十九	15 二十	16 廿一	17 廿二	18 廿三	19 廿四
20 廿五	21 廿六	22 廿七	23 大暑	24 廿九	25 三十	26 六月
27 初二	28 初三	29 初四	30 初五	31 初六		

8

一	二	三	四	五	六	日
					1 初七	2 初八
3 初九	4 初十	5 十一	6 十二	7 十三	8 立秋	9 十五
10 十六	11 十七	12 十八	13 十九	14 二十	15 廿一	16 廿二
17 廿三	18 廿四	19 廿五	20 廿六	21 廿七	22 廿八	23 廿九
24 七月 处暑	25 初二	26 初三	27 初四	28 初五	29 初六	30 初七
31 初八						

9

一	二	三	四	五	六	日
	1 初九	2 初十	3 十一	4 十二	5 十三	6 十四
7 十五	8 白露	9 十七	10 十八	11 十九	12 二十	13 廿一
14 廿二	15 廿三	16 廿四	17 廿五	18 廿六	19 廿七	20 廿八
21 廿九	22 三十	23 八月 秋分	24 初二	25 初三	26 初四	27 初五
28 初六	29 初七	30 初八				

10

一	二	三	四	五	六	日
			1 初九	2 初十	3 十一	4 十二
5 十三	6 十四	7 十五	8 十六	9 寒露	10 十八	11 十九
12 二十	13 廿一	14 廿二	15 廿三	16 廿四	17 廿五	18 廿六
19 廿七	20 廿八	21 廿九	22 三十	23 九月	24 霜降	25 初三
26 初四	27 初五	28 初六	29 初七	30 初八	31 初九	

11

一	二	三	四	五	六	日
						1 初十
2 十一	3 十二	4 十三	5 十四	6 十五	7 十六	8 立冬
9 十八	10 十九	11 二十	12 廿一	13 廿二	14 廿三	15 廿四
16 廿五	17 廿六	18 廿七	19 廿八	20 廿九	21 十月	22 初二
23 小雪	24 初四	25 初五	26 初六	27 初七	28 初八	29 初九
30 初十						

12

一	二	三	四	五	六	日
	1 十一	2 十二	3 十三	4 十四	5 十五	6 十六
7 大雪	8 十八	9 十九	10 二十	11 廿一	12 廿二	13 廿三
14 廿四	15 廿五	16 廿六	17 廿七	18 廿八	19 廿九	20 三十
21 十一月	22 冬至	23 初三	24 初四	25 初五	26 初六	27 初七
28 初八	29 初九	30 初十	31 十一			

1988 年(戊辰　龙年　2 月 17 日始)

1

一	二	三	四	五	六	日
				1 十二	2 十三	3 十四
4 十五	5 十六	6 小寒	7 十八	8 十九	9 二十	10 廿一
11 廿二	12 廿三	13 廿四	14 廿五	15 廿六	16 廿七	17 廿八
18 廿九	19 十二月	20 初二	21 大寒	22 初四	23 初五	24 初六
25 初七	26 初八	27 初九	28 初十	29 十一	30 十二	31 十三

2

一	二	三	四	五	六	日
1 十四	2 十五	3 十六	4 立春	5 十八	6 十九	7 二十
8 廿一	9 廿二	10 廿三	11 廿四	12 廿五	13 廿六	14 廿七
15 廿八	16 廿九	17 正月	18 初二	19 雨水	20 初四	21 初五
22 初六	23 初七	24 初八	25 初九	26 初十	27 十一	28 十二
29 十三						

3

一	二	三	四	五	六	日
	1 十四	2 十五	3 十六	4 十七	5 惊蛰	6 十九
7 二十	8 廿一	9 廿二	10 廿三	11 廿四	12 廿五	13 廿六
14 廿七	15 廿八	16 廿九	17 三十	18 二月	19 初二	20 春分
21 初四	22 初五	23 初六	24 初七	25 初八	26 初九	27 初十
28 十一	29 十二	30 十三	31 十四			

4

一	二	三	四	五	六	日
				1 十五	2 十六	3 十七
4 清明	5 十九	6 二十	7 廿一	8 廿二	9 廿三	10 廿四
11 廿五	12 廿六	13 廿七	14 廿八	15 廿九	16 三月	17 初二
18 初三	19 初四	20 谷雨	21 初六	22 初七	23 初八	24 初九
25 初十	26 十一	27 十二	28 十三	29 十四	30 十五	

5

一	二	三	四	五	六	日
						1 十六
2 十七	3 十八	4 十九	5 立夏	6 廿一	7 廿二	8 廿三
9 廿四	10 廿五	11 廿六	12 廿七	13 廿八	14 廿九	15 三十
16 四月	17 初二	18 初三	19 初四	20 初五	21 小满	22 初七
23 初八	24 初九	25 初十	26 十一	27 十二	28 十三	29 十四
30 十五	31 十六					

6

一	二	三	四	五	六	日
		1 十七	2 十八	3 十九	4 二十	5 芒种
6 廿二	7 廿三	8 廿四	9 廿五	10 廿六	11 廿七	12 廿八
13 廿九	14 五月	15 初二	16 初三	17 初四	18 初五	19 初六
20 初七	21 夏至	22 初九	23 初十	24 十一	25 十二	26 十三
27 十四	28 十五	29 十六	30 十七			

7

一	二	三	四	五	六	日
				1 十八	2 十九	3 二十
4 廿一	5 廿二	6 廿三	7 小暑	8 廿五	9 廿六	10 廿七
11 廿八	12 廿九	13 三十	14 六月	15 初二	16 初三	17 初四
18 初五	19 初六	20 初七	21 初八	22 大暑	23 初十	24 十一
25 十二	26 十三	27 十四	28 十五	29 十六	30 十七	31 十八

8

一	二	三	四	五	六	日
1 十九	2 二十	3 廿一	4 廿二	5 廿三	6 廿四	7 立秋
8 廿六	9 廿七	10 廿八	11 廿九	12 七月	13 初二	14 初三
15 初四	16 初五	17 初六	18 初七	19 初八	20 初九	21 初十
22 十一	23 处暑	24 十三	25 十四	26 十五	27 十六	28 十七
29 十八	30 十九	31 二十				

9

一	二	三	四	五	六	日
			1 廿一	2 廿二	3 廿三	4 廿四
5 廿五	6 廿六	7 白露	8 廿八	9 廿九	10 三十	11 八月
12 初二	13 初三	14 初四	15 初五	16 初六	17 初七	18 初八
19 初九	20 初十	21 十一	22 十二	23 秋分	24 十四	25 十五
26 十六	27 十七	28 十八	29 十九	30 二十		

10

一	二	三	四	五	六	日
					1 廿一	2 廿二
3 廿三	4 廿四	5 廿五	6 廿六	7 廿七	8 寒露	9 廿九
10 三十	11 九月	12 初二	13 初三	14 初四	15 初五	16 初六
17 初七	18 初八	19 初九	20 初十	21 十一	22 十二	23 霜降
24 十四	25 十五	26 十六	27 十七	28 十八	29 十九	30 二十
31 廿一						

11

一	二	三	四	五	六	日
	1 廿二	2 廿三	3 廿四	4 廿五	5 廿六	6 廿七
7 立冬	8 廿九	9 十月	10 初二	11 初三	12 初四	13 初五
14 初六	15 初七	16 初八	17 初九	18 初十	19 十一	20 十二
21 十三	22 小雪	23 十五	24 十六	25 十七	26 十八	27 十九
28 二十	29 廿一	30 廿二				

12

一	二	三	四	五	六	日
			1 廿三	2 廿四	3 廿五	4 廿六
5 廿七	6 廿八	7 大雪	8 三十	9 十一月	10 初二	11 初三
12 初四	13 初五	14 初六	15 初七	16 初八	17 初九	18 初十
19 十一	20 十二	21 冬至	22 十四	23 十五	24 十六	25 十七
26 十八	27 十九	28 二十	29 廿一	30 廿二	31 廿三	

1989年（己巳 蛇年 2月6日始）

1

一	二	三	四	五	六	日
						1 廿四
2 廿五	3 廿六	4 廿七	5 小寒	6 廿九	7 三十	8 十二月
9 初二	10 初三	11 初四	12 初五	13 初六	14 初七	15 初八
16 初九	17 初十	18 十一	19 十二	20 大寒	21 十四	22 十五
23 十六	24 十七	25 十八	26 十九	27 二十	28 廿一	29 廿二
30 廿三	31 廿四					

2

一	二	三	四	五	六	日
		1 廿五	2 廿六	3 廿七	4 立春	5 廿九
6 正月	7 初二	8 初三	9 初四	10 初五	11 初六	12 初七
13 初八	14 初九	15 初十	16 十一	17 十二	18 十三	19 雨水
20 十五	21 十六	22 十七	23 十八	24 十九	25 二十	26 廿一
27 廿二	28 廿三					

3

一	二	三	四	五	六	日
		1 廿四	2 廿五	3 廿六	4 廿七	5 惊蛰
6 廿九	7 三十	8 二月	9 初二	10 初三	11 初四	12 初五
13 初六	14 初七	15 初八	16 初九	17 初十	18 十一	19 十二
20 春分	21 十四	22 十五	23 十六	24 十七	25 十八	26 十九
27 二十	28 廿一	29 廿二	30 廿三	31 廿四		

4

一	二	三	四	五	六	日
					1 廿五	2 廿六
3 廿七	4 廿八	5 清明	6 三月	7 初二	8 初三	9 初四
10 初五	11 初六	12 初七	13 初八	14 初九	15 初十	16 十一
17 十二	18 十三	19 十四	20 谷雨	21 十六	22 十七	23 十八
24 十九	25 二十	26 廿一	27 廿二	28 廿三	29 廿四	30 廿五

5

一	二	三	四	五	六	日
1 廿六	2 廿七	3 廿八	4 廿九	5 四月 立夏	6 初二	7 初三
8 初四	9 初五	10 初六	11 初七	12 初八	13 初九	14 初十
15 十一	16 十二	17 十三	18 十四	19 十五	20 十六	21 小满
22 十八	23 十九	24 二十	25 廿一	26 廿二	27 廿三	28 廿四
29 廿五	30 廿六	31 廿七				

6

一	二	三	四	五	六	日
			1 廿八	2 廿九	3 三十	4 五月
5 初二	6 芒种	7 初四	8 初五	9 初六	10 初七	11 初八
12 初九	13 初十	14 十一	15 十二	16 十三	17 十四	18 十五
19 十六	20 十七	21 夏至	22 十九	23 二十	24 廿一	25 廿二
26 廿三	27 廿四	28 廿五	29 廿六	30 廿七		

7

一	二	三	四	五	六	日
					1 廿八	2 廿九
3 六月	4 初二	5 初三	6 初四	7 小暑	8 初六	9 初七
10 初八	11 初九	12 初十	13 十一	14 十二	15 十三	16 十四
17 十五	18 十六	19 十七	20 十八	21 十九	22 二十	23 大暑
24 廿二	25 廿三	26 廿四	27 廿五	28 廿六	29 廿七	30 廿八
31 廿九						

8

一	二	三	四	五	六	日
	1 三十	2 七月	3 初二	4 初三	5 初四	6 初五
7 立秋	8 初七	9 初八	10 初九	11 初十	12 十一	13 十二
14 十三	15 十四	16 十五	17 十六	18 十七	19 十八	20 十九
21 二十	22 廿一	23 处暑	24 廿三	25 廿四	26 廿五	27 廿六
28 廿七	29 廿八	30 廿九	31 八月			

9

一	二	三	四	五	六	日
				1 初二	2 初三	3 初四
4 初五	5 初六	6 初七	7 白露	8 初九	9 初十	10 十一
11 十二	12 十三	13 十四	14 十五	15 十六	16 十七	17 十八
18 十九	19 二十	20 廿一	21 廿二	22 廿三	23 秋分	24 廿五
25 廿六	26 廿七	27 廿八	28 廿九	29 三十	30 九月	

10

一	二	三	四	五	六	日
						1 初二
2 初三	3 初四	4 初五	5 初六	6 初七	7 初八	8 寒露
9 初十	10 十一	11 十二	12 十三	13 十四	14 十五	15 十六
16 十七	17 十八	18 十九	19 二十	20 廿一	21 廿二	22 廿三
23 霜降	24 廿五	25 廿六	26 廿七	27 廿八	28 廿九	29 十月
30 初二	31 初三					

11

一	二	三	四	五	六	日
		1 初四	2 初五	3 初六	4 初七	5 初八
6 初九	7 立冬	8 十一	9 十二	10 十三	11 十四	12 十五
13 十六	14 十七	15 十八	16 十九	17 二十	18 廿一	19 廿二
20 廿三	21 廿四	22 小雪	23 廿六	24 廿七	25 廿八	26 廿九
27 三十	28 十一月	29 初二	30 初三			

12

一	二	三	四	五	六	日
				1 初四	2 初五	3 初六
4 初七	5 初八	6 初九	7 大雪	8 十一	9 十二	10 十三
11 十四	12 十五	13 十六	14 十七	15 十八	16 十九	17 二十
18 廿一	19 廿二	20 廿三	21 廿四	22 冬至	23 廿六	24 廿七
25 廿八	26 廿九	27 三十	28 十二月	29 初二	30 初三	31 初四

1990 年（庚午　马年　1 月 27 日始　闰五月）

养生月历

1

一	二	三	四	五	六	日
1 初五	2 初六	3 初七	4 初八	5 小寒	6 初十	7 十一
8 十二	9 十三	10 十四	11 十五	12 十六	13 十七	14 十八
15 十九	16 二十	17 廿一	18 廿二	19 廿三	20 大寒	21 廿五
22 廿六	23 廿七	24 廿八	25 廿九	26 三十	27 正月	28 初二
29 初三	30 初四	31 初五				

2

一	二	三	四	五	六	日
			1 初六	2 初七	3 初八	4 立春
5 初十	6 十一	7 十二	8 十三	9 十四	10 十五	11 十六
12 十七	13 十八	14 十九	15 二十	16 廿一	17 廿二	18 廿三
19 雨水	20 廿五	21 廿六	22 廿七	23 廿八	24 廿九	25 二月
26 初二	27 初三	28 初四				

3

一	二	三	四	五	六	日
			1 初五	2 初六	3 初七	4 初八
5 初九	6 惊蛰	7 十一	8 十二	9 十三	10 十四	11 十五
12 十六	13 十七	14 十八	15 十九	16 二十	17 廿一	18 廿二
19 廿三	20 廿四	21 春分	22 廿六	23 廿七	24 廿八	25 廿九
26 三十	27 三月	28 初二	29 初三	30 初四	31 初五	

4

一	二	三	四	五	六	日
						1 初六
2 初七	3 初八	4 初九	5 清明	6 十一	7 十二	8 十三
9 十四	10 十五	11 十六	12 十七	13 十八	14 十九	15 二十
16 廿一	17 廿二	18 廿三	19 廿四	20 谷雨	21 廿六	22 廿七
23 廿八	24 廿九	25 四月	26 初二	27 初三	28 初四	29 初五
30 初六						

5

一	二	三	四	五	六	日
	1 初七	2 初八	3 初九	4 初十	5 十一	6 立夏
7 十三	8 十四	9 十五	10 十六	11 十七	12 十八	13 十九
14 二十	15 廿一	16 廿二	17 廿三	18 廿四	19 廿五	20 廿六
21 小满	22 廿八	23 廿九	24 五月	25 初二	26 初三	27 初四
28 初五	29 初六	30 初七	31 初八			

6

一	二	三	四	五	六	日
				1 初九	2 初十	3 十一
4 十二	5 十三	6 芒种	7 十五	8 十六	9 十七	10 十八
11 十九	12 二十	13 廿一	14 廿二	15 廿三	16 廿四	17 廿五
18 廿六	19 廿七	20 廿八	21 夏至	22 三十	23 五月	24 初二
25 初三	26 初四	27 初五	28 初六	29 初七	30 初八	

7

一	二	三	四	五	六	日
						1 初九
2 初十	3 十一	4 十二	5 十三	6 十四	7 小暑	8 十六
9 十七	10 十八	11 十九	12 二十	13 廿一	14 廿二	15 廿三
16 廿四	17 廿五	18 廿六	19 廿七	20 廿八	21 廿九	22 六月
23 大暑	24 初三	25 初四	26 初五	27 初六	28 初七	29 初八
30 初九	31 初十					

8

一	二	三	四	五	六	日
		1 十一	2 十二	3 十三	4 十四	5 十五
6 十六	7 十七	8 立秋	9 十九	10 二十	11 廿一	12 廿二
13 廿三	14 廿四	15 廿五	16 廿六	17 廿七	18 廿八	19 廿九
20 七月	21 初二	22 初三	23 处暑	24 初五	25 初六	26 初七
27 初八	28 初九	29 初十	30 十一	31 十二		

9

一	二	三	四	五	六	日
					1 十三	2 十四
3 十五	4 十六	5 十七	6 十八	7 十九	8 白露	9 廿一
10 廿二	11 廿三	12 廿四	13 廿五	14 廿六	15 廿七	16 廿八
17 廿九	18 三十	19 八月	20 初二	21 初三	22 初四	23 秋分
24 初六	25 初七	26 初八	27 初九	28 初十	29 十一	30 十二

10

一	二	三	四	五	六	日
1 十三	2 十四	3 十五	4 十六	5 十七	6 十八	7 十九
8 寒露	9 廿一	10 廿二	11 廿三	12 廿四	13 廿五	14 廿六
15 廿七	16 廿八	17 廿九	18 九月	19 初二	20 初三	21 初四
22 初五	23 初六	24 霜降	25 初八	26 初九	27 初十	28 十一
29 十二	30 十三	31 十四				

11

一	二	三	四	五	六	日
			1 十五	2 十六	3 十七	4 十八
5 十九	6 二十	7 廿一	8 立冬	9 廿三	10 廿四	11 廿五
12 廿六	13 廿七	14 廿八	15 廿九	16 三十	17 十月	18 初二
19 初三	20 初四	21 初五	22 小雪	23 初七	24 初八	25 初九
26 初十	27 十一	28 十二	29 十三	30 十四		

12

一	二	三	四	五	六	日
					1 十五	2 十六
3 十七	4 十八	5 十九	6 二十	7 大雪	8 廿二	9 廿三
10 廿四	11 廿五	12 廿六	13 廿七	14 廿八	15 廿九	16 三十
17 十一月	18 初二	19 初三	20 初四	21 初五	22 冬至	23 初七
24 初八	25 初九	26 初十	27 十一	28 十二	29 十三	30 十四
31 十五						

1991年（辛未 羊年 2月15日始）

1月

一	二	三	四	五	六	日
	1 十六	2 十七	3 十八	4 十九	5 二十	6 小寒
7 廿二	8 廿三	9 廿四	10 廿五	11 廿六	12 廿七	13 廿八
14 廿九	15 三十	16 十二月	17 初二	18 初三	19 初四	20 大寒
21 初六	22 初七	23 初八	24 初九	25 初十	26 十一	27 十二
28 十三	29 十四	30 十五	31 十六			

2月

一	二	三	四	五	六	日
				1 十七	2 十八	3 十九
4 立春	5 廿一	6 廿二	7 廿三	8 廿四	9 廿五	10 廿六
11 廿七	12 廿八	13 廿九	14 三十	15 正月	16 初二	17 初三
18 初四	19 雨水	20 初六	21 初七	22 初八	23 初九	24 初十
25 十一	26 十二	27 十三	28 十四			

3月

一	二	三	四	五	六	日
				1 十五	2 十六	3 十七
4 十八	5 十九	6 惊蛰	7 廿一	8 廿二	9 廿三	10 廿四
11 廿五	12 廿六	13 廿七	14 廿八	15 廿九	16 二月	17 初二
18 初三	19 初四	20 初五	21 春分	22 初七	23 初八	24 初九
25 初十	26 十一	27 十二	28 十三	29 十四	30 十五	31 十六

4月

一	二	三	四	五	六	日
1 十七	2 十八	3 十九	4 二十	5 清明	6 廿二	7 廿三
8 廿四	9 廿五	10 廿六	11 廿七	12 廿八	13 廿九	14 三十
15 三月	16 初二	17 初三	18 初四	19 初五	20 谷雨	21 初七
22 初八	23 初九	24 初十	25 十一	26 十二	27 十三	28 十四
29 十五	30 十六					

5月

一	二	三	四	五	六	日
		1 十七	2 十八	3 十九	4 二十	5 廿一
6 立夏	7 廿三	8 廿四	9 廿五	10 廿六	11 廿七	12 廿八
13 廿九	14 四月	15 初二	16 初三	17 初四	18 初五	19 初六
20 初七	21 小满	22 初九	23 初十	24 十一	25 十二	26 十三
27 十四	28 十五	29 十六	30 十七	31 十八		

6月

一	二	三	四	五	六	日
					1 十九	2 二十
3 廿一	4 廿二	5 廿三	6 芒种	7 廿五	8 廿六	9 廿七
10 廿八	11 廿九	12 五月	13 初二	14 初三	15 初四	16 初五
17 初六	18 初七	19 初八	20 初九	21 初十	22 夏至	23 十二
24 十三	25 十四	26 十五	27 十六	28 十七	29 十八	30 十九

7月

一	二	三	四	五	六	日
1 二十	2 廿一	3 廿二	4 廿三	5 廿四	6 廿五	7 小暑
8 廿七	9 廿八	10 廿九	11 三十	12 六月	13 初二	14 初三
15 初四	16 初五	17 初六	18 初七	19 初八	20 初九	21 初十
22 十一	23 大暑	24 十三	25 十四	26 十五	27 十六	28 十七
29 十八	30 十九	31 二十				

8月

一	二	三	四	五	六	日
			1 廿一	2 廿二	3 廿三	4 廿四
5 廿五	6 廿六	7 廿七	8 立秋	9 廿九	10 七月	11 初二
12 初三	13 初四	14 初五	15 初六	16 初七	17 初八	18 初九
19 初十	20 十一	21 十二	22 十三	23 处暑	24 十五	25 十六
26 十七	27 十八	28 十九	29 二十	30 廿一	31 廿二	

9月

一	二	三	四	五	六	日
						1 廿三
2 廿四	3 廿五	4 廿六	5 廿七	6 廿八	7 廿九	8 八月 白露
9 初二	10 初三	11 初四	12 初五	13 初六	14 初七	15 初八
16 初九	17 初十	18 十一	19 十二	20 十三	21 十四	22 十五
23 秋分	24 十七	25 十八	26 十九	27 二十	28 廿一	29 廿二
30 廿三						

10月

一	二	三	四	五	六	日
	1 廿四	2 廿五	3 廿六	4 廿七	5 廿八	6 廿九
7 三十	8 九月	9 寒露	10 初三	11 初四	12 初五	13 初六
14 初七	15 初八	16 初九	17 初十	18 十一	19 十二	20 十三
21 十四	22 十五	23 十六	24 霜降	25 十八	26 十九	27 二十
28 廿一	29 廿二	30 廿三	31 廿四			

11月

一	二	三	四	五	六	日
				1 廿五	2 廿六	3 廿七
4 廿八	5 廿九	6 十月	7 初二	8 立冬	9 初四	10 初五
11 初六	12 初七	13 初八	14 初九	15 初十	16 十一	17 十二
18 十三	19 十四	20 十五	21 十六	22 十七	23 小雪	24 十九
25 二十	26 廿一	27 廿二	28 廿三	29 廿四	30 廿五	

12月

一	二	三	四	五	六	日
						1 廿六
2 廿七	3 廿八	4 廿九	5 三十	6 十一月	7 大雪	8 初三
9 初四	10 初五	11 初六	12 初七	13 初八	14 初九	15 初十
16 十一	17 十二	18 十三	19 十四	20 十五	21 十六	22 冬至
23 十八	24 十九	25 二十	26 廿一	27 廿二	28 廿三	29 廿四
30 廿五	31 廿六					

1992 年(壬申　猴年　2 月 4 日始)

1

一	二	三	四	五	六	日
		1 廿七	2 廿八	3 廿九	4 三十	5 十二月
6 小寒	7 初三	8 初四	9 初五	10 初六	11 初七	12 初八
13 初九	14 初十	15 十一	16 十二	17 十三	18 十四	19 十五
20 十六	21 大寒	22 十八	23 十九	24 二十	25 廿一	26 廿二
27 廿三	28 廿四	29 廿五	30 廿六	31 廿七		

7

一	二	三	四	五	六	日
		1 初二	2 初三	3 初四	4 初五	5 初六
6 初七	7 小暑	8 初九	9 初十	10 十一	11 十二	12 十三
13 十四	14 十五	15 十六	16 十七	17 十八	18 十九	19 二十
20 廿一	21 廿二	22 大暑	23 廿四	24 廿五	25 廿六	26 廿七
27 廿八	28 廿九	29 三十	30 七月	31 初二		

2

一	二	三	四	五	六	日
					1 廿八	2 廿九
3 三十	4 正月 立春	5 初二	6 初三	7 初四	8 初五	9 初六
10 初七	11 初八	12 初九	13 初十	14 十一	15 十二	16 十三
17 十四	18 十五	19 雨水	20 十七	21 十八	22 十九	23 二十
24 廿一	25 廿二	26 廿三	27 廿四	28 廿五	29 廿六	

8

一	二	三	四	五	六	日
					1 初三	2 初四
3 初五	4 初六	5 初七	6 初八	7 立秋	8 初十	9 十一
10 十二	11 十三	12 十四	13 十五	14 十六	15 十七	16 十八
17 十九	18 二十	19 廿一	20 廿二	21 廿三	22 廿四	23 处暑
24 廿六	25 廿七	26 廿八	27 廿九	28 八月	29 初二	30 初三
31 初四						

3

一	二	三	四	五	六	日
						1 廿七
2 廿八	3 廿九	4 二月	5 惊蛰	6 初三	7 初四	8 初五
9 初六	10 初七	11 初八	12 初九	13 初十	14 十一	15 十二
16 十三	17 十四	18 十五	19 十六	20 春分	21 十八	22 十九
23 二十	24 廿一	25 廿二	26 廿三	27 廿四	28 廿五	29 廿六
30 廿七	31 廿八					

9

一	二	三	四	五	六	日
	1 初五	2 初六	3 初七	4 初八	5 初九	6 初十
7 白露	8 十二	9 十三	10 十四	11 十五	12 十六	13 十七
14 十八	15 十九	16 二十	17 廿一	18 廿二	19 廿三	20 廿四
21 廿五	22 廿六	23 秋分	24 廿八	25 廿九	26 九月	27 初二
28 初三	29 初四	30 初五				

4

一	二	三	四	五	六	日
		1 廿九	2 三十	3 三月	4 清明	5 初三
6 初四	7 初五	8 初六	9 初七	10 初八	11 初九	12 初十
13 十一	14 十二	15 十三	16 十四	17 十五	18 十六	19 十七
20 谷雨	21 十九	22 二十	23 廿一	24 廿二	25 廿三	26 廿四
27 廿五	28 廿六	29 廿七	30 廿八			

10

一	二	三	四	五	六	日
			1 初六	2 初七	3 初八	4 初九
5 初十	6 十一	7 十二	8 寒露	9 十四	10 十五	11 十六
12 十七	13 十八	14 十九	15 二十	16 廿一	17 廿二	18 廿三
19 廿四	20 廿五	21 廿六	22 廿七	23 霜降	24 廿九	25 三十
26 十月	27 初二	28 初三	29 初四	30 初五	31 初六	

5

一	二	三	四	五	六	日
				1 廿九	2 三十	3 四月
4 初二	5 立夏	6 初四	7 初五	8 初六	9 初七	10 初八
11 初九	12 初十	13 十一	14 十二	15 十三	16 十四	17 十五
18 十六	19 十七	20 十八	21 小满	22 二十	23 廿一	24 廿二
25 廿三	26 廿四	27 廿五	28 廿六	29 廿七	30 廿八	31 廿九

11

一	二	三	四	五	六	日
						1 初七
2 初八	3 初九	4 初十	5 十一	6 十二	7 立冬	8 十四
9 十五	10 十六	11 十七	12 十八	13 十九	14 二十	15 廿一
16 廿二	17 廿三	18 廿四	19 廿五	20 廿六	21 廿七	22 小雪
23 廿九	24 十一月	25 初二	26 初三	27 初四	28 初五	29 初六
30 初七						

6

一	二	三	四	五	六	日
1 五月	2 初二	3 初三	4 初四	5 芒种	6 初六	7 初七
8 初八	9 初九	10 初十	11 十一	12 十二	13 十三	14 十四
15 十五	16 十六	17 十七	18 十八	19 十九	20 二十	21 夏至
22 廿二	23 廿三	24 廿四	25 廿五	26 廿六	27 廿七	28 廿八
29 廿九	30 六月					

12

一	二	三	四	五	六	日
	1 初八	2 初九	3 初十	4 十一	5 十二	6 十三
7 大雪	8 十五	9 十六	10 十七	11 十八	12 十九	13 二十
14 廿一	15 廿二	16 廿三	17 廿四	18 廿五	19 廿六	20 廿七
21 冬至	22 廿九	23 三十	24 十二月	25 初二	26 初三	27 初四
28 初五	29 初六	30 初七	31 初八			

1993年（癸酉　鸡年　1月23日始　闰三月）

1月

一	二	三	四	五	六	日
				1 初九	2 初十	3 十一
4 十二	5 小寒	6 十四	7 十五	8 十六	9 十七	10 十八
11 十九	12 二十	13 廿一	14 廿二	15 廿三	16 廿四	17 廿五
18 廿六	19 廿七	20 大寒	21 廿九	22 三十	23 正月	24 初二
25 初三	26 初四	27 初五	28 初六	29 初七	30 初八	31 初九

7月

一	二	三	四	五	六	日
			1 十二	2 十三	3 十四	4 十五
5 十六	6 十七	7 小暑	8 十九	9 二十	10 廿一	11 廿二
12 廿三	13 廿四	14 廿五	15 廿六	16 廿七	17 廿八	18 廿九
19 六月	20 初二	21 初三	22 初四	23 大暑	24 初六	25 初七
26 初八	27 初九	28 初十	29 十一	30 十二	31 十三	

2月

一	二	三	四	五	六	日
1 初十	2 十一	3 十二	4 立春	5 十四	6 十五	7 十六
8 十七	9 十八	10 十九	11 二十	12 廿一	13 廿二	14 廿三
15 廿四	16 廿五	17 廿六	18 雨水	19 廿八	20 廿九	21 二月
22 初二	23 初三	24 初四	25 初五	26 初六	27 初七	28 初八

8月

一	二	三	四	五	六	日
						1 十四
2 十五	3 十六	4 十七	5 十八	6 十九	7 立秋	8 廿一
9 廿二	10 廿三	11 廿四	12 廿五	13 廿六	14 廿七	15 廿八
16 廿九	17 三十	18 七月	19 初二	20 初三	21 初四	22 初五
23 处暑	24 初七	25 初八	26 初九	27 初十	28 十一	29 十二
30 十三	31 十四					

3月

一	二	三	四	五	六	日
1 初九	2 初十	3 十一	4 十二	5 惊蛰	6 十四	7 十五
8 十六	9 十七	10 十八	11 十九	12 二十	13 廿一	14 廿二
15 廿三	16 廿四	17 廿五	18 廿六	19 廿七	20 春分	21 廿九
22 三十	23 三月	24 初二	25 初三	26 初四	27 初五	28 初六
29 初七	30 初八	31 初九				

9月

一	二	三	四	五	六	日
		1 十五	2 十六	3 十七	4 十八	5 十九
6 二十	7 白露	8 廿二	9 廿三	10 廿四	11 廿五	12 廿六
13 廿七	14 廿八	15 廿九	16 八月	17 初二	18 初三	19 初四
20 初五	21 初六	22 初七	23 秋分	24 初九	25 初十	26 十一
27 十二	28 十三	29 十四	30 十五			

4月

一	二	三	四	五	六	日
			1 初十	2 十一	3 十二	4 十三
5 清明	6 十五	7 十六	8 十七	9 十八	10 十九	11 二十
12 廿一	13 廿二	14 廿三	15 廿四	16 廿五	17 廿六	18 廿七
19 廿八	20 谷雨	21 三十	22 三月	23 初二	24 初三	25 初四
26 初五	27 初六	28 初七	29 初八	30 初九		

10月

一	二	三	四	五	六	日
				1 十六	2 十七	3 十八
4 十九	5 二十	6 廿一	7 廿二	8 寒露	9 廿四	10 廿五
11 廿六	12 廿七	13 廿八	14 廿九	15 九月	16 初二	17 初三
18 初四	19 初五	20 初六	21 初七	22 初八	23 霜降	24 初十
25 十一	26 十二	27 十三	28 十四	29 十五	30 十六	31 十七

5月

一	二	三	四	五	六	日
					1 初十	2 十一
3 十二	4 十三	5 立夏	6 十五	7 十六	8 十七	9 十八
10 十九	11 二十	12 廿一	13 廿二	14 廿三	15 廿四	16 廿五
17 廿六	18 廿七	19 廿八	20 廿九	21 四月 小满	22 初二	23 初三
24 初四	25 初五	26 初六	27 初七	28 初八	29 初九	30 初十
31 十一						

11月

一	二	三	四	五	六	日
1 十八	2 十九	3 二十	4 廿一	5 廿二	6 廿三	7 立冬
8 廿五	9 廿六	10 廿七	11 廿八	12 廿九	13 三十	14 十月
15 初二	16 初三	17 初四	18 初五	19 初六	20 初七	21 初八
22 小雪	23 初十	24 十一	25 十二	26 十三	27 十四	28 十五
29 十六	30 十七					

6月

一	二	三	四	五	六	日
	1 十二	2 十三	3 十四	4 十五	5 十六	6 芒种
7 十八	8 十九	9 二十	10 廿一	11 廿二	12 廿三	13 廿四
14 廿五	15 廿六	16 廿七	17 廿八	18 廿九	19 三十	20 五月
21 夏至	22 初三	23 初四	24 初五	25 初六	26 初七	27 初八
28 初九	29 初十	30 十一				

12月

一	二	三	四	五	六	日
		1 十八	2 十九	3 二十	4 廿一	5 廿二
6 廿三	7 大雪	8 廿五	9 廿六	10 廿七	11 廿八	12 廿九
13 十一月	14 初二	15 初三	16 初四	17 初五	18 初六	19 初七
20 初八	21 初九	22 冬至	23 十一	24 十二	25 十三	26 十四
27 十五	28 十六	29 十七	30 十八	31 十九		

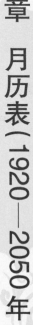

1994 年(甲戌　狗年　2 月 10 日始)

1

一	二	三	四	五	六	日
					1 二十	2 廿一
3 廿二	4 廿三	5 小寒	6 廿五	7 廿六	8 廿七	9 廿八
10 廿九	11 三十	12 十二月	13 初二	14 初三	15 初四	16 初五
17 初六	18 初七	19 初八	20 大寒	21 初十	22 十一	23 十二
24 十三	25 十四	26 十五	27 十六	28 十七	29 十八	30 十九
31 二十						

2

一	二	三	四	五	六	日
	1 廿一	2 廿二	3 廿三	4 立春	5 廿五	6 廿六
7 廿七	8 廿八	9 廿九	10 正月	11 初二	12 初三	13 初四
14 初五	15 初六	16 初七	17 初八	18 初九	19 雨水	20 十一
21 十二	22 十三	23 十四	24 十五	25 十六	26 十七	27 十八
28 十九						

3

一	二	三	四	五	六	日
	1 二十	2 廿一	3 廿二	4 廿三	5 廿四	6 惊蛰
7 廿六	8 廿七	9 廿八	10 廿九	11 三十	12 二月	13 初二
14 初三	15 初四	16 初五	17 初六	18 初七	19 初八	20 初九
21 春分	22 十一	23 十二	24 十三	25 十四	26 十五	27 十六
28 十七	29 十八	30 十九	31 二十			

4

一	二	三	四	五	六	日
				1 廿一	2 廿二	3 廿三
4 廿四	5 清明	6 廿六	7 廿七	8 廿八	9 廿九	10 三十
11 三月	12 初二	13 初三	14 初四	15 初五	16 初六	17 初七
18 初八	19 初九	20 谷雨	21 十一	22 十二	23 十三	24 十四
25 十五	26 十六	27 十七	28 十八	29 十九	30 二十	

5

一	二	三	四	五	六	日
						1 廿一
2 廿二	3 廿三	4 廿四	5 廿五	6 立夏	7 廿七	8 廿八
9 廿九	10 三十	11 四月	12 初二	13 初三	14 初四	15 初五
16 初六	17 初七	18 初八	19 初九	20 初十	21 小满	22 十二
23 十三	24 十四	25 十五	26 十六	27 十七	28 十八	29 十九
30 二十	31 廿一					

6

一	二	三	四	五	六	日
		1 廿二	2 廿三	3 廿四	4 廿五	5 廿六
6 芒种	7 廿八	8 廿九	9 五月	10 初二	11 初三	12 初四
13 初五	14 初六	15 初七	16 初八	17 初九	18 初十	19 十一
20 十二	21 夏至	22 十四	23 十五	24 十六	25 十七	26 十八
27 十九	28 二十	29 廿一	30 廿二			

7

一	二	三	四	五	六	日
				1 廿三	2 廿四	3 廿五
4 廿六	5 廿七	6 廿八	7 小暑	8 三十	9 六月	10 初二
11 初三	12 初四	13 初五	14 初六	15 初七	16 初八	17 初九
18 初十	19 十一	20 十二	21 十三	22 十四	23 大暑	24 十六
25 十七	26 十八	27 十九	28 二十	29 廿一	30 廿二	31 廿三

8

一	二	三	四	五	六	日
1 廿四	2 廿五	3 廿六	4 廿七	5 廿八	6 廿九	7 七月
8 立秋	9 初三	10 初四	11 初五	12 初六	13 初七	14 初八
15 初九	16 初十	17 十一	18 十二	19 十三	20 十四	21 十五
22 十六	23 处暑	24 十八	25 十九	26 二十	27 廿一	28 廿二
29 廿三	30 廿四	31 廿五				

9

一	二	三	四	五	六	日
			1 廿六	2 廿七	3 廿八	4 廿九
5 三十	6 八月	7 初二	8 白露	9 初四	10 初五	11 初六
12 初七	13 初八	14 初九	15 初十	16 十一	17 十二	18 十三
19 十四	20 十五	21 十六	22 十七	23 秋分	24 十九	25 二十
26 廿一	27 廿二	28 廿三	29 廿四	30 廿五		

10

一	二	三	四	五	六	日
					1 廿六	2 廿七
3 廿八	4 廿九	5 九月	6 初二	7 初三	8 寒露	9 初五
10 初六	11 初七	12 初八	13 初九	14 初十	15 十一	16 十二
17 十三	18 十四	19 十五	20 十六	21 十七	22 十八	23 霜降
24 二十	25 廿一	26 廿二	27 廿三	28 廿四	29 廿五	30 廿六
31 廿七						

11

一	二	三	四	五	六	日
	1 廿八	2 廿九	3 十月	4 初二	5 初三	6 初四
7 立冬	8 初六	9 初七	10 初八	11 初九	12 初十	13 十一
14 十二	15 十三	16 十四	17 十五	18 十六	19 十七	20 十八
21 十九	22 小雪	23 廿一	24 廿二	25 廿三	26 廿四	27 廿五
28 廿六	29 廿七	30 廿八				

12

一	二	三	四	五	六	日
			1 廿九	2 三十	3 十一月	4 初二
5 初三	6 初四	7 大雪	8 初六	9 初七	10 初八	11 初九
12 初十	13 十一	14 十二	15 十三	16 十四	17 十五	18 十六
19 十七	20 十八	21 十九	22 冬至	23 廿一	24 廿二	25 廿三
26 廿四	27 廿五	28 廿六	29 廿七	30 廿八	31 廿九	

1995 年(乙亥　猪年　1 月 31 日始　闰八月)

1

一	二	三	四	五	六	日
						1 十二月
2 初二	3 初三	4 初四	5 初五	6 小寒	7 初七	8 初八
9 初九	10 初十	11 十一	12 十二	13 十三	14 十四	15 十五
16 十六	17 十七	18 十八	19 十九	20 大寒	21 廿一	22 廿二
23 廿三	24 廿四	25 廿五	26 廿六	27 廿七	28 廿八	29 廿九
30 三十	31 正月					

2

一	二	三	四	五	六	日
		1 初二	2 初三	3 初四	4 立春	5 初六
6 初七	7 初八	8 初九	9 初十	10 十一	11 十二	12 十三
13 十四	14 十五	15 十六	16 十七	17 十八	18 十九	19 雨水
20 廿一	21 廿二	22 廿三	23 廿四	24 廿五	25 廿六	26 廿七
27 廿八	28 廿九					

3

一	二	三	四	五	六	日
		1 二月	2 初二	3 初三	4 初四	5 初五
6 惊蛰	7 初七	8 初八	9 初九	10 初十	11 十一	12 十二
13 十三	14 十四	15 十五	16 十六	17 十七	18 十八	19 十九
20 二十	21 春分	22 廿二	23 廿三	24 廿四	25 廿五	26 廿六
27 廿七	28 廿八	29 廿九	30 三十	31 三月		

4

一	二	三	四	五	六	日
					1 初二	2 初三
3 初四	4 初五	5 清明	6 初七	7 初八	8 初九	9 初十
10 十一	11 十二	12 十三	13 十四	14 十五	15 十六	16 十七
17 十八	18 十九	19 二十	20 谷雨	21 廿二	22 廿三	23 廿四
24 廿五	25 廿六	26 廿七	27 廿八	28 廿九	29 三十	30 四月

5

一	二	三	四	五	六	日
1 初二	2 初三	3 初四	4 初五	5 初六	6 立夏	7 初八
8 初九	9 初十	10 十一	11 十二	12 十三	13 十四	14 十五
15 十六	16 十七	17 十八	18 十九	19 二十	20 廿一	21 小满
22 廿三	23 廿四	24 廿五	25 廿六	26 廿七	27 廿八	28 廿九
29 五月	30 初二	31 初三				

6

一	二	三	四	五	六	日
			1 初四	2 初五	3 初六	4 初七
5 初八	6 芒种	7 初十	8 十一	9 十二	10 十三	11 十四
12 十五	13 十六	14 十七	15 十八	16 十九	17 二十	18 廿一
19 廿二	20 廿三	21 廿四	22 夏至	23 廿六	24 廿七	25 廿八
26 廿九	27 三十	28 六月	29 初二	30 初三		

7

一	二	三	四	五	六	日
					1 初四	2 初五
3 初六	4 初七	5 初八	6 初九	7 小暑	8 十一	9 十二
10 十三	11 十四	12 十五	13 十六	14 十七	15 十八	16 十九
17 二十	18 廿一	19 廿二	20 廿三	21 廿四	22 廿五	23 大暑
24 廿七	25 廿八	26 廿九	27 七月	28 初二	29 初三	30 初四
31 初五						

8

一	二	三	四	五	六	日
	1 初六	2 初七	3 初八	4 初九	5 初十	6 十一
7 十二	8 立秋	9 十四	10 十五	11 十六	12 十七	13 十八
14 十九	15 二十	16 廿一	17 廿二	18 廿三	19 廿四	20 廿五
21 廿六	22 廿七	23 处暑	24 廿九	25 三十	26 八月	27 初二
28 初三	29 初四	30 初五	31 初六			

9

一	二	三	四	五	六	日
				1 初七	2 初八	3 初九
4 初十	5 十一	6 十二	7 十三	8 白露	9 十五	10 十六
11 十七	12 十八	13 十九	14 二十	15 廿一	16 廿二	17 廿三
18 廿四	19 廿五	20 廿六	21 廿七	22 廿八	23 秋分	24 三十
25 八月	26 初二	27 初三	28 初四	29 初五	30 初六	

10

一	二	三	四	五	六	日
						1 初七
2 初八	3 初九	4 初十	5 十一	6 十二	7 十三	8 十四
9 寒露	10 十六	11 十七	12 十八	13 十九	14 二十	15 廿一
16 廿二	17 廿三	18 廿四	19 廿五	20 廿六	21 廿七	22 廿八
23 廿九	24 九月 霜降	25 初二	26 初三	27 初四	28 初五	29 初六
30 初七	31 初八					

11

一	二	三	四	五	六	日
		1 初九	2 初十	3 十一	4 十二	5 十三
6 十四	7 十五	8 立冬	9 十七	10 十八	11 十九	12 二十
13 廿一	14 廿二	15 廿三	16 廿四	17 廿五	18 廿六	19 廿七
20 廿八	21 廿九	22 十月	23 小雪	24 初三	25 初四	26 初五
27 初六	28 初七	29 初八	30 初九			

12

一	二	三	四	五	六	日
				1 初十	2 十一	3 十二
4 十三	5 十四	6 十五	7 大雪	8 十七	9 十八	10 十九
11 二十	12 廿一	13 廿二	14 廿三	15 廿四	16 廿五	17 廿六
18 廿七	19 廿八	20 廿九	21 三十	22 十一月 冬至	23 初二	24 初三
25 初四	26 初五	27 初六	28 初七	29 初八	30 初九	31 初十

1996 年（丙子　鼠年　2 月 19 日始）

1

一	二	三	四	五	六	日
1 十一	2 十二	3 十三	4 十四	5 十五	6 小寒	7 十七
8 十八	9 十九	10 二十	11 廿一	12 廿二	13 廿三	14 廿四
15 廿五	16 廿六	17 廿七	18 廿八	19 廿九	20 十二月	21 大寒
22 初三	23 初四	24 初五	25 初六	26 初七	27 初八	28 初九
29 初十	30 十一	31 十二				

2

一	二	三	四	五	六	日
			1 十三	2 十四	3 十五	4 立春
5 十七	6 十八	7 十九	8 二十	9 廿一	10 廿二	11 廿三
12 廿四	13 廿五	14 廿六	15 廿七	16 廿八	17 廿九	18 三十
19 正月 雨水	20 初二	21 初三	22 初四	23 初五	24 初六	25 初七
26 初八	27 初九	28 初十	29 十一			

3

一	二	三	四	五	六	日
				1 十二	2 十三	3 十四
4 十五	5 惊蛰	6 十七	7 十八	8 十九	9 二十	10 廿一
11 廿二	12 廿三	13 廿四	14 廿五	15 廿六	16 廿七	17 廿八
18 廿九	19 二月	20 春分	21 初三	22 初四	23 初五	24 初六
25 初七	26 初八	27 初九	28 初十	29 十一	30 十二	31 十三

4

一	二	三	四	五	六	日
1 十四	2 十五	3 十六	4 清明	5 十八	6 十九	7 二十
8 廿一	9 廿二	10 廿三	11 廿四	12 廿五	13 廿六	14 廿七
15 廿八	16 廿九	17 三十	18 三月	19 初二	20 谷雨	21 初四
22 初五	23 初六	24 初七	25 初八	26 初九	27 初十	28 十一
29 十二	30 十三					

5

一	二	三	四	五	六	日
		1 十四	2 十五	3 十六	4 十七	5 立夏
6 十九	7 二十	8 廿一	9 廿二	10 廿三	11 廿四	12 廿五
13 廿六	14 廿七	15 廿八	16 廿九	17 四月	18 初二	19 初三
20 初四	21 小满	22 初六	23 初七	24 初八	25 初九	26 初十
27 十一	28 十二	29 十三	30 十四	31 十五		

6

一	二	三	四	五	六	日
					1 十六	2 十七
3 十八	4 十九	5 芒种	6 廿一	7 廿二	8 廿三	9 廿四
10 廿五	11 廿六	12 廿七	13 廿八	14 廿九	15 三十	16 五月
17 初二	18 初三	19 初四	20 初五	21 夏至	22 初七	23 初八
24 初九	25 初十	26 十一	27 十二	28 十三	29 十四	30 十五

7

一	二	三	四	五	六	日
1 十六	2 十七	3 十八	4 十九	5 二十	6 廿一	7 小暑
8 廿三	9 廿四	10 廿五	11 廿六	12 廿七	13 廿八	14 廿九
15 三十	16 六月	17 初二	18 初三	19 初四	20 初五	21 初六
22 大暑	23 初八	24 初九	25 初十	26 十一	27 十二	28 十三
29 十四	30 十五	31 十六				

8

一	二	三	四	五	六	日
			1 十七	2 十八	3 十九	4 二十
5 廿一	6 廿二	7 立秋	8 廿四	9 廿五	10 廿六	11 廿七
12 廿八	13 廿九	14 七月	15 初二	16 初三	17 初四	18 初五
19 初六	20 初七	21 初八	22 初九	23 处暑	24 十一	25 十二
26 十三	27 十四	28 十五	29 十六	30 十七	31 十八	

9

一	二	三	四	五	六	日
						1 十九
2 二十	3 廿一	4 廿二	5 廿三	6 廿四	7 白露	8 廿六
9 廿七	10 廿八	11 廿九	12 三十	13 八月	14 初二	15 初三
16 初四	17 初五	18 初六	19 初七	20 初八	21 初九	22 初十
23 秋分	24 十二	25 十三	26 十四	27 十五	28 十六	29 十七
30 十八						

10

一	二	三	四	五	六	日
	1 十九	2 二十	3 廿一	4 廿二	5 廿三	6 廿四
7 廿五	8 寒露	9 廿七	10 廿八	11 廿九	12 九月	13 初二
14 初三	15 初四	16 初五	17 初六	18 初七	19 初八	20 初九
21 初十	22 十一	23 霜降	24 十三	25 十四	26 十五	27 十六
28 十七	29 十八	30 十九	31 二十			

11

一	二	三	四	五	六	日
				1 廿一	2 廿二	3 廿三
4 廿四	5 廿五	6 廿六	7 立冬	8 廿八	9 廿九	10 三十
11 十月	12 初二	13 初三	14 初四	15 初五	16 初六	17 初七
18 初八	19 初九	20 初十	21 十一	22 小雪	23 十三	24 十四
25 十五	26 十六	27 十七	28 十八	29 十九	30 二十	

12

一	二	三	四	五	六	日
						1 廿一
2 廿二	3 廿三	4 廿四	5 廿五	6 廿六	7 大雪	8 廿八
9 廿九	10 三十	11 十一月	12 初二	13 初三	14 初四	15 初五
16 初六	17 初七	18 初八	19 初九	20 初十	21 冬至	22 十二
23 十三	24 十四	25 十五	26 十六	27 十七	28 十八	29 十九
30 二十	31 廿一					

1997年（丁丑 牛年 2月7日始）

1月

一	二	三	四	五	六	日
		1 廿二	2 廿三	3 廿四	4 廿五	5 小寒
6 廿七	7 廿八	8 廿九	9 十二月	10 初二	11 初三	12 初四
13 初五	14 初六	15 初七	16 初八	17 初九	18 初十	19 十一
20 大寒	21 十三	22 十四	23 十五	24 十六	25 十七	26 十八
27 十九	28 二十	29 廿一	30 廿二	31 廿三		

7月

一	二	三	四	五	六	日
	1 廿七	2 廿八	3 廿九	4 三十	5 六月	6 初二
7 小暑	8 初四	9 初五	10 初六	11 初七	12 初八	13 初九
14 初十	15 十一	16 十二	17 十三	18 十四	19 十五	20 十六
21 十七	22 十八	23 大暑	24 二十	25 廿一	26 廿二	27 廿三
28 廿四	29 廿五	30 廿六	31 廿七			

2月

一	二	三	四	五	六	日
					1 廿四	2 廿五
3 廿六	4 立春	5 廿八	6 廿九	7 正月	8 初二	9 初三
10 初四	11 初五	12 初六	13 初七	14 初八	15 初九	16 初十
17 十一	18 雨水	19 十三	20 十四	21 十五	22 十六	23 十七
24 十八	25 十九	26 二十	27 廿一	28 廿二		

8月

一	二	三	四	五	六	日
				1 廿八	2 廿九	3 七月
4 初二	5 初三	6 初四	7 立秋	8 初六	9 初七	10 初八
11 初九	12 初十	13 十一	14 十二	15 十三	16 十四	17 十五
18 十六	19 十七	20 十八	21 十九	22 二十	23 处暑	24 廿二
25 廿三	26 廿四	27 廿五	28 廿六	29 廿七	30 廿八	31 廿九

3月

一	二	三	四	五	六	日
					1 廿三	2 廿四
3 廿五	4 廿六	5 惊蛰	6 廿八	7 廿九	8 三十	9 二月
10 初二	11 初三	12 初四	13 初五	14 初六	15 初七	16 初八
17 初九	18 初十	19 十一	20 春分	21 十三	22 十四	23 十五
24 十六	25 十七	26 十八	27 十九	28 二十	29 廿一	30 廿二
31 廿三						

9月

一	二	三	四	五	六	日
1 三十	2 八月	3 初二	4 初三	5 初四	6 初五	7 白露
8 初七	9 初八	10 初九	11 初十	12 十一	13 十二	14 十三
15 十四	16 十五	17 十六	18 十七	19 十八	20 十九	21 二十
22 廿一	23 秋分	24 廿三	25 廿四	26 廿五	27 廿六	28 廿七
29 廿八	30 廿九					

4月

一	二	三	四	五	六	日
	1 廿四	2 廿五	3 廿六	4 廿七	5 清明	6 廿九
7 三月	8 初二	9 初三	10 初四	11 初五	12 初六	13 初七
14 初八	15 初九	16 初十	17 十一	18 十二	19 十三	20 谷雨
21 十五	22 十六	23 十七	24 十八	25 十九	26 二十	27 廿一
28 廿二	29 廿三	30 廿四				

10月

一	二	三	四	五	六	日
		1 三十	2 九月	3 初二	4 初三	5 初四
6 初五	7 初六	8 寒露	9 初八	10 初九	11 初十	12 十一
13 十二	14 十三	15 十四	16 十五	17 十六	18 十七	19 十八
20 十九	21 二十	22 廿一	23 霜降	24 廿三	25 廿四	26 廿五
27 廿六	28 廿七	29 廿八	30 廿九	31 十月		

5月

一	二	三	四	五	六	日
			1 廿五	2 廿六	3 廿七	4 廿八
5 立夏	6 三十	7 四月	8 初二	9 初三	10 初四	11 初五
12 初六	13 初七	14 初八	15 初九	16 初十	17 十一	18 十二
19 十三	20 十四	21 小满	22 十六	23 十七	24 十八	25 十九
26 二十	27 廿一	28 廿二	29 廿三	30 廿四	31 廿五	

11月

一	二	三	四	五	六	日
					1 初二	2 初三
3 初四	4 初五	5 初六	6 初七	7 立冬	8 初九	9 初十
10 十一	11 十二	12 十三	13 十四	14 十五	15 十六	16 十七
17 十八	18 十九	19 二十	20 廿一	21 廿二	22 小雪	23 廿四
24 廿五	25 廿六	26 廿七	27 廿八	28 廿九	29 三十	30 十一月

6月

一	二	三	四	五	六	日
						1 廿六
2 廿七	3 廿八	4 廿九	5 五月 芒种	6 初二	7 初三	8 初四
9 初五	10 初六	11 初七	12 初八	13 初九	14 初十	15 十一
16 十二	17 十三	18 十四	19 十五	20 十六	21 夏至	22 十八
23 十九	24 二十	25 廿一	26 廿二	27 廿三	28 廿四	29 廿五
30 廿六						

12月

一	二	三	四	五	六	日
1 初二	2 初三	3 初四	4 初五	5 初六	6 初七	7 大雪
8 初九	9 初十	10 十一	11 十二	12 十三	13 十四	14 十五
15 十六	16 十七	17 十八	18 十九	19 二十	20 廿一	21 廿二
22 冬至	23 廿四	24 廿五	25 廿六	26 廿七	27 廿八	28 廿九
29 三十	30 十二月	31 初二				

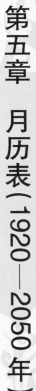

1998年(戊寅　虎年　1月28日始　闰五月)

1

一	二	三	四	五	六	日
			1 初三	2 初四	3 初五	4 初六
5 小寒	6 初八	7 初九	8 初十	9 十一	10 十二	11 十三
12 十四	13 十五	14 十六	15 十七	16 十八	17 十九	18 二十
19 廿一	20 大寒	21 廿三	22 廿四	23 廿五	24 廿六	25 廿七
26 廿八	27 廿九	28 正月	29 初二	30 初三	31 初四	

2

一	二	三	四	五	六	日
						1 初五
2 初六	3 初七	4 立春	5 初九	6 初十	7 十一	8 十二
9 十三	10 十四	11 十五	12 十六	13 十七	14 十八	15 十九
16 二十	17 廿一	18 廿二	19 雨水	20 廿四	21 廿五	22 廿六
23 廿七	24 廿八	25 廿九	26 三十	27 二月	28 初二	

3

一	二	三	四	五	六	日
						1 初三
2 初四	3 初五	4 初六	5 初七	6 惊蛰	7 初九	8 初十
9 十一	10 十二	11 十三	12 十四	13 十五	14 十六	15 十七
16 十八	17 十九	18 二十	19 廿一	20 廿二	21 春分	22 廿四
23 廿五	24 廿六	25 廿七	26 廿八	27 廿九	28 三月	29 初二
30 初三	31 初四					

4

一	二	三	四	五	六	日
		1 初五	2 初六	3 初七	4 初八	5 清明
6 初十	7 十一	8 十二	9 十三	10 十四	11 十五	12 十六
13 十七	14 十八	15 十九	16 二十	17 廿一	18 廿二	19 廿三
20 谷雨	21 廿五	22 廿六	23 廿七	24 廿八	25 廿九	26 四月
27 初二	28 初三	29 初四	30 初五			

5

一	二	三	四	五	六	日
				1 初六	2 初七	3 初八
4 初九	5 初十	6 立夏	7 十二	8 十三	9 十四	10 十五
11 十六	12 十七	13 十八	14 十九	15 二十	16 廿一	17 廿二
18 廿三	19 廿四	20 廿五	21 小满	22 廿七	23 廿八	24 廿九
25 三十	26 五月	27 初二	28 初三	29 初四	30 初五	31 初六

6

一	二	三	四	五	六	日
1 初七	2 初八	3 初九	4 初十	5 十一	6 芒种	7 十三
8 十四	9 十五	10 十六	11 十七	12 十八	13 十九	14 二十
15 廿一	16 廿二	17 廿三	18 廿四	19 廿五	20 廿六	21 夏至
22 廿八	23 廿九	24 五月	25 初二	26 初三	27 初四	28 初五
29 初六	30 初七					

7

一	二	三	四	五	六	日
		1 初八	2 初九	3 初十	4 十一	5 十二
6 十三	7 小暑	8 十五	9 十六	10 十七	11 十八	12 十九
13 二十	14 廿一	15 廿二	16 廿三	17 廿四	18 廿五	19 廿六
20 廿七	21 廿八	22 廿九	23 六月 大暑	24 初二	25 初三	26 初四
27 初五	28 初六	29 初七	30 初八	31 初九		

8

一	二	三	四	五	六	日
					1 初十	2 十一
3 十二	4 十三	5 十四	6 十五	7 十六	8 立秋	9 十八
10 十九	11 二十	12 廿一	13 廿二	14 廿三	15 廿四	16 廿五
17 廿六	18 廿七	19 廿八	20 廿九	21 三十	22 七月	23 处暑
24 初三	25 初四	26 初五	27 初六	28 初七	29 初八	30 初九
31 初十						

9

一	二	三	四	五	六	日
	1 十一	2 十二	3 十三	4 十四	5 十五	6 十六
7 十七	8 白露	9 十九	10 二十	11 廿一	12 廿二	13 廿三
14 廿四	15 廿五	16 廿六	17 廿七	18 廿八	19 廿九	20 三十
21 八月	22 初二	23 秋分	24 初四	25 初五	26 初六	27 初七
28 初八	29 初九	30 初十				

10

一	二	三	四	五	六	日
			1 十一	2 十二	3 十三	4 十四
5 十五	6 十六	7 十七	8 寒露	9 十九	10 二十	11 廿一
12 廿二	13 廿三	14 廿四	15 廿五	16 廿六	17 廿七	18 廿八
19 廿九	20 九月	21 初二	22 初三	23 霜降	24 初五	25 初六
26 初七	27 初八	28 初九	29 初十	30 十一	31 十二	

11

一	二	三	四	五	六	日
						1 十三
2 十四	3 十五	4 十六	5 十七	6 十八	7 立冬	8 二十
9 廿一	10 廿二	11 廿三	12 廿四	13 廿五	14 廿六	15 廿七
16 廿八	17 廿九	18 三十	19 十月	20 初二	21 初三	22 小雪
23 初五	24 初六	25 初七	26 初八	27 初九	28 初十	29 十一
30 十二						

12

一	二	三	四	五	六	日
	1 十三	2 十四	3 十五	4 十六	5 十七	6 十八
7 大雪	8 二十	9 廿一	10 廿二	11 廿三	12 廿四	13 廿五
14 廿六	15 廿七	16 廿八	17 廿九	18 三十	19 十一月	20 初二
21 初三	22 冬至	23 初五	24 初六	25 初七	26 初八	27 初九
28 初十	29 十一	30 十二	31 十三			

1999 年(己卯　兔年　2 月 16 日始)

1月

一	二	三	四	五	六	日
				1 十四	2 十五	3 十六
4 十七	5 十八	6 小寒	7 二十	8 廿一	9 廿二	10 廿三
11 廿四	12 廿五	13 廿六	14 廿七	15 廿八	16 廿九	17 十二月
18 初二	19 初三	20 大寒	21 初五	22 初六	23 初七	24 初八
25 初九	26 初十	27 十一	28 十二	29 十三	30 十四	31 十五

2月

一	二	三	四	五	六	日
1 十六	2 十七	3 十八	4 立春	5 二十	6 廿一	7 廿二
8 廿三	9 廿四	10 廿五	11 廿六	12 廿七	13 廿八	14 廿九
15 三十	16 正月	17 初二	18 初三	19 雨水	20 初五	21 初六
22 初七	23 初八	24 初九	25 初十	26 十一	27 十二	28 十三

3月

一	二	三	四	五	六	日
1 十四	2 十五	3 十六	4 十七	5 十八	6 惊蛰	7 二十
8 廿一	9 廿二	10 廿三	11 廿四	12 廿五	13 廿六	14 廿七
15 廿八	16 廿九	17 三十	18 二月	19 初二	20 初三	21 春分
22 初五	23 初六	24 初七	25 初八	26 初九	27 初十	28 十一
29 十二	30 十三	31 十四				

4月

一	二	三	四	五	六	日
			1 十五	2 十六	3 十七	4 十八
5 清明	6 二十	7 廿一	8 廿二	9 廿三	10 廿四	11 廿五
12 廿六	13 廿七	14 廿八	15 廿九	16 三月	17 初二	18 初三
19 初四	20 谷雨	21 初六	22 初七	23 初八	24 初九	25 初十
26 十一	27 十二	28 十三	29 十四	30 十五		

5月

一	二	三	四	五	六	日
					1 十六	2 十七
3 十八	4 十九	5 二十	6 立夏	7 廿二	8 廿三	9 廿四
10 廿五	11 廿六	12 廿七	13 廿八	14 廿九	15 四月	16 初二
17 初三	18 初四	19 初五	20 初六	21 小满	22 初八	23 初九
24 初十	25 十一	26 十二	27 十三	28 十四	29 十五	30 十六
31 十七						

6月

一	二	三	四	五	六	日
	1 十八	2 十九	3 二十	4 廿一	5 廿二	6 芒种
7 廿四	8 廿五	9 廿六	10 廿七	11 廿八	12 廿九	13 三十
14 五月	15 初二	16 初三	17 初四	18 初五	19 初六	20 初七
21 初八	22 夏至	23 初十	24 十一	25 十二	26 十三	27 十四
28 十五	29 十六	30 十七				

7月

一	二	三	四	五	六	日
			1 十八	2 十九	3 二十	4 廿一
5 廿二	6 廿三	7 小暑	8 廿五	9 廿六	10 廿七	11 廿八
12 廿九	13 六月	14 初二	15 初三	16 初四	17 初五	18 初六
19 初七	20 初八	21 初九	22 初十	23 大暑	24 十二	25 十三
26 十四	27 十五	28 十六	29 十七	30 十八	31 十九	

8月

一	二	三	四	五	六	日
						1 二十
2 廿一	3 廿二	4 廿三	5 廿四	6 廿五	7 廿六	8 立秋
9 廿八	10 廿九	11 七月	12 初二	13 初三	14 初四	15 初五
16 初六	17 初七	18 初八	19 初九	20 初十	21 十一	22 十二
23 处暑	24 十四	25 十五	26 十六	27 十七	28 十八	29 十九
30 二十	31 廿一					

9月

一	二	三	四	五	六	日
		1 廿二	2 廿三	3 廿四	4 廿五	5 廿六
6 廿七	7 廿八	8 白露	9 三十	10 八月	11 初二	12 初三
13 初四	14 初五	15 初六	16 初七	17 初八	18 初九	19 初十
20 十一	21 十二	22 十三	23 秋分	24 十五	25 十六	26 十七
27 十八	28 十九	29 二十	30 廿一			

10月

一	二	三	四	五	六	日
				1 廿二	2 廿三	3 廿四
4 廿五	5 廿六	6 廿七	7 廿八	8 廿九	9 九月 寒露	10 初二
11 初三	12 初四	13 初五	14 初六	15 初七	16 初八	17 初九
18 初十	19 十一	20 十二	21 十三	22 十四	23 十五	24 霜降
25 十七	26 十八	27 十九	28 二十	29 廿一	30 廿二	31 廿三

11月

一	二	三	四	五	六	日
1 廿四	2 廿五	3 廿六	4 廿七	5 廿八	6 廿九	7 三十
8 十月 立冬	9 初二	10 初三	11 初四	12 初五	13 初六	14 初七
15 初八	16 初九	17 初十	18 十一	19 十二	20 十三	21 十四
22 十五	23 小雪	24 十七	25 十八	26 十九	27 二十	28 廿一
29 廿二	30 廿三					

12月

一	二	三	四	五	六	日
		1 廿四	2 廿五	3 廿六	4 廿七	5 廿八
6 廿九	7 大雪	8 十一月	9 初二	10 初三	11 初四	12 初五
13 初六	14 初七	15 初八	16 初九	17 初十	18 十一	19 十二
20 十三	21 十四	22 冬至	23 十六	24 十七	25 十八	26 十九
27 二十	28 廿一	29 廿二	30 廿三	31 廿四		

2000年(庚辰　龙年　2月5日始)

1

一	二	三	四	五	六	日
					1 廿五	2 廿六
3 廿七	4 廿八	5 廿九	6 小寒	7 十二月	8 初二	9 初三
10 初四	11 初五	12 初六	13 初七	14 初八	15 初九	16 初十
17 十一	18 十二	19 十三	20 十四	21 大寒	22 十六	23 十七
24 十八	25 十九	26 二十	27 廿一	28 廿二	29 廿三	30 廿四
31 廿五						

2

一	二	三	四	五	六	日
	1 廿六	2 廿七	3 廿八	4 立春	5 正月	6 初二
7 初三	8 初四	9 初五	10 初六	11 初七	12 初八	13 初九
14 初十	15 十一	16 十二	17 十三	18 十四	19 雨水	20 十六
21 十七	22 十八	23 十九	24 二十	25 廿一	26 廿二	27 廿三
28 廿四	29 廿五					

3

一	二	三	四	五	六	日
		1 廿六	2 廿七	3 廿八	4 廿九	5 惊蛰
6 二月	7 初二	8 初三	9 初四	10 初五	11 初六	12 初七
13 初八	14 初九	15 初十	16 十一	17 十二	18 十三	19 十四
20 春分	21 十六	22 十七	23 十八	24 十九	25 二十	26 廿一
27 廿二	28 廿三	29 廿四	30 廿五	31 廿六		

4

一	二	三	四	五	六	日
					1 廿七	2 廿八
3 廿九	4 清明	5 三月	6 初二	7 初三	8 初四	9 初五
10 初六	11 初七	12 初八	13 初九	14 初十	15 十一	16 十二
17 十三	18 十四	19 十五	20 谷雨	21 十七	22 十八	23 十九
24 二十	25 廿一	26 廿二	27 廿三	28 廿四	29 廿五	30 廿六

5

一	二	三	四	五	六	日
1 廿七	2 廿八	3 廿九	4 四月	5 立夏	6 初三	7 初四
8 初五	9 初六	10 初七	11 初八	12 初九	13 初十	14 十一
15 十二	16 十三	17 十四	18 十五	19 十六	20 十七	21 小满
22 十九	23 二十	24 廿一	25 廿二	26 廿三	27 廿四	28 廿五
29 廿六	30 廿七	31 廿八				

6

一	二	三	四	五	六	日
			1 廿九	2 五月	3 初二	4 初三
5 芒种	6 初五	7 初六	8 初七	9 初八	10 初九	11 初十
12 十一	13 十二	14 十三	15 十四	16 十五	17 十六	18 十七
19 十八	20 十九	21 夏至	22 廿一	23 廿二	24 廿三	25 廿四
26 廿五	27 廿六	28 廿七	29 廿八	30 廿九		

7

一	二	三	四	五	六	日
					1 三十	2 六月
3 初二	4 初三	5 初四	6 初五	7 小暑	8 初七	9 初八
10 初九	11 初十	12 十一	13 十二	14 十三	15 十四	16 十五
17 十六	18 十七	19 十八	20 十九	21 二十	22 大暑	23 廿二
24 廿三	25 廿四	26 廿五	27 廿六	28 廿七	29 廿八	30 廿九
31 七月						

8

一	二	三	四	五	六	日
	1 初二	2 初三	3 初四	4 初五	5 初六	6 初七
7 立秋	8 初九	9 初十	10 十一	11 十二	12 十三	13 十四
14 十五	15 十六	16 十七	17 十八	18 十九	19 二十	20 廿一
21 廿二	22 廿三	23 处暑	24 廿五	25 廿六	26 廿七	27 廿八
28 廿九	29 八月	30 初二	31 初三			

9

一	二	三	四	五	六	日
				1 初四	2 初五	3 初六
4 初七	5 初八	6 初九	7 白露	8 十一	9 十二	10 十三
11 十四	12 十五	13 十六	14 十七	15 十八	16 十九	17 二十
18 廿一	19 廿二	20 廿三	21 廿四	22 廿五	23 秋分	24 廿七
25 廿八	26 廿九	27 三十	28 九月	29 初二	30 初三	

10

一	二	三	四	五	六	日
						1 初四
2 初五	3 初六	4 初七	5 初八	6 初九	7 初十	8 寒露
9 十二	10 十三	11 十四	12 十五	13 十六	14 十七	15 十八
16 十九	17 二十	18 廿一	19 廿二	20 廿三	21 廿四	22 廿五
23 霜降	24 廿七	25 廿八	26 廿九	27 十月	28 初二	29 初三
30 初四	31 初五					

11

一	二	三	四	五	六	日
		1 初六	2 初七	3 初八	4 初九	5 初十
6 十一	7 立冬	8 十三	9 十四	10 十五	11 十六	12 十七
13 十八	14 十九	15 二十	16 廿一	17 廿二	18 廿三	19 廿四
20 廿五	21 廿六	22 小雪	23 廿八	24 廿九	25 三十	26 十一月
27 初二	28 初三	29 初四	30 初五			

12

一	二	三	四	五	六	日
				1 初六	2 初七	3 初八
4 初九	5 初十	6 十一	7 大雪	8 十三	9 十四	10 十五
11 十六	12 十七	13 十八	14 十九	15 二十	16 廿一	17 廿二
18 廿三	19 廿四	20 廿五	21 冬至	22 廿七	23 廿八	24 廿九
25 三十	26 十二月	27 初二	28 初三	29 初四	30 初五	31 初六

2001年(辛巳 蛇年 1月24日始 闰四月)

1

一	二	三	四	五	六	日
1初七	2初八	3初九	4初十	5小寒	6十二	7十三
8十四	9十五	10十六	11十七	12十八	13十九	14二十
15廿一	16廿二	17廿三	18廿四	19廿五	20大寒	21廿七
22廿八	23廿九	24正月	25初二	26初三	27初四	28初五
29初六	30初七	31初八				

2

一	二	三	四	五	六	日
			1初九	2初十	3十一	4立春
5十三	6十四	7十五	8十六	9十七	10十八	11十九
12二十	13廿一	14廿二	15廿三	16廿四	17廿五	18雨水
19廿七	20廿八	21廿九	22三十	23二月	24初二	25初三
26初四	27初五	28初六				

3

一	二	三	四	五	六	日
			1初七	2初八	3初九	4初十
5惊蛰	6十二	7十三	8十四	9十五	10十六	11十七
12十八	13十九	14二十	15廿一	16廿二	17廿三	18廿四
19廿五	20春分	21廿七	22廿八	23廿九	24三十	25三月
26初二	27初三	28初四	29初五	30初六	31初七	

4

一	二	三	四	五	六	日
						1初八
2初九	3初十	4十一	5清明	6十三	7十四	8十五
9十六	10十七	11十八	12十九	13二十	14廿一	15廿二
16廿三	17廿四	18廿五	19廿六	20谷雨	21廿八	22廿九
23四月	24初二	25初三	26初四	27初五	28初六	29初七
30初八						

5

一	二	三	四	五	六	日
	1初九	2初十	3十一	4十二	5立夏	6十四
7十五	8十六	9十七	10十八	11十九	12二十	13廿一
14廿二	15廿三	16廿四	17廿五	18廿六	19廿七	20廿八
21小满	22三十	23四月	24初二	25初三	26初四	27初五
28初六	29初七	30初八	31初九			

6

一	二	三	四	五	六	日
				1初十	2十一	3十二
4十三	5芒种	6十五	7十六	8十七	9十八	10十九
11二十	12廿一	13廿二	14廿三	15廿四	16廿五	17廿六
18廿七	19廿八	20廿九	21五月夏至	22初二	23初三	24初四
25初五	26初六	27初七	28初八	29初九	30初十	

7

一	二	三	四	五	六	日
						1十一
2十二	3十三	4十四	5十五	6十六	7小暑	8十八
9十九	10二十	11廿一	12廿二	13廿三	14廿四	15廿五
16廿六	17廿七	18廿八	19廿九	20三十	21六月	22初二
23大暑	24初四	25初五	26初六	27初七	28初八	29初九
30初十	31十一					

8

一	二	三	四	五	六	日
		1十二	2十三	3十四	4十五	5十六
6十七	7立秋	8十九	9二十	10廿一	11廿二	12廿三
13廿四	14廿五	15廿六	16廿七	17廿八	18廿九	19七月
20初二	21初三	22初四	23处暑	24初六	25初七	26初八
27初九	28初十	29十一	30十二	31十三		

9

一	二	三	四	五	六	日
					1十四	2十五
3十六	4十七	5十八	6十九	7白露	8廿一	9廿二
10廿三	11廿四	12廿五	13廿六	14廿七	15廿八	16廿九
17八月	18初二	19初三	20初四	21初五	22初六	23秋分
24初八	25初九	26初十	27十一	28十二	29十三	30十四

10

一	二	三	四	五	六	日
1十五	2十六	3十七	4十八	5十九	6二十	7廿一
8寒露	9廿三	10廿四	11廿五	12廿六	13廿七	14廿八
15廿九	16三十	17九月	18初二	19初三	20初四	21初五
22初六	23霜降	24初八	25初九	26初十	27十一	28十二
29十三	30十四	31十五				

11

一	二	三	四	五	六	日
			1十六	2十七	3十八	4十九
5二十	6廿一	7立冬	8廿三	9廿四	10廿五	11廿六
12廿七	13廿八	14廿九	15十月	16初二	17初三	18初四
19初五	20初六	21初七	22小雪	23初九	24初十	25十一
26十二	27十三	28十四	29十五	30十六		

12

一	二	三	四	五	六	日
					1十七	2十八
3十九	4二十	5廿一	6廿二	7大雪	8廿四	9廿五
10廿六	11廿七	12廿八	13廿九	14三十	15十一月	16初二
17初三	18初四	19初五	20初六	21初七	22冬至	23初九
24初十	25十一	26十二	27十三	28十四	29十五	30十六
31十七						

养生月历

2002 年(壬午　马年　2 月 12 日始)

1

一	二	三	四	五	六	日
	1 十八	2 十九	3 二十	4 廿一	5 小寒	6 廿三
7 廿四	8 廿五	9 廿六	10 廿七	11 廿八	12 廿九	13 十二月
14 初二	15 初三	16 初四	17 初五	18 初六	19 初七	20 大寒
21 初九	22 初十	23 十一	24 十二	25 十三	26 十四	27 十五
28 十六	29 十七	30 十八	31 十九			

2

一	二	三	四	五	六	日
				1 二十	2 廿一	3 廿二
4 立春	5 廿四	6 廿五	7 廿六	8 廿七	9 廿八	10 廿九
11 三十	12 正月	13 初二	14 初三	15 初四	16 初五	17 初六
18 初七	19 雨水	20 初九	21 初十	22 十一	23 十二	24 十三
25 十四	26 十五	27 十六	28 十七			

3

一	二	三	四	五	六	日
				1 十八	2 十九	3 二十
4 廿一	5 廿二	6 惊蛰	7 廿四	8 廿五	9 廿六	10 廿七
11 廿八	12 廿九	13 三十	14 二月	15 初二	16 初三	17 初四
18 初五	19 初六	20 初七	21 春分	22 初九	23 初十	24 十一
25 十二	26 十三	27 十四	28 十五	29 十六	30 十七	31 十八

4

一	二	三	四	五	六	日
1 十九	2 二十	3 廿一	4 廿二	5 清明	6 廿四	7 廿五
8 廿六	9 廿七	10 廿八	11 廿九	12 三十	13 三月	14 初二
15 初三	16 初四	17 初五	18 初六	19 初七	20 谷雨	21 初九
22 初十	23 十一	24 十二	25 十三	26 十四	27 十五	28 十六
29 十七	30 十八					

5

一	二	三	四	五	六	日
		1 十九	2 二十	3 廿一	4 廿二	5 廿三
6 立夏	7 廿五	8 廿六	9 廿七	10 廿八	11 廿九	12 四月
13 初二	14 初三	15 初四	16 初五	17 初六	18 初七	19 初八
20 初九	21 小满	22 十一	23 十二	24 十三	25 十四	26 十五
27 十六	28 十七	29 十八	30 十九	31 二十		

6

一	二	三	四	五	六	日
					1 廿一	2 廿二
3 廿三	4 廿四	5 廿五	6 廿六	7 芒种	8 廿八	9 廿九
10 三十	11 五月	12 初二	13 初三	14 初四	15 初五	16 初六
17 初七	18 初八	19 初九	20 初十	21 夏至	22 十二	23 十三
24 十四	25 十五	26 十六	27 十七	28 十八	29 十九	30 二十

7

一	二	三	四	五	六	日
1 廿一	2 廿二	3 廿三	4 廿四	5 廿五	6 廿六	7 小暑
8 廿八	9 廿九	10 六月	11 初二	12 初三	13 初四	14 初五
15 初六	16 初七	17 初八	18 初九	19 初十	20 十一	21 十二
22 十三	23 大暑	24 十五	25 十六	26 十七	27 十八	28 十九
29 二十	30 廿一	31 廿二				

8

一	二	三	四	五	六	日
			1 廿三	2 廿四	3 廿五	4 廿六
5 廿七	6 廿八	7 廿九	8 立秋	9 七月	10 初二	11 初三
12 初四	13 初五	14 初六	15 初七	16 初八	17 初九	18 初十
19 十一	20 十二	21 十三	22 十四	23 处暑	24 十六	25 十七
26 十八	27 十九	28 二十	29 廿一	30 廿二	31 廿三	

9

一	二	三	四	五	六	日
						1 廿四
2 廿五	3 廿六	4 廿七	5 廿八	6 廿九	7 八月	8 白露
9 初三	10 初四	11 初五	12 初六	13 初七	14 初八	15 初九
16 初十	17 十一	18 十二	19 十三	20 十四	21 十五	22 十六
23 秋分	24 十八	25 十九	26 二十	27 廿一	28 廿二	29 廿三
30 廿四						

10

一	二	三	四	五	六	日
	1 廿五	2 廿六	3 廿七	4 廿八	5 廿九	6 九月
7 初二	8 寒露	9 初四	10 初五	11 初六	12 初七	13 初八
14 初九	15 初十	16 十一	17 十二	18 十三	19 十四	20 十五
21 十六	22 十七	23 霜降	24 十九	25 二十	26 廿一	27 廿二
28 廿三	29 廿四	30 廿五	31 廿六			

11

一	二	三	四	五	六	日
				1 廿七	2 廿八	3 廿九
4 三十	5 十月	6 初二	7 立冬	8 初四	9 初五	10 初六
11 初七	12 初八	13 初九	14 初十	15 十一	16 十二	17 十三
18 十四	19 十五	20 十六	21 十七	22 小雪	23 十九	24 二十
25 廿一	26 廿二	27 廿三	28 廿四	29 廿五	30 廿六	

12

一	二	三	四	五	六	日
						1 廿七
2 廿八	3 廿九	4 十一月	5 初二	6 初三	7 大雪	8 初五
9 初六	10 初七	11 初八	12 初九	13 初十	14 十一	15 十二
16 十三	17 十四	18 十五	19 十六	20 十七	21 十八	22 冬至
23 二十	24 廿一	25 廿二	26 廿三	27 廿四	28 廿五	29 廿六
30 廿七	31 廿八					

2003 年(癸未 羊年 2月1日始)

1

一	二	三	四	五	六	日
		1 廿九	2 三十	3 十二月	4 初二	5 初三
6 小寒	7 初五	8 初六	9 初七	10 初八	11 初九	12 初十
13 十一	14 十二	15 十三	16 十四	17 十五	18 十六	19 十七
20 大寒	21 十九	22 二十	23 廿一	24 廿二	25 廿三	26 廿四
27 廿五	28 廿六	29 廿七	30 廿八	31 廿九		

2

一	二	三	四	五	六	日
					1 正月	2 初二
3 初三	4 立春	5 初五	6 初六	7 初七	8 初八	9 初九
10 初十	11 十一	12 十二	13 十三	14 十四	15 十五	16 十六
17 十七	18 十八	19 雨水	20 二十	21 廿一	22 廿二	23 廿三
24 廿四	25 廿五	26 廿六	27 廿七	28 廿八		

3

一	二	三	四	五	六	日
					1 廿九	2 三十
3 二月	4 初二	5 初三	6 惊蛰	7 初五	8 初六	9 初七
10 初八	11 初九	12 初十	13 十一	14 十二	15 十三	16 十四
17 十五	18 十六	19 十七	20 十八	21 春分	22 二十	23 廿一
24 廿二	25 廿三	26 廿四	27 廿五	28 廿六	29 廿七	30 廿八
31 廿九						

4

一	二	三	四	五	六	日
	1 三十	2 三月	3 初二	4 初三	5 清明	6 初五
7 初六	8 初七	9 初八	10 初九	11 初十	12 十一	13 十二
14 十三	15 十四	16 十五	17 十六	18 十七	19 十八	20 谷雨
21 二十	22 廿一	23 廿二	24 廿三	25 廿四	26 廿五	27 廿六
28 廿七	29 廿八	30 廿九				

5

一	二	三	四	五	六	日
			1 四月	2 初二	3 初三	4 初四
5 初五	6 立夏	7 初七	8 初八	9 初九	10 初十	11 十一
12 十二	13 十三	14 十四	15 十五	16 十六	17 十七	18 十八
19 十九	20 二十	21 小满	22 廿二	23 廿三	24 廿四	25 廿五
26 廿六	27 廿七	28 廿八	29 廿九	30 三十	31 五月	

6

一	二	三	四	五	六	日
						1 初二
2 初三	3 初四	4 初五	5 初六	6 芒种	7 初八	8 初九
9 初十	10 十一	11 十二	12 十三	13 十四	14 十五	15 十六
16 十七	17 十八	18 十九	19 二十	20 廿一	21 廿二	22 夏至
23 廿四	24 廿五	25 廿六	26 廿七	27 廿八	28 廿九	29 三十
30 六月						

7

一	二	三	四	五	六	日
	1 初二	2 初三	3 初四	4 初五	5 初六	6 初七
7 小暑	8 初九	9 初十	10 十一	11 十二	12 十三	13 十四
14 十五	15 十六	16 十七	17 十八	18 十九	19 二十	20 廿一
21 廿二	22 廿三	23 大暑	24 廿五	25 廿六	26 廿七	27 廿八
28 廿九	29 七月	30 初二	31 初三			

8

一	二	三	四	五	六	日
				1 初四	2 初五	3 初六
4 初七	5 初八	6 初九	7 初十	8 立秋	9 十二	10 十三
11 十四	12 十五	13 十六	14 十七	15 十八	16 十九	17 二十
18 廿一	19 廿二	20 廿三	21 廿四	22 廿五	23 处暑	24 廿七
25 廿八	26 廿九	27 三十	28 八月	29 初二	30 初三	31 初四

9

一	二	三	四	五	六	日
1 初五	2 初六	3 初七	4 初八	5 初九	6 初十	7 十一
8 白露	9 十三	10 十四	11 十五	12 十六	13 十七	14 十八
15 十九	16 二十	17 廿一	18 廿二	19 廿三	20 廿四	21 廿五
22 廿六	23 秋分	24 廿八	25 廿九	26 九月	27 初二	28 初三
29 初四	30 初五					

10

一	二	三	四	五	六	日
		1 初六	2 初七	3 初八	4 初九	5 初十
6 十一	7 十二	8 十三	9 寒露	10 十五	11 十六	12 十七
13 十八	14 十九	15 二十	16 廿一	17 廿二	18 廿三	19 廿四
20 廿五	21 廿六	22 廿七	23 廿八	24 霜降	25 十月	26 初二
27 初三	28 初四	29 初五	30 初六	31 初七		

11

一	二	三	四	五	六	日
					1 初八	2 初九
3 初十	4 十一	5 十二	6 十三	7 十四	8 立冬	9 十六
10 十七	11 十八	12 十九	13 二十	14 廿一	15 廿二	16 廿三
17 廿四	18 廿五	19 廿六	20 廿七	21 廿八	22 廿九	23 小雪
24 十一月	25 初二	26 初三	27 初四	28 初五	29 初六	30 初七

12

一	二	三	四	五	六	日
1 初八	2 初九	3 初十	4 十一	5 十二	6 十三	7 大雪
8 十五	9 十六	10 十七	11 十八	12 十九	13 二十	14 廿一
15 廿二	16 廿三	17 廿四	18 廿五	19 廿六	20 廿七	21 廿八
22 冬至	23 十二月	24 初二	25 初三	26 初四	27 初五	28 初六
29 初七	30 初八	31 初九				

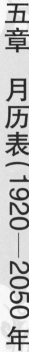

2004年（甲申　猴年　1月22日始　闰二月）

1

一	二	三	四	五	六	日
			1 初十	2 十一	3 十二	4 十三
5 十四	6 小寒	7 十六	8 十七	9 十八	10 十九	11 二十
12 廿一	13 廿二	14 廿三	15 廿四	16 廿五	17 廿六	18 廿七
19 廿八	20 廿九	21 大寒	22 正月	23 初二	24 初三	25 初四
26 初五	27 初六	28 初七	29 初八	30 初九	31 初十	

2

一	二	三	四	五	六	日
						1 十一
2 十二	3 十三	4 立春	5 十五	6 十六	7 十七	8 十八
9 十九	10 二十	11 廿一	12 廿二	13 廿三	14 廿四	15 廿五
16 廿六	17 廿七	18 廿八	19 雨水	20 二月	21 初二	22 初三
23 初四	24 初五	25 初六	26 初七	27 初八	28 初九	29 初十

3

一	二	三	四	五	六	日
1 十一	2 十二	3 十三	4 十四	5 惊蛰	6 十六	7 十七
8 十八	9 十九	10 二十	11 廿一	12 廿二	13 廿三	14 廿四
15 廿五	16 廿六	17 廿七	18 廿八	19 廿九	20 春分	21 二月
22 初二	23 初三	24 初四	25 初五	26 初六	27 初七	28 初八
29 初九	30 初十	31 十一				

4

一	二	三	四	五	六	日
			1 十二	2 十三	3 十四	4 清明
5 十六	6 十七	7 十八	8 十九	9 二十	10 廿一	11 廿二
12 廿三	13 廿四	14 廿五	15 廿六	16 廿七	17 廿八	18 廿九
19 三月	20 谷雨	21 初三	22 初四	23 初五	24 初六	25 初七
26 初八	27 初九	28 初十	29 十一	30 十二		

5

一	二	三	四	五	六	日
					1 十三	2 十四
3 十五	4 十六	5 立夏	6 十八	7 十九	8 二十	9 廿一
10 廿二	11 廿三	12 廿四	13 廿五	14 廿六	15 廿七	16 廿八
17 廿九	18 三十	19 四月	20 初二	21 小满	22 初四	23 初五
24 初六	25 初七	26 初八	27 初九	28 初十	29 十一	30 十二
31 十三						

6

一	二	三	四	五	六	日
	1 十四	2 十五	3 十六	4 十七	5 芒种	6 十九
7 二十	8 廿一	9 廿二	10 廿三	11 廿四	12 廿五	13 廿六
14 廿七	15 廿八	16 廿九	17 三十	18 五月	19 初二	20 初三
21 夏至	22 初五	23 初六	24 初七	25 初八	26 初九	27 初十
28 十一	29 十二	30 十三				

7

一	二	三	四	五	六	日
			1 十四	2 十五	3 十六	4 十七
5 十八	6 十九	7 小暑	8 廿一	9 廿二	10 廿三	11 廿四
12 廿五	13 廿六	14 廿七	15 廿八	16 廿九	17 六月	18 初二
19 初三	20 初四	21 初五	22 大暑	23 初七	24 初八	25 初九
26 初十	27 十一	28 十二	29 十三	30 十四	31 十五	

8

一	二	三	四	五	六	日
						1 十六
2 十七	3 十八	4 十九	5 二十	6 廿一	7 立秋	8 廿三
9 廿四	10 廿五	11 廿六	12 廿七	13 廿八	14 廿九	15 三十
16 七月	17 初二	18 初三	19 初四	20 初五	21 初六	22 初七
23 处暑	24 初九	25 初十	26 十一	27 十二	28 十三	29 十四
30 十五	31 十六					

9

一	二	三	四	五	六	日
		1 十七	2 十八	3 十九	4 二十	5 廿一
6 廿二	7 白露	8 廿四	9 廿五	10 廿六	11 廿七	12 廿八
13 廿九	14 八月	15 初二	16 初三	17 初四	18 初五	19 初六
20 初七	21 初八	22 初九	23 秋分	24 十一	25 十二	26 十三
27 十四	28 十五	29 十六	30 十七			

10

一	二	三	四	五	六	日
				1 十八	2 十九	3 二十
4 廿一	5 廿二	6 廿三	7 廿四	8 寒露	9 廿六	10 廿七
11 廿八	12 廿九	13 三十	14 九月	15 初二	16 初三	17 初四
18 初五	19 初六	20 初七	21 初八	22 初九	23 霜降	24 十一
25 十二	26 十三	27 十四	28 十五	29 十六	30 十七	31 十八

11

一	二	三	四	五	六	日
1 十九	2 二十	3 廿一	4 廿二	5 廿三	6 廿四	7 立冬
8 廿六	9 廿七	10 廿八	11 廿九	12 十月	13 初二	14 初三
15 初四	16 初五	17 初六	18 初七	19 初八	20 初九	21 初十
22 小雪	23 十二	24 十三	25 十四	26 十五	27 十六	28 十七
29 十八	30 十九					

12

一	二	三	四	五	六	日
		1 二十	2 廿一	3 廿二	4 廿三	5 廿四
6 廿五	7 大雪	8 廿七	9 廿八	10 廿九	11 三十	12 十一月
13 初二	14 初三	15 初四	16 初五	17 初六	18 初七	19 初八
20 初九	21 冬至	22 十一	23 十二	24 十三	25 十四	26 十五
27 十六	28 十七	29 十八	30 十九	31 二十		

2005年（乙酉　鸡年　2月9日始）

1

一	二	三	四	五	六	日
					1 廿一	2 廿二
3 廿三	4 廿四	5 小寒	6 廿六	7 廿七	8 廿八	9 廿九
10 十二月	11 初二	12 初三	13 初四	14 初五	15 初六	16 初七
17 初八	18 初九	19 初十	20 大寒	21 十二	22 十三	23 十四
24 十五	25 十六	26 十七	27 十八	28 十九	29 二十	30 廿一
31 廿二						

2

一	二	三	四	五	六	日
	1 廿三	2 廿四	3 廿五	4 立春	5 廿七	6 廿八
7 廿九	8 三十	9 正月	10 初二	11 初三	12 初四	13 初五
14 初六	15 初七	16 初八	17 初九	18 雨水	19 十一	20 十二
21 十三	22 十四	23 十五	24 十六	25 十七	26 十八	27 十九
28 二十						

3

一	二	三	四	五	六	日
	1 廿一	2 廿二	3 廿三	4 廿四	5 惊蛰	6 廿六
7 廿七	8 廿八	9 廿九	10 二月	11 初二	12 初三	13 初四
14 初五	15 初六	16 初七	17 初八	18 初九	19 初十	20 春分
21 十二	22 十三	23 十四	24 十五	25 十六	26 十七	27 十八
28 十九	29 二十	30 廿一	31 廿二			

4

一	二	三	四	五	六	日
				1 廿三	2 廿四	3 廿五
4 廿六	5 清明	6 廿八	7 廿九	8 三十	9 三月	10 初二
11 初三	12 初四	13 初五	14 初六	15 初七	16 初八	17 初九
18 初十	19 十一	20 谷雨	21 十三	22 十四	23 十五	24 十六
25 十七	26 十八	27 十九	28 二十	29 廿一	30 廿二	

5

一	二	三	四	五	六	日
						1 廿三
2 廿四	3 廿五	4 廿六	5 立夏	6 廿八	7 廿九	8 四月
9 初二	10 初三	11 初四	12 初五	13 初六	14 初七	15 初八
16 初九	17 初十	18 十一	19 十二	20 十三	21 小满	22 十五
23 十六	24 十七	25 十八	26 十九	27 二十	28 廿一	29 廿二
30 廿三	31 廿四					

6

一	二	三	四	五	六	日
		1 廿五	2 廿六	3 廿七	4 廿八	5 芒种
6 三十	7 五月	8 初二	9 初三	10 初四	11 初五	12 初六
13 初七	14 初八	15 初九	16 初十	17 十一	18 十二	19 十三
20 十四	21 夏至	22 十六	23 十七	24 十八	25 十九	26 二十
27 廿一	28 廿二	29 廿三	30 廿四			

7

一	二	三	四	五	六	日
				1 廿五	2 廿六	3 廿七
4 廿八	5 廿九	6 六月	7 小暑	8 初三	9 初四	10 初五
11 初六	12 初七	13 初八	14 初九	15 初十	16 十一	17 十二
18 十三	19 十四	20 十五	21 十六	22 十七	23 大暑	24 十九
25 二十	26 廿一	27 廿二	28 廿三	29 廿四	30 廿五	31 廿六

8

一	二	三	四	五	六	日
1 廿七	2 廿八	3 廿九	4 三十	5 七月	6 初二	7 立秋
8 初四	9 初五	10 初六	11 初七	12 初八	13 初九	14 初十
15 十一	16 十二	17 十三	18 十四	19 十五	20 十六	21 十七
22 十八	23 处暑	24 二十	25 廿一	26 廿二	27 廿三	28 廿四
29 廿五	30 廿六	31 廿七				

9

一	二	三	四	五	六	日
			1 廿八	2 廿九	3 三十	4 八月
5 初二	6 初三	7 白露	8 初五	9 初六	10 初七	11 初八
12 初九	13 初十	14 十一	15 十二	16 十三	17 十四	18 十五
19 十六	20 十七	21 十八	22 十九	23 秋分	24 廿一	25 廿二
26 廿三	27 廿四	28 廿五	29 廿六	30 廿七		

10

一	二	三	四	五	六	日
					1 廿八	2 廿九
3 九月	4 初二	5 初三	6 初四	7 初五	8 寒露	9 初七
10 初八	11 初九	12 初十	13 十一	14 十二	15 十三	16 十四
17 十五	18 十六	19 十七	20 十八	21 十九	22 二十	23 霜降
24 廿二	25 廿三	26 廿四	27 廿五	28 廿六	29 廿七	30 廿八
31 廿九						

11

一	二	三	四	五	六	日
	1 三十	2 十月	3 初二	4 初三	5 初四	6 初五
7 立冬	8 初七	9 初八	10 初九	11 初十	12 十一	13 十二
14 十三	15 十四	16 十五	17 十六	18 十七	19 十八	20 十九
21 二十	22 小雪	23 廿二	24 廿三	25 廿四	26 廿五	27 廿六
28 廿七	29 廿八	30 廿九				

12

一	二	三	四	五	六	日
			1 十一月	2 初二	3 初三	4 初四
5 初五	6 初六	7 大雪	8 初八	9 初九	10 初十	11 十一
12 十二	13 十三	14 十四	15 十五	16 十六	17 十七	18 十八
19 十九	20 二十	21 廿一	22 冬至	23 廿三	24 廿四	25 廿五
26 廿六	27 廿七	28 廿八	29 廿九	30 三十	31 十二月	

2006年（丙戌　狗年　1月29日始　闰七月）

1

一	二	三	四	五	六	日
						1 初二
2 初三	3 初四	4 初五	5 小寒	6 初七	7 初八	8 初九
9 初十	10 十一	11 十二	12 十三	13 十四	14 十五	15 十六
16 十七	17 十八	18 十九	19 二十	20 大寒	21 廿二	22 廿三
23 廿四	24 廿五	25 廿六	26 廿七	27 廿八	28 廿九	29 正月
30 初二	31 初三					

7

一	二	三	四	五	六	日
					1 初六	2 初七
3 初八	4 初九	5 初十	6 十一	7 小暑	8 十三	9 十四
10 十五	11 十六	12 十七	13 十八	14 十九	15 二十	16 廿一
17 廿二	18 廿三	19 廿四	20 廿五	21 廿六	22 廿七	23 大暑
24 廿九	25 七月	26 初二	27 初三	28 初四	29 初五	30 初六
31 初七						

2

一	二	三	四	五	六	日
		1 初四	2 初五	3 初六	4 立春	5 初八
6 初九	7 初十	8 十一	9 十二	10 十三	11 十四	12 十五
13 十六	14 十七	15 十八	16 十九	17 二十	18 廿一	19 雨水
20 廿三	21 廿四	22 廿五	23 廿六	24 廿七	25 廿八	26 廿九
27 三十	28 二月					

8

一	二	三	四	五	六	日
	1 初八	2 初九	3 初十	4 十一	5 十二	6 十三
7 立秋	8 十五	9 十六	10 十七	11 十八	12 十九	13 二十
14 廿一	15 廿二	16 廿三	17 廿四	18 廿五	19 廿六	20 廿七
21 廿八	22 廿九	23 处暑	24 七月	25 初二	26 初三	27 初四
28 初五	29 初六	30 初七	31 初八			

3

一	二	三	四	五	六	日
		1 初二	2 初三	3 初四	4 初五	5 初六
6 惊蛰	7 初八	8 初九	9 初十	10 十一	11 十二	12 十三
13 十四	14 十五	15 十六	16 十七	17 十八	18 十九	19 二十
20 廿一	21 春分	22 廿三	23 廿四	24 廿五	25 廿六	26 廿七
27 廿八	28 廿九	29 三月	30 初二	31 初三		

9

一	二	三	四	五	六	日
				1 初九	2 初十	3 十一
4 十二	5 十三	6 十四	7 十五	8 白露	9 十七	10 十八
11 十九	12 二十	13 廿一	14 廿二	15 廿三	16 廿四	17 廿五
18 廿六	19 廿七	20 廿八	21 廿九	22 八月	23 秋分	24 初三
25 初四	26 初五	27 初六	28 初七	29 初八	30 初九	

4

一	二	三	四	五	六	日
					1 初四	2 初五
3 初六	4 初七	5 清明	6 初九	7 初十	8 十一	9 十二
10 十三	11 十四	12 十五	13 十六	14 十七	15 十八	16 十九
17 二十	18 廿一	19 廿二	20 谷雨	21 廿四	22 廿五	23 廿六
24 廿七	25 廿八	26 廿九	27 三十	28 四月	29 初二	30 初三

10

一	二	三	四	五	六	日
						1 初十
2 十一	3 十二	4 十三	5 十四	6 十五	7 十六	8 寒露
9 十八	10 十九	11 二十	12 廿一	13 廿二	14 廿三	15 廿四
16 廿五	17 廿六	18 廿七	19 廿八	20 廿九	21 三十	22 九月
23 霜降	24 初三	25 初四	26 初五	27 初六	28 初七	29 初八
30 初九	31 初十					

5

一	二	三	四	五	六	日
1 初四	2 初五	3 初六	4 初七	5 立夏	6 初九	7 初十
8 十一	9 十二	10 十三	11 十四	12 十五	13 十六	14 十七
15 十八	16 十九	17 二十	18 廿一	19 廿二	20 廿三	21 小满
22 廿五	23 廿六	24 廿七	25 廿八	26 廿九	27 五月	28 初二
29 初三	30 初四	31 初五				

11

一	二	三	四	五	六	日
		1 十一	2 十二	3 十三	4 十四	5 十五
6 十六	7 立冬	8 十八	9 十九	10 二十	11 廿一	12 廿二
13 廿三	14 廿四	15 廿五	16 廿六	17 廿七	18 廿八	19 廿九
20 三十	21 十月	22 小雪	23 初三	24 初四	25 初五	26 初六
27 初七	28 初八	29 初九	30 初十			

6

一	二	三	四	五	六	日
			1 初六	2 初七	3 初八	4 初九
5 初十	6 芒种	7 十二	8 十三	9 十四	10 十五	11 十六
12 十七	13 十八	14 十九	15 二十	16 廿一	17 廿二	18 廿三
19 廿四	20 廿五	21 夏至	22 廿七	23 廿八	24 廿九	25 三十
26 六月	27 初二	28 初三	29 初四	30 初五		

12

一	二	三	四	五	六	日
				1 十一	2 十二	3 十三
4 十四	5 十五	6 十六	7 大雪	8 十八	9 十九	10 二十
11 廿一	12 廿二	13 廿三	14 廿四	15 廿五	16 廿六	17 廿七
18 廿八	19 廿九	20 十一月	21 初二	22 冬至	23 初四	24 初五
25 初六	26 初七	27 初八	28 初九	29 初十	30 十一	31 十二

2007年（丁亥　猪年　2月18日始）

1

一	二	三	四	五	六	日
1 十三	2 十四	3 十五	4 十六	5 十七	6 小寒	7 十九
8 二十	9 廿一	10 廿二	11 廿三	12 廿四	13 廿五	14 廿六
15 廿七	16 廿八	17 廿九	18 三十	19 十二月	20 大寒	21 初三
22 初四	23 初五	24 初六	25 初七	26 初八	27 初九	28 初十
29 十一	30 十二	31 十三				

2

一	二	三	四	五	六	日
			1 十四	2 十五	3 十六	4 立春
5 十八	6 十九	7 二十	8 廿一	9 廿二	10 廿三	11 廿四
12 廿五	13 廿六	14 廿七	15 廿八	16 廿九	17 三十	18 正月
19 雨水	20 初三	21 初四	22 初五	23 初六	24 初七	25 初八
26 初九	27 初十	28 十一				

3

一	二	三	四	五	六	日
			1 十二	2 十三	3 十四	4 十五
5 十六	6 惊蛰	7 十八	8 十九	9 二十	10 廿一	11 廿二
12 廿三	13 廿四	14 廿五	15 廿六	16 廿七	17 廿八	18 廿九
19 二月	20 初二	21 春分	22 初四	23 初五	24 初六	25 初七
26 初八	27 初九	28 初十	29 十一	30 十二	31 十三	

4

一	二	三	四	五	六	日
						1 十四
2 十五	3 十六	4 十七	5 清明	6 十九	7 二十	8 廿一
9 廿二	10 廿三	11 廿四	12 廿五	13 廿六	14 廿七	15 廿八
16 廿九	17 三月	18 初二	19 初三	20 谷雨	21 初五	22 初六
23 初七	24 初八	25 初九	26 初十	27 十一	28 十二	29 十三
30 十四						

5

一	二	三	四	五	六	日
	1 十五	2 十六	3 十七	4 十八	5 十九	6 立夏
7 廿一	8 廿二	9 廿三	10 廿四	11 廿五	12 廿六	13 廿七
14 廿八	15 廿九	16 三十	17 四月	18 初二	19 初三	20 初四
21 小满	22 初六	23 初七	24 初八	25 初九	26 初十	27 十一
28 十二	29 十三	30 十四	31 十五			

6

一	二	三	四	五	六	日
				1 十六	2 十七	3 十八
4 十九	5 二十	6 芒种	7 廿二	8 廿三	9 廿四	10 廿五
11 廿六	12 廿七	13 廿八	14 廿九	15 五月	16 初二	17 初三
18 初四	19 初五	20 初六	21 初七	22 夏至	23 初九	24 初十
25 十一	26 十二	27 十三	28 十四	29 十五	30 十六	

7

一	二	三	四	五	六	日
						1 十七
2 十八	3 十九	4 二十	5 廿一	6 廿二	7 小暑	8 廿四
9 廿五	10 廿六	11 廿七	12 廿八	13 廿九	14 六月	15 初二
16 初三	17 初四	18 初五	19 初六	20 初七	21 初八	22 初九
23 大暑	24 十一	25 十二	26 十三	27 十四	28 十五	29 十六
30 十七	31 十八					

8

一	二	三	四	五	六	日
		1 十九	2 二十	3 廿一	4 廿二	5 廿三
6 廿四	7 廿五	8 立秋	9 廿七	10 廿八	11 廿九	12 三十
13 七月	14 初二	15 初三	16 初四	17 初五	18 初六	19 初七
20 初八	21 初九	22 初十	23 处暑	24 十二	25 十三	26 十四
27 十五	28 十六	29 十七	30 十八	31 十九		

9

一	二	三	四	五	六	日
					1 二十	2 廿一
3 廿二	4 廿三	5 廿四	6 廿五	7 廿六	8 白露	9 廿八
10 廿九	11 八月	12 初二	13 初三	14 初四	15 初五	16 初六
17 初七	18 初八	19 初九	20 初十	21 十一	22 十二	23 秋分
24 十四	25 十五	26 十六	27 十七	28 十八	29 十九	30 二十

10

一	二	三	四	五	六	日
1 廿一	2 廿二	3 廿三	4 廿四	5 廿五	6 廿六	7 廿七
8 廿八	9 寒露	10 三十	11 九月	12 初二	13 初三	14 初四
15 初五	16 初六	17 初七	18 初八	19 初九	20 初十	21 十一
22 十二	23 十三	24 霜降	25 十五	26 十六	27 十七	28 十八
29 十九	30 二十	31 廿一				

11

一	二	三	四	五	六	日
			1 廿二	2 廿三	3 廿四	4 廿五
5 廿六	6 廿七	7 廿八	8 立冬	9 三十	10 十月	11 初二
12 初三	13 初四	14 初五	15 初六	16 初七	17 初八	18 初九
19 初十	20 十一	21 十二	22 十三	23 小雪	24 十五	25 十六
26 十七	27 十八	28 十九	29 二十	30 廿一		

12

一	二	三	四	五	六	日
					1 廿二	2 廿三
3 廿四	4 廿五	5 廿六	6 廿七	7 大雪	8 廿九	9 三十
10 十一月	11 初二	12 初三	13 初四	14 初五	15 初六	16 初七
17 初八	18 初九	19 初十	20 十一	21 十二	22 冬至	23 十四
24 十五	25 十六	26 十七	27 十八	28 十九	29 二十	30 廿一
31 廿二						

2008年(戊子　鼠年　2月7日始)

养生月历

1

一	二	三	四	五	六	日
	1廿三	2廿四	3廿五	4廿六	5廿七	6小寒
7廿九	8十二月	9初二	10初三	11初四	12初五	13初六
14初七	15初八	16初九	17初十	18十一	19十二	20十三
21大寒	22十五	23十六	24十七	25十八	26十九	27二十
28廿一	29廿二	30廿三	31廿四			

2

一	二	三	四	五	六	日
				1廿五	2廿六	3廿七
4立春	5廿九	6三十	7正月	8初二	9初三	10初四
11初五	12初六	13初七	14初八	15初九	16初十	17十一
18十二	19雨水	20十四	21十五	22十六	23十七	24十八
25十九	26二十	27廿一	28廿二	29廿三		

3

一	二	三	四	五	六	日
					1廿四	2廿五
3廿六	4廿七	5惊蛰	6廿九	7三十	8二月	9初二
10初三	11初四	12初五	13初六	14初七	15初八	16初九
17初十	18十一	19十二	20春分	21十四	22十五	23十六
24十七	25十八	26十九	27二十	28廿一	29廿二	30廿三
31廿四						

4

一	二	三	四	五	六	日
	1廿五	2廿六	3廿七	4清明	5廿九	6三月
7初二	8初三	9初四	10初五	11初六	12初七	13初八
14初九	15初十	16十一	17十二	18十三	19十四	20谷雨
21十六	22十七	23十八	24十九	25二十	26廿一	27廿二
28廿三	29廿四	30廿五				

5

一	二	三	四	五	六	日
			1廿六	2廿七	3廿八	4廿九
5四月立夏	6初二	7初三	8初四	9初五	10初六	11初七
12初八	13初九	14初十	15十一	16十二	17十三	18十四
19十五	20十六	21小满	22十八	23十九	24二十	25廿一
26廿二	27廿三	28廿四	29廿五	30廿六	31廿七	

6

一	二	三	四	五	六	日
						1廿八
2廿九	3三十	4五月	5芒种	6初三	7初四	8初五
9初六	10初七	11初八	12初九	13初十	14十一	15十二
16十三	17十四	18十五	19十六	20十七	21夏至	22十九
23二十	24廿一	25廿二	26廿三	27廿四	28廿五	29廿六
30廿七						

7

一	二	三	四	五	六	日
	1廿八	2廿九	3六月	4初二	5初三	6初四
7小暑	8初六	9初七	10初八	11初九	12初十	13十一
14十二	15十三	16十四	17十五	18十六	19十七	20十八
21十九	22大暑	23廿一	24廿二	25廿三	26廿四	27廿五
28廿六	29廿七	30廿八	31廿九			

8

一	二	三	四	五	六	日
				1七月	2初二	3初三
4初四	5初五	6初六	7立秋	8初八	9初九	10初十
11十一	12十二	13十三	14十四	15十五	16十六	17十七
18十八	19十九	20二十	21廿一	22廿二	23处暑	24廿四
25廿五	26廿六	27廿七	28廿八	29廿九	30三十	31八月

9

一	二	三	四	五	六	日
1初二	2初三	3初四	4初五	5初六	6初七	7白露
8初九	9初十	10十一	11十二	12十三	13十四	14十五
15十六	16十七	17十八	18十九	19二十	20廿一	21廿二
22秋分	23廿四	24廿五	25廿六	26廿七	27廿八	28廿九
29九月	30初二					

10

一	二	三	四	五	六	日
		1初三	2初四	3初五	4初六	5初七
6初八	7初九	8寒露	9十一	10十二	11十三	12十四
13十五	14十六	15十七	16十八	17十九	18二十	19廿一
20廿二	21廿三	22廿四	23霜降	24廿六	25廿七	26廿八
27廿九	28三十	29十月	30初二	31初三		

11

一	二	三	四	五	六	日
					1初四	2初五
3初六	4初七	5初八	6初九	7立冬	8十一	9十二
10十三	11十四	12十五	13十六	14十七	15十八	16十九
17二十	18廿一	19廿二	20廿三	21廿四	22小雪	23廿六
24廿七	25廿八	26廿九	27三十	28十一月	29初二	30初三

12

一	二	三	四	五	六	日
1初四	2初五	3初六	4初七	5初八	6初九	7大雪
8十一	9十二	10十三	11十四	12十五	13十六	14十七
15十八	16十九	17二十	18廿一	19廿二	20廿三	21冬至
22廿五	23廿六	24廿七	25廿八	26廿九	27十二月	28初二
29初三	30初四	31初五				

2009年（己丑　牛年　1月26日始　闰五月）

1

一	二	三	四	五	六	日
			1初六	2初七	3初八	4初九
5小寒	6十一	7十二	8十三	9十四	10十五	11十六
12十七	13十八	14十九	15二十	16廿一	17廿二	18廿三
19廿四	20大寒	21廿六	22廿七	23廿八	24廿九	25三十
26正月	27初二	28初三	29初四	30初五	31初六	

2

一	二	三	四	五	六	日
						1初七
2初八	3初九	4立春	5十一	6十二	7十三	8十四
9十五	10十六	11十七	12十八	13十九	14二十	15廿一
16廿二	17廿三	18雨水	19廿五	20廿六	21廿七	22廿八
23廿九	24三十	25二月	26初二	27初三	28初四	

3

一	二	三	四	五	六	日
						1初五
2初六	3初七	4初八	5惊蛰	6初十	7十一	8十二
9十三	10十四	11十五	12十六	13十七	14十八	15十九
16二十	17廿一	18廿二	19廿三	20春分	21廿五	22廿六
23廿七	24廿八	25廿九	26三十	27三月	28初二	29初三
30初四	31初五					

4

一	二	三	四	五	六	日
		1初六	2初七	3初八	4清明	5初十
6十一	7十二	8十三	9十四	10十五	11十六	12十七
13十八	14十九	15二十	16廿一	17廿二	18廿三	19廿四
20谷雨	21廿六	22廿七	23廿八	24廿九	25四月	26初二
27初三	28初四	29初五	30初六			

5

一	二	三	四	五	六	日
				1初七	2初八	3初九
4初十	5立夏	6十二	7十三	8十四	9十五	10十六
11十七	12十八	13十九	14二十	15廿一	16廿二	17廿三
18廿四	19廿五	20廿六	21小满	22廿八	23廿九	24五月
25初二	26初三	27初四	28初五	29初六	30初七	31初八

6

一	二	三	四	五	六	日
1初九	2初十	3十一	4十二	5芒种	6十四	7十五
8十六	9十七	10十八	11十九	12二十	13廿一	14廿二
15廿三	16廿四	17廿五	18廿六	19廿七	20廿八	21夏至
22三十	23五月	24初二	25初三	26初四	27初五	28初六
29初七	30初八					

7

一	二	三	四	五	六	日
		1初九	2初十	3十一	4十二	5十三
6十四	7小暑	8十六	9十七	10十八	11十九	12二十
13廿一	14廿二	15廿三	16廿四	17廿五	18廿六	19廿七
20廿八	21廿九	22六月	23大暑	24初三	25初四	26初五
27初六	28初七	29初八	30初九	31初十		

8

一	二	三	四	五	六	日
					1十一	2十二
3十三	4十四	5十五	6十六	7立秋	8十八	9十九
10二十	11廿一	12廿二	13廿三	14廿四	15廿五	16廿六
17廿七	18廿八	19廿九	20七月	21初二	22初三	23处暑
24初五	25初六	26初七	27初八	28初九	29初十	30十一
31十二						

9

一	二	三	四	五	六	日
	1十三	2十四	3十五	4十六	5十七	6十八
7白露	8二十	9廿一	10廿二	11廿三	12廿四	13廿五
14廿六	15廿七	16廿八	17廿九	18三十	19八月	20初二
21初三	22初四	23秋分	24初六	25初七	26初八	27初九
28初十	29十一	30十二				

10

一	二	三	四	五	六	日
			1十三	2十四	3十五	4十六
5十七	6十八	7十九	8寒露	9廿一	10廿二	11廿三
12廿四	13廿五	14廿六	15廿七	16廿八	17廿九	18九月
19初二	20初三	21初四	22初五	23霜降	24初七	25初八
26初九	27初十	28十一	29十二	30十三	31十四	

11

一	二	三	四	五	六	日
						1十五
2十六	3十七	4十八	5十九	6二十	7立冬	8廿二
9廿三	10廿四	11廿五	12廿六	13廿七	14廿八	15廿九
16三十	17十月	18初二	19初三	20初四	21初五	22小雪
23初七	24初八	25初九	26初十	27十一	28十二	29十三
30十四						

12

一	二	三	四	五	六	日
	1十五	2十六	3十七	4十八	5十九	6二十
7大雪	8廿二	9廿三	10廿四	11廿五	12廿六	13廿七
14廿八	15廿九	16十一月	17初二	18初三	19初四	20初五
21初六	22冬至	23初八	24初九	25初十	26十一	27十二
28十三	29十四	30十五	31十六			

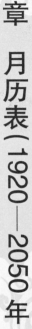

2010年（庚寅　虎年　2月14日始）

养生月历

1月

一	二	三	四	五	六	日
				1 十七	2 十八	3 十九
4 二十	5 小寒	6 廿二	7 廿三	8 廿四	9 廿五	10 廿六
11 廿七	12 廿八	13 廿九	14 三十	15 十二月	16 初二	17 初三
18 初四	19 初五	20 大寒	21 初七	22 初八	23 初九	24 初十
25 十一	26 十二	27 十三	28 十四	29 十五	30 十六	31 十七

2月

一	二	三	四	五	六	日
1 十八	2 十九	3 二十	4 立春	5 廿二	6 廿三	7 廿四
8 廿五	9 廿六	10 廿七	11 廿八	12 廿九	13 三十	14 正月
15 初二	16 初三	17 初四	18 初五	19 雨水	20 初七	21 初八
22 初九	23 初十	24 十一	25 十二	26 十三	27 十四	28 十五

3月

一	二	三	四	五	六	日
1 十六	2 十七	3 十八	4 十九	5 二十	6 惊蛰	7 廿二
8 廿三	9 廿四	10 廿五	11 廿六	12 廿七	13 廿八	14 廿九
15 三十	16 二月	17 初二	18 初三	19 初四	20 初五	21 春分
22 初七	23 初八	24 初九	25 初十	26 十一	27 十二	28 十三
29 十四	30 十五	31 十六				

4月

一	二	三	四	五	六	日
			1 十七	2 十八	3 十九	4 二十
5 清明	6 廿二	7 廿三	8 廿四	9 廿五	10 廿六	11 廿七
12 廿八	13 廿九	14 三月	15 初二	16 初三	17 初四	18 初五
19 初六	20 谷雨	21 初八	22 初九	23 初十	24 十一	25 十二
26 十三	27 十四	28 十五	29 十六	30 十七		

5月

一	二	三	四	五	六	日
					1 十八	2 十九
3 二十	4 廿一	5 立夏	6 廿三	7 廿四	8 廿五	9 廿六
10 廿七	11 廿八	12 廿九	13 三十	14 四月	15 初二	16 初三
17 初四	18 初五	19 初六	20 初七	21 小满	22 初九	23 初十
24 十一	25 十二	26 十三	27 十四	28 十五	29 十六	30 十七
31 十八						

6月

一	二	三	四	五	六	日
	1 十九	2 二十	3 廿一	4 廿二	5 廿三	6 芒种
7 廿五	8 廿六	9 廿七	10 廿八	11 廿九	12 五月	13 初二
14 初三	15 初四	16 初五	17 初六	18 初七	19 初八	20 初九
21 夏至	22 十一	23 十二	24 十三	25 十四	26 十五	27 十六
28 十七	29 十八	30 十九				

7月

一	二	三	四	五	六	日
			1 二十	2 廿一	3 廿二	4 廿三
5 廿四	6 廿五	7 小暑	8 廿七	9 廿八	10 廿九	11 三十
12 六月	13 初二	14 初三	15 初四	16 初五	17 初六	18 初七
19 初八	20 初九	21 初十	22 十一	23 大暑	24 十三	25 十四
26 十五	27 十六	28 十七	29 十八	30 十九	31 二十	

8月

一	二	三	四	五	六	日
						1 廿一
2 廿二	3 廿三	4 廿四	5 廿五	6 廿六	7 立秋	8 廿八
9 廿九	10 七月	11 初二	12 初三	13 初四	14 初五	15 初六
16 初七	17 初八	18 初九	19 初十	20 十一	21 十二	22 十三
23 处暑	24 十五	25 十六	26 十七	27 十八	28 十九	29 二十
30 廿一	31 廿二					

9月

一	二	三	四	五	六	日
		1 廿三	2 廿四	3 廿五	4 廿六	5 廿七
6 廿八	7 廿九	8 八月 白露	9 初二	10 初三	11 初四	12 初五
13 初六	14 初七	15 初八	16 初九	17 初十	18 十一	19 十二
20 十三	21 十四	22 十五	23 秋分	24 十七	25 十八	26 十九
27 二十	28 廿一	29 廿二	30 廿三			

10月

一	二	三	四	五	六	日
				1 廿四	2 廿五	3 廿六
4 廿七	5 廿八	6 廿九	7 三十	8 九月 寒露	9 初二	10 初三
11 初四	12 初五	13 初六	14 初七	15 初八	16 初九	17 初十
18 十一	19 十二	20 十三	21 十四	22 十五	23 霜降	24 十七
25 十八	26 十九	27 二十	28 廿一	29 廿二	30 廿三	31 廿四

11月

一	二	三	四	五	六	日
1 廿五	2 廿六	3 廿七	4 廿八	5 廿九	6 十月	7 立冬
8 初三	9 初四	10 初五	11 初六	12 初七	13 初八	14 初九
15 初十	16 十一	17 十二	18 十三	19 十四	20 十五	21 十六
22 小雪	23 十八	24 十九	25 二十	26 廿一	27 廿二	28 廿三
29 廿四	30 廿五					

12月

一	二	三	四	五	六	日
		1 廿六	2 廿七	3 廿八	4 廿九	5 三十
6 十一月	7 大雪	8 初三	9 初四	10 初五	11 初六	12 初七
13 初八	14 初九	15 初十	16 十一	17 十二	18 十三	19 十四
20 十五	21 十六	22 冬至	23 十八	24 十九	25 二十	26 廿一
27 廿二	28 廿三	29 廿四	30 廿五	31 廿六		

2011年(辛卯 兔年 2月3日始)

1

一	二	三	四	五	六	日
					1 廿七	2 廿八
3 廿九	4 十二月	5 初二	6 小寒	7 初四	8 初五	9 初六
10 初七	11 初八	12 初九	13 初十	14 十一	15 十二	16 十三
17 十四	18 十五	19 十六	20 大寒	21 十八	22 十九	23 二十
24 廿一	25 廿二	26 廿三	27 廿四	28 廿五	29 廿六	30 廿七
31 廿八						

2

一	二	三	四	五	六	日
	1 廿九	2 三十	3 正月	4 立春	5 初三	6 初四
7 初五	8 初六	9 初七	10 初八	11 初九	12 初十	13 十一
14 十二	15 十三	16 十四	17 十五	18 十六	19 雨水	20 十八
21 十九	22 二十	23 廿一	24 廿二	25 廿三	26 廿四	27 廿五
28 廿六						

3

一	二	三	四	五	六	日
	1 廿七	2 廿八	3 廿九	4 三十	5 二月	6 惊蛰
7 初三	8 初四	9 初五	10 初六	11 初七	12 初八	13 初九
14 初十	15 十一	16 十二	17 十三	18 十四	19 十五	20 十六
21 春分	22 十八	23 十九	24 二十	25 廿一	26 廿二	27 廿三
28 廿四	29 廿五	30 廿六	31 廿七			

4

一	二	三	四	五	六	日
				1 廿八	2 廿九	3 三月
4 初二	5 清明	6 初四	7 初五	8 初六	9 初七	10 初八
11 初九	12 初十	13 十一	14 十二	15 十三	16 十四	17 十五
18 十六	19 十七	20 谷雨	21 十九	22 二十	23 廿一	24 廿二
25 廿三	26 廿四	27 廿五	28 廿六	29 廿七	30 廿八	

5

一	二	三	四	五	六	日
						1 廿九
2 三十	3 四月	4 初二	5 初三	6 立夏	7 初五	8 初六
9 初七	10 初八	11 初九	12 初十	13 十一	14 十二	15 十三
16 十四	17 十五	18 十六	19 十七	20 十八	21 小满	22 二十
23 廿一	24 廿二	25 廿三	26 廿四	27 廿五	28 廿六	29 廿七
30 廿八	31 廿九					

6

一	二	三	四	五	六	日
		1 三十	2 五月	3 初二	4 初三	5 初四
6 芒种	7 初六	8 初七	9 初八	10 初九	11 初十	12 十一
13 十二	14 十三	15 十四	16 十五	17 十六	18 十七	19 十八
20 十九	21 二十	22 夏至	23 廿二	24 廿三	25 廿四	26 廿五
27 廿六	28 廿七	29 廿八	30 廿九			

7

一	二	三	四	五	六	日
				1 六月	2 初二	3 初三
4 初四	5 初五	6 初六	7 小暑	8 初八	9 初九	10 初十
11 十一	12 十二	13 十三	14 十四	15 十五	16 十六	17 十七
18 十八	19 十九	20 二十	21 廿一	22 廿二	23 大暑	24 廿四
25 廿五	26 廿六	27 廿七	28 廿八	29 廿九	30 三十	31 七月

8

一	二	三	四	五	六	日
1 初二	2 初三	3 初四	4 初五	5 初六	6 初七	7 初八
8 立秋	9 初十	10 十一	11 十二	12 十三	13 十四	14 十五
15 十六	16 十七	17 十八	18 十九	19 二十	20 廿一	21 廿二
22 廿三	23 处暑	24 廿五	25 廿六	26 廿七	27 廿八	28 廿九
29 八月	30 初二	31 初三				

9

一	二	三	四	五	六	日
			1 初四	2 初五	3 初六	4 初七
5 初八	6 初九	7 初十	8 白露	9 十二	10 十三	11 十四
12 十五	13 十六	14 十七	15 十八	16 十九	17 二十	18 廿一
19 廿二	20 廿三	21 廿四	22 廿五	23 秋分	24 廿七	25 廿八
26 廿九	27 九月	28 初二	29 初三	30 初四		

10

一	二	三	四	五	六	日
					1 初五	2 初六
3 初七	4 初八	5 初九	6 初十	7 十一	8 寒露	9 十三
10 十四	11 十五	12 十六	13 十七	14 十八	15 十九	16 二十
17 廿一	18 廿二	19 廿三	20 廿四	21 廿五	22 廿六	23 廿七
24 霜降	25 廿九	26 三十	27 十月	28 初二	29 初三	30 初四
31 初五						

11

一	二	三	四	五	六	日
	1 初六	2 初七	3 初八	4 初九	5 初十	6 十一
7 十二	8 立冬	9 十四	10 十五	11 十六	12 十七	13 十八
14 十九	15 二十	16 廿一	17 廿二	18 廿三	19 廿四	20 廿五
21 廿六	22 廿七	23 小雪	24 廿九	25 十一月	26 初二	27 初三
28 初四	29 初五	30 初六				

12

一	二	三	四	五	六	日
			1 初七	2 初八	3 初九	4 初十
5 十一	6 十二	7 大雪	8 十四	9 十五	10 十六	11 十七
12 十八	13 十九	14 二十	15 廿一	16 廿二	17 廿三	18 廿四
19 廿五	20 廿六	21 廿七	22 冬至	23 廿九	24 三十	25 十二月
26 初二	27 初三	28 初四	29 初五	30 初六	31 初七	

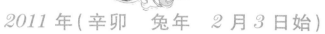

2012年（壬辰　龙年　1月23日始　闰四月）

1

一	二	三	四	五	六	日
						1 初八
2 初九	3 初十	4 十一	5 十二	6 小寒	7 十四	8 十五
9 十六	10 十七	11 十八	12 十九	13 二十	14 廿一	15 廿二
16 廿三	17 廿四	18 廿五	19 廿六	20 廿七	21 大寒	22 廿九
23 正月	24 初二	25 初三	26 初四	27 初五	28 初六	29 初七
30 初八	31 初九					

2

一	二	三	四	五	六	日
		1 初十	2 十一	3 十二	4 立春	5 十四
6 十五	7 十六	8 十七	9 十八	10 十九	11 二十	12 廿一
13 廿二	14 廿三	15 廿四	16 廿五	17 廿六	18 廿七	19 雨水
20 廿九	21 三十	22 二月	23 初二	24 初三	25 初四	26 初五
27 初六	28 初七	29 初八				

3

一	二	三	四	五	六	日
			1 初九	2 初十	3 十一	4 十二
5 惊蛰	6 十四	7 十五	8 十六	9 十七	10 十八	11 十九
12 二十	13 廿一	14 廿二	15 廿三	16 廿四	17 廿五	18 廿六
19 廿七	20 春分	21 廿九	22 三月	23 初二	24 初三	25 初四
26 初五	27 初六	28 初七	29 初八	30 初九	31 初十	

4

一	二	三	四	五	六	日
						1 十一
2 十二	3 十三	4 清明	5 十五	6 十六	7 十七	8 十八
9 十九	10 二十	11 廿一	12 廿二	13 廿三	14 廿四	15 廿五
16 廿六	17 廿七	18 廿八	19 廿九	20 谷雨	21 四月	22 初二
23 初三	24 初四	25 初五	26 初六	27 初七	28 初八	29 初九
30 初十						

5

一	二	三	四	五	六	日
	1 十一	2 十二	3 十三	4 十四	5 立夏	6 十六
7 十七	8 十八	9 十九	10 二十	11 廿一	12 廿二	13 廿三
14 廿四	15 廿五	16 廿六	17 廿七	18 廿八	19 廿九	20 小满
21 四月	22 初二	23 初三	24 初四	25 初五	26 初六	27 初七
28 初八	29 初九	30 初十	31 十一			

6

一	二	三	四	五	六	日
				1 十二	2 十三	3 十四
4 十五	5 芒种	6 十七	7 十八	8 十九	9 二十	10 廿一
11 廿二	12 廿三	13 廿四	14 廿五	15 廿六	16 廿七	17 廿八
18 廿九	19 五月	20 初二	21 夏至	22 初四	23 初五	24 初六
25 初七	26 初八	27 初九	28 初十	29 十一	30 十二	

7

一	二	三	四	五	六	日
						1 十三
2 十四	3 十五	4 十六	5 十七	6 十八	7 小暑	8 二十
9 廿一	10 廿二	11 廿三	12 廿四	13 廿五	14 廿六	15 廿七
16 廿八	17 廿九	18 三十	19 六月	20 初二	21 初三	22 大暑
23 初五	24 初六	25 初七	26 初八	27 初九	28 初十	29 十一
30 十二	31 十三					

8

一	二	三	四	五	六	日
		1 十四	2 十五	3 十六	4 十七	5 十八
6 十九	7 立秋	8 廿一	9 廿二	10 廿三	11 廿四	12 廿五
13 廿六	14 廿七	15 廿八	16 廿九	17 七月	18 初二	19 初三
20 初四	21 初五	22 初六	23 处暑	24 初八	25 初九	26 初十
27 十一	28 十二	29 十三	30 十四	31 十五		

9

一	二	三	四	五	六	日
					1 十六	2 十七
3 十八	4 十九	5 二十	6 廿一	7 白露	8 廿三	9 廿四
10 廿五	11 廿六	12 廿七	13 廿八	14 廿九	15 三十	16 八月
17 初二	18 初三	19 初四	20 初五	21 初六	22 秋分	23 初八
24 初九	25 初十	26 十一	27 十二	28 十三	29 十四	30 十五

10

一	二	三	四	五	六	日
1 十六	2 十七	3 十八	4 十九	5 二十	6 廿一	7 廿二
8 寒露	9 廿四	10 廿五	11 廿六	12 廿七	13 廿八	14 廿九
15 九月	16 初二	17 初三	18 初四	19 初五	20 初六	21 初七
22 初八	23 霜降	24 初十	25 十一	26 十二	27 十三	28 十四
29 十五	30 十六	31 十七				

11

一	二	三	四	五	六	日
			1 十八	2 十九	3 二十	4 廿一
5 廿二	6 廿三	7 立冬	8 廿五	9 廿六	10 廿七	11 廿八
12 廿九	13 三十	14 十月	15 初二	16 初三	17 初四	18 初五
19 初六	20 初七	21 初八	22 小雪	23 初十	24 十一	25 十二
26 十三	27 十四	28 十五	29 十六	30 十七		

12

一	二	三	四	五	六	日
					1 十八	2 十九
3 二十	4 廿一	5 廿二	6 廿三	7 大雪	8 廿五	9 廿六
10 廿七	11 廿八	12 廿九	13 十一月	14 初二	15 初三	16 初四
17 初五	18 初六	19 初七	20 初八	21 冬至	22 初十	23 十一
24 十二	25 十三	26 十四	27 十五	28 十六	29 十七	30 十八
31 十九						

2013 年（癸巳　蛇年　2 月 10 日始）

1 月

一	二	三	四	五	六	日
	1 二十	2 廿一	3 廿二	4 廿三	5 小寒	6 廿五
7 廿六	8 廿七	9 廿八	10 廿九	11 三十	12 十二月	13 初二
14 初三	15 初四	16 初五	17 初六	18 初七	19 初八	20 大寒
21 初十	22 十一	23 十二	24 十三	25 十四	26 十五	27 十六
28 十七	29 十八	30 十九	31 二十			

7 月

一	二	三	四	五	六	日
1 廿四	2 廿五	3 廿六	4 廿七	5 廿八	6 廿九	7 小暑
8 六月	9 初二	10 初三	11 初四	12 初五	13 初六	14 初七
15 初八	16 初九	17 初十	18 十一	19 十二	20 十三	21 十四
22 大暑	23 十六	24 十七	25 十八	26 十九	27 二十	28 廿一
29 廿二	30 廿三	31 廿四				

2 月

一	二	三	四	五	六	日
				1 廿一	2 廿二	3 廿三
4 立春	5 廿五	6 廿六	7 廿七	8 廿八	9 廿九	10 正月
11 初二	12 初三	13 初四	14 初五	15 初六	16 初七	17 初八
18 雨水	19 初十	20 十一	21 十二	22 十三	23 十四	24 十五
25 十六	26 十七	27 十八	28 十九			

8 月

一	二	三	四	五	六	日
			1 廿五	2 廿六	3 廿七	4 廿八
5 廿九	6 三十	7 七月立秋	8 初二	9 初三	10 初四	11 初五
12 初六	13 初七	14 初八	15 初九	16 初十	17 十一	18 十二
19 十三	20 十四	21 十五	22 十六	23 处暑	24 十八	25 十九
26 二十	27 廿一	28 廿二	29 廿三	30 廿四	31 廿五	

3 月

一	二	三	四	五	六	日
				1 二十	2 廿一	3 廿二
4 廿三	5 惊蛰	6 廿五	7 廿六	8 廿七	9 廿八	10 廿九
11 三十	12 二月	13 初二	14 初三	15 初四	16 初五	17 初六
18 初七	19 初八	20 春分	21 初十	22 十一	23 十二	24 十三
25 十四	26 十五	27 十六	28 十七	29 十八	30 十九	31 二十

9 月

一	二	三	四	五	六	日
						1 廿六
2 廿七	3 廿八	4 廿九	5 八月	6 初二	7 白露	8 初四
9 初五	10 初六	11 初七	12 初八	13 初九	14 初十	15 十一
16 十二	17 十三	18 十四	19 十五	20 十六	21 十七	22 十八
23 秋分	24 二十	25 廿一	26 廿二	27 廿三	28 廿四	29 廿五
30 廿六						

4 月

一	二	三	四	五	六	日
1 廿一	2 廿二	3 廿三	4 清明	5 廿五	6 廿六	7 廿七
8 廿八	9 廿九	10 三月	11 初二	12 初三	13 初四	14 初五
15 初六	16 初七	17 初八	18 初九	19 初十	20 谷雨	21 十二
22 十三	23 十四	24 十五	25 十六	26 十七	27 十八	28 十九
29 二十	30 廿一					

10 月

一	二	三	四	五	六	日
	1 廿七	2 廿八	3 廿九	4 三十	5 九月	6 初二
7 初三	8 寒露	9 初五	10 初六	11 初七	12 初八	13 初九
14 初十	15 十一	16 十二	17 十三	18 十四	19 十五	20 十六
21 十七	22 十八	23 霜降	24 二十	25 廿一	26 廿二	27 廿三
28 廿四	29 廿五	30 廿六	31 廿七			

5 月

一	二	三	四	五	六	日
		1 廿二	2 廿三	3 廿四	4 廿五	5 立夏
6 廿七	7 廿八	8 廿九	9 三十	10 四月	11 初二	12 初三
13 初四	14 初五	15 初六	16 初七	17 初八	18 初九	19 初十
20 十一	21 小满	22 十三	23 十四	24 十五	25 十六	26 十七
27 十八	28 十九	29 二十	30 廿一	31 廿二		

11 月

一	二	三	四	五	六	日
				1 廿八	2 廿九	3 十月
4 初二	5 初三	6 初四	7 立冬	8 初六	9 初七	10 初八
11 初九	12 初十	13 十一	14 十二	15 十三	16 十四	17 十五
18 十六	19 十七	20 十八	21 十九	22 小雪	23 廿一	24 廿二
25 廿三	26 廿四	27 廿五	28 廿六	29 廿七	30 廿八	

6 月

一	二	三	四	五	六	日
					1 廿三	2 廿四
3 廿五	4 廿六	5 芒种	6 廿八	7 廿九	8 五月	9 初二
10 初三	11 初四	12 初五	13 初六	14 初七	15 初八	16 初九
17 初十	18 十一	19 十二	20 十三	21 夏至	22 十五	23 十六
24 十七	25 十八	26 十九	27 二十	28 廿一	29 廿二	30 廿三

12 月

一	二	三	四	五	六	日
						1 廿九
2 三十	3 十一月	4 初二	5 初三	6 初四	7 大雪	8 初六
9 初七	10 初八	11 初九	12 初十	13 十一	14 十二	15 十三
16 十四	17 十五	18 十六	19 十七	20 十八	21 十九	22 冬至
23 廿一	24 廿二	25 廿三	26 廿四	27 廿五	28 廿六	29 廿七
30 廿八	31 廿九					

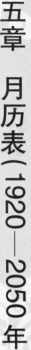

2014年(甲午　马年　1月31日始　闰九月)

1

一	二	三	四	五	六	日
		1 十二月	2 初二	3 初三	4 初四	5 小寒
6 初六	7 初七	8 初八	9 初九	10 初十	11 十一	12 十二
13 十三	14 十四	15 十五	16 十六	17 十七	18 十八	19 十九
20 大寒	21 廿一	22 廿二	23 廿三	24 廿四	25 廿五	26 廿六
27 廿七	28 廿八	29 廿九	30 三十	31 正月		

2

一	二	三	四	五	六	日
					1 初二	2 初三
3 初四	4 立春	5 初六	6 初七	7 初八	8 初九	9 初十
10 十一	11 十二	12 十三	13 十四	14 十五	15 十六	16 十七
17 十八	18 十九	19 雨水	20 廿一	21 廿二	22 廿三	23 廿四
24 廿五	25 廿六	26 廿七	27 廿八	28 廿九		

3

一	二	三	四	五	六	日
					1 二月	2 初二
3 初三	4 初四	5 初五	6 惊蛰	7 初七	8 初八	9 初九
10 初十	11 十一	12 十二	13 十三	14 十四	15 十五	16 十六
17 十七	18 十八	19 十九	20 二十	21 春分	22 廿二	23 廿三
24 廿四	25 廿五	26 廿六	27 廿七	28 廿八	29 廿九	30 三十
31 三月						

4

一	二	三	四	五	六	日
	1 初二	2 初三	3 初四	4 初五	5 清明	6 初七
7 初八	8 初九	9 初十	10 十一	11 十二	12 十三	13 十四
14 十五	15 十六	16 十七	17 十八	18 十九	19 二十	20 谷雨
21 廿二	22 廿三	23 廿四	24 廿五	25 廿六	26 廿七	27 廿八
28 廿九	29 四月	30 初二				

5

一	二	三	四	五	六	日
			1 初三	2 初四	3 初五	4 初六
5 立夏	6 初八	7 初九	8 初十	9 十一	10 十二	11 十三
12 十四	13 十五	14 十六	15 十七	16 十八	17 十九	18 二十
19 廿一	20 廿二	21 小满	22 廿四	23 廿五	24 廿六	25 廿七
26 廿八	27 廿九	28 三十	29 五月	30 初二	31 初三	

6

一	二	三	四	五	六	日
						1 初四
2 初五	3 初六	4 初七	5 初八	6 芒种	7 初十	8 十一
9 十二	10 十三	11 十四	12 十五	13 十六	14 十七	15 十八
16 十九	17 二十	18 廿一	19 廿二	20 廿三	21 夏至	22 廿五
23 廿六	24 廿七	25 廿八	26 廿九	27 六月	28 初二	29 初三
30 初四						

7

一	二	三	四	五	六	日
	1 初五	2 初六	3 初七	4 初八	5 初九	6 初十
7 小暑	8 十二	9 十三	10 十四	11 十五	12 十六	13 十七
14 十八	15 十九	16 二十	17 廿一	18 廿二	19 廿三	20 廿四
21 廿五	22 廿六	23 大暑	24 廿八	25 廿九	26 三十	27 七月
28 初二	29 初三	30 初四	31 初五			

8

一	二	三	四	五	六	日
				1 初六	2 初七	3 初八
4 初九	5 初十	6 十一	7 立秋	8 十三	9 十四	10 十五
11 十六	12 十七	13 十八	14 十九	15 二十	16 廿一	17 廿二
18 廿三	19 廿四	20 廿五	21 廿六	22 廿七	23 处暑	24 廿九
25 八月	26 初二	27 初三	28 初四	29 初五	30 初六	31 初七

9

一	二	三	四	五	六	日
1 初八	2 初九	3 初十	4 十一	5 十二	6 十三	7 十四
8 白露	9 十六	10 十七	11 十八	12 十九	13 二十	14 廿一
15 廿二	16 廿三	17 廿四	18 廿五	19 廿六	20 廿七	21 廿八
22 廿九	23 秋分	24 九月	25 初二	26 初三	27 初四	28 初五
29 初六	30 初七					

10

一	二	三	四	五	六	日
		1 初八	2 初九	3 初十	4 十一	5 十二
6 十三	7 十四	8 寒露	9 十六	10 十七	11 十八	12 十九
13 二十	14 廿一	15 廿二	16 廿三	17 廿四	18 廿五	19 廿六
20 廿七	21 廿八	22 廿九	23 霜降	24 九月	25 初二	26 初三
27 初四	28 初五	29 初六	30 初七	31 初八		

11

一	二	三	四	五	六	日
					1 初九	2 初十
3 十一	4 十二	5 十三	6 十四	7 立冬	8 十六	9 十七
10 十八	11 十九	12 二十	13 廿一	14 廿二	15 廿三	16 廿四
17 廿五	18 廿六	19 廿七	20 廿八	21 廿九	22 十月 小雪	23 初二
24 初三	25 初四	26 初五	27 初六	28 初七	29 初八	30 初九

12

一	二	三	四	五	六	日
1 初十	2 十一	3 十二	4 十三	5 十四	6 十五	7 大雪
8 十七	9 十八	10 十九	11 二十	12 廿一	13 廿二	14 廿三
15 廿四	16 廿五	17 廿六	18 廿七	19 廿八	20 廿九	21 三十
22 十一月 冬至	23 初二	24 初三	25 初四	26 初五	27 初六	28 初七
29 初八	30 初九	31 初十				

2015年（乙未　羊年　2月19日始）

1

一	二	三	四	五	六	日
			1 十一	2 十二	3 十三	4 十四
5 十五	6 小寒	7 十七	8 十八	9 十九	10 二十	11 廿一
12 廿二	13 廿三	14 廿四	15 廿五	16 廿六	17 廿七	18 廿八
19 廿九	20 十二月 大寒	21 初二	22 初三	23 初四	24 初五	25 初六
26 初七	27 初八	28 初九	29 初十	30 十一	31 十二	

2

一	二	三	四	五	六	日
						1 十三
2 十四	3 十五	4 立春	5 十七	6 十八	7 十九	8 二十
9 廿一	10 廿二	11 廿三	12 廿四	13 廿五	14 廿六	15 廿七
16 廿八	17 廿九	18 三十	19 正月 雨水	20 初二	21 初三	22 初四
23 初五	24 初六	25 初七	26 初八	27 初九	28 初十	

3

一	二	三	四	五	六	日
						1 十一
2 十二	3 十三	4 十四	5 十五	6 惊蛰	7 十七	8 十八
9 十九	10 二十	11 廿一	12 廿二	13 廿三	14 廿四	15 廿五
16 廿六	17 廿七	18 廿八	19 廿九	20 二月	21 春分	22 初三
23 初四	24 初五	25 初六	26 初七	27 初八	28 初九	29 初十
30 十一	31 十二					

4

一	二	三	四	五	六	日
		1 十三	2 十四	3 十五	4 十六	5 清明
6 十八	7 十九	8 二十	9 廿一	10 廿二	11 廿三	12 廿四
13 廿五	14 廿六	15 廿七	16 廿八	17 廿九	18 三十	19 三月
20 谷雨	21 初三	22 初四	23 初五	24 初六	25 初七	26 初八
27 初九	28 初十	29 十一	30 十二			

5

一	二	三	四	五	六	日
				1 十三	2 十四	3 十五
4 十六	5 十七	6 立夏	7 十九	8 二十	9 廿一	10 廿二
11 廿三	12 廿四	13 廿五	14 廿六	15 廿七	16 廿八	17 廿九
18 四月	19 初二	20 初三	21 小满	22 初五	23 初六	24 初七
25 初八	26 初九	27 初十	28 十一	29 十二	30 十三	31 十四

6

一	二	三	四	五	六	日
1 十五	2 十六	3 十七	4 十八	5 十九	6 芒种	7 廿一
8 廿二	9 廿三	10 廿四	11 廿五	12 廿六	13 廿七	14 廿八
15 廿九	16 五月	17 初二	18 初三	19 初四	20 初五	21 初六
22 夏至	23 初八	24 初九	25 初十	26 十一	27 十二	28 十三
29 十四	30 十五					

7

一	二	三	四	五	六	日
		1 十六	2 十七	3 十八	4 十九	5 二十
6 廿一	7 小暑	8 廿三	9 廿四	10 廿五	11 廿六	12 廿七
13 廿八	14 廿九	15 三十	16 六月	17 初二	18 初三	19 初四
20 初五	21 初六	22 初七	23 大暑	24 初九	25 初十	26 十一
27 十二	28 十三	29 十四	30 十五	31 十六		

8

一	二	三	四	五	六	日
					1 十七	2 十八
3 十九	4 二十	5 廿一	6 廿二	7 廿三	8 立秋	9 廿五
10 廿六	11 廿七	12 廿八	13 廿九	14 七月	15 初二	16 初三
17 初四	18 初五	19 初六	20 初七	21 初八	22 初九	23 处暑
24 十一	25 十二	26 十三	27 十四	28 十五	29 十六	30 十七
31 十八						

9

一	二	三	四	五	六	日
	1 十九	2 二十	3 廿一	4 廿二	5 廿三	6 廿四
7 廿五	8 白露	9 廿七	10 廿八	11 廿九	12 三十	13 八月
14 初二	15 初三	16 初四	17 初五	18 初六	19 初七	20 初八
21 初九	22 初十	23 秋分	24 十二	25 十三	26 十四	27 十五
28 十六	29 十七	30 十八				

10

一	二	三	四	五	六	日
			1 十九	2 二十	3 廿一	4 廿二
5 廿三	6 廿四	7 廿五	8 寒露	9 廿七	10 廿八	11 廿九
12 三十	13 九月	14 初二	15 初三	16 初四	17 初五	18 初六
19 初七	20 初八	21 初九	22 初十	23 十一	24 霜降	25 十三
26 十四	27 十五	28 十六	29 十七	30 十八	31 十九	

11

一	二	三	四	五	六	日
						1 二十
2 廿一	3 廿二	4 廿三	5 廿四	6 廿五	7 廿六	8 立冬
9 廿八	10 廿九	11 三十	12 十月	13 初二	14 初三	15 初四
16 初五	17 初六	18 初七	19 初八	20 初九	21 初十	22 小雪
23 十二	24 十三	25 十四	26 十五	27 十六	28 十七	29 十八
30 十九						

12

一	二	三	四	五	六	日
	1 二十	2 廿一	3 廿二	4 廿三	5 廿四	6 廿五
7 大雪	8 廿七	9 廿八	10 廿九	11 十一月	12 初二	13 初三
14 初四	15 初五	16 初六	17 初七	18 初八	19 初九	20 初十
21 十一	22 冬至	23 十三	24 十四	25 十五	26 十六	27 十七
28 十八	29 十九	30 二十	31 廿一			

养生月历

2016年(丙申 猴年 2月8日始)

一	二	三	四	五	六	日
				1 廿二	2 廿三	3 廿四
4 廿五	5 廿六	6 小寒	7 廿八	8 廿九	9 三十	10 十二月
11 初二	12 初三	13 初四	14 初五	15 初六	16 初七	17 初八
18 初九	19 初十	20 大寒	21 十二	22 十三	23 十四	24 十五
25 十六	26 十七	27 十八	28 十九	29 二十	30 廿一	31 廿二

一	二	三	四	五	六	日
1 廿三	2 廿四	3 廿五	4 立春	5 廿七	6 廿八	7 廿九
8 正月	9 初二	10 初三	11 初四	12 初五	13 初六	14 初七
15 初八	16 初九	17 初十	18 十一	19 雨水	20 十三	21 十四
22 十五	23 十六	24 十七	25 十八	26 十九	27 二十	28 廿一
29 廿二						

一	二	三	四	五	六	日
	1 廿三	2 廿四	3 廿五	4 廿六	5 惊蛰	6 廿八
7 廿九	8 三十	9 二月	10 初二	11 初三	12 初四	13 初五
14 初六	15 初七	16 初八	17 初九	18 初十	19 十一	20 春分
21 十三	22 十四	23 十五	24 十六	25 十七	26 十八	27 十九
28 二十	29 廿一	30 廿二	31 廿三			

一	二	三	四	五	六	日
				1 廿四	2 廿五	3 廿六
4 清明	5 廿八	6 廿九	7 三月	8 初二	9 初三	10 初四
11 初五	12 初六	13 初七	14 初八	15 初九	16 初十	17 十一
18 十二	19 谷雨	20 十四	21 十五	22 十六	23 十七	24 十八
25 十九	26 二十	27 廿一	28 廿二	29 廿三	30 廿四	

一	二	三	四	五	六	日
						1 廿五
2 廿六	3 廿七	4 廿八	5 立夏	6 三十	7 四月	8 初二
9 初三	10 初四	11 初五	12 初六	13 初七	14 初八	15 初九
16 初十	17 十一	18 十二	19 十三	20 小满	21 十五	22 十六
23 十七	24 十八	25 十九	26 二十	27 廿一	28 廿二	29 廿三
30 廿四	31 廿五					

一	二	三	四	五	六	日
		1 廿六	2 廿七	3 廿八	4 廿九	5 五月 芒种
6 初二	7 初三	8 初四	9 初五	10 初六	11 初七	12 初八
13 初九	14 初十	15 十一	16 十二	17 十三	18 十四	19 十五
20 十六	21 夏至	22 十八	23 十九	24 二十	25 廿一	26 廿二
27 廿三	28 廿四	29 廿五	30 廿六			

一	二	三	四	五	六	日
				1 廿七	2 廿八	3 廿九
4 六月	5 初二	6 初三	7 小暑	8 初五	9 初六	10 初七
11 初八	12 初九	13 初十	14 十一	15 十二	16 十三	17 十四
18 十五	19 十六	20 十七	21 十八	22 大暑	23 二十	24 廿一
25 廿二	26 廿三	27 廿四	28 廿五	29 廿六	30 廿七	31 廿八

一	二	三	四	五	六	日
1 廿九	2 三十	3 七月	4 初二	5 初三	6 初四	7 立秋
8 初六	9 初七	10 初八	11 初九	12 初十	13 十一	14 十二
15 十三	16 十四	17 十五	18 十六	19 十七	20 十八	21 十九
22 二十	23 处暑	24 廿二	25 廿三	26 廿四	27 廿五	28 廿六
29 廿七	30 廿八	31 廿九				

一	二	三	四	五	六	日
			1 八月	2 初二	3 初三	4 初四
5 初五	6 初六	7 白露	8 初八	9 初九	10 初十	11 十一
12 十二	13 十三	14 十四	15 十五	16 十六	17 十七	18 十八
19 十九	20 二十	21 廿一	22 秋分	23 廿三	24 廿四	25 廿五
26 廿六	27 廿七	28 廿八	29 廿九	30 三十		

一	二	三	四	五	六	日
					1 九月	2 初二
3 初三	4 初四	5 初五	6 初六	7 初七	8 寒露	9 初九
10 初十	11 十一	12 十二	13 十三	14 十四	15 十五	16 十六
17 十七	18 十八	19 十九	20 二十	21 廿一	22 廿二	23 霜降
24 廿四	25 廿五	26 廿六	27 廿七	28 廿八	29 廿九	30 三十
31 十月						

一	二	三	四	五	六	日
	1 初二	2 初三	3 初四	4 初五	5 初六	6 初七
7 立冬	8 初九	9 初十	10 十一	11 十二	12 十三	13 十四
14 十五	15 十六	16 十七	17 十八	18 十九	19 二十	20 廿一
21 廿二	22 小雪	23 廿四	24 廿五	25 廿六	26 廿七	27 廿八
28 廿九	29 十一月	30 初二				

一	二	三	四	五	六	日
			1 初三	2 初四	3 初五	4 初六
5 初七	6 初八	7 大雪	8 初十	9 十一	10 十二	11 十三
12 十四	13 十五	14 十六	15 十七	16 十八	17 十九	18 二十
19 廿一	20 廿二	21 冬至	22 廿四	23 廿五	24 廿六	25 廿七
26 廿八	27 廿九	28 三十	29 十二月	30 初二	31 初三	

2017年（丁酉 鸡年 1月28日始 闰六月）

1

一	二	三	四	五	六	日
						1初四
2初五	3初六	4初七	5小寒	6初九	7初十	8十一
9十二	10十三	11十四	12十五	13十六	14十七	15十八
16十九	17二十	18廿一	19廿二	20大寒	21廿四	22廿五
23廿六	24廿七	25廿八	26廿九	27三十	28正月	29初二
30初三	31初四					

2

一	二	三	四	五	六	日
		1初五	2初六	3立春	4初八	5初九
6初十	7十一	8十二	9十三	10十四	11十五	12十六
13十七	14十八	15十九	16二十	17廿一	18雨水	19廿三
20廿四	21廿五	22廿六	23廿七	24廿八	25廿九	26二月
27初二	28初三					

3

一	二	三	四	五	六	日
		1初四	2初五	3初六	4初七	5惊蛰
6初九	7初十	8十一	9十二	10十三	11十四	12十五
13十六	14十七	15十八	16十九	17二十	18廿一	19廿二
20春分	21廿四	22廿五	23廿六	24廿七	25廿八	26廿九
27三十	28三月	29初二	30初三	31初四		

4

一	二	三	四	五	六	日
					1初五	2初六
3初七	4清明	5初九	6初十	7十一	8十二	9十三
10十四	11十五	12十六	13十七	14十八	15十九	16二十
17廿一	18廿二	19廿三	20谷雨	21廿五	22廿六	23廿七
24廿八	25廿九	26四月	27初二	28初三	29初四	30初五

5

一	二	三	四	五	六	日
1初六	2初七	3初八	4初九	5立夏	6十一	7十二
8十三	9十四	10十五	11十六	12十七	13十八	14十九
15二十	16廿一	17廿二	18廿三	19廿四	20廿五	21小满
22廿七	23廿八	24廿九	25三十	26五月	27初二	28初三
29初四	30初五	31初六				

6

一	二	三	四	五	六	日
			1初七	2初八	3初九	4初十
5芒种	6十二	7十三	8十四	9十五	10十六	11十七
12十八	13十九	14二十	15廿一	16廿二	17廿三	18廿四
19廿五	20廿六	21夏至	22廿八	23廿九	24六月	25初二
26初三	27初四	28初五	29初六	30初七		

7

一	二	三	四	五	六	日
					1初八	2初九
3初十	4十一	5十二	6十三	7小暑	8十五	9十六
10十七	11十八	12十九	13二十	14廿一	15廿二	16廿三
17廿四	18廿五	19廿六	20廿七	21廿八	22大暑	23六月
24初二	25初三	26初四	27初五	28初六	29初七	30初八
31初九						

8

一	二	三	四	五	六	日
	1初十	2十一	3十二	4十三	5十四	6十五
7立秋	8十七	9十八	10十九	11二十	12廿一	13廿二
14廿三	15廿四	16廿五	17廿六	18廿七	19廿八	20廿九
21三十	22七月	23处暑	24初三	25初四	26初五	27初六
28初七	29初八	30初九	31初十			

9

一	二	三	四	五	六	日
				1十一	2十二	3十三
4十四	5十五	6十六	7白露	8十八	9十九	10二十
11廿一	12廿二	13廿三	14廿四	15廿五	16廿六	17廿七
18廿八	19廿九	20八月	21初二	22初三	23秋分	24初五
25初六	26初七	27初八	28初九	29初十	30十一	

10

一	二	三	四	五	六	日
						1十二
2十三	3十四	4十五	5十六	6十七	7十八	8寒露
9二十	10廿一	11廿二	12廿三	13廿四	14廿五	15廿六
16廿七	17廿八	18廿九	19三十	20九月	21初二	22初三
23霜降	24初五	25初六	26初七	27初八	28初九	29初十
30十一	31十二					

11

一	二	三	四	五	六	日
		1十三	2十四	3十五	4十六	5十七
6十八	7立冬	8二十	9廿一	10廿二	11廿三	12廿四
13廿五	14廿六	15廿七	16廿八	17廿九	18十月	19初二
20初三	21初四	22小雪	23初六	24初七	25初八	26初九
27初十	28十一	29十二	30十三			

12

一	二	三	四	五	六	日
				1十四	2十五	3十六
4十七	5十八	6十九	7大雪	8廿一	9廿二	10廿三
11廿四	12廿五	13廿六	14廿七	15廿八	16廿九	17三十
18十一月	19初二	20初三	21初四	22冬至	23初六	24初七
25初八	26初九	27初十	28十一	29十二	30十三	31十四

2018年（戊戌　狗年　2月16日始）

1

一	二	三	四	五	六	日
1 十五	2 十六	3 十七	4 十八	5 小寒	6 二十	7 廿一
8 廿二	9 廿三	10 廿四	11 廿五	12 廿六	13 廿七	14 廿八
15 廿九	16 三十	17 十二月	18 初二	19 初三	20 大寒	21 初五
22 初六	23 初七	24 初八	25 初九	26 初十	27 十一	28 十二
29 十三	30 十四	31 十五				

2

一	二	三	四	五	六	日
			1 十六	2 十七	3 十八	4 立春
5 二十	6 廿一	7 廿二	8 廿三	9 廿四	10 廿五	11 廿六
12 廿七	13 廿八	14 廿九	15 三十	16 正月	17 初二	18 初三
19 雨水	20 初五	21 初六	22 初七	23 初八	24 初九	25 初十
26 十一	27 十二	28 十三				

3

一	二	三	四	五	六	日
			1 十四	2 十五	3 十六	4 十七
5 惊蛰	6 十九	7 二十	8 廿一	9 廿二	10 廿三	11 廿四
12 廿五	13 廿六	14 廿七	15 廿八	16 廿九	17 二月	18 初二
19 初三	20 初四	21 春分	22 初六	23 初七	24 初八	25 初九
26 初十	27 十一	28 十二	29 十三	30 十四	31 十五	

4

一	二	三	四	五	六	日
						1 十六
2 十七	3 十八	4 十九	5 清明	6 廿一	7 廿二	8 廿三
9 廿四	10 廿五	11 廿六	12 廿七	13 廿八	14 廿九	15 三十
16 三月	17 初二	18 初三	19 初四	20 谷雨	21 初六	22 初七
23 初八	24 初九	25 初十	26 十一	27 十二	28 十三	29 十四
30 十五						

5

一	二	三	四	五	六	日
	1 十六	2 十七	3 十八	4 十九	5 立夏	6 廿一
7 廿二	8 廿三	9 廿四	10 廿五	11 廿六	12 廿七	13 廿八
14 廿九	15 四月	16 初二	17 初三	18 初四	19 初五	20 初六
21 小满	22 初八	23 初九	24 初十	25 十一	26 十二	27 十三
28 十四	29 十五	30 十六	31 十七			

6

一	二	三	四	五	六	日
				1 十八	2 十九	3 二十
4 廿一	5 廿二	6 芒种	7 廿四	8 廿五	9 廿六	10 廿七
11 廿八	12 廿九	13 三十	14 五月	15 初二	16 初三	17 初四
18 初五	19 初六	20 初七	21 夏至	22 初九	23 初十	24 十一
25 十二	26 十三	27 十四	28 十五	29 十六	30 十七	

7

一	二	三	四	五	六	日
						1 十八
2 十九	3 二十	4 廿一	5 廿二	6 廿三	7 小暑	8 廿五
9 廿六	10 廿七	11 廿八	12 廿九	13 六月	14 初二	15 初三
16 初四	17 初五	18 初六	19 初七	20 初八	21 初九	22 初十
23 大暑	24 十二	25 十三	26 十四	27 十五	28 十六	29 十七
30 十八	31 十九					

8

一	二	三	四	五	六	日
		1 二十	2 廿一	3 廿二	4 廿三	5 廿四
6 廿五	7 立秋	8 廿七	9 廿八	10 廿九	11 七月	12 初二
13 初三	14 初四	15 初五	16 初六	17 初七	18 初八	19 初九
20 初十	21 十一	22 十二	23 处暑	24 十四	25 十五	26 十六
27 十七	28 十八	29 十九	30 二十	31 廿一		

9

一	二	三	四	五	六	日
					1 廿二	2 廿三
3 廿四	4 廿五	5 廿六	6 廿七	7 廿八	8 白露	9 三十
10 八月	11 初二	12 初三	13 初四	14 初五	15 初六	16 初七
17 初八	18 初九	19 初十	20 十一	21 十二	22 十三	23 秋分
24 十五	25 十六	26 十七	27 十八	28 十九	29 二十	30 廿一

10

一	二	三	四	五	六	日
1 廿二	2 廿三	3 廿四	4 廿五	5 廿六	6 廿七	7 廿八
8 寒露	9 九月	10 初二	11 初三	12 初四	13 初五	14 初六
15 初七	16 初八	17 初九	18 初十	19 十一	20 十二	21 十三
22 十四	23 霜降	24 十六	25 十七	26 十八	27 十九	28 二十
29 廿一	30 廿二	31 廿三				

11

一	二	三	四	五	六	日
			1 廿四	2 廿五	3 廿六	4 廿七
5 廿八	6 廿九	7 立冬	8 十月	9 初二	10 初三	11 初四
12 初五	13 初六	14 初七	15 初八	16 初九	17 初十	18 十一
19 十二	20 十三	21 十四	22 小雪	23 十六	24 十七	25 十八
26 十九	27 二十	28 廿一	29 廿二	30 廿三		

12

一	二	三	四	五	六	日
					1 廿四	2 廿五
3 廿六	4 廿七	5 廿八	6 廿九	7 大雪 十一月	8 初二	9 初三
10 初四	11 初五	12 初六	13 初七	14 初八	15 初九	16 初十
17 十一	18 十二	19 十三	20 十四	21 十五	22 冬至	23 十七
24 十八	25 十九	26 二十	27 廿一	28 廿二	29 廿三	30 廿四
31 廿五						

2019年(己亥　猪年　2月5日始)

一	二	三	四	五	六	日
	1 廿六	2 廿七	3 廿八	4 廿九	5 小寒	6 十二月
7 初二	8 初三	9 初四	10 初五	11 初六	12 初七	13 初八
14 初九	15 初十	16 十一	17 十二	18 十三	19 十四	20 大寒
21 十六	22 十七	23 十八	24 十九	25 二十	26 廿一	27 廿二
28 廿三	29 廿四	30 廿五	31 廿六			

一	二	三	四	五	六	日
				1 廿七	2 廿八	3 廿九
4 立春	5 正月	6 初二	7 初三	8 初四	9 初五	10 初六
11 初七	12 初八	13 初九	14 初十	15 十一	16 十二	17 十三
18 十四	19 雨水	20 十六	21 十七	22 十八	23 十九	24 二十
25 廿一	26 廿二	27 廿三	28 廿四			

一	二	三	四	五	六	日
				1 廿五	2 廿六	3 廿七
4 廿八	5 廿九	6 惊蛰	7 二月	8 初二	9 初三	10 初四
11 初五	12 初六	13 初七	14 初八	15 初九	16 初十	17 十一
18 十二	19 十三	20 十四	21 春分	22 十六	23 十七	24 十八
25 十九	26 二十	27 廿一	28 廿二	29 廿三	30 廿四	31 廿五

一	二	三	四	五	六	日
1 廿六	2 廿七	3 廿八	4 廿九	5 三月 清明	6 初二	7 初三
8 初四	9 初五	10 初六	11 初七	12 初八	13 初九	14 初十
15 十一	16 十二	17 十三	18 十四	19 十五	20 谷雨	21 十七
22 十八	23 十九	24 二十	25 廿一	26 廿二	27 廿三	28 廿四
29 廿五	30 廿六					

一	二	三	四	五	六	日
		1 廿七	2 廿八	3 廿九	4 三十	5 四月
6 立夏	7 初三	8 初四	9 初五	10 初六	11 初七	12 初八
13 初九	14 初十	15 十一	16 十二	17 十三	18 十四	19 十五
20 十六	21 小满	22 十八	23 十九	24 二十	25 廿一	26 廿二
27 廿三	28 廿四	29 廿五	30 廿六	31 廿七		

一	二	三	四	五	六	日
					1 廿八	2 廿九
3 五月	4 初二	5 初三	6 芒种	7 初五	8 初六	9 初七
10 初八	11 初九	12 初十	13 十一	14 十二	15 十三	16 十四
17 十五	18 十六	19 十七	20 十八	21 夏至	22 二十	23 廿一
24 廿二	25 廿三	26 廿四	27 廿五	28 廿六	29 廿七	30 廿八

一	二	三	四	五	六	日
1 廿九	2 三十	3 六月	4 初二	5 初三	6 初四	7 小暑
8 初六	9 初七	10 初八	11 初九	12 初十	13 十一	14 十二
15 十三	16 十四	17 十五	18 十六	19 十七	20 十八	21 十九
22 二十	23 大暑	24 廿二	25 廿三	26 廿四	27 廿五	28 廿六
29 廿七	30 廿八	31 廿九				

一	二	三	四	五	六	日
			1 七月	2 初二	3 初三	4 初四
5 初五	6 初六	7 初七	8 立秋	9 初九	10 初十	11 十一
12 十二	13 十三	14 十四	15 十五	16 十六	17 十七	18 十八
19 十九	20 二十	21 廿一	22 廿二	23 处暑	24 廿四	25 廿五
26 廿六	27 廿七	28 廿八	29 廿九	30 八月	31 初二	

一	二	三	四	五	六	日
						1 初三
2 初四	3 初五	4 初六	5 初七	6 初八	7 初九	8 白露
9 十一	10 十二	11 十三	12 十四	13 十五	14 十六	15 十七
16 十八	17 十九	18 二十	19 廿一	20 廿二	21 廿三	22 廿四
23 秋分	24 廿六	25 廿七	26 廿八	27 廿九	28 三十	29 九月
30 初二						

一	二	三	四	五	六	日
	1 初三	2 初四	3 初五	4 初六	5 初七	6 初八
7 初九	8 寒露	9 十一	10 十二	11 十三	12 十四	13 十五
14 十六	15 十七	16 十八	17 十九	18 二十	19 廿一	20 廿二
21 廿三	22 廿四	23 廿五	24 霜降	25 廿七	26 廿八	27 廿九
28 十月	29 初二	30 初三	31 初四			

一	二	三	四	五	六	日
				1 初五	2 初六	3 初七
4 初八	5 初九	6 初十	7 十一	8 立冬	9 十三	10 十四
11 十五	12 十六	13 十七	14 十八	15 十九	16 二十	17 廿一
18 廿二	19 廿三	20 廿四	21 廿五	22 小雪	23 廿七	24 廿八
25 廿九	26 十一月	27 初二	28 初三	29 初四	30 初五	

一	二	三	四	五	六	日
						1 初六
2 初七	3 初八	4 初九	5 初十	6 十一	7 大雪	8 十三
9 十四	10 十五	11 十六	12 十七	13 十八	14 十九	15 二十
16 廿一	17 廿二	18 廿三	19 廿四	20 廿五	21 廿六	22 冬至
23 廿八	24 廿九	25 三十	26 十二月	27 初二	28 初三	29 初四
30 初五	31 初六					

养生月历

2020年(庚子　鼠年　1月25日始　闰四月)

1

一	二	三	四	五	六	日
		1 初七	2 初八	3 初九	4 初十	5 十一
6 小寒	7 十三	8 十四	9 十五	10 十六	11 十七	12 十八
13 十九	14 二十	15 廿一	16 廿二	17 廿三	18 廿四	19 廿五
20 大寒	21 廿七	22 廿八	23 廿九	24 三十	25 正月	26 初二
27 初三	28 初四	29 初五	30 初六	31 初七		

2

一	二	三	四	五	六	日
					1 初八	2 初九
3 初十	4 立春	5 十二	6 十三	7 十四	8 十五	9 十六
10 十七	11 十八	12 十九	13 二十	14 廿一	15 廿二	16 廿三
17 廿四	18 廿五	19 雨水	20 廿七	21 廿八	22 廿九	23 二月
24 初二	25 初三	26 初四	27 初五	28 初六	29 初七	

3

一	二	三	四	五	六	日
						1 初八
2 初九	3 初十	4 十一	5 惊蛰	6 十三	7 十四	8 十五
9 十六	10 十七	11 十八	12 十九	13 二十	14 廿一	15 廿二
16 廿三	17 廿四	18 廿五	19 廿六	20 春分	21 廿八	22 廿九
23 三十	24 三月	25 初二	26 初三	27 初四	28 初五	29 初六
30 初七	31 初八					

4

一	二	三	四	五	六	日
		1 初九	2 初十	3 十一	4 清明	5 十三
6 十四	7 十五	8 十六	9 十七	10 十八	11 十九	12 二十
13 廿一	14 廿二	15 廿三	16 廿四	17 廿五	18 廿六	19 谷雨
20 廿八	21 廿九	22 三十	23 四月	24 初二	25 初三	26 初四
27 初五	28 初六	29 初七	30 初八			

5

一	二	三	四	五	六	日
				1 初九	2 初十	3 十一
4 十二	5 立夏	6 十四	7 十五	8 十六	9 十七	10 十八
11 十九	12 二十	13 廿一	14 廿二	15 廿三	16 廿四	17 廿五
18 廿六	19 廿七	20 小满	21 廿九	22 三十	23 四月	24 初二
25 初三	26 初四	27 初五	28 初六	29 初七	30 初八	31 初九

6

一	二	三	四	五	六	日
1 初十	2 十一	3 十二	4 十三	5 芒种	6 十五	7 十六
8 十七	9 十八	10 十九	11 二十	12 廿一	13 廿二	14 廿三
15 廿四	16 廿五	17 廿六	18 廿七	19 廿八	20 廿九	21 五月 夏至
22 初二	23 初三	24 初四	25 初五	26 初六	27 初七	28 初八
29 初九	30 初十					

7

一	二	三	四	五	六	日
		1 十一	2 十二	3 十三	4 十四	5 十五
6 小暑	7 十七	8 十八	9 十九	10 二十	11 廿一	12 廿二
13 廿三	14 廿四	15 廿五	16 廿六	17 廿七	18 廿八	19 廿九
20 三十	21 六月	22 大暑	23 初三	24 初四	25 初五	26 初六
27 初七	28 初八	29 初九	30 初十	31 十一		

8

一	二	三	四	五	六	日
					1 十二	2 十三
3 十四	4 十五	5 十六	6 十七	7 立秋	8 十九	9 二十
10 廿一	11 廿二	12 廿三	13 廿四	14 廿五	15 廿六	16 廿七
17 廿八	18 廿九	19 七月	20 初二	21 初三	22 处暑	23 初五
24 初六	25 初七	26 初八	27 初九	28 初十	29 十一	30 十二
31 十三						

9

一	二	三	四	五	六	日
	1 十四	2 十五	3 十六	4 十七	5 十八	6 十九
7 白露	8 廿一	9 廿二	10 廿三	11 廿四	12 廿五	13 廿六
14 廿七	15 廿八	16 廿九	17 八月	18 初二	19 初三	20 初四
21 初五	22 秋分	23 初七	24 初八	25 初九	26 初十	27 十一
28 十二	29 十三	30 十四				

10

一	二	三	四	五	六	日
			1 十五	2 十六	3 十七	4 十八
5 十九	6 二十	7 廿一	8 寒露	9 廿三	10 廿四	11 廿五
12 廿六	13 廿七	14 廿八	15 廿九	16 三十	17 九月	18 初二
19 初三	20 初四	21 初五	22 初六	23 霜降	24 初八	25 初九
26 初十	27 十一	28 十二	29 十三	30 十四	31 十五	

11

一	二	三	四	五	六	日
						1 十六
2 十七	3 十八	4 十九	5 二十	6 廿一	7 立冬	8 廿三
9 廿四	10 廿五	11 廿六	12 廿七	13 廿八	14 廿九	15 十月
16 初二	17 初三	18 初四	19 初五	20 初六	21 初七	22 小雪
23 初九	24 初十	25 十一	26 十二	27 十三	28 十四	29 十五
30 十六						

12

一	二	三	四	五	六	日
	1 十七	2 十八	3 十九	4 二十	5 廿一	6 廿二
7 大雪	8 廿四	9 廿五	10 廿六	11 廿七	12 廿八	13 廿九
14 三十	15 十一月	16 初二	17 初三	18 初四	19 初五	20 初六
21 冬至	22 初八	23 初九	24 初十	25 十一	26 十二	27 十三
28 十四	29 十五	30 十六	31 十七			

2021年（辛丑　牛年　2月12日始）

1

一	二	三	四	五	六	日
				1 十八	2 十九	3 二十
4 廿一	5 小寒	6 廿三	7 廿四	8 廿五	9 廿六	10 廿七
11 廿八	12 廿九	13 十二月	14 初二	15 初三	16 初四	17 初五
18 初六	19 初七	20 大寒	21 初九	22 初十	23 十一	24 十二
25 十三	26 十四	27 十五	28 十六	29 十七	30 十八	31 十九

2

一	二	三	四	五	六	日
1 二十	2 廿一	3 立春	4 廿三	5 廿四	6 廿五	7 廿六
8 廿七	9 廿八	10 廿九	11 三十	12 正月	13 初二	14 初三
15 初四	16 初五	17 初六	18 雨水	19 初八	20 初九	21 初十
22 十一	23 十二	24 十三	25 十四	26 十五	27 十六	28 十七

3

一	二	三	四	五	六	日
1 十八	2 十九	3 二十	4 廿一	5 惊蛰	6 廿三	7 廿四
8 廿五	9 廿六	10 廿七	11 廿八	12 廿九	13 二月	14 初二
15 初三	16 初四	17 初五	18 初六	19 初七	20 春分	21 初九
22 初十	23 十一	24 十二	25 十三	26 十四	27 十五	28 十六
29 十七	30 十八	31 十九				

4

一	二	三	四	五	六	日
			1 二十	2 廿一	3 廿二	4 清明
5 廿四	6 廿五	7 廿六	8 廿七	9 廿八	10 廿九	11 三十
12 三月	13 初二	14 初三	15 初四	16 初五	17 初六	18 初七
19 初八	20 谷雨	21 初十	22 十一	23 十二	24 十三	25 十四
26 十五	27 十六	28 十七	29 十八	30 十九		

5

一	二	三	四	五	六	日
					1 二十	2 廿一
3 廿二	4 廿三	5 立夏	6 廿五	7 廿六	8 廿七	9 廿八
10 廿九	11 三十	12 四月	13 初二	14 初三	15 初四	16 初五
17 初六	18 初七	19 初八	20 初九	21 小满	22 十一	23 十二
24 十三	25 十四	26 十五	27 十六	28 十七	29 十八	30 十九
31 二十						

6

一	二	三	四	五	六	日
	1 廿一	2 廿二	3 廿三	4 廿四	5 芒种	6 廿六
7 廿七	8 廿八	9 廿九	10 五月	11 初二	12 初三	13 初四
14 初五	15 初六	16 初七	17 初八	18 初九	19 初十	20 十一
21 夏至	22 十三	23 十四	24 十五	25 十六	26 十七	27 十八
28 十九	29 二十	30 廿一				

7

一	二	三	四	五	六	日
			1 廿二	2 廿三	3 廿四	4 廿五
5 廿六	6 廿七	7 小暑	8 廿九	9 三十	10 六月	11 初二
12 初三	13 初四	14 初五	15 初六	16 初七	17 初八	18 初九
19 初十	20 十一	21 十二	22 大暑	23 十四	24 十五	25 十六
26 十七	27 十八	28 十九	29 二十	30 廿一	31 廿二	

8

一	二	三	四	五	六	日
						1 廿三
2 廿四	3 廿五	4 廿六	5 廿七	6 廿八	7 立秋	8 七月
9 初二	10 初三	11 初四	12 初五	13 初六	14 初七	15 初八
16 初九	17 初十	18 十一	19 十二	20 十三	21 十四	22 十五
23 处暑	24 十七	25 十八	26 十九	27 二十	28 廿一	29 廿二
30 廿三	31 廿四					

9

一	二	三	四	五	六	日
		1 廿五	2 廿六	3 廿七	4 廿八	5 廿九
6 三十	7 八月 白露	8 初二	9 初三	10 初四	11 初五	12 初六
13 初七	14 初八	15 初九	16 初十	17 十一	18 十二	19 十三
20 十四	21 十五	22 十六	23 秋分	24 十八	25 十九	26 二十
27 廿一	28 廿二	29 廿三	30 廿四			

10

一	二	三	四	五	六	日
				1 廿五	2 廿六	3 廿七
4 廿八	5 廿九	6 九月	7 初二	8 寒露	9 初四	10 初五
11 初六	12 初七	13 初八	14 初九	15 初十	16 十一	17 十二
18 十三	19 十四	20 十五	21 十六	22 十七	23 霜降	24 十九
25 二十	26 廿一	27 廿二	28 廿三	29 廿四	30 廿五	31 廿六

11

一	二	三	四	五	六	日
1 廿七	2 廿八	3 廿九	4 三十	5 十月	6 初二	7 立冬
8 初四	9 初五	10 初六	11 初七	12 初八	13 初九	14 初十
15 十一	16 十二	17 十三	18 十四	19 十五	20 十六	21 十七
22 小雪	23 十九	24 二十	25 廿一	26 廿二	27 廿三	28 廿四
29 廿五	30 廿六					

12

一	二	三	四	五	六	日
		1 廿七	2 廿八	3 廿九	4 十一月	5 初二
6 初三	7 大雪	8 初五	9 初六	10 初七	11 初八	12 初九
13 初十	14 十一	15 十二	16 十三	17 十四	18 十五	19 十六
20 十七	21 冬至	22 十九	23 二十	24 廿一	25 廿二	26 廿三
27 廿四	28 廿五	29 廿六	30 廿七	31 廿八		

2022年(壬寅 虎年 2月1日始)

1

一	二	三	四	五	六	日
					1 廿九	2 三十
3 十二月	4 初二	5 小寒	6 初四	7 初五	8 初六	9 初七
10 初八	11 初九	12 初十	13 十一	14 十二	15 十三	16 十四
17 十五	18 十六	19 十七	20 大寒	21 十九	22 二十	23 廿一
24 廿二	25 廿三	26 廿四	27 廿五	28 廿六	29 廿七	30 廿八
31 廿九						

2

一	二	三	四	五	六	日
	1 正月	2 初二	3 初三	4 立春	5 初五	6 初六
7 初七	8 初八	9 初九	10 初十	11 十一	12 十二	13 十三
14 十四	15 十五	16 十六	17 十七	18 十八	19 雨水	20 二十
21 廿一	22 廿二	23 廿三	24 廿四	25 廿五	26 廿六	27 廿七
28 廿八						

3

一	二	三	四	五	六	日
	1 廿九	2 三十	3 二月	4 初二	5 惊蛰	6 初四
7 初五	8 初六	9 初七	10 初八	11 初九	12 初十	13 十一
14 十二	15 十三	16 十四	17 十五	18 十六	19 十七	20 春分
21 十九	22 二十	23 廿一	24 廿二	25 廿三	26 廿四	27 廿五
28 廿六	29 廿七	30 廿八	31 廿九			

4

一	二	三	四	五	六	日
				1 三月	2 初二	3 初三
4 初四	5 清明	6 初六	7 初七	8 初八	9 初九	10 初十
11 十一	12 十二	13 十三	14 十四	15 十五	16 十六	17 十七
18 十八	19 十九	20 谷雨	21 廿一	22 廿二	23 廿三	24 廿四
25 廿五	26 廿六	27 廿七	28 廿八	29 廿九	30 三十	

5

一	二	三	四	五	六	日
						1 四月
2 初二	3 初三	4 初四	5 立夏	6 初六	7 初七	8 初八
9 初九	10 初十	11 十一	12 十二	13 十三	14 十四	15 十五
16 十六	17 十七	18 十八	19 十九	20 二十	21 小满	22 廿二
23 廿三	24 廿四	25 廿五	26 廿六	27 廿七	28 廿八	29 廿九
30 五月	31 初二					

6

一	二	三	四	五	六	日
		1 初三	2 初四	3 初五	4 初六	5 初七
6 芒种	7 初九	8 初十	9 十一	10 十二	11 十三	12 十四
13 十五	14 十六	15 十七	16 十八	17 十九	18 二十	19 廿一
20 廿二	21 夏至	22 廿四	23 廿五	24 廿六	25 廿七	26 廿八
27 廿九	28 三十	29 六月	30 初二			

7

一	二	三	四	五	六	日
				1 初三	2 初四	3 初五
4 初六	5 初七	6 初八	7 小暑	8 初十	9 十一	10 十二
11 十三	12 十四	13 十五	14 十六	15 十七	16 十八	17 十九
18 二十	19 廿一	20 廿二	21 廿三	22 廿四	23 大暑	24 廿六
25 廿七	26 廿八	27 廿九	28 三十	29 七月	30 初二	31 初三

8

一	二	三	四	五	六	日
1 初四	2 初五	3 初六	4 初七	5 初八	6 初九	7 立秋
8 十一	9 十二	10 十三	11 十四	12 十五	13 十六	14 十七
15 十八	16 十九	17 二十	18 廿一	19 廿二	20 廿三	21 廿四
22 廿五	23 处暑	24 廿七	25 廿八	26 廿九	27 八月	28 初二
29 初三	30 初四	31 初五				

9

一	二	三	四	五	六	日
			1 初六	2 初七	3 初八	4 初九
5 初十	6 十一	7 白露	8 十三	9 十四	10 十五	11 十六
12 十七	13 十八	14 十九	15 二十	16 廿一	17 廿二	18 廿三
19 廿四	20 廿五	21 廿六	22 廿七	23 秋分	24 廿九	25 三十
26 九月	27 初二	28 初三	29 初四	30 初五		

10

一	二	三	四	五	六	日
					1 初六	2 初七
3 初八	4 初九	5 初十	6 十一	7 十二	8 寒露	9 十四
10 十五	11 十六	12 十七	13 十八	14 十九	15 二十	16 廿一
17 廿二	18 廿三	19 廿四	20 廿五	21 廿六	22 廿七	23 霜降
24 廿九	25 十月	26 初二	27 初三	28 初四	29 初五	30 初六
31 初七						

11

一	二	三	四	五	六	日
	1 初八	2 初九	3 初十	4 十一	5 十二	6 十三
7 立冬	8 十五	9 十六	10 十七	11 十八	12 十九	13 二十
14 廿一	15 廿二	16 廿三	17 廿四	18 廿五	19 廿六	20 廿七
21 廿八	22 小雪	23 三十	24 十一月	25 初二	26 初三	27 初四
28 初五	29 初六	30 初七				

12

一	二	三	四	五	六	日
			1 初八	2 初九	3 初十	4 十一
5 十二	6 十三	7 大雪	8 十五	9 十六	10 十七	11 十八
12 十九	13 二十	14 廿一	15 廿二	16 廿三	17 廿四	18 廿五
19 廿六	20 廿七	21 廿八	22 冬至	23 十二月	24 初二	25 初三
26 初四	27 初五	28 初六	29 初七	30 初八	31 初九	

2023年（癸卯 兔年 1月22日始 闰二月）

1

一	二	三	四	五	六	日
						1 初十
2 十一	3 十二	4 十三	5 小寒	6 十五	7 十六	8 十七
9 十八	10 十九	11 二十	12 廿一	13 廿二	14 廿三	15 廿四
16 廿五	17 廿六	18 廿七	19 廿八	20 大寒	21 三十	22 正月
23 初二	24 初三	25 初四	26 初五	27 初六	28 初七	29 初八
30 初九	31 初十					

2

一	二	三	四	五	六	日
		1 十一	2 十二	3 十三	4 立春	5 十五
6 十六	7 十七	8 十八	9 十九	10 二十	11 廿一	12 廿二
13 廿三	14 廿四	15 廿五	16 廿六	17 廿七	18 廿八	19 雨水
20 二月	21 初二	22 初三	23 初四	24 初五	25 初六	26 初七
27 初八	28 初九					

3

一	二	三	四	五	六	日
		1 初十	2 十一	3 十二	4 十三	5 十四
6 惊蛰	7 十六	8 十七	9 十八	10 十九	11 二十	12 廿一
13 廿二	14 廿三	15 廿四	16 廿五	17 廿六	18 廿七	19 廿八
20 廿九	21 春分	22 二月	23 初二	24 初三	25 初四	26 初五
27 初六	28 初七	29 初八	30 初九	31 初十		

4

一	二	三	四	五	六	日
					1 十一	2 十二
3 十三	4 十四	5 清明	6 十六	7 十七	8 十八	9 十九
10 二十	11 廿一	12 廿二	13 廿三	14 廿四	15 廿五	16 廿六
17 廿七	18 廿八	19 廿九	20 三月 谷雨	21 初二	22 初三	23 初四
24 初五	25 初六	26 初七	27 初八	28 初九	29 初十	30 十一

5

一	二	三	四	五	六	日
1 十二	2 十三	3 十四	4 十五	5 十六	6 立夏	7 十八
8 十九	9 二十	10 廿一	11 廿二	12 廿三	13 廿四	14 廿五
15 廿六	16 廿七	17 廿八	18 廿九	19 四月	20 初二	21 小满
22 初四	23 初五	24 初六	25 初七	26 初八	27 初九	28 初十
29 十一	30 十二	31 十三				

6

一	二	三	四	五	六	日
			1 十四	2 十五	3 十六	4 十七
5 十八	6 芒种	7 二十	8 廿一	9 廿二	10 廿三	11 廿四
12 廿五	13 廿六	14 廿七	15 廿八	16 廿九	17 三十	18 五月
19 初二	20 初三	21 夏至	22 初五	23 初六	24 初七	25 初八
26 初九	27 初十	28 十一	29 十二	30 十三		

7

一	二	三	四	五	六	日
					1 十四	2 十五
3 十六	4 十七	5 十八	6 十九	7 小暑	8 廿一	9 廿二
10 廿三	11 廿四	12 廿五	13 廿六	14 廿七	15 廿八	16 廿九
17 三十	18 六月	19 初二	20 初三	21 初四	22 初五	23 大暑
24 初七	25 初八	26 初九	27 初十	28 十一	29 十二	30 十三
31 十四						

8

一	二	三	四	五	六	日
	1 十五	2 十六	3 十七	4 十八	5 十九	6 二十
7 廿一	8 立秋	9 廿三	10 廿四	11 廿五	12 廿六	13 廿七
14 廿八	15 廿九	16 七月	17 初二	18 初三	19 初四	20 初五
21 初六	22 初七	23 处暑	24 初九	25 初十	26 十一	27 十二
28 十三	29 十四	30 十五	31 十六			

9

一	二	三	四	五	六	日
				1 十七	2 十八	3 十九
4 二十	5 廿一	6 廿二	7 廿三	8 白露	9 廿五	10 廿六
11 廿七	12 廿八	13 廿九	14 三十	15 八月	16 初二	17 初三
18 初四	19 初五	20 初六	21 初七	22 初八	23 秋分	24 初十
25 十一	26 十二	27 十三	28 十四	29 十五	30 十六	

10

一	二	三	四	五	六	日
						1 十七
2 十八	3 十九	4 二十	5 廿一	6 廿二	7 廿三	8 寒露
9 廿五	10 廿六	11 廿七	12 廿八	13 廿九	14 三十	15 九月
16 初二	17 初三	18 初四	19 初五	20 初六	21 初七	22 初八
23 初九	24 霜降	25 十一	26 十二	27 十三	28 十四	29 十五
30 十六	31 十七					

11

一	二	三	四	五	六	日
		1 十八	2 十九	3 二十	4 廿一	5 廿二
6 廿三	7 廿四	8 立冬	9 廿六	10 廿七	11 廿八	12 廿九
13 十月	14 初二	15 初三	16 初四	17 初五	18 初六	19 初七
20 初八	21 初九	22 小雪	23 十一	24 十二	25 十三	26 十四
27 十五	28 十六	29 十七	30 十八			

12

一	二	三	四	五	六	日
				1 十九	2 二十	3 廿一
4 廿二	5 廿三	6 廿四	7 大雪	8 廿六	9 廿七	10 廿八
11 廿九	12 三十	13 十一月	14 初二	15 初三	16 初四	17 初五
18 初六	19 初七	20 初八	21 初九	22 冬至	23 十一	24 十二
25 十三	26 十四	27 十五	28 十六	29 十七	30 十八	31 十九

2024年(甲辰　龙年　2月10日始)

1

一	二	三	四	五	六	日
1 二十	2 廿一	3 廿二	4 廿三	5 廿四	6 小寒	7 廿六
8 廿七	9 廿八	10 廿九	11 十二月	12 初二	13 初三	14 初四
15 初五	16 初六	17 初七	18 初八	19 初九	20 大寒	21 十一
22 十二	23 十三	24 十四	25 十五	26 十六	27 十七	28 十八
29 十九	30 二十	31 廿一				

2

一	二	三	四	五	六	日
			1 廿二	2 廿三	3 廿四	4 立春
5 廿六	6 廿七	7 廿八	8 廿九	9 三十	10 正月	11 初二
12 初三	13 初四	14 初五	15 初六	16 初七	17 初八	18 初九
19 雨水	20 十一	21 十二	22 十三	23 十四	24 十五	25 十六
26 十七	27 十八	28 十九	29 二十			

3

一	二	三	四	五	六	日
				1 廿一	2 廿二	3 廿三
4 廿四	5 惊蛰	6 廿六	7 廿七	8 廿八	9 廿九	10 二月
11 初二	12 初三	13 初四	14 初五	15 初六	16 初七	17 初八
18 初九	19 初十	20 春分	21 十二	22 十三	23 十四	24 十五
25 十六	26 十七	27 十八	28 十九	29 二十	30 廿一	31 廿二

4

一	二	三	四	五	六	日
1 廿三	2 廿四	3 廿五	4 清明	5 廿七	6 廿八	7 廿九
8 三十	9 三月	10 初二	11 初三	12 初四	13 初五	14 初六
15 初七	16 初八	17 初九	18 初十	19 谷雨	20 十二	21 十三
22 十四	23 十五	24 十六	25 十七	26 十八	27 十九	28 二十
29 廿一	30 廿二					

5

一	二	三	四	五	六	日
		1 廿三	2 廿四	3 廿五	4 廿六	5 立夏
6 廿八	7 廿九	8 四月	9 初二	10 初三	11 初四	12 初五
13 初六	14 初七	15 初八	16 初九	17 初十	18 十一	19 十二
20 小满	21 十四	22 十五	23 十六	24 十七	25 十八	26 十九
27 二十	28 廿一	29 廿二	30 廿三	31 廿四		

6

一	二	三	四	五	六	日
					1 廿五	2 廿六
3 廿七	4 廿八	5 芒种	6 五月	7 初二	8 初三	9 初四
10 初五	11 初六	12 初七	13 初八	14 初九	15 初十	16 十一
17 十二	18 十三	19 十四	20 十五	21 夏至	22 十七	23 十八
24 十九	25 二十	26 廿一	27 廿二	28 廿三	29 廿四	30 廿五

7

一	二	三	四	五	六	日
1 廿六	2 廿七	3 廿八	4 廿九	5 三十	6 六月 小暑	7 初二
8 初三	9 初四	10 初五	11 初六	12 初七	13 初八	14 初九
15 初十	16 十一	17 十二	18 十三	19 十四	20 十五	21 十六
22 大暑	23 十八	24 十九	25 二十	26 廿一	27 廿二	28 廿三
29 廿四	30 廿五	31 廿六				

8

一	二	三	四	五	六	日
			1 廿七	2 廿八	3 廿九	4 七月
5 初二	6 初三	7 立秋	8 初五	9 初六	10 初七	11 初八
12 初九	13 初十	14 十一	15 十二	16 十三	17 十四	18 十五
19 十六	20 十七	21 十八	22 处暑	23 二十	24 廿一	25 廿二
26 廿三	27 廿四	28 廿五	29 廿六	30 廿七	31 廿八	

9

一	二	三	四	五	六	日
						1 廿九
2 三十	3 八月	4 初二	5 初三	6 初四	7 白露	8 初六
9 初七	10 初八	11 初九	12 初十	13 十一	14 十二	15 十三
16 十四	17 十五	18 十六	19 十七	20 十八	21 十九	22 秋分
23 廿一	24 廿二	25 廿三	26 廿四	27 廿五	28 廿六	29 廿七
30 廿八						

10

一	二	三	四	五	六	日
	1 廿九	2 三十	3 九月	4 初二	5 初三	6 初四
7 初五	8 寒露	9 初七	10 初八	11 初九	12 初十	13 十一
14 十二	15 十三	16 十四	17 十五	18 十六	19 十七	20 十八
21 十九	22 二十	23 霜降	24 廿二	25 廿三	26 廿四	27 廿五
28 廿六	29 廿七	30 廿八	31 廿九			

11

一	二	三	四	五	六	日
				1 十月	2 初二	3 初三
4 初四	5 初五	6 初六	7 立冬	8 初八	9 初九	10 初十
11 十一	12 十二	13 十三	14 十四	15 十五	16 十六	17 十七
18 十八	19 十九	20 二十	21 廿一	22 小雪	23 廿三	24 廿四
25 廿五	26 廿六	27 廿七	28 廿八	29 廿九	30 三十	

12

一	二	三	四	五	六	日
						1 十一月
2 初二	3 初三	4 初四	5 初五	6 大雪	7 初七	8 初八
9 初九	10 初十	11 十一	12 十二	13 十三	14 十四	15 十五
16 十六	17 十七	18 十八	19 十九	20 二十	21 冬至	22 廿二
23 廿三	24 廿四	25 廿五	26 廿六	27 廿七	28 廿八	29 廿九
30 三十	31 十二月					

2025 年（乙巳 蛇年 1 月 29 日始 闰六月）

1

一	二	三	四	五	六	日
		1 初二	2 初三	3 初四	4 初五	5 小寒
6 初七	7 初八	8 初九	9 初十	10 十一	11 十二	12 十三
13 十四	14 十五	15 十六	16 十七	17 十八	18 十九	19 二十
20 大寒	21 廿二	22 廿三	23 廿四	24 廿五	25 廿六	26 廿七
27 廿八	28 廿九	29 正月	30 初二	31 初三		

2

一	二	三	四	五	六	日
					1 初四	2 初五
3 立春	4 初七	5 初八	6 初九	7 初十	8 十一	9 十二
10 十三	11 十四	12 十五	13 十六	14 十七	15 十八	16 十九
17 二十	18 雨水	19 廿二	20 廿三	21 廿四	22 廿五	23 廿六
24 廿七	25 廿八	26 廿九	27 三十	28 二月		

3

一	二	三	四	五	六	日
					1 初二	2 初三
3 初四	4 初五	5 惊蛰	6 初七	7 初八	8 初九	9 初十
10 十一	11 十二	12 十三	13 十四	14 十五	15 十六	16 十七
17 十八	18 十九	19 二十	20 春分	21 廿二	22 廿三	23 廿四
24 廿五	25 廿六	26 廿七	27 廿八	28 廿九	29 三月	30 初二
31 初三						

4

一	二	三	四	五	六	日
	1 初四	2 初五	3 初六	4 清明	5 初八	6 初九
7 初十	8 十一	9 十二	10 十三	11 十四	12 十五	13 十六
14 十七	15 十八	16 十九	17 二十	18 廿一	19 廿二	20 谷雨
21 廿四	22 廿五	23 廿六	24 廿七	25 廿八	26 廿九	27 三十
28 四月	29 初二	30 初三				

5

一	二	三	四	五	六	日
			1 初四	2 初五	3 初六	4 初七
5 立夏	6 初九	7 初十	8 十一	9 十二	10 十三	11 十四
12 十五	13 十六	14 十七	15 十八	16 十九	17 二十	18 廿一
19 廿二	20 廿三	21 小满	22 廿五	23 廿六	24 廿七	25 廿八
26 廿九	27 五月	28 初二	29 初三	30 初四	31 初五	

6

一	二	三	四	五	六	日
						1 初六
2 初七	3 初八	4 初九	5 芒种	6 十一	7 十二	8 十三
9 十四	10 十五	11 十六	12 十七	13 十八	14 十九	15 二十
16 廿一	17 廿二	18 廿三	19 廿四	20 廿五	21 夏至	22 廿七
23 廿八	24 廿九	25 六月	26 初二	27 初三	28 初四	29 初五
30 初六						

7

一	二	三	四	五	六	日
	1 初七	2 初八	3 初九	4 初十	5 十一	6 十二
7 小暑	8 十四	9 十五	10 十六	11 十七	12 十八	13 十九
14 二十	15 廿一	16 廿二	17 廿三	18 廿四	19 廿五	20 廿六
21 廿七	22 大暑	23 廿九	24 三十	25 六月	26 初二	27 初三
28 初四	29 初五	30 初六	31 初七			

8

一	二	三	四	五	六	日
				1 初八	2 初九	3 初十
4 十一	5 十二	6 十三	7 立秋	8 十五	9 十六	10 十七
11 十八	12 十九	13 二十	14 廿一	15 廿二	16 廿三	17 廿四
18 廿五	19 廿六	20 廿七	21 廿八	22 廿九	23 七月 处暑	24 初二
25 初三	26 初四	27 初五	28 初六	29 初七	30 初八	31 初九

9

一	二	三	四	五	六	日
1 初十	2 十一	3 十二	4 十三	5 十四	6 十五	7 白露
8 十七	9 十八	10 十九	11 二十	12 廿一	13 廿二	14 廿三
15 廿四	16 廿五	17 廿六	18 廿七	19 廿八	20 廿九	21 三十
22 八月	23 秋分	24 初三	25 初四	26 初五	27 初六	28 初七
29 初八	30 初九					

10

一	二	三	四	五	六	日
		1 初十	2 十一	3 十二	4 十三	5 十四
6 十五	7 十六	8 寒露	9 十八	10 十九	11 二十	12 廿一
13 廿二	14 廿三	15 廿四	16 廿五	17 廿六	18 廿七	19 廿八
20 廿九	21 九月	22 初二	23 霜降	24 初四	25 初五	26 初六
27 初七	28 初八	29 初九	30 初十	31 十一		

11

一	二	三	四	五	六	日
					1 十二	2 十三
3 十四	4 十五	5 十六	6 十七	7 立冬	8 十九	9 二十
10 廿一	11 廿二	12 廿三	13 廿四	14 廿五	15 廿六	16 廿七
17 廿八	18 廿九	19 三十	20 十月	21 初二	22 小雪	23 初四
24 初五	25 初六	26 初七	27 初八	28 初九	29 初十	30 十一

12

一	二	三	四	五	六	日
1 十二	2 十三	3 十四	4 十五	5 十六	6 十七	7 大雪
8 十九	9 二十	10 廿一	11 廿二	12 廿三	13 廿四	14 廿五
15 廿六	16 廿七	17 廿八	18 廿九	19 三十	20 十一月	21 冬至
22 初三	23 初四	24 初五	25 初六	26 初七	27 初八	28 初九
29 初十	30 十一	31 十二				

2026年(丙午 马年 2月17日始)

1月

一	二	三	四	五	六	日
			1 十三	2 十四	3 十五	4 十六
5 小寒	6 十八	7 十九	8 二十	9 廿一	10 廿二	11 廿三
12 廿四	13 廿五	14 廿六	15 廿七	16 廿八	17 廿九	18 三十
19 十二月	20 大寒	21 初三	22 初四	23 初五	24 初六	25 初七
26 初八	27 初九	28 初十	29 十一	30 十二	31 十三	

2月

一	二	三	四	五	六	日
						1 十四
2 十五	3 十六	4 立春	5 十八	6 十九	7 二十	8 廿一
9 廿二	10 廿三	11 廿四	12 廿五	13 廿六	14 廿七	15 廿八
16 廿九	17 正月	18 雨水	19 初三	20 初四	21 初五	22 初六
23 初七	24 初八	25 初九	26 初十	27 十一	28 十二	

3月

一	二	三	四	五	六	日
						1 十三
2 十四	3 十五	4 十六	5 惊蛰	6 十八	7 十九	8 二十
9 廿一	10 廿二	11 廿三	12 廿四	13 廿五	14 廿六	15 廿七
16 廿八	17 廿九	18 三十	19 二月	20 春分	21 初三	22 初四
23 初五	24 初六	25 初七	26 初八	27 初九	28 初十	29 十一
30 十二	31 十三					

4月

一	二	三	四	五	六	日
		1 十四	2 十五	3 十六	4 十七	5 清明
6 十九	7 二十	8 廿一	9 廿二	10 廿三	11 廿四	12 廿五
13 廿六	14 廿七	15 廿八	16 廿九	17 三月	18 初二	19 初三
20 谷雨	21 初五	22 初六	23 初七	24 初八	25 初九	26 初十
27 十一	28 十二	29 十三	30 十四			

5月

一	二	三	四	五	六	日
				1 十五	2 十六	3 十七
4 十八	5 立夏	6 二十	7 廿一	8 廿二	9 廿三	10 廿四
11 廿五	12 廿六	13 廿七	14 廿八	15 廿九	16 三十	17 四月
18 初二	19 初三	20 初四	21 小满	22 初六	23 初七	24 初八
25 初九	26 初十	27 十一	28 十二	29 十三	30 十四	31 十五

6月

一	二	三	四	五	六	日
1 十六	2 十七	3 十八	4 十九	5 芒种	6 廿一	7 廿二
8 廿三	9 廿四	10 廿五	11 廿六	12 廿七	13 廿八	14 廿九
15 五月	16 初二	17 初三	18 初四	19 初五	20 初六	21 夏至
22 初八	23 初九	24 初十	25 十一	26 十二	27 十三	28 十四
29 十五	30 十六					

7月

一	二	三	四	五	六	日
		1 十七	2 十八	3 十九	4 二十	5 廿一
6 廿二	7 小暑	8 廿四	9 廿五	10 廿六	11 廿七	12 廿八
13 廿九	14 六月	15 初二	16 初三	17 初四	18 初五	19 初六
20 初七	21 初八	22 初九	23 大暑	24 十一	25 十二	26 十三
27 十四	28 十五	29 十六	30 十七	31 十八		

8月

一	二	三	四	五	六	日
					1 十九	2 二十
3 廿一	4 廿二	5 廿三	6 廿四	7 立秋	8 廿六	9 廿七
10 廿八	11 廿九	12 三十	13 七月	14 初二	15 初三	16 初四
17 初五	18 初六	19 初七	20 初八	21 初九	22 初十	23 处暑
24 十二	25 十三	26 十四	27 十五	28 十六	29 十七	30 十八
31 十九						

9月

一	二	三	四	五	六	日
	1 二十	2 廿一	3 廿二	4 廿三	5 廿四	6 廿五
7 白露	8 廿七	9 廿八	10 廿九	11 八月	12 初二	13 初三
14 初四	15 初五	16 初六	17 初七	18 初八	19 初九	20 初十
21 十一	22 十二	23 秋分	24 十四	25 十五	26 十六	27 十七
28 十八	29 十九	30 二十				

10月

一	二	三	四	五	六	日
			1 廿一	2 廿二	3 廿三	4 廿四
5 廿五	6 廿六	7 廿七	8 寒露	9 廿九	10 九月	11 初二
12 初三	13 初四	14 初五	15 初六	16 初七	17 初八	18 初九
19 初十	20 十一	21 十二	22 十三	23 霜降	24 十五	25 十六
26 十七	27 十八	28 十九	29 二十	30 廿一	31 廿二	

11月

一	二	三	四	五	六	日
						1 廿三
2 廿四	3 廿五	4 廿六	5 廿七	6 廿八	7 立冬	8 三十
9 十月	10 初二	11 初三	12 初四	13 初五	14 初六	15 初七
16 初八	17 初九	18 初十	19 十一	20 十二	21 十三	22 小雪
23 十五	24 十六	25 十七	26 十八	27 十九	28 二十	29 廿一
30 廿二						

12月

一	二	三	四	五	六	日
	1 廿三	2 廿四	3 廿五	4 廿六	5 廿七	6 廿八
7 大雪	8 三十	9 十一月	10 初二	11 初三	12 初四	13 初五
14 初六	15 初七	16 初八	17 初九	18 初十	19 十一	20 十二
21 十三	22 冬至	23 十五	24 十六	25 十七	26 十八	27 十九
28 二十	29 廿一	30 廿二	31 廿三			

2027年(丁未　羊年　2月6日始)

1

一	二	三	四	五	六	日
				1 廿四	2 廿五	3 廿六
4 廿七	5 小寒	6 廿九	7 三十	8 十二月	9 初二	10 初三
11 初四	12 初五	13 初六	14 初七	15 初八	16 初九	17 初十
18 十一	19 十二	20 大寒	21 十四	22 十五	23 十六	24 十七
25 十八	26 十九	27 二十	28 廿一	29 廿二	30 廿三	31 廿四

2

一	二	三	四	五	六	日
1 廿五	2 廿六	3 廿七	4 立春	5 廿九	6 正月	7 初二
8 初三	9 初四	10 初五	11 初六	12 初七	13 初八	14 初九
15 初十	16 十一	17 十二	18 十三	19 雨水	20 十五	21 十六
22 十七	23 十八	24 十九	25 二十	26 廿一	27 廿二	28 廿三

3

一	二	三	四	五	六	日
1 廿四	2 廿五	3 廿六	4 廿七	5 廿八	6 惊蛰	7 三十
8 二月	9 初二	10 初三	11 初四	12 初五	13 初六	14 初七
15 初八	16 初九	17 初十	18 十一	19 十二	20 十三	21 春分
22 十五	23 十六	24 十七	25 十八	26 十九	27 二十	28 廿一
29 廿二	30 廿三	31 廿四				

4

一	二	三	四	五	六	日
			1 廿五	2 廿六	3 廿七	4 廿八
5 清明	6 三十	7 三月	8 初二	9 初三	10 初四	11 初五
12 初六	13 初七	14 初八	15 初九	16 初十	17 十一	18 十二
19 十三	20 谷雨	21 十五	22 十六	23 十七	24 十八	25 十九
26 二十	27 廿一	28 廿二	29 廿三	30 廿四		

5

一	二	三	四	五	六	日
					1 廿五	2 廿六
3 廿七	4 廿八	5 廿九	6 四月 立夏	7 初二	8 初三	9 初四
10 初五	11 初六	12 初七	13 初八	14 初九	15 初十	16 十一
17 十二	18 十三	19 十四	20 十五	21 小满	22 十七	23 十八
24 十九	25 二十	26 廿一	27 廿二	28 廿三	29 廿四	30 廿五
31 廿六						

6

一	二	三	四	五	六	日
	1 廿七	2 廿八	3 廿九	4 三十	5 五月	6 芒种
7 初三	8 初四	9 初五	10 初六	11 初七	12 初八	13 初九
14 初十	15 十一	16 十二	17 十三	18 十四	19 十五	20 十六
21 夏至	22 十八	23 十九	24 二十	25 廿一	26 廿二	27 廿三
28 廿四	29 廿五	30 廿六				

7

一	二	三	四	五	六	日
			1 廿七	2 廿八	3 廿九	4 六月
5 初二	6 初三	7 小暑	8 初五	9 初六	10 初七	11 初八
12 初九	13 初十	14 十一	15 十二	16 十三	17 十四	18 十五
19 十六	20 十七	21 十八	22 十九	23 大暑	24 廿一	25 廿二
26 廿三	27 廿四	28 廿五	29 廿六	30 廿七	31 廿八	

8

一	二	三	四	五	六	日
						1 廿九
2 七月	3 初二	4 初三	5 初四	6 初五	7 初六	8 立秋
9 初八	10 初九	11 初十	12 十一	13 十二	14 十三	15 十四
16 十五	17 十六	18 十七	19 十八	20 十九	21 二十	22 廿一
23 处暑	24 廿三	25 廿四	26 廿五	27 廿六	28 廿七	29 廿八
30 廿九	31 三十					

9

一	二	三	四	五	六	日
		1 八月	2 初二	3 初三	4 初四	5 初五
6 初六	7 初七	8 白露	9 初九	10 初十	11 十一	12 十二
13 十三	14 十四	15 十五	16 十六	17 十七	18 十八	19 十九
20 二十	21 廿一	22 廿二	23 秋分	24 廿四	25 廿五	26 廿六
27 廿七	28 廿八	29 廿九	30 九月			

10

一	二	三	四	五	六	日
				1 初二	2 初三	3 初四
4 初五	5 初六	6 初七	7 初八	8 寒露	9 初十	10 十一
11 十二	12 十三	13 十四	14 十五	15 十六	16 十七	17 十八
18 十九	19 二十	20 廿一	21 廿二	22 廿三	23 霜降	24 廿五
25 廿六	26 廿七	27 廿八	28 廿九	29 十月	30 初二	31 初三

11

一	二	三	四	五	六	日
1 初四	2 初五	3 初六	4 初七	5 初八	6 初九	7 立冬
8 十一	9 十二	10 十三	11 十四	12 十五	13 十六	14 十七
15 十八	16 十九	17 二十	18 廿一	19 廿二	20 廿三	21 廿四
22 小雪	23 廿六	24 廿七	25 廿八	26 廿九	27 三十	28 十一月
29 初二	30 初三					

12

一	二	三	四	五	六	日
		1 初四	2 初五	3 初六	4 初七	5 初八
6 初九	7 大雪	8 十一	9 十二	10 十三	11 十四	12 十五
13 十六	14 十七	15 十八	16 十九	17 二十	18 廿一	19 廿二
20 廿三	21 廿四	22 冬至	23 廿六	24 廿七	25 廿八	26 廿九
27 三十	28 十二月	29 初二	30 初三	31 初四		

2028年（戊申　猴年　1月26日始　闰五月）

一	二	三	四	五	六	日
					1 初五	2 初六
3 初七	4 初八	5 初九	6 小寒	7 十一	8 十二	9 十三
10 十四	11 十五	12 十六	13 十七	14 十八	15 十九	16 二十
17 廿一	18 廿二	19 廿三	20 大寒	21 廿五	22 廿六	23 廿七
24 廿八	25 廿九	26 正月	27 初二	28 初三	29 初四	30 初五
31 初六						

一	二	三	四	五	六	日
	1 初七	2 初八	3 初九	4 立春	5 十一	6 十二
7 十三	8 十四	9 十五	10 十六	11 十七	12 十八	13 十九
14 二十	15 廿一	16 廿二	17 廿三	18 廿四	19 雨水	20 廿六
21 廿七	22 廿八	23 廿九	24 三十	25 二月	26 初二	27 初三
28 初四	29 初五					

一	二	三	四	五	六	日
		1 初六	2 初七	3 初八	4 初九	5 惊蛰
6 十一	7 十二	8 十三	9 十四	10 十五	11 十六	12 十七
13 十八	14 十九	15 二十	16 廿一	17 廿二	18 廿三	19 廿四
20 春分	21 廿六	22 廿七	23 廿八	24 廿九	25 三十	26 三月
27 初二	28 初三	29 初四	30 初五	31 初六		

一	二	三	四	五	六	日
					1 初七	2 初八
3 初九	4 清明	5 十一	6 十二	7 十三	8 十四	9 十五
10 十六	11 十七	12 十八	13 十九	14 二十	15 廿一	16 廿二
17 廿三	18 廿四	19 谷雨	20 廿六	21 廿七	22 廿八	23 廿九
24 三十	25 四月	26 初二	27 初三	28 初四	29 初五	30 初六

一	二	三	四	五	六	日
1 初七	2 初八	3 初九	4 初十	5 立夏	6 十二	7 十三
8 十四	9 十五	10 十六	11 十七	12 十八	13 十九	14 二十
15 廿一	16 廿二	17 廿三	18 廿四	19 廿五	20 小满	21 廿七
22 廿八	23 廿九	24 五月	25 初二	26 初三	27 初四	28 初五
29 初六	30 初七	31 初八				

一	二	三	四	五	六	日
			1 初九	2 初十	3 十一	4 十二
5 芒种	6 十四	7 十五	8 十六	9 十七	10 十八	11 十九
12 二十	13 廿一	14 廿二	15 廿三	16 廿四	17 廿五	18 廿六
19 廿七	20 廿八	21 夏至	22 三十	23 五月	24 初二	25 初三
26 初四	27 初五	28 初六	29 初七	30 初八		

一	二	三	四	五	六	日
					1 初九	2 初十
3 十一	4 十二	5 十三	6 小暑	7 十五	8 十六	9 十七
10 十八	11 十九	12 二十	13 廿一	14 廿二	15 廿三	16 廿四
17 廿五	18 廿六	19 廿七	20 廿八	21 廿九	22 六月 大暑	23 初二
24 初三	25 初四	26 初五	27 初六	28 初七	29 初八	30 初九
31 初十						

一	二	三	四	五	六	日
	1 十一	2 十二	3 十三	4 十四	5 十五	6 十六
7 立秋	8 十八	9 十九	10 二十	11 廿一	12 廿二	13 廿三
14 廿四	15 廿五	16 廿六	17 廿七	18 廿八	19 廿九	20 七月
21 初二	22 处暑	23 初四	24 初五	25 初六	26 初七	27 初八
28 初九	29 初十	30 十一	31 十二			

一	二	三	四	五	六	日
				1 十三	2 十四	3 十五
4 十六	5 十七	6 十八	7 白露	8 二十	9 廿一	10 廿二
11 廿三	12 廿四	13 廿五	14 廿六	15 廿七	16 廿八	17 廿九
18 三十	19 八月	20 初二	21 初三	22 秋分	23 初五	24 初六
25 初七	26 初八	27 初九	28 初十	29 十一	30 十二	

一	二	三	四	五	六	日
						1 十三
2 十四	3 十五	4 十六	5 十七	6 十八	7 十九	8 寒露
9 廿一	10 廿二	11 廿三	12 廿四	13 廿五	14 廿六	15 廿七
16 廿八	17 廿九	18 九月	19 初二	20 初三	21 初四	22 初五
23 霜降	24 初七	25 初八	26 初九	27 初十	28 十一	29 十二
30 十三	31 十四					

一	二	三	四	五	六	日
		1 十五	2 十六	3 十七	4 十八	5 十九
6 二十	7 立冬	8 廿二	9 廿三	10 廿四	11 廿五	12 廿六
13 廿七	14 廿八	15 廿九	16 十月	17 初二	18 初三	19 初四
20 初五	21 初六	22 小雪	23 初八	24 初九	25 初十	26 十一
27 十二	28 十三	29 十四	30 十五			

一	二	三	四	五	六	日
				1 十六	2 十七	3 十八
4 十九	5 二十	6 大雪	7 廿二	8 廿三	9 廿四	10 廿五
11 廿六	12 廿七	13 廿八	14 廿九	15 三十	16 十一月	17 初二
18 初三	19 初四	20 初五	21 冬至	22 初七	23 初八	24 初九
25 初十	26 十一	27 十二	28 十三	29 十四	30 十五	31 十六

2029年(己酉 鸡年 2月13日始)

1

一	二	三	四	五	六	日
1 十七	2 十八	3 十九	4 二十	5 小寒	6 廿二	7 廿三
8 廿四	9 廿五	10 廿六	11 廿七	12 廿八	13 廿九	14 三十
15 十二月	16 初二	17 初三	18 初四	19 初五	20 大寒	21 初七
22 初八	23 初九	24 初十	25 十一	26 十二	27 十三	28 十四
29 十五	30 十六	31 十七				

2

一	二	三	四	五	六	日
			1 十八	2 十九	3 立春	4 廿一
5 廿二	6 廿三	7 廿四	8 廿五	9 廿六	10 廿七	11 廿八
12 廿九	13 正月	14 初二	15 初三	16 初四	17 初五	18 雨水
19 初七	20 初八	21 初九	22 初十	23 十一	24 十二	25 十三
26 十四	27 十五	28 十六				

3

一	二	三	四	五	六	日
			1 十七	2 十八	3 十九	4 二十
5 惊蛰	6 廿二	7 廿三	8 廿四	9 廿五	10 廿六	11 廿七
12 廿八	13 廿九	14 三十	15 二月	16 初二	17 初三	18 初四
19 初五	20 春分	21 初七	22 初八	23 初九	24 初十	25 十一
26 十二	27 十三	28 十四	29 十五	30 十六	31 十七	

4

一	二	三	四	五	六	日
						1 十八
2 十九	3 二十	4 清明	5 廿二	6 廿三	7 廿四	8 廿五
9 廿六	10 廿七	11 廿八	12 廿九	13 三十	14 三月	15 初二
16 初三	17 初四	18 初五	19 初六	20 谷雨	21 初八	22 初九
23 初十	24 十一	25 十二	26 十三	27 十四	28 十五	29 十六
30 十七						

5

一	二	三	四	五	六	日
	1 十八	2 十九	3 二十	4 廿一	5 立夏	6 廿三
7 廿四	8 廿五	9 廿六	10 廿七	11 廿八	12 廿九	13 四月
14 初二	15 初三	16 初四	17 初五	18 初六	19 初七	20 初八
21 小满	22 初十	23 十一	24 十二	25 十三	26 十四	27 十五
28 十六	29 十七	30 十八	31 十九			

6

一	二	三	四	五	六	日
				1 二十	2 廿一	3 廿二
4 廿三	5 芒种	6 廿五	7 廿六	8 廿七	9 廿八	10 廿九
11 三十	12 五月	13 初二	14 初三	15 初四	16 初五	17 初六
18 初七	19 初八	20 初九	21 夏至	22 十一	23 十二	24 十三
25 十四	26 十五	27 十六	28 十七	29 十八	30 十九	

7

一	二	三	四	五	六	日
						1 二十
2 廿一	3 廿二	4 廿三	5 廿四	6 廿五	7 小暑	8 廿七
9 廿八	10 廿九	11 六月	12 初二	13 初三	14 初四	15 初五
16 初六	17 初七	18 初八	19 初九	20 初十	21 十一	22 大暑
23 十三	24 十四	25 十五	26 十六	27 十七	28 十八	29 十九
30 二十	31 廿一					

8

一	二	三	四	五	六	日
		1 廿二	2 廿三	3 廿四	4 廿五	5 廿六
6 廿七	7 立秋	8 廿九	9 三十	10 七月	11 初二	12 初三
13 初四	14 初五	15 初六	16 初七	17 初八	18 初九	19 初十
20 十一	21 十二	22 十三	23 处暑	24 十五	25 十六	26 十七
27 十八	28 十九	29 二十	30 廿一	31 廿二		

9

一	二	三	四	五	六	日
					1 廿三	2 廿四
3 廿五	4 廿六	5 廿七	6 廿八	7 白露	8 八月	9 初二
10 初三	11 初四	12 初五	13 初六	14 初七	15 初八	16 初九
17 初十	18 十一	19 十二	20 十三	21 十四	22 十五	23 秋分
24 十七	25 十八	26 十九	27 二十	28 廿一	29 廿二	30 廿三

10

一	二	三	四	五	六	日
1 廿四	2 廿五	3 廿六	4 廿七	5 廿八	6 廿九	7 三十
8 九月 寒露	9 初二	10 初三	11 初四	12 初五	13 初六	14 初七
15 初八	16 初九	17 初十	18 十一	19 十二	20 十三	21 十四
22 十五	23 霜降	24 十七	25 十八	26 十九	27 二十	28 廿一
29 廿二	30 廿三	31 廿四				

11

一	二	三	四	五	六	日
			1 廿五	2 廿六	3 廿七	4 廿八
5 廿九	6 十月	7 立冬	8 初三	9 初四	10 初五	11 初六
12 初七	13 初八	14 初九	15 初十	16 十一	17 十二	18 十三
19 十四	20 十五	21 十六	22 小雪	23 十八	24 十九	25 二十
26 廿一	27 廿二	28 廿三	29 廿四	30 廿五		

12

一	二	三	四	五	六	日
					1 廿六	2 廿七
3 廿八	4 廿九	5 十一月	6 初二	7 大雪	8 初四	9 初五
10 初六	11 初七	12 初八	13 初九	14 初十	15 十一	16 十二
17 十三	18 十四	19 十五	20 十六	21 冬至	22 十八	23 十九
24 二十	25 廿一	26 廿二	27 廿三	28 廿四	29 廿五	30 廿六
31 廿七						

2030年(庚戌　狗年　2月3日始)

一	二	三	四	五	六	日
	1 廿八	2 廿九	3 三十	4 十二月	5 小寒	6 初三
7 初四	8 初五	9 初六	10 初七	11 初八	12 初九	13 初十
14 十一	15 十二	16 十三	17 十四	18 十五	19 十六	20 大寒
21 十八	22 十九	23 二十	24 廿一	25 廿二	26 廿三	27 廿四
28 廿五	29 廿六	30 廿七	31 廿八			

一	二	三	四	五	六	日
				1 廿九	2 三十	3 正月
4 立春	5 初三	6 初四	7 初五	8 初六	9 初七	10 初八
11 初九	12 初十	13 十一	14 十二	15 十三	16 十四	17 十五
18 雨水	19 十七	20 十八	21 十九	22 二十	23 廿一	24 廿二
25 廿三	26 廿四	27 廿五	28 廿六			

一	二	三	四	五	六	日
				1 廿七	2 廿八	3 廿九
4 二月	5 惊蛰	6 初三	7 初四	8 初五	9 初六	10 初七
11 初八	12 初九	13 初十	14 十一	15 十二	16 十三	17 十四
18 十五	19 十六	20 春分	21 十八	22 十九	23 二十	24 廿一
25 廿二	26 廿三	27 廿四	28 廿五	29 廿六	30 廿七	31 廿八

一	二	三	四	五	六	日
1 廿九	2 三十	3 三月	4 初二	5 清明	6 初四	7 初五
8 初六	9 初七	10 初八	11 初九	12 初十	13 十一	14 十二
15 十三	16 十四	17 十五	18 十六	19 十七	20 谷雨	21 十九
22 二十	23 廿一	24 廿二	25 廿三	26 廿四	27 廿五	28 廿六
29 廿七	30 廿八					

一	二	三	四	五	六	日
		1 廿九	2 四月	3 初二	4 初三	5 立夏
6 初五	7 初六	8 初七	9 初八	10 初九	11 初十	12 十一
13 十二	14 十三	15 十四	16 十五	17 十六	18 十七	19 十八
20 十九	21 小满	22 廿一	23 廿二	24 廿三	25 廿四	26 廿五
27 廿六	28 廿七	29 廿八	30 廿九	31 三十		

一	二	三	四	五	六	日
					1 五月	2 初二
3 初三	4 初四	5 芒种	6 初六	7 初七	8 初八	9 初九
10 初十	11 十一	12 十二	13 十三	14 十四	15 十五	16 十六
17 十七	18 十八	19 十九	20 二十	21 夏至	22 廿二	23 廿三
24 廿四	25 廿五	26 廿六	27 廿七	28 廿八	29 廿九	30 三十

一	二	三	四	五	六	日
1 六月	2 初二	3 初三	4 初四	5 初五	6 初六	7 小暑
8 初八	9 初九	10 初十	11 十一	12 十二	13 十三	14 十四
15 十五	16 十六	17 十七	18 十八	19 十九	20 二十	21 廿一
22 廿二	23 大暑	24 廿四	25 廿五	26 廿六	27 廿七	28 廿八
29 廿九	30 七月	31 初二				

一	二	三	四	五	六	日
			1 初三	2 初四	3 初五	4 初六
5 初七	6 初八	7 立秋	8 初十	9 十一	10 十二	11 十三
12 十四	13 十五	14 十六	15 十七	16 十八	17 十九	18 二十
19 廿一	20 廿二	21 廿三	22 廿四	23 处暑	24 廿六	25 廿七
26 廿八	27 廿九	28 三十	29 八月	30 初二	31 初三	

一	二	三	四	五	六	日
						1 初四
2 初五	3 初六	4 初七	5 初八	6 初九	7 白露	8 十一
9 十二	10 十三	11 十四	12 十五	13 十六	14 十七	15 十八
16 十九	17 二十	18 廿一	19 廿二	20 廿三	21 廿四	22 廿五
23 秋分	24 廿七	25 廿八	26 廿九	27 九月	28 初二	29 初三
30 初四						

一	二	三	四	五	六	日
	1 初五	2 初六	3 初七	4 初八	5 初九	6 初十
7 十一	8 寒露	9 十三	10 十四	11 十五	12 十六	13 十七
14 十八	15 十九	16 二十	17 廿一	18 廿二	19 廿三	20 廿四
21 廿五	22 廿六	23 霜降	24 廿八	25 廿九	26 三十	27 十月
28 初二	29 初三	30 初四	31 初五			

一	二	三	四	五	六	日
				1 初六	2 初七	3 初八
4 初九	5 初十	6 十一	7 立冬	8 十三	9 十四	10 十五
11 十六	12 十七	13 十八	14 十九	15 二十	16 廿一	17 廿二
18 廿三	19 廿四	20 廿五	21 廿六	22 小雪	23 廿八	24 廿九
25 十一月	26 初二	27 初三	28 初四	29 初五	30 初六	

一	二	三	四	五	六	日
						1 初七
2 初八	3 初九	4 初十	5 十一	6 十二	7 大雪	8 十四
9 十五	10 十六	11 十七	12 十八	13 十九	14 二十	15 廿一
16 廿二	17 廿三	18 廿四	19 廿五	20 廿六	21 廿七	22 冬至
23 廿九	24 三十	25 十二月	26 初二	27 初三	28 初四	29 初五
30 初六	31 初七					

2031年（辛亥 猪年 1月23日始 闰三月）

1

一	二	三	四	五	六	日
		1 初八	2 初九	3 初十	4 十一	5 小寒
6 十三	7 十四	8 十五	9 十六	10 十七	11 十八	12 十九
13 二十	14 廿一	15 廿二	16 廿三	17 廿四	18 廿五	19 廿六
20 大寒	21 廿八	22 廿九	23 正月	24 初二	25 初三	26 初四
27 初五	28 初六	29 初七	30 初八	31 初九		

2

一	二	三	四	五	六	日
					1 初十	2 十一
3 十二	4 立春	5 十四	6 十五	7 十六	8 十七	9 十八
10 十九	11 二十	12 廿一	13 廿二	14 廿三	15 廿四	16 廿五
17 廿六	18 廿七	19 雨水	20 廿九	21 二月	22 初二	23 初三
24 初四	25 初五	26 初六	27 初七	28 初八		

3

一	二	三	四	五	六	日
					1 初九	2 初十
3 十一	4 十二	5 十三	6 惊蛰	7 十五	8 十六	9 十七
10 十八	11 十九	12 二十	13 廿一	14 廿二	15 廿三	16 廿四
17 廿五	18 廿六	19 廿七	20 廿八	21 春分	22 三十	23 三月
24 初二	25 初三	26 初四	27 初五	28 初六	29 初七	30 初八
31 初九						

4

一	二	三	四	五	六	日
	1 初十	2 十一	3 十二	4 十三	5 清明	6 十五
7 十六	8 十七	9 十八	10 十九	11 二十	12 廿一	13 廿二
14 廿三	15 廿四	16 廿五	17 廿六	18 廿七	19 廿八	20 谷雨
21 三十	22 三月	23 初二	24 初三	25 初四	26 初五	27 初六
28 初七	29 初八	30 初九				

5

一	二	三	四	五	六	日
			1 初十	2 十一	3 十二	4 十三
5 十四	6 立夏	7 十六	8 十七	9 十八	10 十九	11 二十
12 廿一	13 廿二	14 廿三	15 廿四	16 廿五	17 廿六	18 廿七
19 廿八	20 廿九	21 四月 小满	22 初二	23 初三	24 初四	25 初五
26 初六	27 初七	28 初八	29 初九	30 初十	31 十一	

6

一	二	三	四	五	六	日
						1 十二
2 十三	3 十四	4 十五	5 十六	6 芒种	7 十八	8 十九
9 二十	10 廿一	11 廿二	12 廿三	13 廿四	14 廿五	15 廿六
16 廿七	17 廿八	18 廿九	19 三十	20 五月	21 夏至	22 初三
23 初四	24 初五	25 初六	26 初七	27 初八	28 初九	29 初十
30 十一						

7

一	二	三	四	五	六	日
	1 十二	2 十三	3 十四	4 十五	5 十六	6 十七
7 小暑	8 十九	9 二十	10 廿一	11 廿二	12 廿三	13 廿四
14 廿五	15 廿六	16 廿七	17 廿八	18 廿九	19 六月	20 初二
21 初三	22 初四	23 大暑	24 初六	25 初七	26 初八	27 初九
28 初十	29 十一	30 十二	31 十三			

8

一	二	三	四	五	六	日
				1 十四	2 十五	3 十六
4 十七	5 十八	6 十九	7 二十	8 立秋	9 廿二	10 廿三
11 廿四	12 廿五	13 廿六	14 廿七	15 廿八	16 廿九	17 三十
18 七月	19 初二	20 初三	21 初四	22 初五	23 处暑	24 初七
25 初八	26 初九	27 初十	28 十一	29 十二	30 十三	31 十四

9

一	二	三	四	五	六	日
1 十五	2 十六	3 十七	4 十八	5 十九	6 二十	7 廿一
8 白露	9 廿三	10 廿四	11 廿五	12 廿六	13 廿七	14 廿八
15 廿九	16 三十	17 八月	18 初二	19 初三	20 初四	21 初五
22 初六	23 秋分	24 初八	25 初九	26 初十	27 十一	28 十二
29 十三	30 十四					

10

一	二	三	四	五	六	日
		1 十五	2 十六	3 十七	4 十八	5 十九
6 二十	7 廿一	8 寒露	9 廿三	10 廿四	11 廿五	12 廿六
13 廿七	14 廿八	15 廿九	16 九月	17 初二	18 初三	19 初四
20 初五	21 初六	22 初七	23 霜降	24 初九	25 初十	26 十一
27 十二	28 十三	29 十四	30 十五	31 十六		

11

一	二	三	四	五	六	日
					1 十七	2 十八
3 十九	4 二十	5 廿一	6 廿二	7 立冬	8 廿四	9 廿五
10 廿六	11 廿七	12 廿八	13 廿九	14 三十	15 十月	16 初二
17 初三	18 初四	19 初五	20 初六	21 初七	22 小雪	23 初九
24 初十	25 十一	26 十二	27 十三	28 十四	29 十五	30 十六

12

一	二	三	四	五	六	日
1 十七	2 十八	3 十九	4 二十	5 廿一	6 廿二	7 大雪
8 廿四	9 廿五	10 廿六	11 廿七	12 廿八	13 廿九	14 十一月
15 初二	16 初三	17 初四	18 初五	19 初六	20 初七	21 初八
22 冬至	23 初十	24 十一	25 十二	26 十三	27 十四	28 十五
29 十六	30 十七	31 十八				

2032年（壬子　鼠年　2月11日始）

1

一	二	三	四	五	六	日
			1 十九	2 二十	3 廿一	4 廿二
5 廿三	6 小寒	7 廿五	8 廿六	9 廿七	10 廿八	11 廿九
12 三十	13 十二月	14 初二	15 初三	16 初四	17 初五	18 初六
19 初七	20 大寒	21 初九	22 初十	23 十一	24 十二	25 十三
26 十四	27 十五	28 十六	29 十七	30 十八	31 十九	

2

一	二	三	四	五	六	日
						1 二十
2 廿一	3 廿二	4 立春	5 廿四	6 廿五	7 廿六	8 廿七
9 廿八	10 廿九	11 正月	12 初二	13 初三	14 初四	15 初五
16 初六	17 初七	18 初八	19 雨水	20 初十	21 十一	22 十二
23 十三	24 十四	25 十五	26 十六	27 十七	28 十八	29 十九

3

一	二	三	四	五	六	日
1 二十	2 廿一	3 廿二	4 廿三	5 惊蛰	6 廿五	7 廿六
8 廿七	9 廿八	10 廿九	11 三十	12 二月	13 初二	14 初三
15 初四	16 初五	17 初六	18 初七	19 初八	20 春分	21 初十
22 十一	23 十二	24 十三	25 十四	26 十五	27 十六	28 十七
29 十八	30 十九	31 二十				

4

一	二	三	四	五	六	日
			1 廿一	2 廿二	3 廿三	4 清明
5 廿五	6 廿六	7 廿七	8 廿八	9 廿九	10 三月	11 初二
12 初三	13 初四	14 初五	15 初六	16 初七	17 初八	18 初九
19 谷雨	20 十一	21 十二	22 十三	23 十四	24 十五	25 十六
26 十七	27 十八	28 十九	29 二十	30 廿一		

5

一	二	三	四	五	六	日
					1 廿二	2 廿三
3 廿四	4 廿五	5 立夏	6 廿七	7 廿八	8 廿九	9 四月
10 初二	11 初三	12 初四	13 初五	14 初六	15 初七	16 初八
17 初九	18 初十	19 十一	20 小满	21 十三	22 十四	23 十五
24 十六	25 十七	26 十八	27 十九	28 二十	29 廿一	30 廿二
31 廿三						

6

一	二	三	四	五	六	日
	1 廿四	2 廿五	3 廿六	4 廿七	5 芒种	6 廿九
7 三十	8 五月	9 初二	10 初三	11 初四	12 初五	13 初六
14 初七	15 初八	16 初九	17 初十	18 十一	19 十二	20 十三
21 夏至	22 十五	23 十六	24 十七	25 十八	26 十九	27 二十
28 廿一	29 廿二	30 廿三				

7

一	二	三	四	五	六	日
			1 廿四	2 廿五	3 廿六	4 廿七
5 廿八	6 小暑	7 六月	8 初二	9 初三	10 初四	11 初五
12 初六	13 初七	14 初八	15 初九	16 初十	17 十一	18 十二
19 十三	20 十四	21 十五	22 大暑	23 十七	24 十八	25 十九
26 二十	27 廿一	28 廿二	29 廿三	30 廿四	31 廿五	

8

一	二	三	四	五	六	日
						1 廿六
2 廿七	3 廿八	4 廿九	5 三十	6 七月	7 立秋	8 初三
9 初四	10 初五	11 初六	12 初七	13 初八	14 初九	15 初十
16 十一	17 十二	18 十三	19 十四	20 十五	21 十六	22 处暑
23 十八	24 十九	25 二十	26 廿一	27 廿二	28 廿三	29 廿四
30 廿五	31 廿六					

9

一	二	三	四	五	六	日
		1 廿七	2 廿八	3 廿九	4 三十	5 八月
6 初二	7 白露	8 初四	9 初五	10 初六	11 初七	12 初八
13 初九	14 初十	15 十一	16 十二	17 十三	18 十四	19 十五
20 十六	21 十七	22 秋分	23 十九	24 二十	25 廿一	26 廿二
27 廿三	28 廿四	29 廿五	30 廿六			

10

一	二	三	四	五	六	日
				1 廿七	2 廿八	3 廿九
4 九月	5 初二	6 初三	7 初四	8 寒露	9 初六	10 初七
11 初八	12 初九	13 初十	14 十一	15 十二	16 十三	17 十四
18 十五	19 十六	20 十七	21 十八	22 十九	23 霜降	24 廿一
25 廿二	26 廿三	27 廿四	28 廿五	29 廿六	30 廿七	31 廿八

11

一	二	三	四	五	六	日
1 廿九	2 三十	3 十月	4 初二	5 初三	6 初四	7 立冬
8 初六	9 初七	10 初八	11 初九	12 初十	13 十一	14 十二
15 十三	16 十四	17 十五	18 十六	19 十七	20 十八	21 十九
22 小雪	23 廿一	24 廿二	25 廿三	26 廿四	27 廿五	28 廿六
29 廿七	30 廿八					

12

一	二	三	四	五	六	日
		1 廿九	2 三十	3 十一月	4 初二	5 初三
6 大雪	7 初五	8 初六	9 初七	10 初八	11 初九	12 初十
13 十一	14 十二	15 十三	16 十四	17 十五	18 十六	19 十七
20 十八	21 冬至	22 二十	23 廿一	24 廿二	25 廿三	26 廿四
27 廿五	28 廿六	29 廿七	30 廿八	31 廿九		

2033年（癸丑 牛年 1月31日始 闰十一月）

1

一	二	三	四	五	六	日
					1 十二月	2 初二
3 初三	4 初四	5 小寒	6 初六	7 初七	8 初八	9 初九
10 初十	11 十一	12 十二	13 十三	14 十四	15 十五	16 十六
17 十七	18 十八	19 十九	20 大寒	21 廿一	22 廿二	23 廿三
24 廿四	25 廿五	26 廿六	27 廿七	28 廿八	29 廿九	30 三十
31 正月						

2

一	二	三	四	五	六	日
	1 初二	2 初三	3 立春	4 初五	5 初六	6 初七
7 初八	8 初九	9 初十	10 十一	11 十二	12 十三	13 十四
14 十五	15 十六	16 十七	17 十八	18 雨水	19 二十	20 廿一
21 廿二	22 廿三	23 廿四	24 廿五	25 廿六	26 廿七	27 廿八
28 廿九						

3

一	二	三	四	五	六	日
	1 二月	2 初二	3 初三	4 初四	5 惊蛰	6 初六
7 初七	8 初八	9 初九	10 初十	11 十一	12 十二	13 十三
14 十四	15 十五	16 十六	17 十七	18 十八	19 十九	20 春分
21 廿一	22 廿二	23 廿三	24 廿四	25 廿五	26 廿六	27 廿七
28 廿八	29 廿九	30 三十	31 三月			

4

一	二	三	四	五	六	日
				1 初二	2 初三	3 初四
4 清明	5 初六	6 初七	7 初八	8 初九	9 初十	10 十一
11 十二	12 十三	13 十四	14 十五	15 十六	16 十七	17 十八
18 十九	19 二十	20 谷雨	21 廿二	22 廿三	23 廿四	24 廿五
25 廿六	26 廿七	27 廿八	28 廿九	29 四月	30 初二	

5

一	二	三	四	五	六	日
						1 初三
2 初四	3 初五	4 初六	5 立夏	6 初八	7 初九	8 初十
9 十一	10 十二	11 十三	12 十四	13 十五	14 十六	15 十七
16 十八	17 十九	18 二十	19 廿一	20 廿二	21 小满	22 廿四
23 廿五	24 廿六	25 廿七	26 廿八	27 廿九	28 五月	29 初二
30 初三	31 初四					

6

一	二	三	四	五	六	日
		1 初五	2 初六	3 初七	4 初八	5 芒种
6 初十	7 十一	8 十二	9 十三	10 十四	11 十五	12 十六
13 十七	14 十八	15 十九	16 二十	17 廿一	18 廿二	19 廿三
20 廿四	21 夏至	22 廿六	23 廿七	24 廿八	25 廿九	26 三十
27 六月	28 初二	29 初三	30 初四			

7

一	二	三	四	五	六	日
				1 初五	2 初六	3 初七
4 初八	5 初九	6 初十	7 小暑	8 十二	9 十三	10 十四
11 十五	12 十六	13 十七	14 十八	15 十九	16 二十	17 廿一
18 廿二	19 廿三	20 廿四	21 廿五	22 大暑	23 廿七	24 廿八
25 廿九	26 七月	27 初二	28 初三	29 初四	30 初五	31 初六

8

一	二	三	四	五	六	日
1 初七	2 初八	3 初九	4 初十	5 十一	6 十二	7 立秋
8 十四	9 十五	10 十六	11 十七	12 十八	13 十九	14 二十
15 廿一	16 廿二	17 廿三	18 廿四	19 廿五	20 廿六	21 廿七
22 廿八	23 处暑	24 三十	25 八月	26 初二	27 初三	28 初四
29 初五	30 初六	31 初七				

9

一	二	三	四	五	六	日
			1 初八	2 初九	3 初十	4 十一
5 十二	6 十三	7 白露	8 十五	9 十六	10 十七	11 十八
12 十九	13 二十	14 廿一	15 廿二	16 廿三	17 廿四	18 廿五
19 廿六	20 廿七	21 廿八	22 廿九	23 九月 秋分	24 初二	25 初三
26 初四	27 初五	28 初六	29 初七	30 初八		

10

一	二	三	四	五	六	日
					1 初九	2 初十
3 十一	4 十二	5 十三	6 十四	7 十五	8 寒露	9 十七
10 十八	11 十九	12 二十	13 廿一	14 廿二	15 廿三	16 廿四
17 廿五	18 廿六	19 廿七	20 廿八	21 廿九	22 三十	23 十月 霜降
24 初二	25 初三	26 初四	27 初五	28 初六	29 初七	30 初八
31 初九						

11

一	二	三	四	五	六	日
	1 初十	2 十一	3 十二	4 十三	5 十四	6 十五
7 立冬	8 十七	9 十八	10 十九	11 二十	12 廿一	13 廿二
14 廿三	15 廿四	16 廿五	17 廿六	18 廿七	19 廿八	20 廿九
21 三十	22 十一月 小雪	23 初二	24 初三	25 初四	26 初五	27 初六
28 初七	29 初八	30 初九				

12

一	二	三	四	五	六	日
			1 初十	2 十一	3 十二	4 十三
5 十四	6 十五	7 大雪	8 十七	9 十八	10 十九	11 二十
12 廿一	13 廿二	14 廿三	15 廿四	16 廿五	17 廿六	18 廿七
19 廿八	20 廿九	21 冬至	22 十一月	23 初二	24 初三	25 初四
26 初五	27 初六	28 初七	29 初八	30 初九	31 初十	

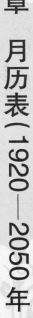

2034 年(甲寅　虎年　2 月 19 日始)

养生月历

1

一	二	三	四	五	六	日
						1 十一
2 十二	3 十三	4 十四	5 小寒	6 十六	7 十七	8 十八
9 十九	10 二十	11 廿一	12 廿二	13 廿三	14 廿四	15 廿五
16 廿六	17 廿七	18 廿八	19 廿九	20 十二月 大寒	21 初二	22 初三
23 初四	24 初五	25 初六	26 初七	27 初八	28 初九	29 初十
30 十一	31 十二					

2

一	二	三	四	五	六	日
		1 十三	2 十四	3 十五	4 立春	5 十七
6 十八	7 十九	8 二十	9 廿一	10 廿二	11 廿三	12 廿四
13 廿五	14 廿六	15 廿七	16 廿八	17 廿九	18 雨水	19 正月
20 初二	21 初三	22 初四	23 初五	24 初六	25 初七	26 初八
27 初九	28 初十					

3

一	二	三	四	五	六	日
		1 十一	2 十二	3 十三	4 十四	5 惊蛰
6 十六	7 十七	8 十八	9 十九	10 二十	11 廿一	12 廿二
13 廿三	14 廿四	15 廿五	16 廿六	17 廿七	18 廿八	19 廿九
20 二月 春分	21 初二	22 初三	23 初四	24 初五	25 初六	26 初七
27 初八	28 初九	29 初十	30 十一	31 十二		

4

一	二	三	四	五	六	日
					1 十三	2 十四
3 十五	4 十六	5 清明	6 十八	7 十九	8 二十	9 廿一
10 廿二	11 廿三	12 廿四	13 廿五	14 廿六	15 廿七	16 廿八
17 廿九	18 三十	19 三月	20 谷雨	21 初三	22 初四	23 初五
24 初六	25 初七	26 初八	27 初九	28 初十	29 十一	30 十二

5

一	二	三	四	五	六	日
1 十三	2 十四	3 十五	4 十六	5 立夏	6 十八	7 十九
8 二十	9 廿一	10 廿二	11 廿三	12 廿四	13 廿五	14 廿六
15 廿七	16 廿八	17 廿九	18 四月	19 初二	20 初三	21 小满
22 初五	23 初六	24 初七	25 初八	26 初九	27 初十	28 十一
29 十二	30 十三	31 十四				

6

一	二	三	四	五	六	日
			1 十五	2 十六	3 十七	4 十八
5 芒种	6 二十	7 廿一	8 廿二	9 廿三	10 廿四	11 廿五
12 廿六	13 廿七	14 廿八	15 廿九	16 五月	17 初二	18 初三
19 初四	20 初五	21 夏至	22 初七	23 初八	24 初九	25 初十
26 十一	27 十二	28 十三	29 十四	30 十五		

7

一	二	三	四	五	六	日
					1 十六	2 十七
3 十八	4 十九	5 二十	6 廿一	7 小暑	8 廿三	9 廿四
10 廿五	11 廿六	12 廿七	13 廿八	14 廿九	15 三十	16 六月
17 初二	18 初三	19 初四	20 初五	21 初六	22 初七	23 大暑
24 初九	25 初十	26 十一	27 十二	28 十三	29 十四	30 十五
31 十六						

8

一	二	三	四	五	六	日
	1 十七	2 十八	3 十九	4 二十	5 廿一	6 廿二
7 立秋	8 廿四	9 廿五	10 廿六	11 廿七	12 廿八	13 廿九
14 七月	15 初二	16 初三	17 初四	18 初五	19 初六	20 初七
21 初八	22 初九	23 处暑	24 十一	25 十二	26 十三	27 十四
28 十五	29 十六	30 十七	31 十八			

9

一	二	三	四	五	六	日
				1 十九	2 二十	3 廿一
4 廿二	5 廿三	6 廿四	7 白露	8 廿六	9 廿七	10 廿八
11 廿九	12 三十	13 八月	14 初二	15 初三	16 初四	17 初五
18 初六	19 初七	20 初八	21 初九	22 初十	23 秋分	24 十二
25 十三	26 十四	27 十五	28 十六	29 十七	30 十八	

10

一	二	三	四	五	六	日
						1 十九
2 二十	3 廿一	4 廿二	5 廿三	6 廿四	7 廿五	8 寒露
9 廿七	10 廿八	11 廿九	12 九月	13 初二	14 初三	15 初四
16 初五	17 初六	18 初七	19 初八	20 初九	21 初十	22 十一
23 霜降	24 十三	25 十四	26 十五	27 十六	28 十七	29 十八
30 十九	31 二十					

11

一	二	三	四	五	六	日
		1 廿一	2 廿二	3 廿三	4 廿四	5 廿五
6 廿六	7 立冬	8 廿八	9 廿九	10 三十	11 十月	12 初二
13 初三	14 初四	15 初五	16 初六	17 初七	18 初八	19 初九
20 初十	21 十一	22 小雪	23 十三	24 十四	25 十五	26 十六
27 十七	28 十八	29 十九	30 二十			

12

一	二	三	四	五	六	日
				1 廿一	2 廿二	3 廿三
4 廿四	5 廿五	6 廿六	7 大雪	8 廿八	9 廿九	10 三十
11 十一月	12 初二	13 初三	14 初四	15 初五	16 初六	17 初七
18 初八	19 初九	20 初十	21 十一	22 冬至	23 十三	24 十四
25 十五	26 十六	27 十七	28 十八	29 十九	30 二十	31 廿一

2035年(乙卯 兔年 2月8日始)

1

一	二	三	四	五	六	日
1 廿二	2 廿三	3 廿四	4 廿五	5 小寒	6 廿七	7 廿八
8 廿九	9 十二月	10 初二	11 初三	12 初四	13 初五	14 初六
15 初七	16 初八	17 初九	18 初十	19 十一	20 大寒	21 十三
22 十四	23 十五	24 十六	25 十七	26 十八	27 十九	28 二十
29 廿一	30 廿二	31 廿三				

2

一	二	三	四	五	六	日
			1 廿四	2 廿五	3 廿六	4 立春
5 廿八	6 廿九	7 三十	8 正月	9 初二	10 初三	11 初四
12 初五	13 初六	14 初七	15 初八	16 初九	17 初十	18 十一
19 雨水	20 十三	21 十四	22 十五	23 十六	24 十七	25 十八
26 十九	27 二十	28 廿一				

3

一	二	三	四	五	六	日
			1 廿二	2 廿三	3 廿四	4 廿五
5 廿六	6 惊蛰	7 廿八	8 廿九	9 三十	10 二月	11 初二
12 初三	13 初四	14 初五	15 初六	16 初七	17 初八	18 初九
19 初十	20 十一	21 春分	22 十三	23 十四	24 十五	25 十六
26 十七	27 十八	28 十九	29 二十	30 廿一	31 廿二	

4

一	二	三	四	五	六	日
						1 廿三
2 廿四	3 廿五	4 廿六	5 清明	6 廿八	7 廿九	8 三月
9 初二	10 初三	11 初四	12 初五	13 初六	14 初七	15 初八
16 初九	17 初十	18 十一	19 十二	20 谷雨	21 十四	22 十五
23 十六	24 十七	25 十八	26 十九	27 二十	28 廿一	29 廿二
30 廿三						

5

一	二	三	四	五	六	日
	1 廿四	2 廿五	3 廿六	4 廿七	5 立夏	6 廿九
7 三十	8 四月	9 初二	10 初三	11 初四	12 初五	13 初六
14 初七	15 初八	16 初九	17 初十	18 十一	19 十二	20 十三
21 小满	22 十五	23 十六	24 十七	25 十八	26 十九	27 二十
28 廿一	29 廿二	30 廿三	31 廿四			

6

一	二	三	四	五	六	日
				1 廿五	2 廿六	3 廿七
4 廿八	5 廿九	6 五月 芒种	7 初二	8 初三	9 初四	10 初五
11 初六	12 初七	13 初八	14 初九	15 初十	16 十一	17 十二
18 十三	19 十四	20 十五	21 夏至	22 十七	23 十八	24 十九
25 二十	26 廿一	27 廿二	28 廿三	29 廿四	30 廿五	

7

一	二	三	四	五	六	日
						1 廿六
2 廿七	3 廿八	4 廿九	5 六月	6 初二	7 小暑	8 初四
9 初五	10 初六	11 初七	12 初八	13 初九	14 初十	15 十一
16 十二	17 十三	18 十四	19 十五	20 十六	21 十七	22 十八
23 大暑	24 二十	25 廿一	26 廿二	27 廿三	28 廿四	29 廿五
30 廿六	31 廿七					

8

一	二	三	四	五	六	日
		1 廿八	2 廿九	3 三十	4 七月	5 初二
6 初三	7 立秋	8 初五	9 初六	10 初七	11 初八	12 初九
13 初十	14 十一	15 十二	16 十三	17 十四	18 十五	19 十六
20 十七	21 十八	22 十九	23 处暑	24 廿一	25 廿二	26 廿三
27 廿四	28 廿五	29 廿六	30 廿七	31 廿八		

9

一	二	三	四	五	六	日
					1 廿九	2 八月
3 初二	4 初三	5 初四	6 初五	7 初六	8 白露	9 初八
10 初九	11 初十	12 十一	13 十二	14 十三	15 十四	16 十五
17 十六	18 十七	19 十八	20 十九	21 二十	22 廿一	23 秋分
24 廿三	25 廿四	26 廿五	27 廿六	28 廿七	29 廿八	30 廿九

10

一	二	三	四	五	六	日
1 九月	2 初二	3 初三	4 初四	5 初五	6 初六	7 初七
8 寒露	9 初九	10 初十	11 十一	12 十二	13 十三	14 十四
15 十五	16 十六	17 十七	18 十八	19 十九	20 二十	21 廿一
22 廿二	23 霜降	24 廿四	25 廿五	26 廿六	27 廿七	28 廿八
29 廿九	30 三十	31 十月				

11

一	二	三	四	五	六	日
			1 初二	2 初三	3 初四	4 初五
5 初六	6 初七	7 立冬	8 初九	9 初十	10 十一	11 十二
12 十三	13 十四	14 十五	15 十六	16 十七	17 十八	18 十九
19 二十	20 廿一	21 廿二	22 小雪	23 廿四	24 廿五	25 廿六
26 廿七	27 廿八	28 廿九	29 三十	30 十一月		

12

一	二	三	四	五	六	日
					1 初二	2 初三
3 初四	4 初五	5 初六	6 初七	7 大雪	8 初九	9 初十
10 十一	11 十二	12 十三	13 十四	14 十五	15 十六	16 十七
17 十八	18 十九	19 二十	20 廿一	21 廿二	22 冬至	23 廿四
24 廿五	25 廿六	26 廿七	27 廿八	28 廿九	29 十二月	30 初二
31 初三						

2036年（丙辰　龙年　1月28日始　闰六月）

1

一	二	三	四	五	六	日
	1初四	2初五	3初六	4初七	5初八	6小寒
7初十	8十一	9十二	10十三	11十四	12十五	13十六
14十七	15十八	16十九	17二十	18廿一	19廿二	20大寒
21廿四	22廿五	23廿六	24廿七	25廿八	26廿九	27三十
28正月	29初二	30初三	31初四			

2

一	二	三	四	五	六	日
				1初五	2初六	3初七
4立春	5初九	6初十	7十一	8十二	9十三	10十四
11十五	12十六	13十七	14十八	15十九	16二十	17廿一
18廿二	19雨水	20廿四	21廿五	22廿六	23廿七	24廿八
25廿九	26三十	27二月	28初二	29初三		

3

一	二	三	四	五	六	日
					1初四	2初五
3初六	4初七	5惊蛰	6初九	7初十	8十一	9十二
10十三	11十四	12十五	13十六	14十七	15十八	16十九
17二十	18廿一	19廿二	20春分	21廿四	22廿五	23廿六
24廿七	25廿八	26廿九	27三十	28三月	29初二	30初三
31初四						

4

一	二	三	四	五	六	日
	1初五	2初六	3初七	4清明	5初九	6初十
7十一	8十二	9十三	10十四	11十五	12十六	13十七
14十八	15十九	16二十	17廿一	18廿二	19谷雨	20廿四
21廿五	22廿六	23廿七	24廿八	25廿九	26四月	27初二
28初三	29初四	30初五				

5

一	二	三	四	五	六	日
			1初六	2初七	3初八	4初九
5立夏	6十一	7十二	8十三	9十四	10十五	11十六
12十七	13十八	14十九	15二十	16廿一	17廿二	18廿三
19廿四	20小满	21廿六	22廿七	23廿八	24廿九	25三十
26五月	27初二	28初三	29初四	30初五	31初六	

6

一	二	三	四	五	六	日
						1初七
2初八	3初九	4初十	5芒种	6十二	7十三	8十四
9十五	10十六	11十七	12十八	13十九	14二十	15廿一
16廿二	17廿三	18廿四	19廿五	20廿六	21夏至	22廿八
23廿九	24六月	25初二	26初三	27初四	28初五	29初六
30初七						

7

一	二	三	四	五	六	日
	1初八	2初九	3初十	4十一	5十二	6小暑
7十四	8十五	9十六	10十七	11十八	12十九	13二十
14廿一	15廿二	16廿三	17廿四	18廿五	19廿六	20廿七
21廿八	22大暑	23六月	24初二	25初三	26初四	27初五
28初六	29初七	30初八	31初九			

8

一	二	三	四	五	六	日
				1初十	2十一	3十二
4十三	5十四	6十五	7立秋	8十七	9十八	10十九
11二十	12廿一	13廿二	14廿三	15廿四	16廿五	17廿六
18廿七	19廿八	20廿九	21三十	22七月处暑	23初二	24初三
25初四	26初五	27初六	28初七	29初八	30初九	31初十

9

一	二	三	四	五	六	日
1十一	2十二	3十三	4十四	5十五	6十六	7白露
8十八	9十九	10二十	11廿一	12廿二	13廿三	14廿四
15廿五	16廿六	17廿七	18廿八	19廿九	20八月	21初二
22秋分	23初四	24初五	25初六	26初七	27初八	28初九
29初十	30十一					

10

一	二	三	四	五	六	日
		1十二	2十三	3十四	4十五	5十六
6十七	7十八	8寒露	9二十	10廿一	11廿二	12廿三
13廿四	14廿五	15廿六	16廿七	17廿八	18廿九	19九月
20初二	21初三	22初四	23霜降	24初六	25初七	26初八
27初九	28初十	29十一	30十二	31十三		

11

一	二	三	四	五	六	日
					1十四	2十五
3十六	4十七	5十八	6十九	7立冬	8廿一	9廿二
10廿三	11廿四	12廿五	13廿六	14廿七	15廿八	16廿九
17三十	18十月	19初二	20初三	21初四	22小雪	23初六
24初七	25初八	26初九	27初十	28十一	29十二	30十三

12

一	二	三	四	五	六	日
1十四	2十五	3十六	4十七	5十八	6大雪	7二十
8廿一	9廿二	10廿三	11廿四	12廿五	13廿六	14廿七
15廿八	16廿九	17十一月	18初二	19初三	20初四	21冬至
22初六	23初七	24初八	25初九	26初十	27十一	28十二
29十三	30十四	31十五				

2037年（丁巳　蛇年　2月15日始）

1

一	二	三	四	五	六	日
			1 十六	2 十七	3 十八	4 十九
5 小寒	6 廿一	7 廿二	8 廿三	9 廿四	10 廿五	11 廿六
12 廿七	13 廿八	14 廿九	15 三十	16 十二月	17 初二	18 初三
19 初四	20 大寒	21 初六	22 初七	23 初八	24 初九	25 初十
26 十一	27 十二	28 十三	29 十四	30 十五	31 十六	

2

一	二	三	四	五	六	日
						1 十七
2 十八	3 立春	4 二十	5 廿一	6 廿二	7 廿三	8 廿四
9 廿五	10 廿六	11 廿七	12 廿八	13 廿九	14 三十	15 正月
16 初二	17 初三	18 雨水	19 初五	20 初六	21 初七	22 初八
23 初九	24 初十	25 十一	26 十二	27 十三	28 十四	

3

一	二	三	四	五	六	日
						1 十五
2 十六	3 十七	4 十八	5 惊蛰	6 二十	7 廿一	8 廿二
9 廿三	10 廿四	11 廿五	12 廿六	13 廿七	14 廿八	15 廿九
16 三十	17 二月	18 初二	19 初三	20 春分	21 初五	22 初六
23 初七	24 初八	25 初九	26 初十	27 十一	28 十二	29 十三
30 十四	31 十五					

4

一	二	三	四	五	六	日
		1 十六	2 十七	3 十八	4 清明	5 二十
6 廿一	7 廿二	8 廿三	9 廿四	10 廿五	11 廿六	12 廿七
13 廿八	14 廿九	15 三十	16 三月	17 初二	18 初三	19 初四
20 谷雨	21 初六	22 初七	23 初八	24 初九	25 初十	26 十一
27 十二	28 十三	29 十四	30 十五			

5

一	二	三	四	五	六	日
				1 十六	2 十七	3 十八
4 十九	5 立夏	6 廿一	7 廿二	8 廿三	9 廿四	10 廿五
11 廿六	12 廿七	13 廿八	14 廿九	15 四月	16 初二	17 初三
18 初四	19 初五	20 初六	21 小满	22 初八	23 初九	24 初十
25 十一	26 十二	27 十三	28 十四	29 十五	30 十六	31 十七

6

一	二	三	四	五	六	日
1 十八	2 十九	3 二十	4 廿一	5 芒种	6 廿三	7 廿四
8 廿五	9 廿六	10 廿七	11 廿八	12 廿九	13 三十	14 五月
15 初二	16 初三	17 初四	18 初五	19 初六	20 初七	21 夏至
22 初九	23 初十	24 十一	25 十二	26 十三	27 十四	28 十五
29 十六	30 十七					

7

一	二	三	四	五	六	日
		1 十八	2 十九	3 二十	4 廿一	5 廿二
6 廿三	7 小暑	8 廿五	9 廿六	10 廿七	11 廿八	12 廿九
13 六月	14 初二	15 初三	16 初四	17 初五	18 初六	19 初七
20 初八	21 初九	22 大暑	23 十一	24 十二	25 十三	26 十四
27 十五	28 十六	29 十七	30 十八	31 十九		

8

一	二	三	四	五	六	日
					1 二十	2 廿一
3 廿二	4 廿三	5 廿四	6 廿五	7 立秋	8 廿七	9 廿八
10 廿九	11 七月	12 初二	13 初三	14 初四	15 初五	16 初六
17 初七	18 初八	19 初九	20 初十	21 十一	22 十二	23 处暑
24 十四	25 十五	26 十六	27 十七	28 十八	29 十九	30 二十
31 廿一						

9

一	二	三	四	五	六	日
	1 廿二	2 廿三	3 廿四	4 廿五	5 廿六	6 廿七
7 白露	8 廿九	9 三十	10 八月	11 初二	12 初三	13 初四
14 初五	15 初六	16 初七	17 初八	18 初九	19 初十	20 十一
21 十二	22 十三	23 秋分	24 十五	25 十六	26 十七	27 十八
28 十九	29 二十	30 廿一				

10

一	二	三	四	五	六	日
			1 廿二	2 廿三	3 廿四	4 廿五
5 廿六	6 廿七	7 廿八	8 寒露	9 九月	10 初二	11 初三
12 初四	13 初五	14 初六	15 初七	16 初八	17 初九	18 初十
19 十一	20 十二	21 十三	22 十四	23 霜降	24 十六	25 十七
26 十八	27 十九	28 二十	29 廿一	30 廿二	31 廿三	

11

一	二	三	四	五	六	日
						1 廿四
2 廿五	3 廿六	4 廿七	5 廿八	6 廿九	7 十月 立冬	8 初二
9 初三	10 初四	11 初五	12 初六	13 初七	14 初八	15 初九
16 初十	17 十一	18 十二	19 十三	20 十四	21 十五	22 小雪
23 十七	24 十八	25 十九	26 二十	27 廿一	28 廿二	29 廿三
30 廿四						

12

一	二	三	四	五	六	日
	1 廿五	2 廿六	3 廿七	4 廿八	5 廿九	6 三十
7 十一月 大雪	8 初二	9 初三	10 初四	11 初五	12 初六	13 初七
14 初八	15 初九	16 初十	17 十一	18 十二	19 十三	20 十四
21 冬至	22 十六	23 十七	24 十八	25 十九	26 二十	27 廿一
28 廿二	29 廿三	30 廿四	31 廿五			

2038 年(戊午　马年　2 月 4 日始)

养生月历

1

一	二	三	四	五	六	日
				1 廿六	2 廿七	3 廿八
4 廿九	5 十二月 小寒	6 初二	7 初三	8 初四	9 初五	10 初六
11 初七	12 初八	13 初九	14 初十	15 十一	16 十二	17 十三
18 十四	19 十五	20 大寒	21 十七	22 十八	23 十九	24 二十
25 廿一	26 廿二	27 廿三	28 廿四	29 廿五	30 廿六	31 廿七

2

一	二	三	四	五	六	日
1 廿八	2 廿九	3 三十	4 正月 立春	5 初二	6 初三	7 初四
8 初五	9 初六	10 初七	11 初八	12 初九	13 初十	14 十一
15 十二	16 十三	17 十四	18 雨水	19 十六	20 十七	21 十八
22 十九	23 二十	24 廿一	25 廿二	26 廿三	27 廿四	28 廿五

3

一	二	三	四	五	六	日
1 廿六	2 廿七	3 廿八	4 廿九	5 惊蛰	6 二月	7 初二
8 初三	9 初四	10 初五	11 初六	12 初七	13 初八	14 初九
15 初十	16 十一	17 十二	18 十三	19 十四	20 春分	21 十六
22 十七	23 十八	24 十九	25 二十	26 廿一	27 廿二	28 廿三
29 廿四	30 廿五	31 廿六				

4

一	二	三	四	五	六	日
			1 廿七	2 廿八	3 廿九	4 三十
5 三月 清明	6 初二	7 初三	8 初四	9 初五	10 初六	11 初七
12 初八	13 初九	14 初十	15 十一	16 十二	17 十三	18 十四
19 十五	20 谷雨	21 十七	22 十八	23 十九	24 二十	25 廿一
26 廿二	27 廿三	28 廿四	29 廿五	30 廿六		

5

一	二	三	四	五	六	日
					1 廿七	2 廿八
3 廿九	4 四月	5 立夏	6 初三	7 初四	8 初五	9 初六
10 初七	11 初八	12 初九	13 初十	14 十一	15 十二	16 十三
17 十四	18 十五	19 十六	20 十七	21 小满	22 十九	23 二十
24 廿一	25 廿二	26 廿三	27 廿四	28 廿五	29 廿六	30 廿七
31 廿八						

6

一	二	三	四	五	六	日
	1 廿九	2 三十	3 五月	4 初二	5 芒种	6 初四
7 初五	8 初六	9 初七	10 初八	11 初九	12 初十	13 十一
14 十二	15 十三	16 十四	17 十五	18 十六	19 十七	20 十八
21 夏至	22 二十	23 廿一	24 廿二	25 廿三	26 廿四	27 廿五
28 廿六	29 廿七	30 廿八				

7

一	二	三	四	五	六	日
			1 廿九	2 六月	3 初二	4 初三
5 初四	6 初五	7 小暑	8 初七	9 初八	10 初九	11 初十
12 十一	13 十二	14 十三	15 十四	16 十五	17 十六	18 十七
19 十八	20 十九	21 二十	22 廿一	23 大暑	24 廿三	25 廿四
26 廿五	27 廿六	28 廿七	29 廿八	30 廿九	31 三十	

8

一	二	三	四	五	六	日
						1 七月
2 初二	3 初三	4 初四	5 初五	6 初六	7 立秋	8 初八
9 初九	10 初十	11 十一	12 十二	13 十三	14 十四	15 十五
16 十六	17 十七	18 十八	19 十九	20 二十	21 廿一	22 廿二
23 处暑	24 廿四	25 廿五	26 廿六	27 廿七	28 廿八	29 廿九
30 八月	31 初二					

9

一	二	三	四	五	六	日
		1 初三	2 初四	3 初五	4 初六	5 初七
6 初八	7 白露	8 初十	9 十一	10 十二	11 十三	12 十四
13 十五	14 十六	15 十七	16 十八	17 十九	18 二十	19 廿一
20 廿二	21 廿三	22 廿四	23 秋分	24 廿六	25 廿七	26 廿八
27 廿九	28 三十	29 九月	30 初二			

10

一	二	三	四	五	六	日
				1 初三	2 初四	3 初五
4 初六	5 初七	6 初八	7 初九	8 寒露	9 十一	10 十二
11 十三	12 十四	13 十五	14 十六	15 十七	16 十八	17 十九
18 二十	19 廿一	20 廿二	21 廿三	22 廿四	23 霜降	24 廿六
25 廿七	26 廿八	27 廿九	28 十月	29 初二	30 初三	31 初四

11

一	二	三	四	五	六	日
1 初五	2 初六	3 初七	4 初八	5 初九	6 初十	7 立冬
8 十二	9 十三	10 十四	11 十五	12 十六	13 十七	14 十八
15 十九	16 二十	17 廿一	18 廿二	19 廿三	20 廿四	21 廿五
22 小雪	23 廿七	24 廿八	25 廿九	26 十一月	27 初二	28 初三
29 初四	30 初五					

12

一	二	三	四	五	六	日
		1 初六	2 初七	3 初八	4 初九	5 初十
6 十一	7 大雪	8 十三	9 十四	10 十五	11 十六	12 十七
13 十八	14 十九	15 二十	16 廿一	17 廿二	18 廿三	19 廿四
20 廿五	21 廿六	22 冬至	23 廿八	24 廿九	25 三十	26 十二月
27 初二	28 初三	29 初四	30 初五	31 初六		

2039年（己未　羊年　1月24日始　闰五月）

1

一	二	三	四	五	六	日
					1 初七	2 初八
3 初九	4 初十	5 小寒	6 十二	7 十三	8 十四	9 十五
10 十六	11 十七	12 十八	13 十九	14 二十	15 廿一	16 廿二
17 廿三	18 廿四	19 廿五	20 大寒	21 廿七	22 廿八	23 廿九
24 正月	25 初二	26 初三	27 初四	28 初五	29 初六	30 初七
31 初八						

2

一	二	三	四	五	六	日
	1 初九	2 初十	3 十一	4 立春	5 十三	6 十四
7 十五	8 十六	9 十七	10 十八	11 十九	12 二十	13 廿一
14 廿二	15 廿三	16 廿四	17 廿五	18 廿六	19 雨水	20 廿八
21 廿九	22 三十	23 二月	24 初二	25 初三	26 初四	27 初五
28 初六						

3

一	二	三	四	五	六	日
	1 初七	2 初八	3 初九	4 初十	5 十一	6 惊蛰
7 十三	8 十四	9 十五	10 十六	11 十七	12 十八	13 十九
14 二十	15 廿一	16 廿二	17 廿三	18 廿四	19 廿五	20 廿六
21 春分	22 廿八	23 廿九	24 三十	25 三月	26 初二	27 初三
28 初四	29 初五	30 初六	31 初七			

4

一	二	三	四	五	六	日
				1 初八	2 初九	3 初十
4 十一	5 清明	6 十三	7 十四	8 十五	9 十六	10 十七
11 十八	12 十九	13 二十	14 廿一	15 廿二	16 廿三	17 廿四
18 廿五	19 廿六	20 谷雨	21 廿八	22 廿九	23 四月	24 初二
25 初三	26 初四	27 初五	28 初六	29 初七	30 初八	

5

一	二	三	四	五	六	日
						1 初九
2 初十	3 十一	4 十二	5 立夏	6 十四	7 十五	8 十六
9 十七	10 十八	11 十九	12 二十	13 廿一	14 廿二	15 廿三
16 廿四	17 廿五	18 廿六	19 廿七	20 廿八	21 小满	22 三十
23 五月	24 初二	25 初三	26 初四	27 初五	28 初六	29 初七
30 初八	31 初九					

6

一	二	三	四	五	六	日
		1 初十	2 十一	3 十二	4 十三	5 十四
6 芒种	7 十六	8 十七	9 十八	10 十九	11 二十	12 廿一
13 廿二	14 廿三	15 廿四	16 廿五	17 廿六	18 廿七	19 廿八
20 廿九	21 夏至	22 五月	23 初二	24 初三	25 初四	26 初五
27 初六	28 初七	29 初八	30 初九			

7

一	二	三	四	五	六	日
				1 初十	2 十一	3 十二
4 十三	5 十四	6 十五	7 小暑	8 十七	9 十八	10 十九
11 二十	12 廿一	13 廿二	14 廿三	15 廿四	16 廿五	17 廿六
18 廿七	19 廿八	20 廿九	21 六月	22 初二	23 大暑	24 初四
25 初五	26 初六	27 初七	28 初八	29 初九	30 初十	31 十一

8

一	二	三	四	五	六	日
1 十二	2 十三	3 十四	4 十五	5 十六	6 十七	7 立秋
8 十九	9 二十	10 廿一	11 廿二	12 廿三	13 廿四	14 廿五
15 廿六	16 廿七	17 廿八	18 廿九	19 三十	20 七月	21 初二
22 初三	23 处暑	24 初五	25 初六	26 初七	27 初八	28 初九
29 初十	30 十一	31 十二				

9

一	二	三	四	五	六	日
			1 十三	2 十四	3 十五	4 十六
5 十七	6 十八	7 十九	8 白露	9 廿一	10 廿二	11 廿三
12 廿四	13 廿五	14 廿六	15 廿七	16 廿八	17 廿九	18 八月
19 初二	20 初三	21 初四	22 初五	23 秋分	24 初七	25 初八
26 初九	27 初十	28 十一	29 十二	30 十三		

10

一	二	三	四	五	六	日
					1 十四	2 十五
3 十六	4 十七	5 十八	6 十九	7 二十	8 寒露	9 廿二
10 廿三	11 廿四	12 廿五	13 廿六	14 廿七	15 廿八	16 廿九
17 三十	18 九月	19 初二	20 初三	21 初四	22 初五	23 霜降
24 初七	25 初八	26 初九	27 初十	28 十一	29 十二	30 十三
31 十四						

11

一	二	三	四	五	六	日
	1 十五	2 十六	3 十七	4 十八	5 十九	6 二十
7 立冬	8 廿二	9 廿三	10 廿四	11 廿五	12 廿六	13 廿七
14 廿八	15 廿九	16 十月	17 初二	18 初三	19 初四	20 初五
21 初六	22 小雪	23 初八	24 初九	25 初十	26 十一	27 十二
28 十三	29 十四	30 十五				

12

一	二	三	四	五	六	日
			1 十六	2 十七	3 十八	4 十九
5 二十	6 廿一	7 大雪	8 廿三	9 廿四	10 廿五	11 廿六
12 廿七	13 廿八	14 廿九	15 三十	16 十一月	17 初二	18 初三
19 初四	20 初五	21 初六	22 冬至	23 初八	24 初九	25 初十
26 十一	27 十二	28 十三	29 十四	30 十五	31 十六	

2040 年(庚申　猴年　2 月 12 日始)

1

一	二	三	四	五	六	日
						1 十七
2 十八	3 十九	4 二十	5 廿一	6 小寒	7 廿三	8 廿四
9 廿五	10 廿六	11 廿七	12 廿八	13 廿九	14 十二月	15 初二
16 初三	17 初四	18 初五	19 初六	20 大寒	21 初八	22 初九
23 初十	24 十一	25 十二	26 十三	27 十四	28 十五	29 十六
30 十七	31 十八					

2

一	二	三	四	五	六	日
		1 十九	2 二十	3 廿一	4 立春	5 廿三
6 廿四	7 廿五	8 廿六	9 廿七	10 廿八	11 廿九	12 正月
13 初二	14 初三	15 初四	16 初五	17 初六	18 初七	19 雨水
20 初九	21 初十	22 十一	23 十二	24 十三	25 十四	26 十五
27 十六	28 十七	29 十八				

3

一	二	三	四	五	六	日
			1 十九	2 二十	3 廿一	4 廿二
5 惊蛰	6 廿四	7 廿五	8 廿六	9 廿七	10 廿八	11 廿九
12 三十	13 二月	14 初二	15 初三	16 初四	17 初五	18 初六
19 初七	20 春分	21 初九	22 初十	23 十一	24 十二	25 十三
26 十四	27 十五	28 十六	29 十七	30 十八	31 十九	

4

一	二	三	四	五	六	日
						1 二十
2 廿一	3 廿二	4 清明	5 廿四	6 廿五	7 廿六	8 廿七
9 廿八	10 廿九	11 三月	12 初二	13 初三	14 初四	15 初五
16 初六	17 初七	18 初八	19 谷雨	20 初十	21 十一	22 十二
23 十三	24 十四	25 十五	26 十六	27 十七	28 十八	29 十九
30 二十						

5

一	二	三	四	五	六	日
	1 廿一	2 廿二	3 廿三	4 廿四	5 立夏	6 廿六
7 廿七	8 廿八	9 廿九	10 三十	11 四月	12 初二	13 初三
14 初四	15 初五	16 初六	17 初七	18 初八	19 初九	20 小满
21 十一	22 十二	23 十三	24 十四	25 十五	26 十六	27 十七
28 十八	29 十九	30 二十	31 廿一			

6

一	二	三	四	五	六	日
				1 廿二	2 廿三	3 廿四
4 廿五	5 芒种	6 廿七	7 廿八	8 廿九	9 三十	10 五月
11 初二	12 初三	13 初四	14 初五	15 初六	16 初七	17 初八
18 初九	19 初十	20 十一	21 夏至	22 十三	23 十四	24 十五
25 十六	26 十七	27 十八	28 十九	29 二十	30 廿一	

7

一	二	三	四	五	六	日
						1 廿二
2 廿三	3 廿四	4 廿五	5 廿六	6 小暑	7 廿八	8 廿九
9 六月	10 初二	11 初三	12 初四	13 初五	14 初六	15 初七
16 初八	17 初九	18 初十	19 十一	20 十二	21 十三	22 大暑
23 十五	24 十六	25 十七	26 十八	27 十九	28 二十	29 廿一
30 廿二	31 廿三					

8

一	二	三	四	五	六	日
		1 廿四	2 廿五	3 廿六	4 廿七	5 廿八
6 廿九	7 立秋	8 七月	9 初二	10 初三	11 初四	12 初五
13 初六	14 初七	15 初八	16 初九	17 初十	18 十一	19 十二
20 十三	21 十四	22 处暑	23 十六	24 十七	25 十八	26 十九
27 二十	28 廿一	29 廿二	30 廿三	31 廿四		

9

一	二	三	四	五	六	日
					1 廿五	2 廿六
3 廿七	4 廿八	5 廿九	6 八月	7 白露	8 初三	9 初四
10 初五	11 初六	12 初七	13 初八	14 初九	15 初十	16 十一
17 十二	18 十三	19 十四	20 十五	21 十六	22 秋分	23 十八
24 十九	25 二十	26 廿一	27 廿二	28 廿三	29 廿四	30 廿五

10

一	二	三	四	五	六	日
1 廿六	2 廿七	3 廿八	4 廿九	5 三十	6 九月	7 初二
8 寒露	9 初四	10 初五	11 初六	12 初七	13 初八	14 初九
15 初十	16 十一	17 十二	18 十三	19 十四	20 十五	21 十六
22 十七	23 霜降	24 十九	25 二十	26 廿一	27 廿二	28 廿三
29 廿四	30 廿五	31 廿六				

11

一	二	三	四	五	六	日
			1 廿七	2 廿八	3 廿九	4 三十
5 十月	6 初二	7 立冬	8 初四	9 初五	10 初六	11 初七
12 初八	13 初九	14 初十	15 十一	16 十二	17 十三	18 十四
19 十五	20 十六	21 十七	22 小雪	23 十九	24 二十	25 廿一
26 廿二	27 廿三	28 廿四	29 廿五	30 廿六		

12

一	二	三	四	五	六	日
					1 廿七	2 廿八
3 廿九	4 十一月	5 初二	6 大雪	7 初四	8 初五	9 初六
10 初七	11 初八	12 初九	13 初十	14 十一	15 十二	16 十三
17 十四	18 十五	19 十六	20 十七	21 冬至	22 十九	23 二十
24 廿一	25 廿二	26 廿三	27 廿四	28 廿五	29 廿六	30 廿七
31 廿八						

2041年（辛酉 鸡年 2月1日始）

1

一	二	三	四	五	六	日
	1 廿九	2 三十	3 十二月	4 初二	5 小寒	6 初四
7 初五	8 初六	9 初七	10 初八	11 初九	12 初十	13 十一
14 十二	15 十三	16 十四	17 十五	18 十六	19 十七	20 大寒
21 十九	22 二十	23 廿一	24 廿二	25 廿三	26 廿四	27 廿五
28 廿六	29 廿七	30 廿八	31 廿九			

2

一	二	三	四	五	六	日
				1 正月	2 初二	3 立春
4 初四	5 初五	6 初六	7 初七	8 初八	9 初九	10 初十
11 十一	12 十二	13 十三	14 十四	15 十五	16 十六	17 十七
18 雨水	19 十九	20 二十	21 廿一	22 廿二	23 廿三	24 廿四
25 廿五	26 廿六	27 廿七	28 廿八			

3

一	二	三	四	五	六	日
				1 廿九	2 二月	3 初二
4 初三	5 惊蛰	6 初五	7 初六	8 初七	9 初八	10 初九
11 初十	12 十一	13 十二	14 十三	15 十四	16 十五	17 十六
18 十七	19 十八	20 春分	21 二十	22 廿一	23 廿二	24 廿三
25 廿四	26 廿五	27 廿六	28 廿七	29 廿八	30 廿九	31 三十

4

一	二	三	四	五	六	日
1 三月	2 初二	3 初三	4 清明	5 初五	6 初六	7 初七
8 初八	9 初九	10 初十	11 十一	12 十二	13 十三	14 十四
15 十五	16 十六	17 十七	18 十八	19 十九	20 谷雨	21 廿一
22 廿二	23 廿三	24 廿四	25 廿五	26 廿六	27 廿七	28 廿八
29 廿九	30 四月					

5

一	二	三	四	五	六	日
		1 初二	2 初三	3 初四	4 初五	5 立夏
6 初七	7 初八	8 初九	9 初十	10 十一	11 十二	12 十三
13 十四	14 十五	15 十六	16 十七	17 十八	18 十九	19 二十
20 小满	21 廿二	22 廿三	23 廿四	24 廿五	25 廿六	26 廿七
27 廿八	28 廿九	29 三十	30 五月	31 初二		

6

一	二	三	四	五	六	日
					1 初三	2 初四
3 初五	4 初六	5 芒种	6 初八	7 初九	8 初十	9 十一
10 十二	11 十三	12 十四	13 十五	14 十六	15 十七	16 十八
17 十九	18 二十	19 廿一	20 廿二	21 夏至	22 廿四	23 廿五
24 廿六	25 廿七	26 廿八	27 廿九	28 六月	29 初二	30 初三

7

一	二	三	四	五	六	日
1 初四	2 初五	3 初六	4 初七	5 初八	6 初九	7 小暑
8 十一	9 十二	10 十三	11 十四	12 十五	13 十六	14 十七
15 十八	16 十九	17 二十	18 廿一	19 廿二	20 廿三	21 廿四
22 大暑	23 廿六	24 廿七	25 廿八	26 廿九	27 三十	28 七月
29 初二	30 初三	31 初四				

8

一	二	三	四	五	六	日
			1 初五	2 初六	3 初七	4 初八
5 初九	6 初十	7 立秋	8 十二	9 十三	10 十四	11 十五
12 十六	13 十七	14 十八	15 十九	16 二十	17 廿一	18 廿二
19 廿三	20 廿四	21 廿五	22 廿六	23 处暑	24 廿八	25 廿九
26 三十	27 八月	28 初二	29 初三	30 初四	31 初五	

9

一	二	三	四	五	六	日
						1 初六
2 初七	3 初八	4 初九	5 初十	6 十一	7 白露	8 十三
9 十四	10 十五	11 十六	12 十七	13 十八	14 十九	15 二十
16 廿一	17 廿二	18 廿三	19 廿四	20 廿五	21 廿六	22 秋分
23 廿八	24 廿九	25 九月	26 初二	27 初三	28 初四	29 初五
30 初六						

10

一	二	三	四	五	六	日
	1 初七	2 初八	3 初九	4 初十	5 十一	6 十二
7 十三	8 寒露	9 十五	10 十六	11 十七	12 十八	13 十九
14 二十	15 廿一	16 廿二	17 廿三	18 廿四	19 廿五	20 廿六
21 廿七	22 廿八	23 霜降	24 三十	25 十月	26 初二	27 初三
28 初四	29 初五	30 初六	31 初七			

11

一	二	三	四	五	六	日
				1 初八	2 初九	3 初十
4 十一	5 十二	6 十三	7 立冬	8 十五	9 十六	10 十七
11 十八	12 十九	13 二十	14 廿一	15 廿二	16 廿三	17 廿四
18 廿五	19 廿六	20 廿七	21 廿八	22 小雪	23 三十	24 十一月
25 初二	26 初三	27 初四	28 初五	29 初六	30 初七	

12

一	二	三	四	五	六	日
						1 初八
2 初九	3 初十	4 十一	5 十二	6 十三	7 大雪	8 十五
9 十六	10 十七	11 十八	12 十九	13 二十	14 廿一	15 廿二
16 廿三	17 廿四	18 廿五	19 廿六	20 廿七	21 冬至	22 廿九
23 十二月	24 初二	25 初三	26 初四	27 初五	28 初六	29 初七
30 初八	31 初九					

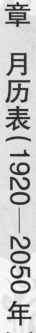

养生月历

2042年(壬戌　狗年　1月22日始　闰二月)

1

一	二	三	四	五	六	日
		1 初十	2 十一	3 十二	4 十三	5 小寒
6 十五	7 十六	8 十七	9 十八	10 十九	11 二十	12 廿一
13 廿二	14 廿三	15 廿四	16 廿五	17 廿六	18 廿七	19 廿八
20 大寒	21 三十	22 正月	23 初二	24 初三	25 初四	26 初五
27 初六	28 初七	29 初八	30 初九	31 初十		

2

一	二	三	四	五	六	日
					1 十一	2 十二
3 十三	4 立春	5 十五	6 十六	7 十七	8 十八	9 十九
10 二十	11 廿一	12 廿二	13 廿三	14 廿四	15 廿五	16 廿六
17 廿七	18 雨水	19 廿九	20 二月	21 初二	22 初三	23 初四
24 初五	25 初六	26 初七	27 初八	28 初九		

3

一	二	三	四	五	六	日
					1 初十	2 十一
3 十二	4 十三	5 惊蛰	6 十五	7 十六	8 十七	9 十八
10 十九	11 二十	12 廿一	13 廿二	14 廿三	15 廿四	16 廿五
17 廿六	18 廿七	19 廿八	20 春分	21 三十	22 二月	23 初二
24 初三	25 初四	26 初五	27 初六	28 初七	29 初八	30 初九
31 初十						

4

一	二	三	四	五	六	日
	1 十一	2 十二	3 十三	4 清明	5 十五	6 十六
7 十七	8 十八	9 十九	10 二十	11 廿一	12 廿二	13 廿三
14 廿四	15 廿五	16 廿六	17 廿七	18 廿八	19 廿九	20 三月 谷雨
21 初二	22 初三	23 初四	24 初五	25 初六	26 初七	27 初八
28 初九	29 初十	30 十一				

5

一	二	三	四	五	六	日
			1 十二	2 十三	3 十四	4 十五
5 立夏	6 十七	7 十八	8 十九	9 二十	10 廿一	11 廿二
12 廿三	13 廿四	14 廿五	15 廿六	16 廿七	17 廿八	18 廿九
19 四月	20 初二	21 小满	22 初四	23 初五	24 初六	25 初七
26 初八	27 初九	28 初十	29 十一	30 十二	31 十三	

6

一	二	三	四	五	六	日
						1 十四
2 十五	3 十六	4 十七	5 芒种	6 十九	7 二十	8 廿一
9 廿二	10 廿三	11 廿四	12 廿五	13 廿六	14 廿七	15 廿八
16 廿九	17 三十	18 五月	19 初二	20 初三	21 夏至	22 初五
23 初六	24 初七	25 初八	26 初九	27 初十	28 十一	29 十二
30 十三						

7

一	二	三	四	五	六	日
	1 十四	2 十五	3 十六	4 十七	5 十八	6 十九
7 小暑	8 廿一	9 廿二	10 廿三	11 廿四	12 廿五	13 廿六
14 廿七	15 廿八	16 廿九	17 六月	18 初二	19 初三	20 初四
21 初五	22 初六	23 大暑	24 初八	25 初九	26 初十	27 十一
28 十二	29 十三	30 十四	31 十五			

8

一	二	三	四	五	六	日
				1 十六	2 十七	3 十八
4 十九	5 二十	6 廿一	7 立秋	8 廿三	9 廿四	10 廿五
11 廿六	12 廿七	13 廿八	14 廿九	15 三十	16 七月	17 初二
18 初三	19 初四	20 初五	21 初六	22 初七	23 处暑	24 初九
25 初十	26 十一	27 十二	28 十三	29 十四	30 十五	31 十六

9

一	二	三	四	五	六	日
1 十七	2 十八	3 十九	4 二十	5 廿一	6 廿二	7 白露
8 廿四	9 廿五	10 廿六	11 廿七	12 廿八	13 廿九	14 八月
15 初二	16 初三	17 初四	18 初五	19 初六	20 初七	21 初八
22 初九	23 秋分	24 十一	25 十二	26 十三	27 十四	28 十五
29 十六	30 十七					

10

一	二	三	四	五	六	日
		1 十八	2 十九	3 二十	4 廿一	5 廿二
6 廿三	7 廿四	8 寒露	9 廿六	10 廿七	11 廿八	12 廿九
13 三十	14 九月	15 初二	16 初三	17 初四	18 初五	19 初六
20 初七	21 初八	22 初九	23 霜降	24 十一	25 十二	26 十三
27 十四	28 十五	29 十六	30 十七	31 十八		

11

一	二	三	四	五	六	日
					1 十九	2 二十
3 廿一	4 廿二	5 廿三	6 廿四	7 立冬	8 廿六	9 廿七
10 廿八	11 廿九	12 三十	13 十月	14 初二	15 初三	16 初四
17 初五	18 初六	19 初七	20 初八	21 初九	22 小雪	23 十一
24 十二	25 十三	26 十四	27 十五	28 十六	29 十七	30 十八

12

一	二	三	四	五	六	日
1 十九	2 二十	3 廿一	4 廿二	5 廿三	6 廿四	7 大雪
8 廿六	9 廿七	10 廿八	11 廿九	12 十一月	13 初二	14 初三
15 初四	16 初五	17 初六	18 初七	19 初八	20 初九	21 初十
22 冬至	23 十二	24 十三	25 十四	26 十五	27 十六	28 十七
29 十八	30 十九	31 二十				

2043年（癸亥 猪年 2月10日始）

1月

一	二	三	四	五	六	日
			1廿一	2廿二	3廿三	4廿四
5小寒	6廿六	7廿七	8廿八	9廿九	10三十	11十二月
12初二	13初三	14初四	15初五	16初六	17初七	18初八
19初九	20大寒	21十一	22十二	23十三	24十四	25十五
26十六	27十七	28十八	29十九	30二十	31廿一	

2月

一	二	三	四	五	六	日
						1廿二
2廿三	3廿四	4立春	5廿六	6廿七	7廿八	8廿九
9三十	10正月	11初二	12初三	13初四	14初五	15初六
16初七	17初八	18初九	19雨水	20十一	21十二	22十三
23十四	24十五	25十六	26十七	27十八	28十九	

3月

一	二	三	四	五	六	日
						1二十
2廿一	3廿二	4廿三	5廿四	6惊蛰	7廿六	8廿七
9廿八	10廿九	11二月	12初二	13初三	14初四	15初五
16初六	17初七	18初八	19初九	20初十	21春分	22十二
23十三	24十四	25十五	26十六	27十七	28十八	29十九
30二十	31廿一					

4月

一	二	三	四	五	六	日
		1廿二	2廿三	3廿四	4廿五	5清明
6廿七	7廿八	8廿九	9三十	10三月	11初二	12初三
13初四	14初五	15初六	16初七	17初八	18初九	19初十
20谷雨	21十二	22十三	23十四	24十五	25十六	26十七
27十八	28十九	29二十	30廿一			

5月

一	二	三	四	五	六	日
				1廿二	2廿三	3廿四
4廿五	5立夏	6廿七	7廿八	8廿九	9四月	10初二
11初三	12初四	13初五	14初六	15初七	16初八	17初九
18初十	19十一	20十二	21小满	22十四	23十五	24十六
25十七	26十八	27十九	28二十	29廿一	30廿二	31廿三

6月

一	二	三	四	五	六	日
1廿四	2廿五	3廿六	4廿七	5廿八	6芒种	7五月
8初二	9初三	10初四	11初五	12初六	13初七	14初八
15初九	16初十	17十一	18十二	19十三	20十四	21夏至
22十六	23十七	24十八	25十九	26二十	27廿一	28廿二
29廿三	30廿四					

7月

一	二	三	四	五	六	日
		1廿五	2廿六	3廿七	4廿八	5廿九
6三十	7六月小暑	8初二	9初三	10初四	11初五	12初六
13初七	14初八	15初九	16初十	17十一	18十二	19十三
20十四	21十五	22十六	23大暑	24十八	25十九	26二十
27廿一	28廿二	29廿三	30廿四	31廿五		

8月

一	二	三	四	五	六	日
					1廿六	2廿七
3廿八	4廿九	5七月	6初二	7立秋	8初四	9初五
10初六	11初七	12初八	13初九	14初十	15十一	16十二
17十三	18十四	19十五	20十六	21十七	22十八	23处暑
24二十	25廿一	26廿二	27廿三	28廿四	29廿五	30廿六
31廿七						

9月

一	二	三	四	五	六	日
	1廿八	2廿九	3八月	4初二	5初三	6初四
7初五	8白露	9初七	10初八	11初九	12初十	13十一
14十二	15十三	16十四	17十五	18十六	19十七	20十八
21十九	22二十	23秋分	24廿二	25廿三	26廿四	27廿五
28廿六	29廿七	30廿八				

10月

一	二	三	四	五	六	日
			1廿九	2三十	3九月	4初二
5初三	6初四	7初五	8寒露	9初七	10初八	11初九
12初十	13十一	14十二	15十三	16十四	17十五	18十六
19十七	20十八	21十九	22二十	23霜降	24廿二	25廿三
26廿四	27廿五	28廿六	29廿七	30廿八	31廿九	

11月

一	二	三	四	五	六	日
						1三十
2十月	3初二	4初三	5初四	6初五	7立冬	8初七
9初八	10初九	11初十	12十一	13十二	14十三	15十四
16十五	17十六	18十七	19十八	20十九	21二十	22小雪
23廿二	24廿三	25廿四	26廿五	27廿六	28廿七	29廿八
30廿九						

12月

一	二	三	四	五	六	日
	1十一月	2初二	3初三	4初四	5初五	6初六
7大雪	8初八	9初九	10初十	11十一	12十二	13十三
14十四	15十五	16十六	17十七	18十八	19十九	20二十
21廿一	22冬至	23廿三	24廿四	25廿五	26廿六	27廿七
28廿八	29廿九	30三十	31十二月			

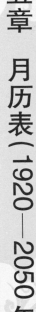

2044年(甲子　鼠年　1月30日始　闰七月)

养生月历

1月

一	二	三	四	五	六	日
				1初二	2初三	3初四
4初五	5初六	6小寒	7初八	8初九	9初十	10十一
11十二	12十三	13十四	14十五	15十六	16十七	17十八
18十九	19二十	20大寒	21廿二	22廿三	23廿四	24廿五
25廿六	26廿七	27廿八	28廿九	29三十	30正月	31初二

2月

一	二	三	四	五	六	日
1初三	2初四	3初五	4立春	5初七	6初八	7初九
8初十	9十一	10十二	11十三	12十四	13十五	14十六
15十七	16十八	17十九	18二十	19雨水	20廿二	21廿三
22廿四	23廿五	24廿六	25廿七	26廿八	27廿九	28三十
29二月						

3月

一	二	三	四	五	六	日
	1初二	2初三	3初四	4初五	5惊蛰	6初七
7初八	8初九	9初十	10十一	11十二	12十三	13十四
14十五	15十六	16十七	17十八	18十九	19二十	20春分
21廿二	22廿三	23廿四	24廿五	25廿六	26廿七	27廿八
28廿九	29三月	30初二	31初三			

4月

一	二	三	四	五	六	日
				1初四	2初五	3初六
4清明	5初八	6初九	7初十	8十一	9十二	10十三
11十四	12十五	13十六	14十七	15十八	16十九	17二十
18廿一	19谷雨	20廿三	21廿四	22廿五	23廿六	24廿七
25廿八	26廿九	27三十	28四月	29初二	30初三	

5月

一	二	三	四	五	六	日
						1初四
2初五	3初六	4初七	5立夏	6初九	7初十	8十一
9十二	10十三	11十四	12十五	13十六	14十七	15十八
16十九	17二十	18廿一	19廿二	20小满	21廿四	22廿五
23廿六	24廿七	25廿八	26廿九	27五月	28初二	29初三
30初四	31初五					

6月

一	二	三	四	五	六	日
		1初六	2初七	3初八	4初九	5芒种
6十一	7十二	8十三	9十四	10十五	11十六	12十七
13十八	14十九	15二十	16廿一	17廿二	18廿三	19廿四
20廿五	21夏至	22廿七	23廿八	24廿九	25六月	26初二
27初三	28初四	29初五	30初六			

7月

一	二	三	四	五	六	日
				1初七	2初八	3初九
4初十	5十一	6小暑	7十三	8十四	9十五	10十六
11十七	12十八	13十九	14二十	15廿一	16廿二	17廿三
18廿四	19廿五	20廿六	21廿七	22大暑	23廿九	24三十
25七月	26初二	27初三	28初四	29初五	30初六	31初七

8月

一	二	三	四	五	六	日
1初八	2初九	3初十	4十一	5十二	6十三	7立秋
8十五	9十六	10十七	11十八	12十九	13二十	14廿一
15廿二	16廿三	17廿四	18廿五	19廿六	20廿七	21廿八
22处暑	23七月	24初二	25初三	26初四	27初五	28初六
29初七	30初八	31初九				

9月

一	二	三	四	五	六	日
			1初十	2十一	3十二	4十三
5十四	6十五	7白露	8十七	9十八	10十九	11二十
12廿一	13廿二	14廿三	15廿四	16廿五	17廿六	18廿七
19廿八	20廿九	21八月	22秋分	23初三	24初四	25初五
26初六	27初七	28初八	29初九	30初十		

10月

一	二	三	四	五	六	日
					1十一	2十二
3十三	4十四	5十五	6十六	7寒露	8十八	9十九
10二十	11廿一	12廿二	13廿三	14廿四	15廿五	16廿六
17廿七	18廿八	19廿九	20三十	21九月	22初二	23霜降
24初四	25初五	26初六	27初七	28初八	29初九	30初十
31十一						

11月

一	二	三	四	五	六	日
	1十二	2十三	3十四	4十五	5十六	6十七
7立冬	8十九	9二十	10廿一	11廿二	12廿三	13廿四
14廿五	15廿六	16廿七	17廿八	18廿九	19十月	20初二
21初三	22小雪	23初五	24初六	25初七	26初八	27初九
28初十	29十一	30十二				

12月

一	二	三	四	五	六	日
			1十三	2十四	3十五	4十六
5十七	6大雪	7十九	8二十	9廿一	10廿二	11廿三
12廿四	13廿五	14廿六	15廿七	16廿八	17廿九	18三十
19十一月	20初二	21冬至	22初四	23初五	24初六	25初七
26初八	27初九	28初十	29十一	30十二	31十三	

2045年（乙丑　牛年　2月17日始）

1

一	二	三	四	五	六	日
						1 十四
2 十五	3 十六	4 十七	5 小寒	6 十九	7 二十	8 廿一
9 廿二	10 廿三	11 廿四	12 廿五	13 廿六	14 廿七	15 廿八
16 廿九	17 三十	18 十二月	19 初二	20 大寒	21 初四	22 初五
23 初六	24 初七	25 初八	26 初九	27 初十	28 十一	29 十二
30 十三	31 十四					

2

一	二	三	四	五	六	日
		1 十五	2 十六	3 立春	4 十八	5 十九
6 二十	7 廿一	8 廿二	9 廿三	10 廿四	11 廿五	12 廿六
13 廿七	14 廿八	15 廿九	16 三十	17 正月	18 雨水	19 初三
20 初四	21 初五	22 初六	23 初七	24 初八	25 初九	26 初十
27 十一	28 十二					

3

一	二	三	四	五	六	日
		1 十三	2 十四	3 十五	4 十六	5 惊蛰
6 十八	7 十九	8 二十	9 廿一	10 廿二	11 廿三	12 廿四
13 廿五	14 廿六	15 廿七	16 廿八	17 廿九	18 三十	19 二月
20 春分	21 初三	22 初四	23 初五	24 初六	25 初七	26 初八
27 初九	28 初十	29 十一	30 十二	31 十三		

4

一	二	三	四	五	六	日
					1 十四	2 十五
3 十六	4 清明	5 十八	6 十九	7 二十	8 廿一	9 廿二
10 廿三	11 廿四	12 廿五	13 廿六	14 廿七	15 廿八	16 廿九
17 三月	18 初二	19 谷雨	20 初四	21 初五	22 初六	23 初七
24 初八	25 初九	26 初十	27 十一	28 十二	29 十三	30 十四

5

一	二	三	四	五	六	日
1 十五	2 十六	3 十七	4 十八	5 立夏	6 二十	7 廿一
8 廿二	9 廿三	10 廿四	11 廿五	12 廿六	13 廿七	14 廿八
15 廿九	16 三十	17 四月	18 初二	19 初三	20 小满	21 初五
22 初六	23 初七	24 初八	25 初九	26 初十	27 十一	28 十二
29 十三	30 十四	31 十五				

6

一	二	三	四	五	六	日
			1 十六	2 十七	3 十八	4 十九
5 芒种	6 廿一	7 廿二	8 廿三	9 廿四	10 廿五	11 廿六
12 廿七	13 廿八	14 廿九	15 五月	16 初二	17 初三	18 初四
19 初五	20 初六	21 夏至	22 初八	23 初九	24 初十	25 十一
26 十二	27 十三	28 十四	29 十五	30 十六		

7

一	二	三	四	五	六	日
					1 十七	2 十八
3 十九	4 二十	5 廿一	6 廿二	7 小暑	8 廿四	9 廿五
10 廿六	11 廿七	12 廿八	13 廿九	14 六月	15 初二	16 初三
17 初四	18 初五	19 初六	20 初七	21 初八	22 大暑	23 初十
24 十一	25 十二	26 十三	27 十四	28 十五	29 十六	30 十七
31 十八						

8

一	二	三	四	五	六	日
	1 十九	2 二十	3 廿一	4 廿二	5 廿三	6 廿四
7 立秋	8 廿六	9 廿七	10 廿八	11 廿九	12 三十	13 七月
14 初二	15 初三	16 初四	17 初五	18 初六	19 初七	20 初八
21 初九	22 初十	23 处暑	24 十二	25 十三	26 十四	27 十五
28 十六	29 十七	30 十八	31 十九			

9

一	二	三	四	五	六	日
				1 二十	2 廿一	3 廿二
4 廿三	5 廿四	6 廿五	7 白露	8 廿七	9 廿八	10 廿九
11 八月	12 初二	13 初三	14 初四	15 初五	16 初六	17 初七
18 初八	19 初九	20 初十	21 十一	22 秋分	23 十三	24 十四
25 十五	26 十六	27 十七	28 十八	29 十九	30 二十	

10

一	二	三	四	五	六	日
						1 廿一
2 廿二	3 廿三	4 廿四	5 廿五	6 廿六	7 廿七	8 寒露
9 廿九	10 九月	11 初二	12 初三	13 初四	14 初五	15 初六
16 初七	17 初八	18 初九	19 初十	20 十一	21 十二	22 十三
23 霜降	24 十五	25 十六	26 十七	27 十八	28 十九	29 二十
30 廿一	31 廿二					

11

一	二	三	四	五	六	日
		1 廿三	2 廿四	3 廿五	4 廿六	5 廿七
6 廿八	7 立冬	8 三十	9 十月	10 初二	11 初三	12 初四
13 初五	14 初六	15 初七	16 初八	17 初九	18 初十	19 十一
20 十二	21 十三	22 小雪	23 十五	24 十六	25 十七	26 十八
27 十九	28 二十	29 廿一	30 廿二			

12

一	二	三	四	五	六	日
				1 廿三	2 廿四	3 廿五
4 廿六	5 廿七	6 廿八	7 大雪	8 十一月	9 初二	10 初三
11 初四	12 初五	13 初六	14 初七	15 初八	16 初九	17 初十
18 十一	19 十二	20 十三	21 冬至	22 十五	23 十六	24 十七
25 十八	26 十九	27 二十	28 廿一	29 廿二	30 廿三	31 廿四

2046 年(丙寅　虎年　2月6日始)

一	二	三	四	五	六	日
1 廿五	2 廿六	3 廿七	4 廿八	5 小寒	6 三十	7 十二月
8 初二	9 初三	10 初四	11 初五	12 初六	13 初七	14 初八
15 初九	16 初十	17 十一	18 十二	19 十三	20 大寒	21 十五
22 十六	23 十七	24 十八	25 十九	26 二十	27 廿一	28 廿二
29 廿三	30 廿四	31 廿五				

一	二	三	四	五	六	日
			1 廿六	2 廿七	3 廿八	4 立春
5 三十	6 正月	7 初二	8 初三	9 初四	10 初五	11 初六
12 初七	13 初八	14 初九	15 初十	16 十一	17 十二	18 雨水
19 十四	20 十五	21 十六	22 十七	23 十八	24 十九	25 二十
26 廿一	27 廿二	28 廿三				

一	二	三	四	五	六	日
			1 廿四	2 廿五	3 廿六	4 廿七
5 惊蛰	6 廿九	7 三十	8 二月	9 初二	10 初三	11 初四
12 初五	13 初六	14 初七	15 初八	16 初九	17 初十	18 十一
19 十二	20 春分	21 十四	22 十五	23 十六	24 十七	25 十八
26 十九	27 二十	28 廿一	29 廿二	30 廿三	31 廿四	

一	二	三	四	五	六	日
						1 廿五
2 廿六	3 廿七	4 清明	5 廿九	6 三月	7 初二	8 初三
9 初四	10 初五	11 初六	12 初七	13 初八	14 初九	15 初十
16 十一	17 十二	18 十三	19 十四	20 谷雨	21 十六	22 十七
23 十八	24 十九	25 二十	26 廿一	27 廿二	28 廿三	29 廿四
30 廿五						

一	二	三	四	五	六	日
	1 廿六	2 廿七	3 廿八	4 廿九	5 立夏	6 四月
7 初二	8 初三	9 初四	10 初五	11 初六	12 初七	13 初八
14 初九	15 初十	16 十一	17 十二	18 十三	19 十四	20 十五
21 小满	22 十七	23 十八	24 十九	25 二十	26 廿一	27 廿二
28 廿三	29 廿四	30 廿五	31 廿六			

一	二	三	四	五	六	日
				1 廿七	2 廿八	3 廿九
4 五月	5 芒种	6 初三	7 初四	8 初五	9 初六	10 初七
11 初八	12 初九	13 初十	14 十一	15 十二	16 十三	17 十四
18 十五	19 十六	20 十七	21 夏至	22 十九	23 二十	24 廿一
25 廿二	26 廿三	27 廿四	28 廿五	29 廿六	30 廿七	

一	二	三	四	五	六	日
						1 廿八
2 廿九	3 三十	4 六月	5 初二	6 初三	7 小暑	8 初五
9 初六	10 初七	11 初八	12 初九	13 初十	14 十一	15 十二
16 十三	17 十四	18 十五	19 十六	20 十七	21 十八	22 大暑
23 二十	24 廿一	25 廿二	26 廿三	27 廿四	28 廿五	29 廿六
30 廿七	31 廿八					

一	二	三	四	五	六	日
		1 廿九	2 七月	3 初二	4 初三	5 初四
6 初五	7 立秋	8 初七	9 初八	10 初九	11 初十	12 十一
13 十二	14 十三	15 十四	16 十五	17 十六	18 十七	19 十八
20 十九	21 二十	22 廿一	23 处暑	24 廿三	25 廿四	26 廿五
27 廿六	28 廿七	29 廿八	30 廿九	31 三十		

一	二	三	四	五	六	日
					1 八月	2 初二
3 初三	4 初四	5 初五	6 初六	7 白露	8 初八	9 初九
10 初十	11 十一	12 十二	13 十三	14 十四	15 十五	16 十六
17 十七	18 十八	19 十九	20 二十	21 廿一	22 廿二	23 秋分
24 廿四	25 廿五	26 廿六	27 廿七	28 廿八	29 廿九	30 九月

一	二	三	四	五	六	日
1 初二	2 初三	3 初四	4 初五	5 初六	6 初七	7 初八
8 寒露	9 初十	10 十一	11 十二	12 十三	13 十四	14 十五
15 十六	16 十七	17 十八	18 十九	19 二十	20 廿一	21 廿二
22 廿三	23 霜降	24 廿五	25 廿六	26 廿七	27 廿八	28 廿九
29 十月	30 初二	31 初三				

一	二	三	四	五	六	日
			1 初四	2 初五	3 初六	4 初七
5 初八	6 初九	7 立冬	8 十一	9 十二	10 十三	11 十四
12 十五	13 十六	14 十七	15 十八	16 十九	17 二十	18 廿一
19 廿二	20 廿三	21 廿四	22 小雪	23 廿六	24 廿七	25 廿八
26 廿九	27 三十	28 十一月	29 初二	30 初三		

一	二	三	四	五	六	日
					1 初四	2 初五
3 初六	4 初七	5 初八	6 初九	7 大雪	8 十一	9 十二
10 十三	11 十四	12 十五	13 十六	14 十七	15 十八	16 十九
17 二十	18 廿一	19 廿二	20 廿三	21 廿四	22 冬至	23 廿六
24 廿七	25 廿八	26 廿九	27 十二月	28 初二	29 初三	30 初四
31 初五						

2047年（丁卯 兔年 1月26日始 闰五月）

一	二	三	四	五	六	日
	1 初六	2 初七	3 初八	4 初九	5 小寒	6 十一
7 十二	8 十三	9 十四	10 十五	11 十六	12 十七	13 十八
14 十九	15 二十	16 廿一	17 廿二	18 廿三	19 廿四	20 大寒
21 廿六	22 廿七	23 廿八	24 廿九	25 三十	26 正月	27 初二
28 初三	29 初四	30 初五	31 初六			

一	二	三	四	五	六	日
				1 初七	2 初八	3 初九
4 立春	5 十一	6 十二	7 十三	8 十四	9 十五	10 十六
11 十七	12 十八	13 十九	14 二十	15 廿一	16 廿二	17 廿三
18 廿四	19 雨水	20 廿六	21 廿七	22 廿八	23 廿九	24 三十
25 二月	26 初二	27 初三	28 初四			

一	二	三	四	五	六	日
				1 初五	2 初六	3 初七
4 初八	5 初九	6 惊蛰	7 十一	8 十二	9 十三	10 十四
11 十五	12 十六	13 十七	14 十八	15 十九	16 二十	17 廿一
18 廿二	19 廿三	20 廿四	21 春分	22 廿六	23 廿七	24 廿八
25 廿九	26 三月	27 初二	28 初三	29 初四	30 初五	31 初六

一	二	三	四	五	六	日
1 初七	2 初八	3 初九	4 初十	5 清明	6 十二	7 十三
8 十四	9 十五	10 十六	11 十七	12 十八	13 十九	14 二十
15 廿一	16 廿二	17 廿三	18 廿四	19 廿五	20 谷雨	21 廿七
22 廿八	23 廿九	24 三十	25 四月	26 初二	27 初三	28 初四
29 初五	30 初六					

一	二	三	四	五	六	日
		1 初七	2 初八	3 初九	4 初十	5 立夏
6 十二	7 十三	8 十四	9 十五	10 十六	11 十七	12 十八
13 十九	14 二十	15 廿一	16 廿二	17 廿三	18 廿四	19 廿五
20 廿六	21 小满	22 廿八	23 廿九	24 三十	25 五月	26 初二
27 初三	28 初四	29 初五	30 初六	31 初七		

一	二	三	四	五	六	日
					1 初八	2 初九
3 初十	4 十一	5 十二	6 芒种	7 十四	8 十五	9 十六
10 十七	11 十八	12 十九	13 二十	14 廿一	15 廿二	16 廿三
17 廿四	18 廿五	19 廿六	20 廿七	21 夏至	22 廿九	23 五月
24 初二	25 初三	26 初四	27 初五	28 初六	29 初七	30 初八

一	二	三	四	五	六	日
1 初九	2 初十	3 十一	4 十二	5 十三	6 十四	7 小暑
8 十六	9 十七	10 十八	11 十九	12 二十	13 廿一	14 廿二
15 廿三	16 廿四	17 廿五	18 廿六	19 廿七	20 廿八	21 廿九
22 三十	23 六月 大暑	24 初二	25 初三	26 初四	27 初五	28 初六
29 初七	30 初八	31 初九				

一	二	三	四	五	六	日
			1 初十	2 十一	3 十二	4 十三
5 十四	6 十五	7 立秋	8 十七	9 十八	10 十九	11 二十
12 廿一	13 廿二	14 廿三	15 廿四	16 廿五	17 廿六	18 廿七
19 廿八	20 廿九	21 七月	22 初二	23 处暑	24 初四	25 初五
26 初六	27 初七	28 初八	29 初九	30 初十	31 十一	

一	二	三	四	五	六	日
						1 十二
2 十三	3 十四	4 十五	5 十六	6 十七	7 十八	8 白露
9 二十	10 廿一	11 廿二	12 廿三	13 廿四	14 廿五	15 廿六
16 廿七	17 廿八	18 廿九	19 三十	20 八月	21 初二	22 初三
23 秋分	24 初五	25 初六	26 初七	27 初八	28 初九	29 初十
30 十一						

一	二	三	四	五	六	日
	1 十二	2 十三	3 十四	4 十五	5 十六	6 十七
7 十八	8 寒露	9 二十	10 廿一	11 廿二	12 廿三	13 廿四
14 廿五	15 廿六	16 廿七	17 廿八	18 廿九	19 九月	20 初二
21 初三	22 初四	23 霜降	24 初六	25 初七	26 初八	27 初九
28 初十	29 十一	30 十二	31 十三			

一	二	三	四	五	六	日
				1 十四	2 十五	3 十六
4 十七	5 十八	6 十九	7 立冬	8 廿一	9 廿二	10 廿三
11 廿四	12 廿五	13 廿六	14 廿七	15 廿八	16 廿九	17 十月
18 初二	19 初三	20 初四	21 初五	22 小雪	23 初七	24 初八
25 初九	26 初十	27 十一	28 十二	29 十三	30 十四	

一	二	三	四	五	六	日
						1 十五
2 十六	3 十七	4 十八	5 十九	6 二十	7 大雪	8 廿二
9 廿三	10 廿四	11 廿五	12 廿六	13 廿七	14 廿八	15 廿九
16 三十	17 十一月	18 初二	19 初三	20 初四	21 初五	22 冬至
23 初七	24 初八	25 初九	26 初十	27 十一	28 十二	29 十三
30 十四	31 十五					

养生月历

2048年(戊辰　龙年　2月14日始)

1

一	二	三	四	五	六	日
		1 十六	2 十七	3 十八	4 十九	5 二十
6 小寒	7 廿二	8 廿三	9 廿四	10 廿五	11 廿六	12 廿七
13 廿八	14 廿九	15 十二月	16 初二	17 初三	18 初四	19 初五
20 大寒	21 初七	22 初八	23 初九	24 初十	25 十一	26 十二
27 十三	28 十四	29 十五	30 十六	31 十七		

2

一	二	三	四	五	六	日
					1 十八	2 十九
3 二十	4 立春	5 廿二	6 廿三	7 廿四	8 廿五	9 廿六
10 廿七	11 廿八	12 廿九	13 三十	14 正月	15 初二	16 初三
17 初四	18 初五	19 雨水	20 初七	21 初八	22 初九	23 初十
24 十一	25 十二	26 十三	27 十四	28 十五	29 十六	

3

一	二	三	四	五	六	日
						1 十七
2 十八	3 十九	4 二十	5 惊蛰	6 廿二	7 廿三	8 廿四
9 廿五	10 廿六	11 廿七	12 廿八	13 廿九	14 二月	15 初二
16 初三	17 初四	18 初五	19 初六	20 春分	21 初八	22 初九
23 初十	24 十一	25 十二	26 十三	27 十四	28 十五	29 十六
30 十七	31 十八					

4

一	二	三	四	五	六	日
		1 十九	2 二十	3 廿一	4 清明	5 廿三
6 廿四	7 廿五	8 廿六	9 廿七	10 廿八	11 廿九	12 三十
13 三月	14 初二	15 初三	16 初四	17 初五	18 初六	19 谷雨
20 初八	21 初九	22 初十	23 十一	24 十二	25 十三	26 十四
27 十五	28 十六	29 十七	30 十八			

5

一	二	三	四	五	六	日
				1 十九	2 二十	3 廿一
4 廿二	5 立夏	6 廿四	7 廿五	8 廿六	9 廿七	10 廿八
11 廿九	12 三十	13 四月	14 初二	15 初三	16 初四	17 初五
18 初六	19 初七	20 小满	21 初九	22 初十	23 十一	24 十二
25 十三	26 十四	27 十五	28 十六	29 十七	30 十八	31 十九

6

一	二	三	四	五	六	日
1 二十	2 廿一	3 廿二	4 廿三	5 芒种	6 廿五	7 廿六
8 廿七	9 廿八	10 廿九	11 五月	12 初二	13 初三	14 初四
15 初五	16 初六	17 初七	18 初八	19 初九	20 夏至	21 十一
22 十二	23 十三	24 十四	25 十五	26 十六	27 十七	28 十八
29 十九	30 二十					

7

一	二	三	四	五	六	日
		1 廿一	2 廿二	3 廿三	4 廿四	5 廿五
6 小暑	7 廿七	8 廿八	9 廿九	10 三十	11 六月	12 初二
13 初三	14 初四	15 初五	16 初六	17 初七	18 初八	19 初九
20 初十	21 十一	22 大暑	23 十三	24 十四	25 十五	26 十六
27 十七	28 十八	29 十九	30 二十	31 廿一		

8

一	二	三	四	五	六	日
					1 廿二	2 廿三
3 廿四	4 廿五	5 廿六	6 廿七	7 立秋	8 廿九	9 三十
10 七月	11 初二	12 初三	13 初四	14 初五	15 初六	16 初七
17 初八	18 初九	19 初十	20 十一	21 十二	22 处暑	23 十四
24 十五	25 十六	26 十七	27 十八	28 十九	29 二十	30 廿一
31 廿二						

9

一	二	三	四	五	六	日
	1 廿三	2 廿四	3 廿五	4 廿六	5 廿七	6 廿八
7 白露	8 八月	9 初二	10 初三	11 初四	12 初五	13 初六
14 初七	15 初八	16 初九	17 初十	18 十一	19 十二	20 十三
21 十四	22 秋分	23 十六	24 十七	25 十八	26 十九	27 二十
28 廿一	29 廿二	30 廿三				

10

一	二	三	四	五	六	日
			1 廿四	2 廿五	3 廿六	4 廿七
5 廿八	6 廿九	7 寒露	8 九月	9 初二	10 初三	11 初四
12 初五	13 初六	14 初七	15 初八	16 初九	17 初十	18 十一
19 十二	20 十三	21 十四	22 十五	23 霜降	24 十七	25 十八
26 十九	27 二十	28 廿一	29 廿二	30 廿三	31 廿四	

11

一	二	三	四	五	六	日
						1 廿五
2 廿六	3 廿七	4 廿八	5 廿九	6 十月	7 立冬	8 初三
9 初四	10 初五	11 初六	12 初七	13 初八	14 初九	15 初十
16 十一	17 十二	18 十三	19 十四	20 十五	21 小雪	22 十七
23 十八	24 十九	25 二十	26 廿一	27 廿二	28 廿三	29 廿四
30 廿五						

12

一	二	三	四	五	六	日
	1 廿六	2 廿七	3 廿八	4 廿九	5 十一月	6 大雪
7 初三	8 初四	9 初五	10 初六	11 初七	12 初八	13 初九
14 初十	15 十一	16 十二	17 十三	18 十四	19 十五	20 十六
21 冬至	22 十八	23 十九	24 二十	25 廿一	26 廿二	27 廿三
28 廿四	29 廿五	30 廿六	31 廿七			

2049 年（己巳 蛇年 2月2日始）

1

一	二	三	四	五	六	日
				1 廿八	2 廿九	3 三十
4 十二月	5 小寒	6 初三	7 初四	8 初五	9 初六	10 初七
11 初八	12 初九	13 初十	14 十一	15 十二	16 十三	17 十四
18 十五	19 大寒	20 十七	21 十八	22 十九	23 二十	24 廿一
25 廿二	26 廿三	27 廿四	28 廿五	29 廿六	30 廿七	31 廿八

2

一	二	三	四	五	六	日
1 廿九	2 正月	3 立春	4 初三	5 初四	6 初五	7 初六
8 初七	9 初八	10 初九	11 初十	12 十一	13 十二	14 十三
15 十四	16 十五	17 十六	18 雨水	19 十八	20 十九	21 二十
22 廿一	23 廿二	24 廿三	25 廿四	26 廿五	27 廿六	28 廿七

3

一	二	三	四	五	六	日
1 廿八	2 廿九	3 三十	4 二月	5 惊蛰	6 初三	7 初四
8 初五	9 初六	10 初七	11 初八	12 初九	13 初十	14 十一
15 十二	16 十三	17 十四	18 十五	19 十六	20 春分	21 十八
22 十九	23 二十	24 廿一	25 廿二	26 廿三	27 廿四	28 廿五
29 廿六	30 廿七	31 廿八				

4

一	二	三	四	五	六	日
			1 廿九	2 三月	3 初二	4 清明
5 初四	6 初五	7 初六	8 初七	9 初八	10 初九	11 初十
12 十一	13 十二	14 十三	15 十四	16 十五	17 十六	18 十七
19 谷雨	20 十九	21 二十	22 廿一	23 廿二	24 廿三	25 廿四
26 廿五	27 廿六	28 廿七	29 廿八	30 廿九		

5

一	二	三	四	五	六	日
					1 三十	2 四月
3 初二	4 初三	5 立夏	6 初五	7 初六	8 初七	9 初八
10 初九	11 初十	12 十一	13 十二	14 十三	15 十四	16 十五
17 十六	18 十七	19 十八	20 小满	21 二十	22 廿一	23 廿二
24 廿三	25 廿四	26 廿五	27 廿六	28 廿七	29 廿八	30 廿九
31 五月						

6

一	二	三	四	五	六	日
	1 初二	2 初三	3 初四	4 初五	5 芒种	6 初七
7 初八	8 初九	9 初十	10 十一	11 十二	12 十三	13 十四
14 十五	15 十六	16 十七	17 十八	18 十九	19 二十	20 廿一
21 夏至	22 廿三	23 廿四	24 廿五	25 廿六	26 廿七	27 廿八
28 廿九	29 三十	30 六月				

7

一	二	三	四	五	六	日
			1 初二	2 初三	3 初四	4 初五
5 初六	6 小暑	7 初八	8 初九	9 初十	10 十一	11 十二
12 十三	13 十四	14 十五	15 十六	16 十七	17 十八	18 十九
19 二十	20 廿一	21 廿二	22 大暑	23 廿四	24 廿五	25 廿六
26 廿七	27 廿八	28 廿九	29 三十	30 七月	31 初二	

8

一	二	三	四	五	六	日
						1 初三
2 初四	3 初五	4 初六	5 初七	6 初八	7 立秋	8 初十
9 十一	10 十二	11 十三	12 十四	13 十五	14 十六	15 十七
16 十八	17 十九	18 二十	19 廿一	20 廿二	21 廿三	22 处暑
23 廿五	24 廿六	25 廿七	26 廿八	27 廿九	28 八月	29 初二
30 初三	31 初四					

9

一	二	三	四	五	六	日
		1 初五	2 初六	3 初七	4 初八	5 初九
6 初十	7 白露	8 十二	9 十三	10 十四	11 十五	12 十六
13 十七	14 十八	15 十九	16 二十	17 廿一	18 廿二	19 廿三
20 廿四	21 廿五	22 秋分	23 廿七	24 廿八	25 廿九	26 三十
27 九月	28 初二	29 初三	30 初四			

10

一	二	三	四	五	六	日
				1 初五	2 初六	3 初七
4 初八	5 初九	6 初十	7 十一	8 寒露	9 十三	10 十四
11 十五	12 十六	13 十七	14 十八	15 十九	16 二十	17 廿一
18 廿二	19 廿三	20 廿四	21 廿五	22 廿六	23 霜降	24 廿八
25 廿九	26 三十	27 十月	28 初二	29 初三	30 初四	31 初五

11

一	二	三	四	五	六	日
1 初六	2 初七	3 初八	4 初九	5 初十	6 十一	7 立冬
8 十三	9 十四	10 十五	11 十六	12 十七	13 十八	14 十九
15 二十	16 廿一	17 廿二	18 廿三	19 廿四	20 廿五	21 廿六
22 小雪	23 廿八	24 廿九	25 十一月	26 初二	27 初三	28 初四
29 初五	30 初六					

12

一	二	三	四	五	六	日
		1 初七	2 初八	3 初九	4 初十	5 十一
6 十二	7 大雪	8 十四	9 十五	10 十六	11 十七	12 十八
13 十九	14 二十	15 廿一	16 廿二	17 廿三	18 廿四	19 廿五
20 廿六	21 冬至	22 廿八	23 廿九	24 三十	25 十二月	26 初二
27 初三	28 初四	29 初五	30 初六	31 初七		

2050年(庚午　马年　1月23日始　闰三月)

1月

一	二	三	四	五	六	日
					1 初八	2 初九
3 初十	4 十一	5 小寒	6 十三	7 十四	8 十五	9 十六
10 十七	11 十八	12 十九	13 二十	14 廿一	15 廿二	16 廿三
17 廿四	18 廿五	19 廿六	20 大寒	21 廿八	22 廿九	23 正月
24 初二	25 初三	26 初四	27 初五	28 初六	29 初七	30 初八
31 初九						

2月

一	二	三	四	五	六	日
	1 初十	2 十一	3 立春	4 十三	5 十四	6 十五
7 十六	8 十七	9 十八	10 十九	11 二十	12 廿一	13 廿二
14 廿三	15 廿四	16 廿五	17 廿六	18 雨水	19 廿八	20 廿九
21 二月	22 初二	23 初三	24 初四	25 初五	26 初六	27 初七
28 初八						

3月

一	二	三	四	五	六	日
	1 初九	2 初十	3 十一	4 十二	5 惊蛰	6 十四
7 十五	8 十六	9 十七	10 十八	11 十九	12 二十	13 廿一
14 廿二	15 廿三	16 廿四	17 廿五	18 廿六	19 廿七	20 春分
21 廿九	22 三十	23 三月	24 初二	25 初三	26 初四	27 初五
28 初六	29 初七	30 初八	31 初九			

4月

一	二	三	四	五	六	日
				1 初十	2 十一	3 十二
4 清明	5 十四	6 十五	7 十六	8 十七	9 十八	10 十九
11 二十	12 廿一	13 廿二	14 廿三	15 廿四	16 廿五	17 廿六
18 廿七	19 廿八	20 谷雨	21 三月	22 初二	23 初三	24 初四
25 初五	26 初六	27 初七	28 初八	29 初九	30 初十	

5月

一	二	三	四	五	六	日
						1 十一
2 十二	3 十三	4 十四	5 立夏	6 十六	7 十七	8 十八
9 十九	10 二十	11 廿一	12 廿二	13 廿三	14 廿四	15 廿五
16 廿六	17 廿七	18 廿八	19 廿九	20 三十	21 四月 小满	22 初二
23 初三	24 初四	25 初五	26 初六	27 初七	28 初八	29 初九
30 初十	31 十一					

6月

一	二	三	四	五	六	日
		1 十二	2 十三	3 十四	4 十五	5 芒种
6 十七	7 十八	8 十九	9 二十	10 廿一	11 廿二	12 廿三
13 廿四	14 廿五	15 廿六	16 廿七	17 廿八	18 廿九	19 五月
20 初二	21 夏至	22 初四	23 初五	24 初六	25 初七	26 初八
27 初九	28 初十	29 十一	30 十二			

7月

一	二	三	四	五	六	日
				1 十三	2 十四	3 十五
4 十六	5 十七	6 十八	7 小暑	8 二十	9 廿一	10 廿二
11 廿三	12 廿四	13 廿五	14 廿六	15 廿七	16 廿八	17 廿九
18 三十	19 六月	20 初二	21 初三	22 大暑	23 初五	24 初六
25 初七	26 初八	27 初九	28 初十	29 十一	30 十二	31 十三

8月

一	二	三	四	五	六	日
1 十四	2 十五	3 十六	4 十七	5 十八	6 十九	7 立秋
8 廿一	9 廿二	10 廿三	11 廿四	12 廿五	13 廿六	14 廿七
15 廿八	16 廿九	17 七月	18 初二	19 初三	20 初四	21 初五
22 初六	23 处暑	24 初八	25 初九	26 初十	27 十一	28 十二
29 十三	30 十四	31 十五				

9月

一	二	三	四	五	六	日
			1 十六	2 十七	3 十八	4 十九
5 二十	6 廿一	7 白露	8 廿三	9 廿四	10 廿五	11 廿六
12 廿七	13 廿八	14 廿九	15 三十	16 八月	17 初二	18 初三
19 初四	20 初五	21 初六	22 初七	23 秋分	24 初九	25 初十
26 十一	27 十二	28 十三	29 十四	30 十五		

10月

一	二	三	四	五	六	日
					1 十六	2 十七
3 十八	4 十九	5 二十	6 廿一	7 廿二	8 寒露	9 廿四
10 廿五	11 廿六	12 廿七	13 廿八	14 廿九	15 三十	16 九月
17 初二	18 初三	19 初四	20 初五	21 初六	22 初七	23 霜降
24 初九	25 初十	26 十一	27 十二	28 十三	29 十四	30 十五
31 十六						

11月

一	二	三	四	五	六	日
	1 十七	2 十八	3 十九	4 二十	5 廿一	6 廿二
7 立冬	8 廿四	9 廿五	10 廿六	11 廿七	12 廿八	13 廿九
14 十月	15 初二	16 初三	17 初四	18 初五	19 初六	20 初七
21 初八	22 小雪	23 初十	24 十一	25 十二	26 十三	27 十四
28 十五	29 十六	30 十七				

12月

一	二	三	四	五	六	日
			1 十八	2 十九	3 二十	4 廿一
5 廿二	6 廿三	7 大雪	8 廿五	9 廿六	10 廿七	11 廿八
12 廿九	13 三十	14 十一月	15 初二	16 初三	17 初四	18 初五
19 初六	20 初七	21 初八	22 冬至	23 初十	24 十一	25 十二
26 十三	27 十四	28 十五	29 十六	30 十七	31 十八